高等院校精品规划教材

多媒体教育课件的设计与成效

◎ 刘珍芳　昝辉　编著

内 容 提 要

本书共 22 章，分四个部分。第一部分（第 1～2 章）主要介绍多媒体课件制作理论与素材准备，如多媒体课件的概念、多媒体课件的设计原则与应用、多媒体课件的开发流程、多媒体课件的评价指标以及文本素材的获取与处理、图形图像的采集与处理、声音素材的采集与处理、视频素材的采集与处理。第二部分（第 3～8 章）主要介绍用 PowerPoint 2003 制作课件的基础知识，如简单演示文稿的设计、幻灯片视图和特效设计、视频音频素材的嵌入、常用对象与控件的调用等，详细介绍自动播放式课件与演示型课件的设计与制作。第三部分（第 9～14 章）主要介绍用 Flash 8 制作课件的基础知识，如 Flash 8 界面的认识和基本工具的使用、Flash 8 基本动画的设计、多媒体素材的导入和元件的应用等，详细介绍 Flash 演示型课件、Flash 交互型课件、Flash 测验型课件这三种类型课件的设计与制作。第四部分（第 15～22 章）主要介绍用 Authorware 制作课件的基础知识，如 Authorware 界面与常用图标的认识、Authorware 多媒体素材的整合、基本功能图标的使用、基本动画的制作与设置、交互控制等，详细介绍 Authorware 演示型课件、Authorware 分支型课件、Authorware 测验型课件这三种类型课件的设计与制作。

本书内容全面、案例丰富、连贯性强，适合作为高职高专或普通本专科师范类专业的教材，也适合作为中小学教师继续教育的培训教材，还可作为小学和幼儿老师以及多媒体作品制作人员的参考用书。

图书在版编目（CIP）数据

多媒体教育课件的设计与成效 / 刘珍芳，昝辉编著
—北京：中国水利水电出版社，2009（2023.7 重印）
高等院校精品规划教材
ISBN 978-7-5084-6499-2

Ⅰ. ①多… Ⅱ. ①刘…②昝… Ⅲ. ①多媒体-计算机辅助教学-高等院校-教材 Ⅳ. ①G434

中国版本图书馆 CIP 数据核字（2009）第 161810 号

书　　名	高等院校精品规划教材 多媒体教育课件的设计与成效
作　　者	刘珍芳　昝　辉　编著
出版发行	中国水利水电出版社 （北京市海淀区玉渊潭南路 1 号 D 座　100038） 网址：www.waterpub.com.cn E-mail：sales@mwr.gov.cn 电话：（010）68545888（营销中心）
经　　售	北京科水图书销售有限公司 电话：（010）68545874、63202643 全国各地新华书店和相关出版物销售网点
排　　版	北京民智奥本图文设计有限公司
印　　刷	清淞永业（天津）印刷有限公司
规　　格	184mm×260mm　16 开本　19.75 印张　492 千字
版　　次	2009 年 9 月第 1 版　2023 年 7 月第 5 次印刷
印　　数	12001—13000 册
定　　价	59.50 元

本书编委会

编　著　刘珍芳　昝　辉

编　委　（以汉语拼音为序）

蔡　静　　何　伟　　李夏媛　　林文婷

吕立芬　　金云霞　　汤轶辉　　薛晓青

姚瑞丽　　张华松　　甑静波　　钟　达

前　　言

随着基础教育信息化的不断推进，中小学、幼儿教师的课件制作能力越来越被重视，针对目前使用的课件制作教材内容单一，技能训练不能结合职业岗位的现象，我们在总结教学实践和研究的基础上，结合当代信息技术的新发展，围绕全面培养师范生的现代教育技术的基本能力，切实提高师范生的课件制作能力，组织编写了本书。

本书从三个最常用的课件制作工具（PowerPoint、Flash 和 Authorware）着手，精心设计任务，让学习者在问题的引导下掌握常用课件制作软件技能，培养其课件设计和制作的能力。

本书有以下特点：

（1）问题引导，任务驱动。采用“问题引导、任务驱动”的编写思路。在基础篇中，由问题引导知识点；在实战篇中，由任务驱动完成一个完整课件的设计与制作，最后的“设计点评”让学习者领会不同工具软件的编程理念与设计方法，最终能根据教学任务的需要选择最佳软件，并在此基础上设计制作对教学确有效果的课件。

（2）由浅入深，逐步细化。以有用、实用作为教材编写的内容选取原则，通过实例的介绍构建章节的知识点，每个实例都结合职业岗位技能，由简单到复杂，循序渐进，逐步细化。

（3）讲练结合，环环相扣。以人为本，以好教、好学作为教材编写所追求的目标，所有知识都是基于问题的提出和解决问题展开的，问题的提出兼顾知识点的串联并一环扣一环。

（4）简洁明快，语言风趣。在每章节开头都有学习目标，在编写过程中适时穿插“知识拓展”、“小技巧”、“编者提示”和“学习导航”等栏目，简洁明快，清晰明了，语言风趣，读来并无一般科技书的沉重之感，学起来轻松愉快。

全书由刘珍芳、昝辉拟定编写提纲并最后统稿与审定。具体编写分工如下：第一部分由刘珍芳、昝辉编写；第二部分由蔡静、姚瑞丽编写；第三部分由林文婷、吕立芬、何伟编写；第四部分由钟达、汤轶辉、甑静波、薛晓青、金云霞、张华松、李夏媛编写。

在本书的编写过程中，参考并引用了一定的参考文献和网上资源，并得到了浙江师范大学教育技术学研究生的热情支持和帮助，特别是浙江师范大学夏洪文教授给予了大力支持，中国水利水电出版社对本书的出版提供了极大的帮助，全体编写人员在此表示衷心感谢！

本书在内容和结构上是一种新的尝试，由于作者水平有限，加之时间仓促，存在缺点和错误在所难免，敬请读者提出宝贵意见。

编　者

2009 年 7 月

目　　录

第二部分　课件制作剑客——PowerPoint 2003 课件制作

第三部分 课件制作精灵——Flash 8 课件制作

第四部分 课件制作大师——Authorware 7.0 课件制作

第一部分　课件制作先锋——课件制作理论与素材准备

课件设计也是一项软件工程，是教学设计过程的重要环节，多媒体课件能从多个角度向学习者呈现教学内容。在真正学习课件制作之前，我们需要对多媒体课件的文本、视音频素材有一定的认识，正所谓“磨刀不误砍柴工”。

第1章　多媒体课件设计与开发

多媒体课件制作已成为教学设计的重要环节，课件制作的优劣直接影响到教学过程的效果。在学习制作多媒体课件之前，我们有必要对多媒体课件及其设计开发的原则与流程进行一番梳理，尤其需要知道课件的评价标准，才能在以后的课件设计过程中有的放矢，游刃有余。

学习目标

- 知道多媒体课件的概念及其在教学中的作用
- 熟悉多媒体课件的设计原则
- 了解多媒体课件的开发流程
- 熟悉多媒体课件的评价指标体系

1.1　多媒体课件概述

学习目标

- 知道课件和多媒体课件的概念
- 了解多媒体课件的类型

1.1.1　课件与多媒体课件

1. 课件

课件（Courseware）是在一定的教学理论、学习理论指导下，以计算机技术、多媒体技术和通信技术为基础，为完成特定的学习目标而设计的，能反映某种教学策略和教学内容的计算机软件。

知识拓展：不少专家鉴于课件利用率很低，有些甚至只使用过一两次就被束之高阁，提出了积件和堂件的思想。

拓展一：积件（Integrableware）。积件是由教师和学生根据教学需要自己组合运用多媒体教学信息资源的教学软件系统。该系统不是在技术上把教学资源素材库和多媒体著作平台简单叠加，而是积件库与积件组合平台的有机结合。

拓展二：堂件（lessonware）。堂件的内容可多可少，一个大的课件可以包括一门完整的课程内容，可运行几十课时；一个小的课件只运行10～30分钟，也可能是更少时间，国外将这类课件称为堂件。

学习导航：我们说课件也是一种计算机软件，作为计算机软件，它能够容纳什么教育信息呢？

2. 多媒体课件

多媒体课件是采用多媒体技术综合处理文本、图形图像、动画、音视频等多媒体信息，并根据教学目标的要求表达某一课程或若干门课程教学内容的计算机软件。

知识拓展：除了上述给多媒体课件所下的一个概念界定以外，还可以从其他角度认识它。

其一，多媒体课件是一种根据教学目标设计、表达特定教学内容，反映一定教学策略的计算机教学程序。

其二，多媒体课件是一种可以用来存储、传递和处理教学信息，允许学生进行人机交互操作，取得反馈，并能够对学生的学习效果做出适当评价的教学媒体。

其三，多媒体课件的规模可大可小。一般来说，多媒体课件作为一种教材，都具有教材的结构。

学习导航：认识一个物体，首先在了解其概念之后，需要知道它的范畴。这里也是如此，也就是要研究多媒体课件的类型，这与教学内容和教学对象等很多因素是紧密相关联的。

1.1.2　多媒体课件的类型

多媒体课件的分类方法很多。按照多媒体课件的内容与作用的不同，可以将多媒体课件分为以下几种类型。

1. 助教型

助教型多媒体课件，注重对学生的启发、提示，反映问题解决的全过程，体现教学重点与教学难点。

助教型多媒体课件是为了解决某一学科的教学重点与教学难点而开发的，知识点可以不连续，主要用于课堂演示教学，也称为课堂演示型多媒体课件。

2. 助学型

助学型多媒体课件具有完整的知识结构，反映一定的教学过程和教学策略，提供相应的练习供学生进行学习评价。

助学型多媒体课件通过界面的设计，让学习者进行人机交互操作，可以让学生自主进行学习，也称为自主学习型多媒体课件。

3. 实验型

实验型多媒体课件是利用计算机仿真技术，提供可更改参数的指标项，供学生进行模拟实验。

学生使用实验型多媒体课件，当输入不同的参数时，能随时真实模拟对象的状态和特征，例如，模拟各种仪器的使用、多种技能的训练等。

4. 考试型

考试型多媒体课件通过试题的形式用于训练、强化学生某方面的知识和能力。教学课件中显示的教学信息主要由数据库提供。这种类型的教学软件在设计时要保证具有一定比例的知识点覆盖率，以便全面训练和考核学生的能力水平。

5. 资料工具型

资料工具型课件包括各种电子书、辞典和积件式课件，一般仅提供某种教学功能和某类教学资料，并不反映完整的教学过程。

这种类型的课件可供学生和教师进行资料查阅，也可以根据教学需要对其中的资料进行编辑和集成，形成新的更加适用的多媒体课件。

知识拓展：多媒体课件其他的分类方式。

根据功能可分为教学型、测试型、管理型。

根据使用方式可以分为课堂演示型、个别指导学习型、模拟实验型、训练与复习型、教学游戏型、问题求解型、资料工具型。

根据内容组织方式可以分为演示型、分支型、综合型。

学习导航：现在是不是很想知道多媒体课件是怎么设计的呢？下面马上开始课件设计的学习。

1.2 多媒体课件的设计原则与应用

学习目标

- 熟悉多媒体课件的设计原则
- 能够在课件设计中体现设计思想
- 知道多媒体课件的应用方式和在教学中的作用

1.2.1 多媒体课件的设计原则

多媒体课件是利用多种媒体形式实现和支持计算机辅助教学的软件。多媒体课件的制作必须服务于教学，其目的是改革教学手段和提高教学质量。一味地照搬课本内容和教学环节，盲目追求新技术，把课件搞成素材展示，都是不正确的。在设计和制作多媒体课件时应遵循以下几项基本原则：

（1）教育性。设计的多媒体课件，对于向学生传播某门学科的基础知识，发展学生的能力，培养学生的思想品德，促进学生的全面发展，应能起到良好的作用。

知识拓展：体现多媒体课件的教育性要注意以下问题：

第一，要有明确的目标。即回答为什么要制作这个课件，这个课件要解决教学上的什么问题，要在学生的知识、能力、思想品德方面引起哪些变化。

第二，根据教学大纲，围绕解决教学重点、难点而设计。即在设计过程中，首先要想到设计的是教学课件，是教学内容的一部分，必须符合教学大纲的要求。设计的教学课件要有助于解决教学重点和难点问题。

第三，适合学生接受水平。即回答这个课件是哪个年级、年龄和发展水平的学生使用的，它是否适合学生原有的知识基础和接受能力。

（2）科学性。设计的多媒体课件，要具有高度的科学性，能正确展现科学基础知识和现代科学技术发展水平。

编者提示：要实现上述要求，必须注意所表现的图像、声音、色彩都要符合科学的要求。不能片面追求图像的漂亮、声音的悦耳、色彩的鲜艳，而损坏了真实性。

（3）技术性。设计的多媒体课件要图像清晰、声音清楚、色彩逼真、声画同步，要保证良好的技术质量。

编者提示：要实现上述要求，必须注意设备状态良好，制作人员技术熟练，如摄影人员要对用光、取景、景别的转换、镜头的组合用得恰到好处。

（4）艺术性。设计的多媒体课件要有丰富的表现性和感染力，能激发学生的情感，引发学习兴趣，提高审美能力。

编者提示：要实现上述要求，必须注意多媒体课件内容真实，画面优美流畅，构图要清晰匀称，连贯合理，色彩适当，明暗适度，语音优美，配合协调。

（5）经济性。设计多媒体课件要考虑经济效益，以最小代价得到最大收获。这里所说的“代价”，主要是指使用的人力、材料、经费和时间；“收获”是指优秀的多媒体课件。就是要力争用最少的人力、材料、经费和时间，制成大量优秀的多媒体课件。

编者提示：要实现上述要求，必须注意计划周密，符合教学，用简不用繁，用少不用多，以是否符合教学要求、是否取得所追求的教学效果为前提。

1.2.2　多媒体课件在教学中的应用

随着多媒体技术在教育领域的不断发展，多媒体课件在教学中的应用日益广泛，主要表现在课堂教学、模拟教学、个别化交互学习、远程教育等方面。

（1）课堂教学。教师在课堂教学中应用多媒体课件将教学内容、材料、数据、示例等呈现在大屏幕上以辅助教学内容的讲解。

编者提示：运用这种方法可以给学生多感官刺激，提高学生的学习兴趣，增强学生观察问题、理解问题和分析问题的能力。同时因为计算机多媒体技术具有交互性，可进行非线性的调用，从而达到提高教学效率的目的。随着“校校通”工程的实施，很多学校建立了校园教学网络系统，通过网络进行计算机多媒体辅助教学非常方便。

（2）模拟教学。多媒体课件可以把视频、音频和动画等结合起来，模拟逼真的现场环境以及微观与宏观世界的事物，以便代替、补充或加强传统的实验手段，帮助学生学习和理解一些抽象的原理。

（3）个别化交互学习。这是指利用多媒体计算机网络技术，将多媒体课件的教学内容变为网上资源，由学生自主进行选择学习。

编者提示：个别化交互学习，可做到因材施教，学生根据已有的知识选择学习内容，并且可以进行双向交流学习。目前不少院校建立了学生学习用的计算机实验室，向学生开放，供学生进行个别化交互学习。

（4）远程教育。远程教育是近年来兴起的一种基于计算机网络的教学系统，它是开放的、远程的、自主的教学方法。

编者提示：远程教育中的课堂是对外开放的，学生可以通过网络进行合作和协作学习，教师可以通过网络和其他教师进行讨论。通过网络，师生们可以共享更多的教学资源；通过远程教育，教师可以在全球范围内指导学生学习，而学生可以得到更多的教师指导；随着计算机网络技术的发展，远程教育的规模正在不断扩大，充分显示了其优越性。有人预言，由于远程教育的发展，有可能导致一场教育革命。

学习导航：我们已经知道了多媒体课件设计过程中要注意的基本原则，主要是为了使我们在动手之前对课件制作有一个宏观的认识，不至于差之毫厘，谬之千里。那么，怎么从整体构架的角度来看多媒体课件的设计与开发呢？

1.3 多媒体课件的开发流程

学习目标

- 了解多媒体开发的整体流程
- 知道在开发环节中要注意的要素
- 熟悉多媒体课件文字稿本和制作稿本的编写方法

多媒体课件作为一种教学软件，其基本功能是教学。课件中的教学内容及其呈现、教学过程及其控制的设计应由教学设计决定。因此，课件设计应基于教学设计进行。同时，多媒体课件又是一种计算机软件，其开发的具体过程及其组织应按照软件工程的思想和方法进行。课件的开发和维护也应按照软件工程的方法组织、管理。

多媒体课件的开发流程与软件开发的模型相似，一般都包括分析、设计、制作、评价四大阶段。多媒体课件开发的一般模型如图 1-1 所示。该模型是以传统的课件开发模型——迪克－凯瑞（W Dick & L Carry）模型为基础，并考虑到多媒体课件开发的特殊要求而建立的。

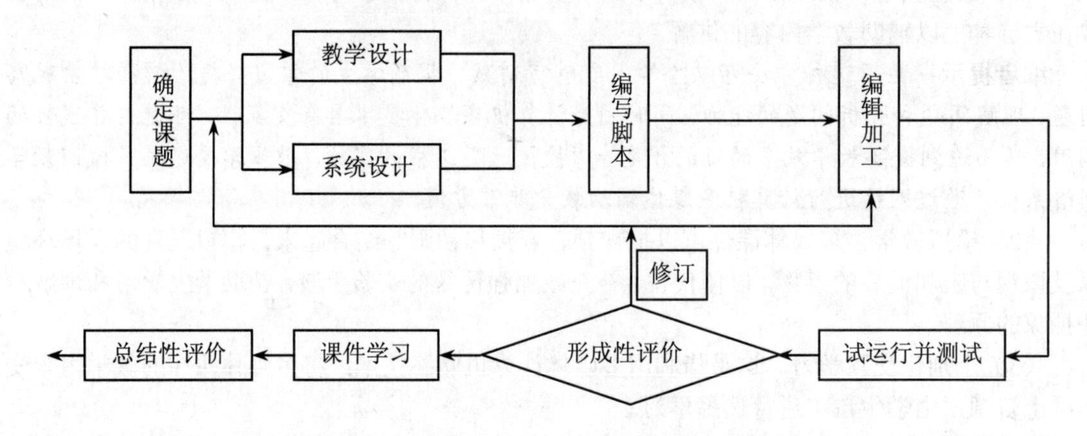

图 1-1 多媒体课件设计与开发的基本流程

1. 多媒体课件的课题确定

课件设计从选题开始。课件选题必须有明确的教学目标，选用教学活动中学生需要帮助理解和创造环境的教学内容、重点与难点、抽象难以表述的内容、课堂实物演示比较困难或危险的内容、微观结构等，要考虑到课件的特点和课件设计的要求，要能充分发挥多媒体课件的优势。

编者提示：选题还需考虑课件的使用环境，包括硬件环境和软件环境的支持、课件适宜的教学模式、对使用者的技术要求等。设计制作课件必须以先进的教育理论、学习理论为指导，必须体现先进的教育理念。课件的开发要尽可能降低对使用环境的要求和减少开发成本，尽可能选用方便的设计平台，以求最大限度地提高课件的使用面和易操作性。

2. 多媒体课件的教学设计

教学设计是关键环节，也是教学思想最直接和具体的表现，是最能体现教师的教学经验和教师个性的部分。在多媒体课件设计与开发过程中，多媒体课件的教学设计就是应用系统的观点和方法，在分析教学内容和教学对象的基础上，围绕教学目标要求，合理选择和设计媒体，采用适当的教学模式和教学策略进行课件设计的过程。

3. 多媒体课件的系统设计

系统定义了课件的教学信息组织结构及呈现形式。它构建了课件的主要框架，体现了教学功能与教学策略。结构设计主要考虑的是如何从技术上实现一定的教学流程和教学模式。

知识拓展：

（1）多媒体课件的结构组成。包括封面、帮助、菜单、程序内容、程序各部分的连接关系、人机交互界面、导航策略等。

（2）课件封面、屏幕风格的设计。课件封面形象生动，屏幕主题突出，屏幕对象布局恰当，内容文字简练，色彩逼真协调等。

（3）知识结构的设计。知识结构是指知识点之间的关系与联系的一种形式，可分为并列结构、层次结构和网状结构等几种类型。进行知识结构的设计要注意体现知识内容的关系，体现学科教学的规律，体现知识结构的功能。多媒体课件的结构设计中既要注意教师的教学过程，也要重视学生的认知结构，通过超文本结构组织信息，启发学生的联想思维。超文本结构可以实现教学信息的灵活获取以及教学过程的重新组织，适合个别化及个性化的学习需求，有利于因材施教。

（4）友好的交互界面设计。交互界面的设计要求方便操作，应具有一致性、容错性、兼容性。多媒体课件中能进行人机交互作用的方式主要有菜单、按钮、图标、窗口和对话框等。多媒体课件中的对话框通常以弹出式窗口呈现。通过对话框可以使学习者和系统进行更细致、更具体的信息交流活动。窗口常用一些选择项和参数设定空格组成。

（5）合理选用媒体的呈现形式。多媒体信息的呈现形式有文本、图形/图像、音频、数字视频以及动画等，主要功能是：提供感性材料，加深感知深度；提供具体经验，促进记忆理解；克服时空障碍，丰富课堂教学。在使用过程中应根据媒体所具有的教学特性以及教学内容选用最合适的媒体呈现形式。

（6）导航策略的设计。导航是引导学习者利用多媒体课件学习的措施，是教学策略的体现，旨在为学生提供丰富的多媒体信息资源，创设有意义的学习情境的同时对学生自主学习进行引导和帮助。尤其是网络信息的线索导航，更是为学习者提供了浩瀚的信息资源，但同时也应注意避免因设计不周使学习者迷航。多媒体体课件的导航方法很多，如检索、帮助、线索、浏览、书签等。

4. 编写多媒体课件的脚本

脚本是多媒体课件设计与制作的桥梁。通常，教师要参加脚本的编写工作。脚本编写的质量直接影响着课件开发的质量和效率。

编者提示：

（1）脚本是多媒体课件设计、制作和使用的连接纽带，是多媒体课件制作的直接依据，可以帮助完成每一帧屏幕的画面设计。当然，对某一屏幕的设计，不能只考虑这一帧画面，还应该基于整个课件的设计思想和设计要求，使画面具有统一性、连续性和系统性。

（2）脚本编写的主要工作是脚本的设计和写作，包括文字稿本和制作稿本（具体编写方案本书不涉及）。

有关多媒体课件的信息编辑加工、测试、评价等环节将在后面章节中详述，这里就省略了。

学习导航：到这里大家应该关注怎么获取制作多媒体课件所用到的各类信息素材吧？另外一个问题你可能会迫不及待地想追问：到底什么样的课件才是好的课件呢？

1.4 多媒体课件的评价

学习目标

- 知道多媒体课件的评价方法
- 熟悉多媒体课件的评价指标

多媒体课件的开发与多媒体课件的评价是密不可分的，评价多媒体课件的根本目的在于完善课件软件系统。目前，市场上可供选择的多媒体课件越来越多，不同类型的课件，制作要求和使用方式各不相同，对它们的评价也应有所区别。因此，多媒体课件的评价日益引起人们的广泛关注。

1.4.1 多媒体课件的评价分类

1. 形成性评价

多媒体课件的形成性评价就是在开发过程中收集方方面面的有效数据，作出分析判断，向课件开发者提供反馈信息，帮助他们改进和完善开发工作，以取得价值较高的课件。

编者提示：这种评价贯穿于整个课件的开发过程中，其最突出的作用是能够及时地发现问题并加以解决，保证开发工作的良性发展，避免因问题的长期积累而导致无法挽回，前功尽弃。许多大型课件开发计划都规定了自己的形成性评价机制。

2. 总结性评价

总结性评价是在课件开发过程结束以后，通过课件之间的比较或者课件与某种标准的比较，对课件的价值作出判断、划分等级，并给课件流通过程中的决策者提出建议，帮助他们作出有关课件的选择和推广应用的各种决策。

学习导航：这里提出两种抽象的评价方式，为了更好地说明评价的可操作性，有没有具体的评价标准供读者参考呢？

1.4.2 多媒体课件的评价标准

多媒体课件的评价，在我国经过多年的实践逐渐形成了一种三级评审模型，其大体流程为：一审由评审工作人员检查程序的可靠性、稳定性，筛选掉不合格的软件；二审由学科专家组成，制定多媒体课件评价标准并给予加权和量化，根据评价标准全面地评价多媒体课件的教育性、科学性、技术性、艺术性和使用性的价值；三审则由各方面专家汇总评价意见，确定软件等级。

下面介绍第五届 CIETE 全国多媒体教育软件大奖赛的评比标准，该标准将多媒体课件的评价分为教育性、科学性、技术性、艺术性和使用性等五个方面，如表 1-1 所示。

表 1-1　第五届 CIETE 全国多媒体教育软件大奖赛的评比标准

评审指标	评价标准
教育性	符合教育方针、政策，紧扣教学大纲
	选题恰当，适应教学对象的需要
	突出重点，分散难点，深入浅出，易于接受
	注意启发，促进思维，培养能力
	作业典型，例题、练习量适当，善于引导
科学性	内容正确，逻辑严谨，层次清楚
	模拟仿真形象，举例合情合理、准确真实
	场景设置、素材选取、名词术语、操作示范符合有关规定
技术性	图像、动画、声音、文字设计合理
	画面清晰，动画连续，色彩逼真，文字醒目
	配音标准，音量适当，快慢适度
	交互设计合理，智能性好
艺术性	媒体多样，选材适度，设置恰当，创意新颖，构思巧妙，节奏合理
	画面简洁，声音悦耳
实用性	界面友好，操作简单、灵活
	容错能力强
	文档齐备

编者点评：这种评价标准和模型有一定的优点，如比较注重课件的教育价值等，也得到了较为广泛的应用。但这种评价模型的信度、效度还需要研究人员进行全面的探讨。在借鉴、吸收国外先进经验的基础上，开发适合我国情况的多媒体课件评价标准，从而可以据此得到可信而有效的评价结果，以充分发挥多媒体教学软件的教学效用，最终促进多媒体教学的蓬勃发展。

学习导航：既然知道了标准，还应该了解在评价过程中该如何操作，也就是说多媒体课件该怎样实施评价。

1.4.3　多媒体课件的评价实施

1．评价过程

评价过程通常分为筛选、描述、评价、综合等阶段。

知识拓展：

（1）筛选阶段。去掉那些本质上并非教学应用，并无教育意义的课件，以及那些明显不符合“操作简易”、“与硬件相容”等条件的课件。

（2）描述阶段。由管理工作人员准备好各种评价时所需的文件，例如填好登录表，准备好操作说明，选择有关专家等。

（3）评价阶段。由所选专家对课件内容、设计、技术以及使用的质量进行衡量与估计。其一般过程是设置各种学生情况进行观察，并做好观察记录，最好给出自己的判断。

（4）综合阶段。由软件管理人员根据专家对课件的各种不同的评价进行综合分析，得出较为客观的综合评价。

2. 评价实施方法

评价实施方法主要有模仿学生试运行、观察少数学生试运行的情况、现场测试方法、利用计算机管理教学的功能四种。

编者提示：

（1）模仿学生试运行。由评价人员按评价标准各项指标的要求模仿学生用该课件进行教学活动，亲身体会作为学生应用该课件时的感觉和知识的接受情况，观察教学效果。这种评价结果较为可信，所需人数与时间少，不受教学进度的影响，但对评价人员要求较高。评价人员必须有丰富经验，评价结果较为客观。

（2）观察少数学生试运行的情况。这种评价的优点是减少了评价的主观性，增加了客观性；缺点是选择学生较为困难，观察分析需要相当的经验。

学习导航：在 1.3 节提到怎么获取制作多媒体课件所用到的各类信息素材的问题，到现在还没有给出明确的答复，避而不答是为了更好地解答，第 2 章将阐述该问题。

第 2 章　多媒体素材的获取与处理

多媒体课件的开发离不开素材的准备，素材是课件的基础。在课件开发过程中，素材准备是课件目标确定后的一项基础工程。根据媒体的不同性质，一般把媒体素材分成文本、声音、图形、图像、动画、视频等类型。制作多媒体课件就是综合处理多种媒体素材，并使各种素材之间建立逻辑联系，集成为一个具有交互性的整体。

学习目标：

- 掌握文本素材的获取方法
- 熟悉图形图像的制作过程和常用软件
- 掌握声音素材的采集、录制与简单的处理
- 熟悉视频素材的获取与处理方法和常用软件
- 能够从 Internet 上获取相关素材

2.1　文本素材的获取与处理

学习目标

- 知道文本常用的获取方法
- 学会从网络资源获取有效文本
- 了解文本的使用方式

文本是多媒体课件中使用最多，也是最基本的一种多媒体素材。它具有最佳的直观传达作用以及最高的明确性。大量的教学信息是通过文字、字符及特殊的信息来实现的，如各种科学原理、概念、计算机公式、命题、说明等课程内容。

2.1.1　文本的基本常识

大量的教学信息是通过文字、字符及特殊的信息来实现的，如各种科学原理、概念、计算机公式、命题、说明等课程内容。这类教育教学信息在多媒体计算机系统中的处理均为数字格式的字符数据，通常称这些数据为“文本”。文本包括字母、数字、符号、文字等，具有大小、字体、格式等属性。

编者提示：目前多媒体课件多以 Windows 为系统平台，Windows 系统下的文本文件种类较多，如纯文本文件格式(*.txt)，Word 文件格式(*.doc)，Rich Text Format 文件格式(*.rtf)，WPS 文件格式（.wps）等。有些课件集成工具软件中自带有文字编辑功能，但大量的文字信息一般不采取在集成时输入，而在前期就准备好所需的文字素材。

文字素材有时也以图像的方式出现在课件中，这种图像化的文字保留了原始的风格（字体、颜色、形状等），并且可以很方便地调整尺寸，如 PDF 格式的文件。

2.1.2 文本的输入与编辑

文本素材的采集与处理离不开文本的输入和编辑，通常采用以下几种方法。

1. 直接输入

文本在计算机中的输入方法很多，除了最常用的键盘输入外，还可用语音输入、笔式书写输入等。常用的文本处理软件很多，如记事本、Word、WPS 等，在用这些工具软件编辑文本时，一般都存成非格式化的纯文本文件，以便在大多数课件制作软件中都能够调用。

专家提示：除了常用的文本处理软件外，在课件制作如 PowerPoint、Flash、Authorware 等软件中也可以直接编辑文本，不同的软件还具有特殊的文字编辑美化功能，利用 Flash 就可以做出如透明字、水晶字等文字效果。

> **学习导航**：相信读者在浏览网页的时候，可能遇到过无论按住鼠标左键如何不停地拖动，都无法选中需要的文字。那是因为网站为了保密，对网页文件进行了加密，使用户无法通过选取的方法复制网页中的文字，采用“另存为”保存在硬盘中也无法复制其中的文字，为此你是否很恼火呢？

2. 从其他电子资源网站复制粘贴

如果网页文字无法复制，可以用屏蔽网页代码的方法复制所需要的文字。选择文字所在的网页，单击浏览器的“查看”→“源文件”命令，如图 2-1 所示。在打开的记事本文件中就可以找到所需要的文字内容，经过排版就可复制粘贴了，如图 2-2 所示。

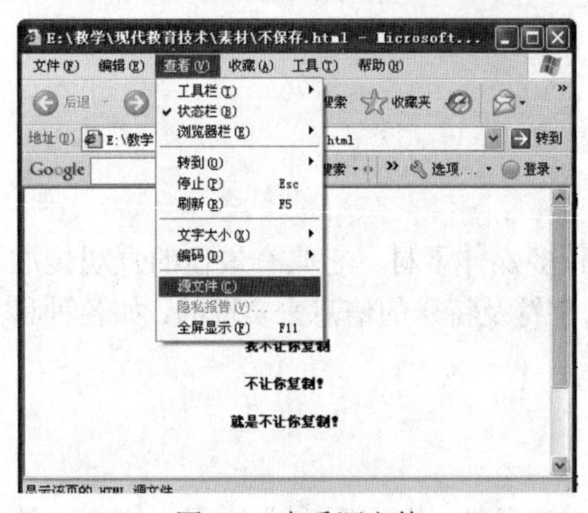

图 2-1 查看源文件

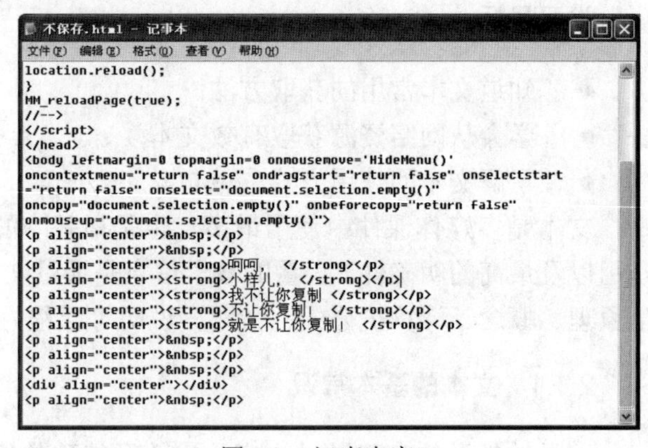

图 2-2 记事本窗口

知识拓展：刚才的办法几乎通用，但是大家会发现在繁杂的代码中寻觅几行文字过于麻烦，还有几种方法解决该问题。

方法一：在 IE 浏览器中选择“文件”→“另存为”命令，在弹出的对话框里保存类型选择“文本文件（*.txt）”，这时就可以在文本文件中复制所需要的文字了。

方法二：保存所需要的网页到电脑中，然后选择用 FrontPage 或者 Wrod 编辑，这样也可以屏蔽掉代码的控制。

> **学习导航**：你可能会问，解决了网页上获取文本的问题，但是有些纸制的材料有没有办法快捷地获取文本内容呢？

3. 利用扫描仪进行文字扫描识别

当需要教科书、杂志、照片或其他印刷品上的图片或文字素材时，可用扫描仪进行采集。扫描仪买来时会带有一张驱动软件光盘。先安装驱动程序，重启计算机后再把扫描仪与计算机连接好就可以正常使用了。现在的扫描仪基本上都有文字识别功能，当然专用的文字识别扫描仪效果会更佳。具体方法参照扫描仪说明书，本书不再赘述。

学习导航：在课件制作中，经常选用一些美观大方的字体用于标题文字的设计，但是这些设计结果往往不能在其他计算机中完美地再现，原因是用户计算机中可能未安装课件所选用的字体。如何解决这种文字字体不能再现的缺憾呢？

4. 利用图形处理软件制作图像化文字

可以选择拍照的方式，把效果图截下来，经过图形图像编辑软件进行处理。目前用于制作图像化文字的软件和方法很多。如 Windows 中的画笔，能用位图格式存储文字信息；文字处理软件 Word 能制作艺术字，并可通过剪贴板粘贴到需要的位置。

编者提示：上述获取文本的方法没有万能的，应该根据自己的情况灵活选择。

学习导航：刚才提到利用图形图像软件处理文本，这又提出一个新问题，既然图形图像也是表达教育信息的元素，怎么样获取图像素材并进行恰到好处的处理呢？

2.2 图形图像的采集与处理

学习目标：

- 知道图形图像的区别和常见类型
- 了解图形图像的几种采集方法
- 能够利用画图软件对图像进行裁剪、拼合等处理

图形图像是一种视觉语言形式，与文字不同，图片的视觉冲击力比文字大，它能准确地传达信息，同时能将作品艺术化，使整个页面活跃起来，弥补文本所带来的枯燥感觉，消除不同文化的民族间的语言障碍，拉近距离；表达信息一目了然，便于用户作比较式的阅读。

2.2.1 图形图像的类型

根据创建方式和所存储数据的意义不同，计算机中的图可分为两大类：矢量图与位图。在计算机图形学中，把矢量图称为图形，把位图称为图像。

知识拓展：

（1）矢量图。矢量图是用一些数学方式描述的线条和色块组成，具有存储量小，缩放后边缘平滑、不失真的优点。但这种图像不能表现丰富的色彩，无法精确地再现物象。矢量图适用于制作企业标志、广告招贴、卡通插画等。Flash 属于矢量图像的处理软件。

（2）位图。位图是由像素组成的。将此类图像放大到一定程度就会发现其是由很多小方形组成的，这些小方形就是像素。图像单位长度内的像素越多，文件越大，图像质量越好。位

图可以制作出色彩丰富、逼真的物象，但缩放时会产生失真的现象。Photoshop 属于位图式图像处理软件，用它制作保存的图像均为位图式图像，但它能够导入部分格式的矢量式图像。

常见图像格式包括 BMP 格式、JPEG 格式、GIF 格式和 PSD 格式。

学习导航：知道了图形图像的基本知识，大家可能更为关注的是怎样获取所需要的图形图像文件。

2.2.2 图形图像的采集

（1）从 Internet 上获取图像。网上有无穷无尽的图像资源，可以供用户借鉴或使用，从网上下载图像的操作十分简单。在网上浏览找到所需的图像时，可以在图像上右击，在弹出的快捷菜单中选择“图片另存为”命令，然后在弹出的对话框中确定文件名和存储位置（其文件扩展名一般是.jpg），即可将图像保存下来。

（2）用扫描仪获取图像。图像素材的采集大多通过扫描完成。扫描仪是静止图像输入的主要设备，它可用于扫描照片、图表，一般照片可以选择 300dpi 扫描精度，对于印刷用图片选择去网纹方式扫描，高精度方式扫描时应先通过预览准确定位扫描区，以免扫描图像数据量太大，耗费处理时间。

（3）用数码相机获取图像。用数码相机获取图像是一种非常方便、灵活的方式，用户可以随时随地拍摄需要的画面，然后将其输入计算机，具体操作可参考设备的使用说明。

（4）利用已有光盘中的静止图像素材。光盘中的图片可用 ACDSee 软件迅速查看，并根据需要对图像素材编辑加工后再使用。

（5）用屏幕抓图获取图像。在屏幕、动画、视频中有大量的界面图像，使用抓图技术可方便采集屏幕图像。这种采集屏幕图像并存为图像文件的方法称为屏幕抓图。

知识拓展：

（1）用键盘上的 PrintScreen 键就能进行抓图，这种直接按键取图的方法很简单，而且无需专门软件支持，质量非常高，按 PrintScreen 键可将当前全屏幕（桌面）图像复制到剪贴板上；按 Alt+PrintScreen 组合键可将当前活动窗口的图像复制到剪贴板上。然后再把剪贴板上的图像粘贴到课件的指定位置。

（2）用 SnagIt 抓取图片。SnagIt 是一个非常优秀的屏幕、文本和视频捕获与转换程序。它可以捕获 Windows 屏幕、DOS 屏幕，RM 电影、游戏画面，菜单、窗口、客户区窗口、最后一个激活的窗口或用鼠标定义的区域。图像可存为 BMP、PCX、TIF、GIF 或 JPEG 格式，也可以存为系列动画。

（3）用 QQ 中的截图工具。还可以利用 QQ 中的截图工具捕捉图像。

学习导航：获取到的图片不一定适合用来做课件，需要对它进一步处理，包括图像的变形、剪裁、合并等。

2.2.3 图形图像的简单处理

Windows 自带的“画图”程序看似简陋，但其基本功能却不含糊。它可以编辑、处理图片，为图片加上文字说明，对图片进行挖、补、裁剪，还支持翻转、拉伸、反色等操作。它的工具箱包括画笔、点、线框及橡皮擦、喷枪、刷子等一系列工具，具有完成一些常见的图片编辑器的基本功能，用它来处理图片，方便实用，效果不错。如能充分利用它的各种技巧，可以避免学习那些庞大的图像处理软件的劳累。

1. 启动画图程序

选择“开始”→“附件”→“画图”命令，启动画图程序，如图2-3所示。

图2-3 画图程序界面

2. 导入图像文件

单击“图像”→“属性”命令，打开“属性”对话框，如图2-4所示，设置默认区域高和宽都为1像素，然后打开一张图片，如图2-5所示。

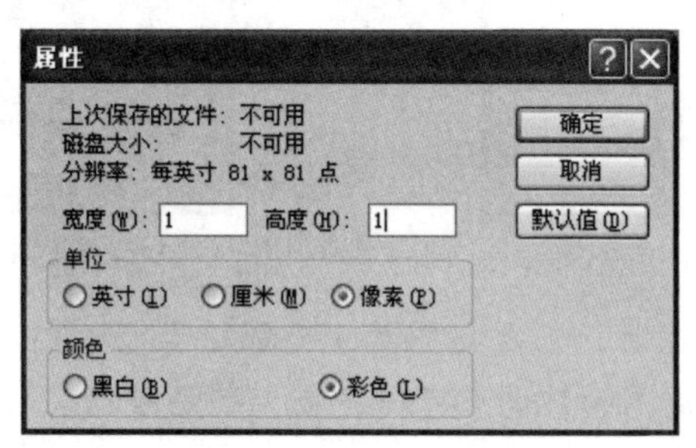

图2-4 “属性”对话框

专家提示：设置属性的目的是为了防止在打开一张图片后，白色画布部分超过图像的大小，影响整个画面。如果不是打开一张图片，而是粘贴一张图片到画图中，按下Ctrl+V键粘贴图像时会打开一个对话框，询问“剪贴板中的图像比位图大。想扩大位图吗？”，单击“是”按钮即可以当前剪贴板中的文件大小准确粘贴文件了。

学习导航：这里只有一张图片，有时想把另一幅图片贴到当前图片中，但又需要去掉其白色的背景。该怎么操作呢？如果还想把图像再旋转一下，又该怎么旋转呢？

3. 图片的透明处理和旋转设置

选择“编辑”→“粘贴来源”命令，如图2-6所示。然后打开要插入的图像文件，并缩放移动到合适的位置，如图 2-7 所示。

图 2-5 打开的图片

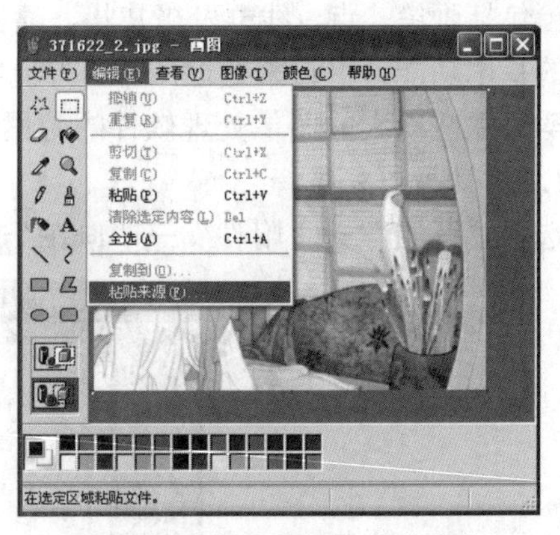

图 2-6 “粘贴来源”菜单命令

单击“图像”→“不透明处理”命令，将其前面的钩去掉，插入图形文件中的纯白色背景被过滤掉。选择“图像”→“旋转”命令，在弹出的对话框中可以选择相应的角度，如图 2-8 所示。

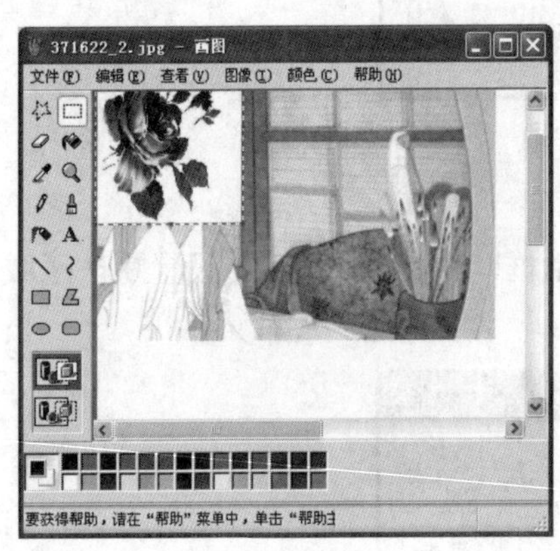

图 2-7 缩放图片

图 2-8 透明旋转处理

小技巧：在设置透明效果时，需要把图片完全缩小至背景内，不然超过背景的区域不能完成透明的效果，通过图片周围的控制点可以完成大小的缩放。

> **学习导航**：我们经常需要从一张图片中截出一部分来使用。一般情况下是通过专业图形处理程序进行剪裁，利用“画图”软件也可以完成吗？

4. 裁剪图片

单击“裁剪矩形框”工具，用鼠标框选部分区域，然后按住鼠标左键不松开，拖动到预定区域即可，如图 2-9 所示。

知识拓展：

（1）这个技巧在要用某一块位图填充一大块空缺时非常有用。另外可以在截取好的图像上面添加需要的文字，如图 2-10 所示。“画图”软件通常还可以用来创建图形文件和进行格式转换。

（2）一些专用的图形创作软件，如Photoshop、AutoCAD、CorelDraw、Freehand、Illustrator等都可以完成对图像的处理。

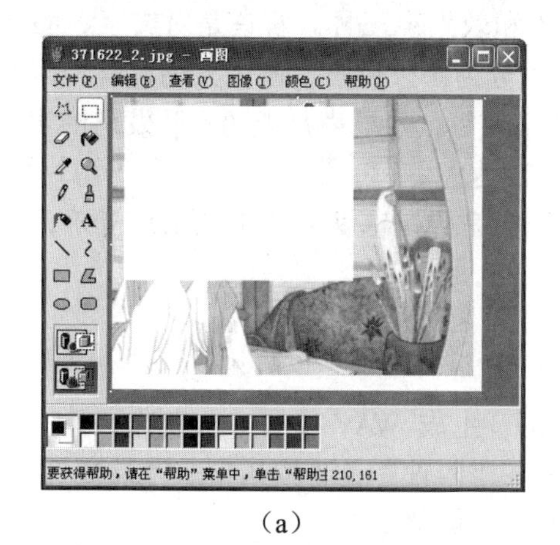

（a）

（b）

图2-9　剪切图（剪切部分）部分

图2-10　添加文字

> **学习导航**：图像是表达信息的重要元素，但在调节课件使用者的情绪、引起使用者的注意等方面，适当地运用声音能有更好的效果。一个古典的界面，如果再加上古典的配乐可能又多了一重意境。怎样采集和处理一些有用的音乐素材呢？

2.3　声音素材的采集与处理

学习目标：

- 知道音频文件的类型和常见格式
- 了解音频文件常用的采集方法
- 能够对声音文件进行简单处理

在多媒体课件中，声音能起到文字、图像、动画等媒体形式无法替代的作用。声音作为一种信息载体，其更主要的作用是直接、清晰地表达语意。

2.3.1　声音的类型

多媒体课件中的声音按内容可分为解说、音乐和效果声三种。解说是对文字、图形、图像、动画等媒体的解释和说明，在 MCAI 课件中可分为画外讲解、画中人物讲解和问答讲解等形式。背景音乐（配乐）则可以创设情境，烘托气氛等；效果声是现场实际发出的声音，必要的效果声有助于增加画面的真实感，扩大画面的表达力。

知识拓展：声音文件的类型主要有两种：波形音频（wave 文件）和 MIDI 音乐。常见的声音格式有 WAV、MP3、MIDI。

2.3.2　声音文件采集的方法

（1）通过计算机中的声卡，从麦克风中采集语音生成 WAV 文件。如制作课件中的解说语音就可采用这种方法。单击“开始”→“程序”→“附件”→“娱乐”→“录音机”命令，打开如图 2-11 所示的“录音机”窗口。

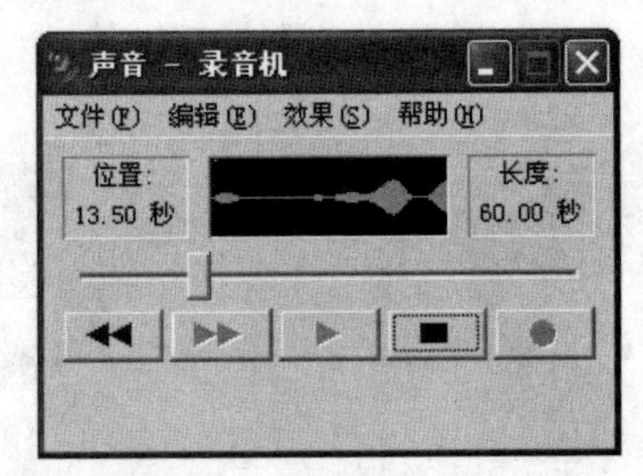

图 2-11　“录音机”窗口

（2）从音乐网站上下载。在提供下载接口的网站上很容易做到把需要的音乐下载到本机。以百度网站为例，在 IE 浏览器的“地址”栏输入www.baidu.com，选择 MP3 选项卡，这时可以通过音乐名称、演奏者甚至其中的一部分歌词进行搜索，如图 2-12 所示。

图 2-12　音乐网站

知识拓展：

（1）在百度网站上搜索音乐并下载通常情况下都可以做到，但有时我们听了些音乐觉得很好，却不知道叫什么名字，也没有提供下载的接口，怎样获得音乐呢？打开 C:\Documents and

Settings\用户名\Local Settings\Temporary Internet Files，这是存放上网临时文件的文件夹，每打开一个网页，网页上的所有元素都存放到这里。找到其中的声音文件，可以复制到其他的盘中，以方便使用时选取。

（2）Temporary Internet Files 文件夹里面有很多类型的文件，想从中找个东西很费劲，所以下载前先要把它清理一下。选择全部删除（放心删除，不会造成任何损害），然后刷新刚才打开的网页，单击播放音乐，等黄色缓冲条到头的时候（不一定是播放完以后）这个元素就到那个文件夹下了。刷新 Temporary Internet Files 文件夹（这时就只有刚才那个网页的元素了），单击“类型”，这些元素就按照类型分类了，找到后缀为.mp3 或者其他音乐格式的文件复制粘贴出来（复制时所有提示一律不管），下载完成。

（3）用专门的软件抓取 CD 或 VCD 光盘中的音乐，生成声源素材，如软件 CD。再利用声音编辑软件对声源素材进行剪辑、合成，最终生成所需的声音文件。

（4）要注意版权问题，从百度或 CD 等上下载或抓取音乐文件，只可用于研究、学习，不可用于商业目的。

学习导航：采集到的音频文件不一定就是所需要的内容，需要进一步处理，采用什么办法呢？有没有专门的软件可以用呢？

2.3.3　声音文件的处理

CoolEdit 是一个功能强大的音频编辑软件，可高质量地完成录音、编辑、合成等多种任务，并可以对它们进行降噪、扩音、剪接等处理，还可以给它们添加淡入淡出、立体环绕、3D 回响等音效。制成的音频文件可以保存为常见的.wav、.mp3 和.voc 等格式。

1. Cool Edit Pro 的基本界面

Cool Edit Pro 的基本界面如图 2-13 所示。

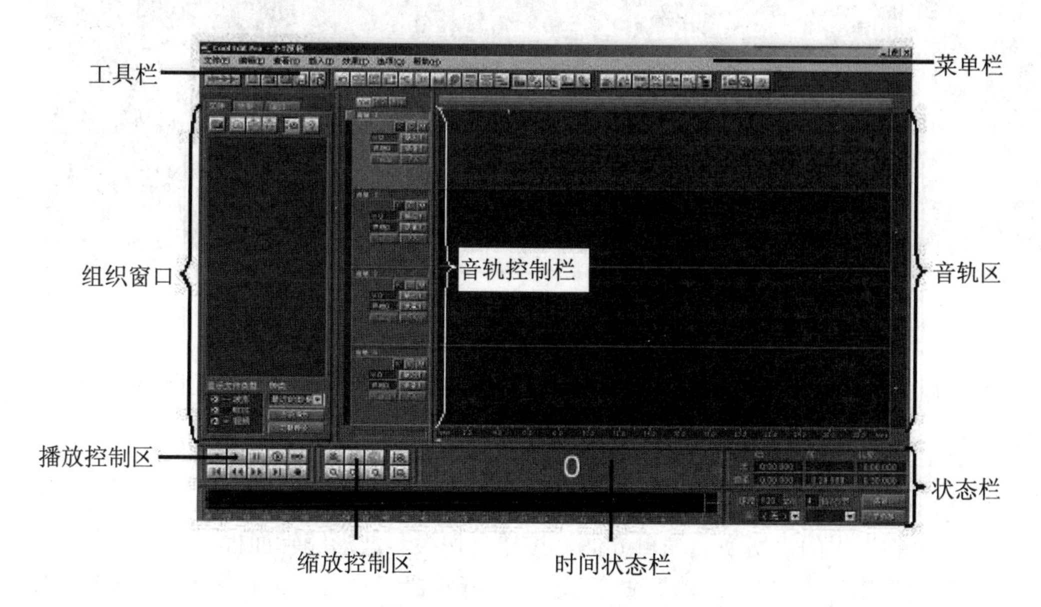

图 2-13　Cool Edit Pro 的基本界面

菜单栏：共包含 7 个菜单，每个菜单下带有一组相应命令。

工具栏：包含 Cool Edit Pro 中的常用工具。

组织窗口：用于进行文件控制和效果的预设。

音轨控制栏：用于控制各音轨状态。

音轨区：用于显示音频波形并进行编辑处理的区域。

播放控制区：用于控制播放状态。

缩放控制区：用于控制音轨中波形文件的显示比例。

时间状态栏：用于显示当前音轨的播放时间。

状态栏：用于控制播放状态及速度、节拍等。

专家提示：只要拥有它和一台配备了声卡的电脑，就等于同时拥有了一台多轨数码录音机、一台音乐编辑机和一台专业合成器。Cool Edit Pro 能记录的音源包括 CD、话筒、卡座等多种。

2. 使用 Cool Edit Pro 录制声音

打开 Cool Edit Pro，选择要录音的音轨。在音轨对应的“音轨控制栏”单击，使该音轨进入录音等待状态。准备好麦克风，在 “播放控制区”单击“录音”按钮即可开始录音，如图 2-14 所示。录音完毕后，可在“播放控制区”单击“播音”按钮进行试听。

图 2-14 录音窗口

学习导航：录制的声音由于外界环境的原因会出现如呼气的噪音，严重影响到声音文件的质量，怎样降低或者剪除这种干扰呢？

3. 降噪设置

单击“工具栏”中的“切换为编辑界面”按钮，切换至波形编辑面板。单击菜单栏中的“效果”→“噪声消除”→“降噪器”命令，打开“降噪器”面板，准备进行噪声采样，如图 2-15 所示。

4. 降噪采样

降噪器中的参数保持默认数值，单击“噪声采样”按钮进行噪声的采样。采样完成后适当调整“降噪级别”，单击“确定”按钮。对录制好的音频降噪前，可先单击“预览”按钮，试听降噪后的效果，如图 2-16 所示。

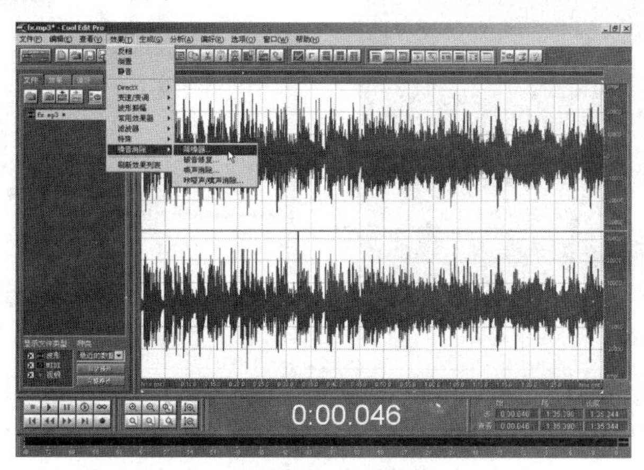

图 2-15　降噪采样设置

编者提示：如失真太大，说明降噪采样或降噪级别不合适，需重新采样或调整参数。有一点要说明，无论何种方式的降噪都会对原声有一定的影响。

学习导航：Cool Edit Pro 上面还有很多的菜单工具，当然，它不会只有录音降噪的功能，想要截取某首曲子中的一段内容，或者说要把录制的声音加上背景配音，该怎么操作呢？

5. 使用 Cool Edit Pro 剪辑、拼合音频素材

（1）打开音频素材。在要插入音频素材的音轨上右击，在弹出的快捷菜单中选择“插入”→“音频文件”命令，如图 2-17 所示。在弹出的对话框中选择需要插入的音频素材并打开。

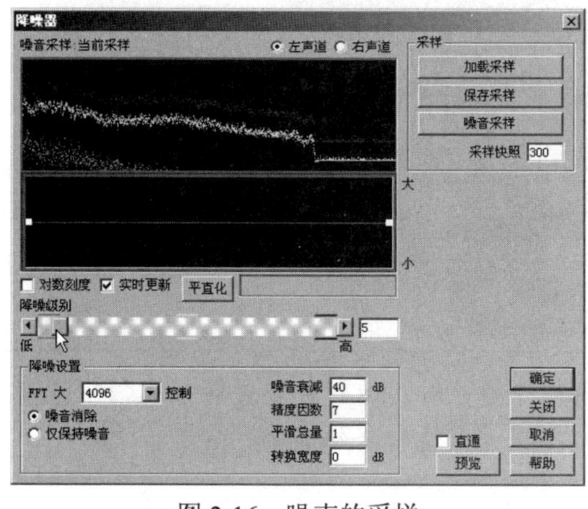

图 2-16　噪声的采样

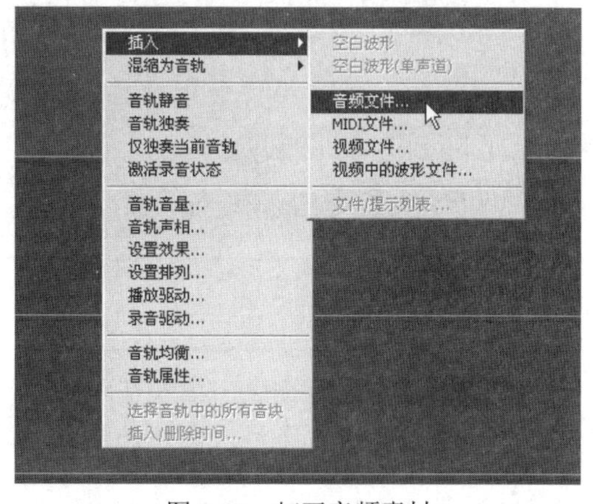

图 2-17　打开音频素材

（2）调整音频的波形显示。单击工具栏中的“切换为编辑界面”按钮，切换至波形编辑面板。可使用“缩放控制区”中的“放大”或“缩小”按钮对音频的波形显示大小进行调整，并可拖动音轨区上方的滑动条更改音频波形显示区域，以方便剪辑，如图 2-18 所示。

（3）删除音频。在音轨上使用鼠标左键拖动，选中要删除的部分，按 Delete 键清除即可，如图 2-19 所示。

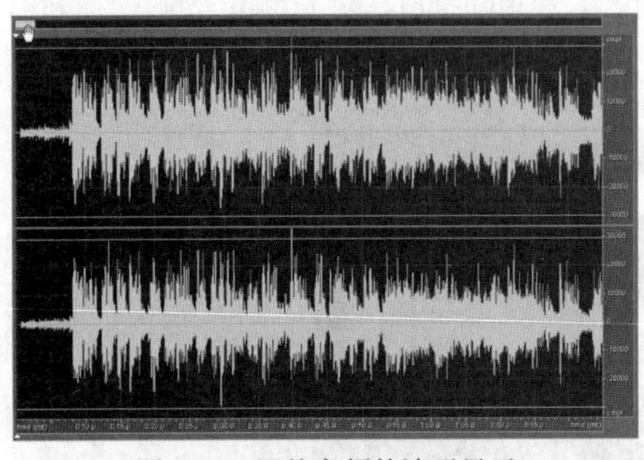

图 2-18　调整音频的波形显示

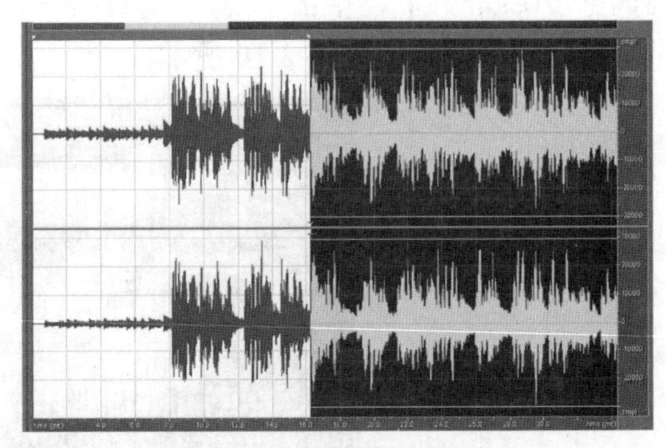

图 2-19　选择删除的音频

（4）插入音频。剪辑好后，单击工具栏中的“切换多轨界面”按钮，切换至多轨面板。在其他空白音轨上右击，在弹出的快捷菜单中选择“插入”→“音频文件”命令。在弹出的对话框中选择需要插入的音频素材并打开。按住鼠标右键将其拖放至想要插入的位置，如图 2-20 所示。

图 2-20　插入音频

学习导航：通过删除、插入可以完成对音频文件的剪辑，但有时需要音频文件慢慢地进入，缓缓结束，以免给人突兀的感觉，怎么对音频文件进行修饰呢？

6. 音频文件的修饰——设置“淡出淡入”效果

选择音轨 1，单击工具栏中的“显示音量包络”按钮和“编辑包络”按钮，并使用鼠标左键拉动音轨上的音量控制线对音轨音量进行调整。也可对将音轨 2 进行同样调整，做出“淡出淡入”效果，如图 2-21 所示。

编者提示：通常可以利用工具栏中的工具完成对音频文件的分割，编辑音频块上的声相（左右声道）、音量、音调、偏移位置等。

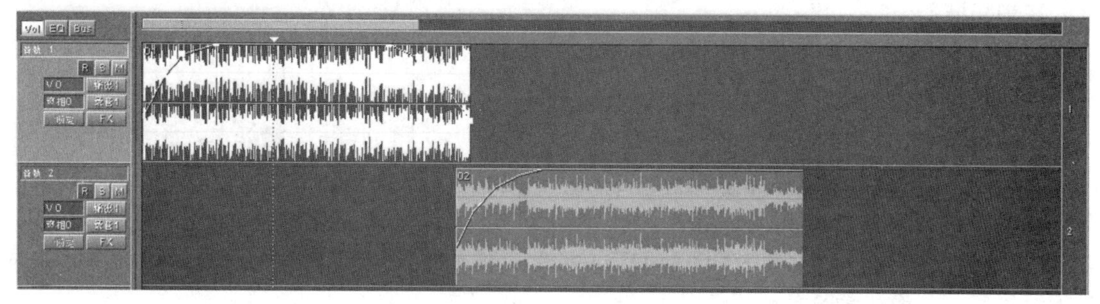

图 2-21　设置“淡出淡入”效果

7. 试听保存文件

调整完成后可在播放控制区单击“播音”按钮进行试听，并对不合适的地方进行进一步调整。全部调整完成后，单击菜单栏中的“文件”→“混缩另存为”命令。在打开的保存面板中设置保存路径、文件名、保存格式，进行混缩保存即可。

学习导航：许多事实的过程描述只依赖于文本信息或图形图像信息是不够的，为达到更好的描述效果，需要利用动画、视频素材。怎么获取这些有用的素材以便在教学过程中呈现给学生呢？

2.4　视频素材的采集与处理

学习目标：

- 知道视频文件的常见格式
- 了解获取视频文件的几种方法
- 了解处理视频文件的常用软件
- 能够进行视频格式间的转换

视频（动画）指连续变化的图形图像，通常都同步配有声音，一般称为影片。由于图有图像和图形之分，我们把连续变化的图形形成的影片称为动画，而把连续变化的图像形成的影片称为视频。为了使影片播放流畅而无跳跃感，播放速度应达 25 帧/秒以上。为了能表现丰富的色彩，要求画面颜色至少是 256 色。为了能表现图像的细节，分辨率应达到 VGA（640×480）标准。

2.4.1　视频（动画）的常见格式

（1）常见的动画文件格式 SWF、AVI、GIF。其中 SWF 格式是 Macromedia 公司推出的 Flash 动画文件格式，播放时需要专门的播放器，但 IE 5.0 以上版本已内置了 Flash 播放器。SWF 文件体积很小，适合网上交流；GIF 格式是图片格式，它不仅可以保存一张图片，也可以保存连续多张图像，并支持循环播放，从而形成动感。

（2）常见的视频格式 AVI、MPEG、RMVB、WMV 等。

知识拓展：

（1）AVI 即音频视频交错格式，是 Audio Video Interleave 的缩写。所谓“音频、视频交错”，就是将视频和音频交织在一起进行同步播放。它是由 Microsoft 公司于 1992 年推出的，具有压缩比率小、图像质量好，可以跨多个平台使用的优点；但其体积过大，不便于传输。

（2）MPEG 是活动图像专家组（Moving Picture Experts Group）的缩写。MPEG 实质上是一种运动图像压缩算法的国际标准。目前 MPEG 格式有三个压缩标准，分别是 MPEG-1、MPEG-2 和 MPEG-4。常见的 VCD 和 DVD 就是分别采用 MPEG-1 和 MPEG-2 的标准，其具有压缩率高、画面质量好的优点。

学习导航：视频素材的制作过程比较复杂，需要一定的技术、设备作为支撑，因此要获取一段合适的视频文件，需要采用各种可能的途径，具体有哪些获取办法呢？

2.4.2　视频（动画）的获取

1. 从光盘上获取视频素材或者从 Internet 上直接下载

如果有现成的光盘，可以直接“借”用。Internet 上具有最为丰富的视频素材库，也可以直接从网上下载，这时会遇见和下载音乐同样的问题，怎样从没有下载接口的网站下载视频。基本操作过程一样，不同的是在临时文件夹里要复制的是视频文件而不是音乐文件。

编者提示：通常在临时文件夹中存放的视频文件类型有 FLV、ASF，动画文件是 SWF 格式，要准确地获取这些文件，一定要熟悉它们的格式。

学习导航：刚才的两种办法是直接获取已经存在的视频文件。如果没有光盘，Internet 也没有提供下载的，该怎么办？对，自己动手。

2. 视频素材的制作

（1）采用动态屏幕捕捉软件。可以采用 SnagIt、Hypercam、Screencam 等动态屏幕捕捉软件，捕捉感兴趣的计算机屏幕内容，最后存储成 AVI、MPG、MOV 等影像格式文件供日后调用。

（2）采用视频捕捉卡直接进行视频资料的采集，这也是最有效和快捷的方法。常见的视频捕捉卡有 CreativeRT300 视霸卡、银河 JMC 系列，通过视频捕捉卡和相应软件就可以把电视、录像等视频信号采集下来，并存储成 AVI、MPG、MOV 等影像格式文件。由于视频捕捉卡比较昂贵，距离普通的个人用户还是比较远。

（3）通过各种视频编辑软件制作数字影像资料，常用的软件有：Falsh、3DS MAX、VideoStudio、Premiere、Director 等，缺点是需要熟悉软件的使用方法，制作周期长。但是一旦掌握这些软件的使用技巧，对于提高多媒体软件的质量将起到举足轻重的作用。

学习导航：这里依然面临和前面同样的问题，获取的素材未必适合教学使用，需要进行修改和剪辑，可以采用什么办法呢？

2.4.3　视频素材的处理

采用超级解霸等软件可以把 VCD、DVD 视盘上的某个片段采集下来，存储成 AVI、MPG 等影像格式文件。同时也可以对视频文件进行格式转换。

1. 超级解霸 3000 的基本界面

超级解霸 3000 的基本界面包括菜单栏、控制按钮、播放时间条、播放控制栏、音视频设置菜单等内容，如图 2-22 所示。

编者提示：超级解霸可以播放的格式有：光碟格式 VCD、SVCD、DVD 等；文件格式.MPG、.DAT、.MPV、.VOB 等。

图 2-22　超级解霸 3000 的基本界面

> **学习导航：**已经知道视频是连续变化的图像所形成的影片，是否可以获取其中某一瞬间或者某一张图像呢？

2. 在视频文件中截取静态图像

（1）截取单张图像。单击菜单栏的“文件”菜单，打开需要截取静态图像的视频文件。将 “播放时间条”上的指针拉动到想截取的位置，或在文件播放过程中，单击“控制按钮”栏中的“单张抓图”按钮，如图 2-23 所示。在弹出的保存图像面板中保存截取的图像即可。

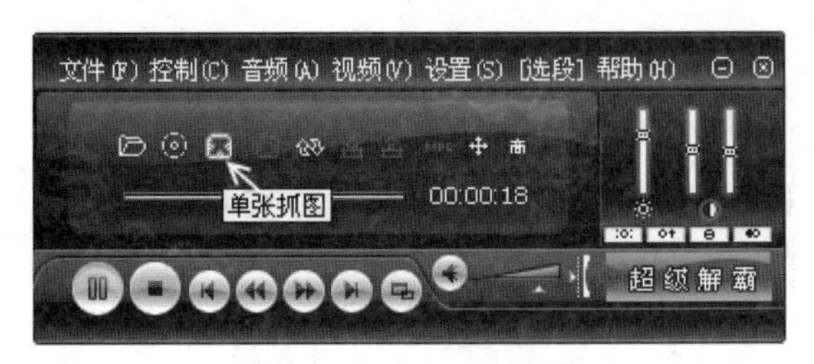

图 2-23　截取一幅图像

（2）连续截图。单击菜单栏的“文件”菜单，打开需要连续截图的视频文件。在播放停止状态下将“播放时间条”上的指针拖动到想截取的位置，单击“播放控制栏”中的“连续抓图”按钮，如图 2-24 所示。在弹出的保存图像面板中设置图像名、保存位置，单击“保存”按钮，此时就已开始连续截图的操作，单击“播放控制栏”中的停止按钮时，截图即停止。可以打开保存图像文件的位置查看图片文件。

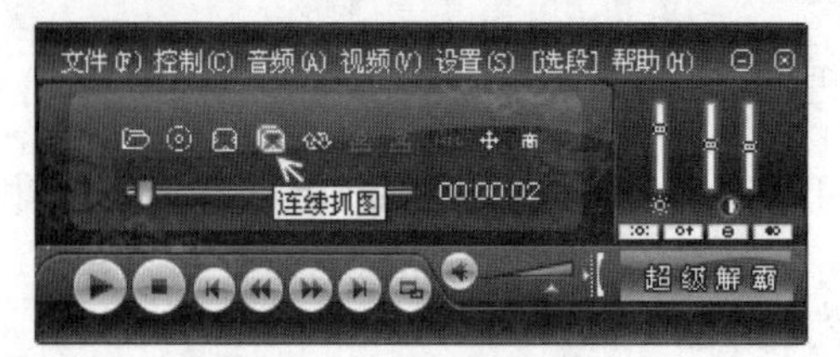

图 2-24 连续截取图像

学习导航：既然可以获取一张或几张图片，是否可以截取一段视频片段呢？是否可以把两段视频拼合起来呢？

3. 截取视频片段

单击菜单栏的“文件”菜单，打开需剪辑的视频文件。单击“控制按钮”栏中的“循环播放”按钮。将“播放时间条”上的指针拖动到开始截取的位置，单击“控制按钮”栏中的“选择开始点”按钮和“选择结束点”按钮设置开始点和结束点，如图 2-25 所示。单击“保存 MPG”按钮，在弹出的保存窗口中设置好文件保存类型和文件名，即可自动开始录制。

图 2-25 设置开始点和结束点

4. 视频片段的合并

打开“超级解霸”菜单的“视频工具”→“MPG 合并”工具，如图 2-26 所示。在打开的控制面板中单击“添加文件”按钮，选择需要合并的视频片段文件进行添加。设置输出文件名称、位置，单击“开始合成”按钮即自动开始合并，如图 2-27 所示。

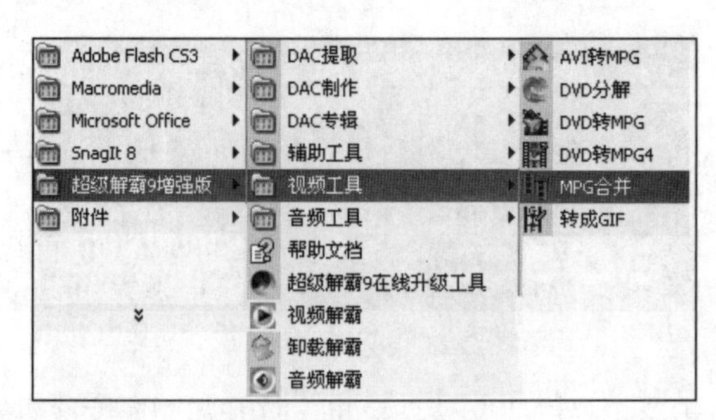

图 2-26 MPG 拼合工具

学习导航：在使用超级解霸的过程中会发现它也不是万能的，很多格式的文件都无法播放，当然也无法进行编辑了，比如在 Internet 上下载的 FLV 格式的视频文件，就需要进行格式转换，超级解霸虽然完成了视频的截取和合并，但在视频特效和添加字幕方面就无能为力了！有什么办法解决这些问题呢？

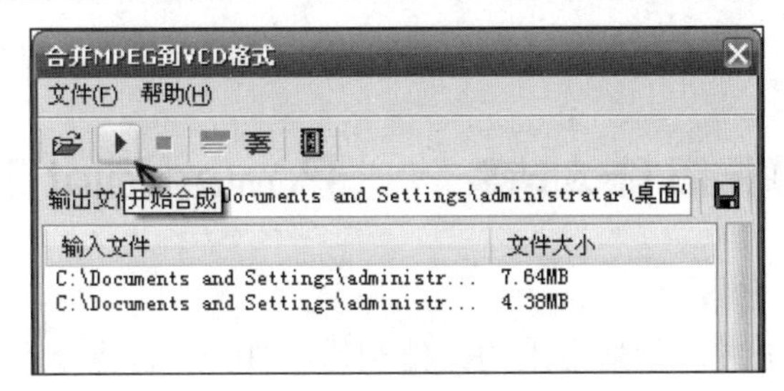

图 2-27　拼合视频片段

5. 视频格式转换与编辑

（1）视频格式转换——格式工厂。很多的视频格式是需要特殊转化的，在后面的学习中会发现，有时需要把 AVI 等格式转化为 FLV，有时需要把 FLV 格式转化为 WMV、AVI 等。这里推荐使用“格式工厂”，它几乎可以完成各种视频格式的转化，更加友好的是可以批量转换。

（2）视频编辑——会声会影（Corel VideoStudio）可以简便地完成视频片段的剪辑、合成，声音和特效的添加，也可以方便地进行格式转化。

编者提示：这里我们没有对上面所说的格式转化和编辑软件过多介绍，因为相关的软件确实很多，希望读者在遇到这些问题的时候，可以灵活地选择处理途径。比如有专门的软件完成 FLV 同 AVI 之间的转化，对于编辑软件，Windows 系统自带了 Mediamaker 视频编辑工具，也可以方便地完成。

学习导航：到这里已经学习了 4 种素材的获取与处理方法，其目的是为以后的课件制作做好铺垫。最后对本章做简单的小结，以便供读者快速参阅。

序号	类别		常见文件格式	常用软件	实例
1	文本	文字、数字等	.txt .doc	记事本 Word	
2	图形图像	图像（位图）	.bmp .jpg .gif	画图 ACDSee Photoshop	数码照片
		图形（矢量图）			
3	声音	波形	.wav .mp3	录音机 Media Player RealPalyer	
		音序	.mid	Media Player	电子琴演奏
4	动画	连续图形 +声音	.swf .avi	Flash Cool 3D	
5	视频	连续图像 +声音	.avi .mpg .rmvb	超级解霸 Premiere 会声会影	VCD DVD

第二部分　课件制作剑客——PowerPoint 2003 课件制作

PowerPoint 简称为 PPT，是最常用的课件制作工具。其特点是操作方便，界面简单，容易学习且功能强大，因此成为广大一线教师制作课件的首选和“法宝”。PowerPoint 有很多版本，且功能逐渐完善，本书以最常用的 PowerPoint 2003 为例介绍该软件的使用。

基础篇

你可能见过很多老师的课件了，巧妙的动画效果，恰到好处的背景音乐，还有引人入胜的视频特效，在听课的同时，有没有被老师的技能心动呢？现在就开始学习怎样把自己也打造成这样的老师！也许你会有疑问，我需要有哪些基本知识呢？这个问题不用担心，只要你会启动电脑和使用键盘鼠标就足够了！

第3章　PowerPoint 2003 简单演示文稿的设计

PPT是最简单的课件制作工作，作为Office办公组件的一部分，具有类似的界面和菜单，可以快速掌握。本章作为开篇章，除了简单介绍该软件工具外，会呈现一个最简单的演示文稿的实际制作过程，以便有一个完整的认知。

学习目标：

- 会启动和退出 PowerPoint 2003
- 掌握创建或打开 PowerPoint 2003 文档的方法
- 熟悉 PowerPoint 2003 的操作界面，并了解各部分的功能
- 会制作简单的演示文稿，并能够对其进行美化处理

3.1　PowerPoint 2003 的启动与退出

学习目标：

- 可以用一种或者多种方式启动、退出 PowerPoint 2003
- 能够创建或者打开一个 PowerPoint 2003 文档

3.1.1　PowerPoint 2003 的启动与退出

1. PowerPoint 2003 的启动

依次单击“开始”→“程序”→Microsoft Office→Microsoft Office PowerPoint 2003，启动PowerPoint 2003后，系统会自动新建一个空白演示文稿基本操作界面，如图3-1所示。

知识拓展： *启动 PowerPoint 还有如下方法：*

方法一：选择“开始”→“运行”命令，在弹出的“运行”对话框中输入 POWERPNT.EXE，然后单击“确定”按钮。

方法二：如果你有足够的耐心，可以在 C:\Program Files \Microsoft Office\OFFICE11 文件

夹下面找到 POWERPNT.EXE 文件，双击就可以打开。

方法三：在找到 POWERPNT.EXE 文件后，右击，选择“发送到”→“桌面快捷方式”命令，这时桌面上就会有 POWERPNT.EXE 图标，以后就可以直接在桌面双击这个图标运行该软件了。如果桌面上本来就有，这个步骤就显得多余了。

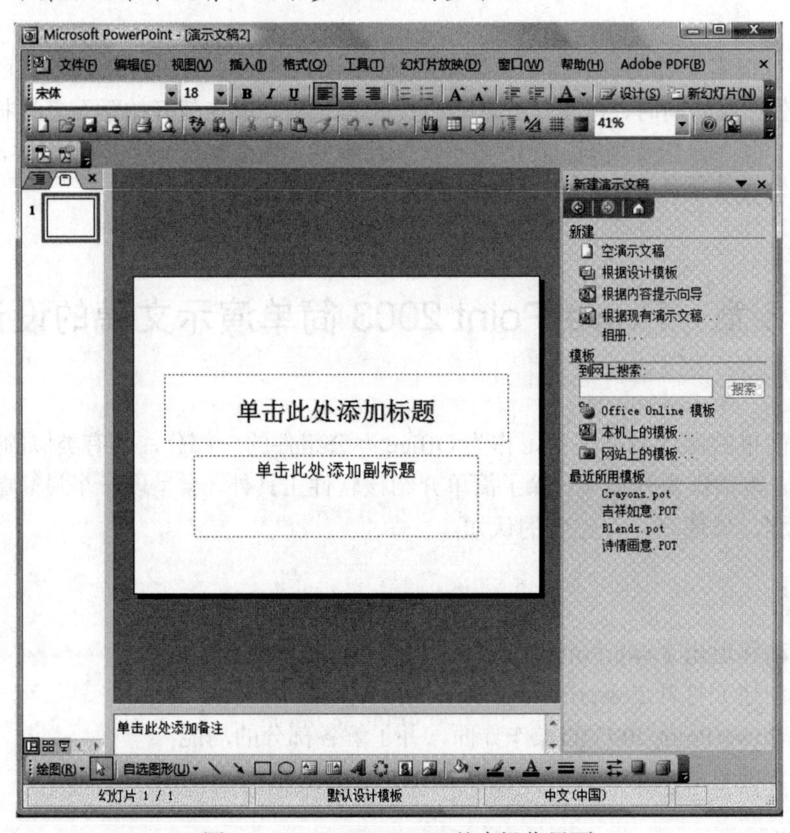

图 3-1 PowerPoint 2003 基本操作界面

2. PowerPoint 2003 的退出

在窗口的标题栏上有关闭按钮，单击“关闭”按钮即可退出 PowePoint 2003。

知识拓展：退出 PowerPoint 还有如下方法：

方法一：双击标题栏文件图标。

方法二：同时按下 Alt+F4 组合键。

方法三：选择“文件”→“退出”命令。

学习导航：我们好像只是学会了打开与退出程序，细心的你会问是不是应该把它保存下来？紧接着就学习为自己创建一个文档。

3.1.2 PowerPoint 2003 文档的创建

1. PowerPoint 2003 文档的保存

在菜单栏中选择“文件”→“保存”命令，在弹出的“保存”对话框中选择保存的路径

（位置）及要保存的文件名，单击“确定”按钮。

知识拓展：

（1）启动 PowPoint 2003 后，在里面有一些操作，在单击“关闭”按钮时会弹出询问是否保存对话框，如图 3-2 所示。根据情况可以选择是或否，然后在“另存为”对话框中输入文件名，单击“确定”按钮。

图 3-2　询问是否保存对话框

（2）按 Ctrl+S 组合键可以直接打开“保存”对话框。

学习导航：如果文件已经保存过一次，想对它进行修改或者换个位置保存，可不可以呢？当然可以。

2. PowerPoint 2003 文档的打开和另存

选中已经保存的 PowerPoint 2003 文档，双击文档图标，即可打开已经保存过的文件。在菜单栏中选择“文件”→“另存为”命令，打开如图 3-3 所示的对话框，输入文件名。

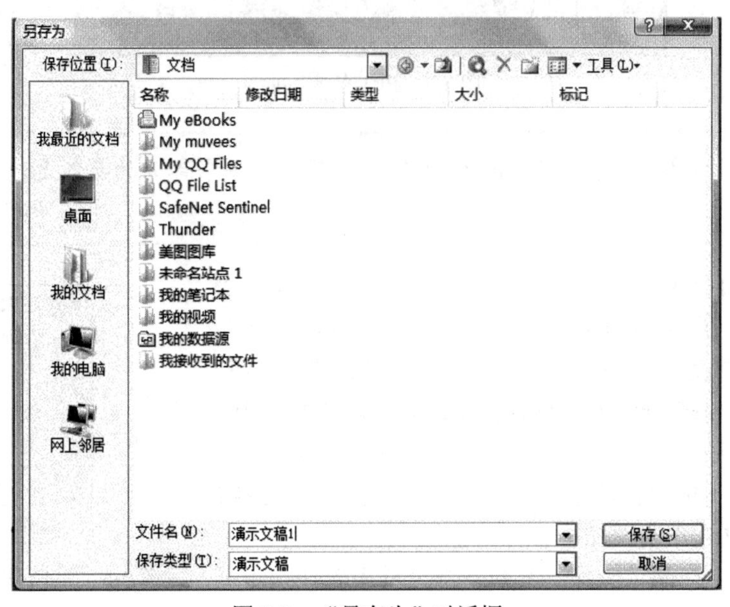

图 3-3　“另存为”对话框

编者提示：在图 3-3 中除了路径和文件名外，还有保存类型供选择，默认是“演示文稿（*PPT）”，暂时可以选择默认，以后章节中会详细阐述。

学习导航：刚才学习的时候，我们可能会疑惑什么是标题栏和菜单栏，下一节会详细介绍 PowerPoint 2003 界面的每个部分。

3.2 PowerPoint 2003 操作界面各部分的功能

学习目标：

- 熟悉 PowerPoint 2003 的操作界面
- 了解各部分的功能

PowerPoint 和其他软件的工作窗口一样，主要是由标题栏、菜单栏、工具栏、任务栏和工作区等几个部分构成，如图 3-4 所示。

图 3-4 PPT 基本界面

学习导航：了解了 PowerPoint 2003 的工作窗口，每个部分的功能是什么呢？接下来详细讲述。

1. 操作界面的组成部分

标题栏：显示当前的 PPT 文件名。标题栏最右端的三个按钮，从左到右依次为“最小化”、“最大化”和“关闭”按钮。单击最左端的 PowerPoint 2003 软件标记，弹出下拉菜单，包含最小化、最大化、移动、关闭、大小、还原 6 个选项。

菜单栏：位于标题栏的下方，最左端是当前演示文稿的控制菜单图标，单击此图标打开其下拉菜单（见图 3-5），可以对当前文件进行简单操作，其余依次为常用软件的 9 个基本菜单。

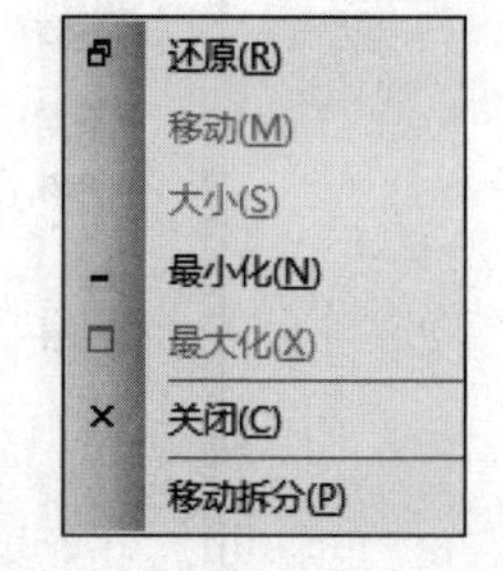

图 3-5 控制菜单图标的下拉菜单

工具栏：默认状态下显示的是常用工具栏、格式工具栏和绘图工具栏。其余为内置的工具，通过单击“视图”→“工具栏”命令，在弹出的子菜单中可以选择所需要的工具，被激活的工具前方带有“√”，如图 3-6 所示。

任务窗格：位于屏幕最右面，单击开始工作右面的下三角按钮打开其下拉菜单（见图 3-7），被激活的任务前面显示“√”。

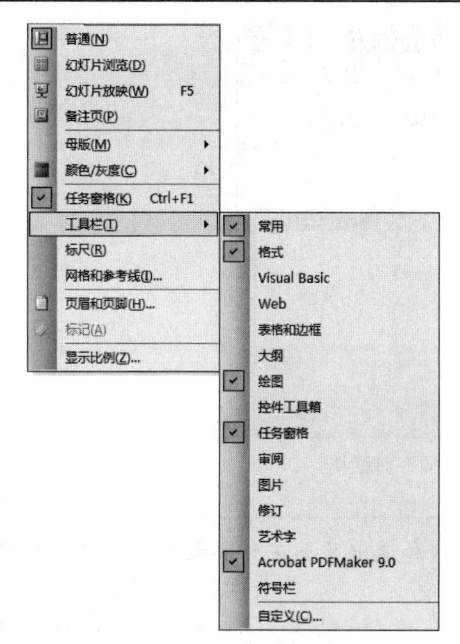

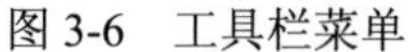
图 3-6　工具栏菜单

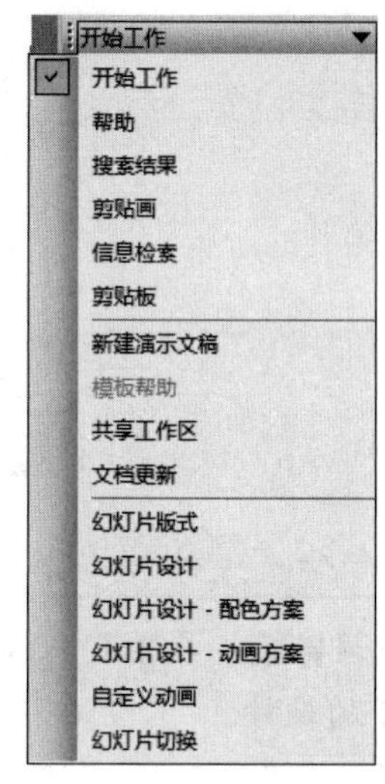

图 3-7　任务窗格下拉菜单

状态栏：位于 PowerPoint 窗口的最下面，显示幻灯片设计模板、当前的幻灯片编号和总的幻灯片数量等相关信息。

工作区：进行 PPT 创作的区域。

2. 工具栏

下面重点介绍常用的工具栏菜单，从图 3-6 中可以看到，PowerPoint 2003 工具栏包含的工具有：常用、格式、绘图、Web、表格和边框、大纲、控件工具箱、任务窗格、审阅、图片、修订、艺术字、符号栏、自定义等。

常用工具栏、格式工具栏出现在菜单栏的下方，如图 3-8 所示。

图 3-8　常用工具栏和格式工具栏

最常用的工具栏如图 3-9 至图 3-11 所示，根据需要可以选择合适的选项。其他的工具不常用，可以自己打开查看。

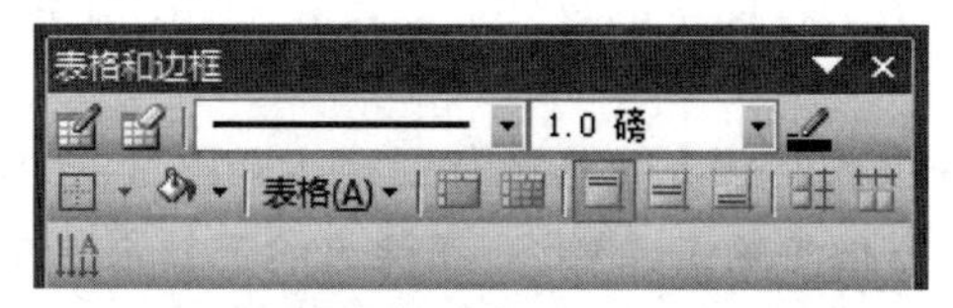

图 3-9　“表格和边框”工具栏

图 3-10　“艺术字”工具栏

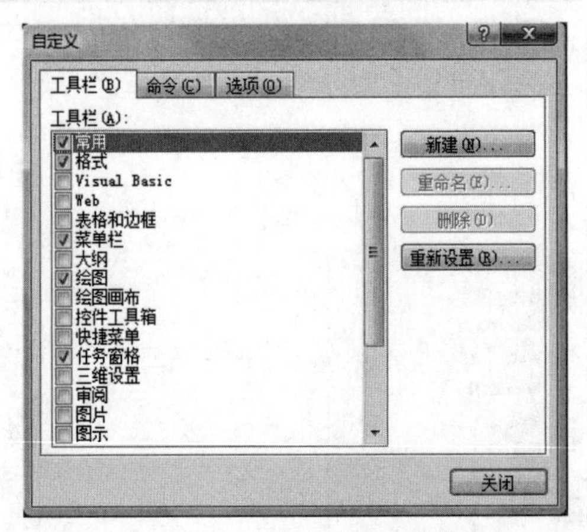

图 3-11 “自定义”对话框

学习导航：了解了 PowerPoint 2003 的启动和退出及其工作界面后，接下来将详细介绍 PPT 的设计。

3.3 简单演示文稿的设计

学习目标：

- 会制作简单的演示文稿并能进行美化
- 掌握图片、背景的插入方法
- 能对自选图形进行编辑
- 掌握特殊符号及图示的输入
- 了解图片的插入及其格式的设置方法
- 能够在幻灯片中插入背景色和背景图片并能对其进行编辑

3.3.1 简单演示文稿的创建

1. 创建演示文稿

打开 PowerPoint 2003 后，系统自动打开一个空白演示文稿，可以在工作区直接输入文字，然后利用格式工具栏可对文字进行简单的设计，如设计字体、字形、字号、效果、颜色等。

知识拓展：

方法一：利用“幻灯片版式”任务窗格进行创建（如图 3-12 所示）。幻灯片版式中包含大部分常用的版式，在任务窗格中单击“▼”，在弹出的下拉菜单中单击“幻灯片设计版式”，选择需要的版式，然后在工作区进行相应的文字、图片等的输入和编辑。

方法二：与第一种操作方法相同。任务窗格中单击“▼”，在弹出的下拉菜单中单击“幻灯片设计”，如图 3-13 所示，选择需要的设计模板即可进行 PPT 创作。

2. 竖排文字的输入

单击绘图工具栏中的“竖排文字”按钮，在工作区拉出一个框即可输入文字，其效果是竖排文字，如图 3-14 所示。如果想输入横排文字，单击即可。

图 3-12　“幻灯片版式”任务窗格

图 3-13　“幻灯片设计”任务窗格

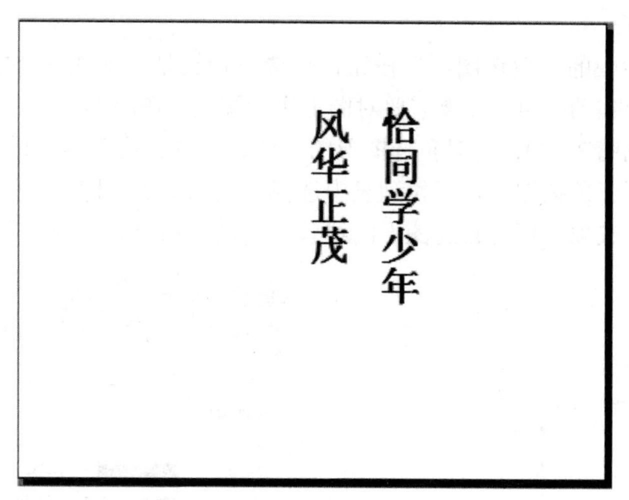

图 3-14　竖排文字效果

3.3.2　插入艺术字

单击“插入”→“图片”→“艺术字”命令，在弹出的“艺术字库”对话框（见图 3-15）中选择一种喜欢的样式，单击“确定”按钮，弹出“编辑‘艺术字’文字”对话框，在文本框中输入文字，并可以对字体、字号等进行设置，单击“确定”按钮即可，如图 3-16 所示。

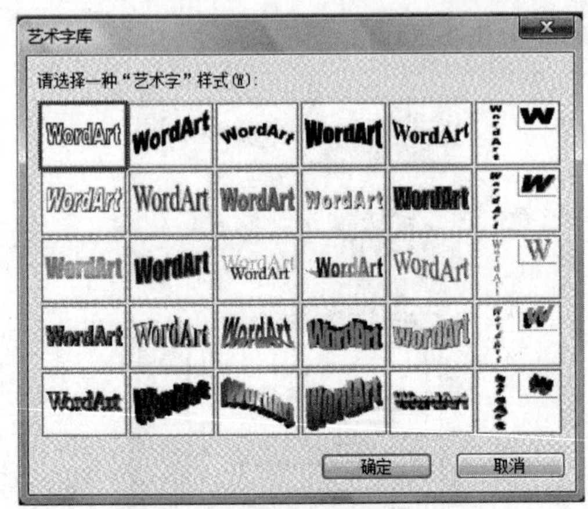

图 3-15　“艺术字库”对话框

图 3-16　插入的艺术字

编者提示：在绘图工具栏中单击“插入艺术字”按钮，同样可以打开“艺术字库”对话框。

3.3.3　自选图形的绘制

1. 自选图形的种类

单击绘图工具栏中的“自选图形”按钮，在弹出的下拉菜单中可以看到系统提供的自选图形，共有 8 类，如图 3-17 所示。

把鼠标放在任一类自选图形上，都会弹出一个子菜单，里面有本大类中的所有图形。如果没有自己需要的图形，可以单击“其他自选图形”选项，则会在右边的任务窗格中弹出系统自带的很多图形。

2. 绘制自选图形

单击绘图工具栏中的“自选图形”按钮，任选一种类型，如线条类中带箭头的线条，然后在工作区按住左键拖动即可。如果需要对图形进行编辑，在图形上双击，弹出“设置自选图形格式”对话框（见图 3-18），可对自选图形的颜色、线条、位置等进行设置。单击“填充”→“颜色”后面的下三角按钮，在下拉列表中选择喜欢的颜色，即可改变自选图形的填充色；单击下面的“线条”选项，可对自选图形的线条颜色进行填充。

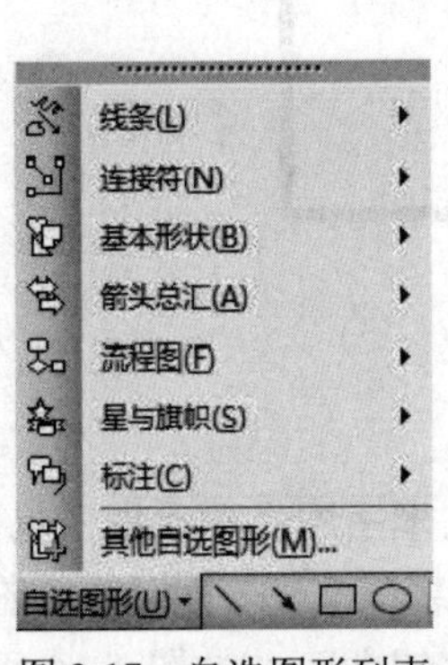

图 3-17　自选图形列表

图 3-18　“设置自选图形格式”对话框

学习导航：除了自选图形外，在制作 PPT 课件中有时需要输入一些特殊符号，怎样才能输入需要的特殊符号呢？下面详细讲述。

3.3.4　特殊符号的输入

单击“插入”→“特殊符号”命令，弹出“插入特殊符号”对话框，如图 3-19 所示，系统提供的特殊符号有单位符号、标点符号、数字符号、特殊符号、拼音、数学符号，可根据需要进行选择。

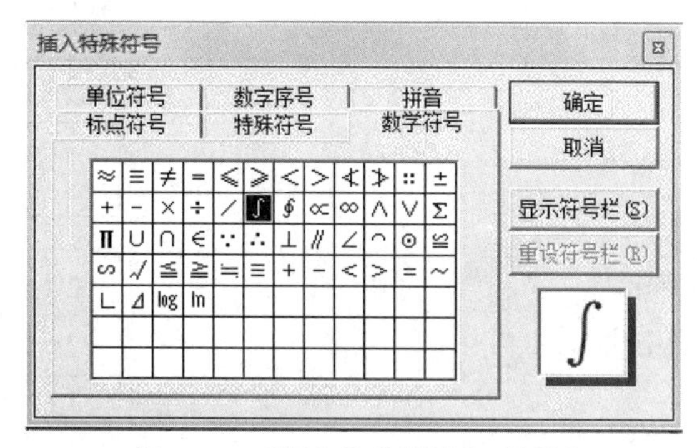

图 3-19　“插入特殊符号”对话框

编者提示：“插入特殊符号”对话框中包含常用的各种符号，如果在制作数学课件时没有所需符号，可以单击“插入”→“对象”命令，在弹出的对话框中选择“Open Office 公式”，然后选择需要的符号即可。

3.3.5　图示的插入

单击“插入”→“图示”命令，弹出“图示库”对话框，如图 3-20 所示。图示主要用于显示内容之间的联系，共有 6 种图示，选择一个插入到幻灯片中，同时出现其对应的工具栏，如图 3-21 所示，可对图示进行编辑。在图示上单击，也可以弹出“图示”工具栏。

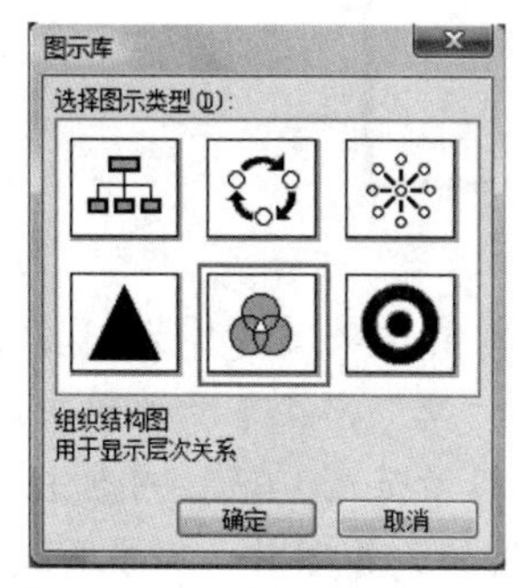

图 3-20　“图示库”对话框

图 3-21　“图示”工具栏

3.3.6　图片的插入

单击“插入”→“图片”命令，如图 3-22 所示，在弹出的子菜单中选择合适的图片来源，然后插入图片即可。

1. 剪贴画的插入

依次单击“插入”→“图片”→“剪贴画”命令，右侧的任务窗格会显示 PowerPoint 2003 系统自带的所有剪贴画，如图 3-23 所示，在喜欢的剪贴画上单击即可在 PPT 中插入剪贴画，如图 3-24 所示。

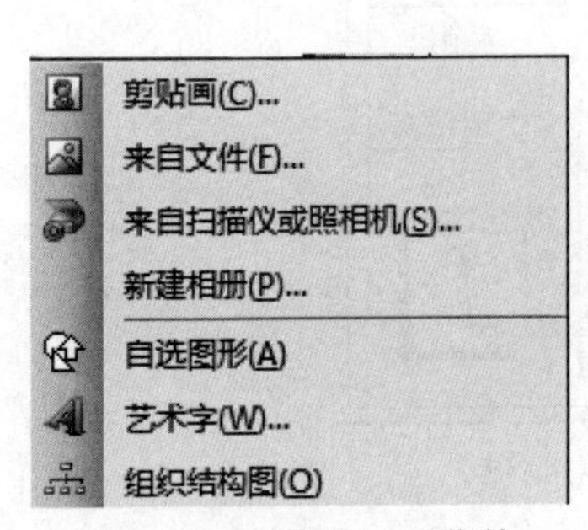

图 3-22 “图片”子菜单

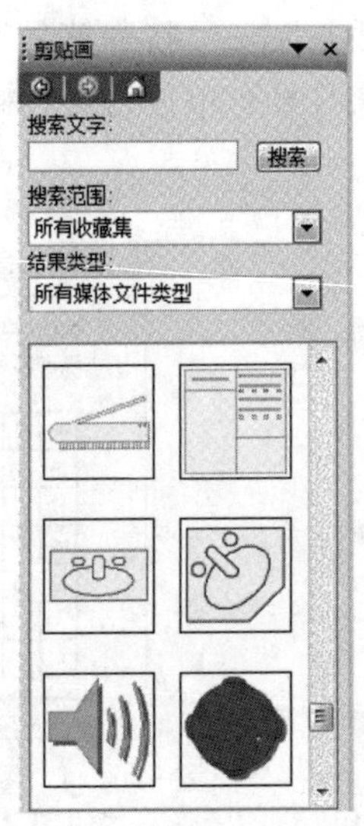

图 3-23 “剪贴画”任务窗格

图 3-24 插入的图片

知识拓展：利用 PowerPoint 2003 制作演示文稿时，经常需要搜集图片作为铺助素材，可直接在“剪贴画”任务窗格中查找。方法：在任务窗格中单击“▼”，在下拉菜单中选择“剪贴画”，在“搜索文字”栏输入所寻找图片的关键词，再在“搜索范围”下拉列表中选择“所有收藏集”，单击“搜索”按钮即可，搜到的都是微软公司提供的免费图片，不涉及版权问题，可放心使用。

2. 图片文件的插入

单击“插入”→“图片”→“来自文件”命令，打开“插入图片”对话框（见图 3-25），然后单击需要插入的图片，再单击“插入”按钮或直接在图片上双击即可。

学习导航：插入图片后，有些图片可能不是想要的效果，这时怎么办呢？需要对图片进行格式设置，接下来介绍怎样对图片进行格式设置。

图 3-25　“插入图片”对话框

3.3.7　设置图片格式

在插入的图片上双击，弹出“设置图片格式”对话框，如图 3-26 所示，可对图片进行编辑，包括大小、颜色等。

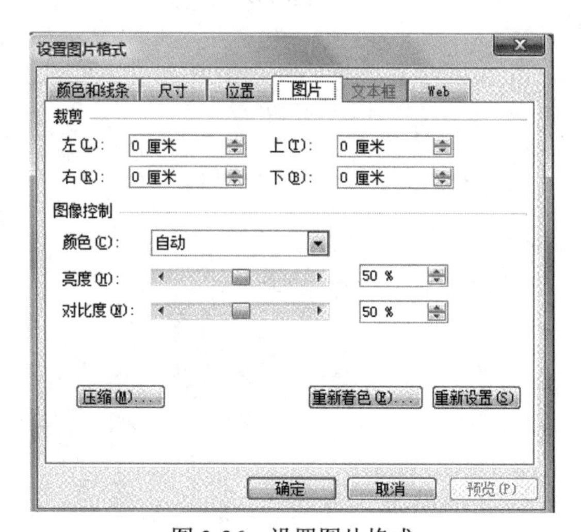

图 3-26　设置图片格式

3.3.8　背景色的插入

1．纯色的插入

单击“格式”→“背景”命令，打开“背景”对话框，如图 3-27 所示，单击“▼”，在下拉菜单中选择需要的颜色，如果没有喜欢的颜色可单击“其他颜色”选项，再单击“应用”按钮即可对当前幻灯片设计背景色；如果单击“全部应用”按钮则在全部幻灯片中应用所选择的背景色，如图 3-28 所示。

图 3-27 “背景”对话框

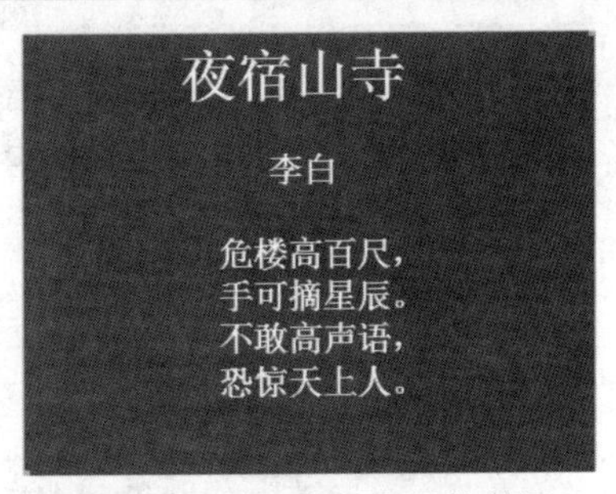

图 3-28 插入背景色后的效果

编者提示：在工作区右击，在弹出的快捷菜单选择“背景”命令即可。

2. 渐变色的插入

单击“格式”→“背景”命令，打开“背景”对话框，单击“▼”，在下拉菜单中单击“填充效果”选项，弹出其对话框，选择“渐变”选项卡，如图 3-29 所示。可以从颜色、透明度、底纹样式三个大的方面对渐变色效果进行设计，最后单击“确定”按钮即可对幻灯片添加渐变色效果。

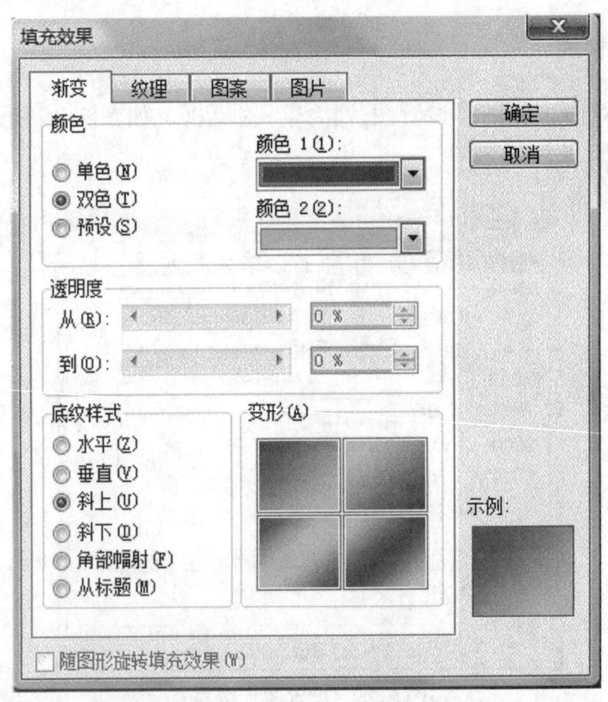

图 3-29 “填充效果”对话框

3.3.9 背景的插入

1. 图片背景的插入

单击“格式”→“背景”命令，打开“背景”对话框，单击“▼”，在下拉菜单中单击“填充效果”选项，弹出其对话框，选择“图片”选项卡，如图 3-30 所示，再单击“选择图片”按钮，选择喜欢的图片插入即可，如图 3-31 所示。

图 3-30　“图片”选项卡

图 3-31　插入图片背景后的效果

2. 纹理背景的插入

打开“填充效果”对话框，选择“纹理”选项卡，如图 3-32 所示，可以选择喜欢的纹理加入到幻灯片中作为背景，如图 3-33 所示。

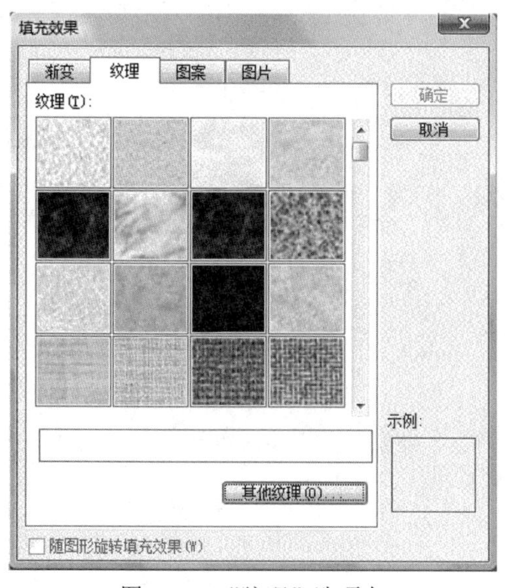

图 3-32　“纹理”选项卡

夜宿山寺

李白

危楼高百尺，
手可摘星辰。
不敢高声语，
恐惊天上人。

图 3-33　插入纹理后的效果

3. 图案背景的插入

在“填充效果”对话框中，选择“图案”选项卡，如图 3-34 所示，从中选择需要图案加入到幻灯片中作为背景，如图 3-35 所示。

编者提示：对演示文稿中插入背景时，一定要注意背景色和字体之间要有巨大的颜色反差，因为幻灯片放映时要考虑到光线对幻灯片放映效果的影响；在插入背景图片后，不能掩盖了文字，不要喧宾夺主，所以选择的画面要简洁。

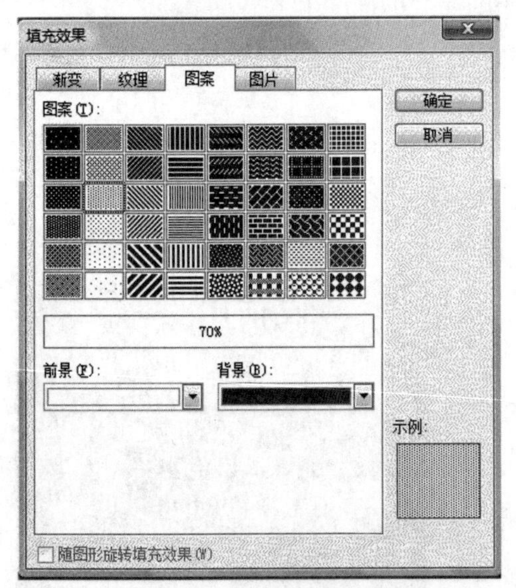

图 3-34 “图案”选项卡

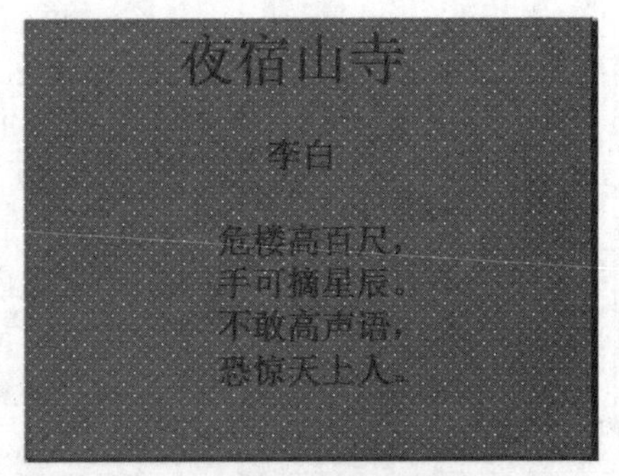

图 3-35 插入图案后的效果

学习导航：学习了幻灯片的基本设计，这时你可能会想，这些都是静态的，怎样能让幻灯片动起来呢？下一章就来学习。

第 4 章　幻灯片视图和特效设计

幻灯片设计好后，还要看它的整体效果，理顺逻辑，这时幻灯片视图提供了方便。通过它可以对幻灯片从整体上进行编辑，同时还可以对幻灯片进行一些特效设计，使其更有“动感”。

学习目标：

- 知道幻灯片的几种放映方式及其特点
- 掌握幻灯片切换的效果设置
- 能在幻灯片中设置自定义动画
- 会灵活运用特效及特效组合

4.1　幻灯片视图方式

学习目标：

- 了解幻灯片的四种视图方式
- 掌握每种视图方式的特点

为了便于用户编辑演示文稿的各组成部分和整体效果，PowerPoint 2003 设置了多种视图方式，包括普通视图、幻灯片浏览视图、幻灯片放映视图和备注页视图等。单击菜单栏中的“视图”，即可看到这几种视图方式。

4.1.1　普通视图

PowerPoint 2003 默认的视图方式是普通视图，如图 4-1 所示，在普通视图中主要是对 PPT 进行编辑操作。此视图共有三个工作区域：左边显示的是幻灯片的状态选项卡，分为以文本显示的大纲视图状态和以缩略图显示的幻灯片视图状态；右侧是幻灯片窗格，显示当前的幻灯片；底部是备注窗格，用以显示用户在幻灯片中添加的各种特征。

图 4-1　普通视图

4.1.2　幻灯片浏览视图

在幻灯片浏览视图方式下，所有幻灯片将以缩小的形态，按照编号从小到大显示，如图 4-2 所示，用户可以观察演示文稿的整体效果，并进行编辑，如重新排序、移动、复制、增加或删除等。

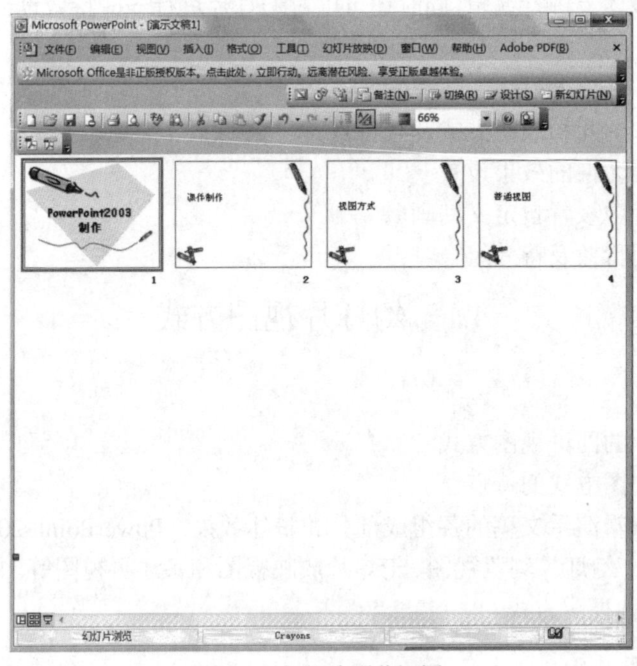

图 4-2　幻灯片浏览视图

4.1.3　幻灯片放映视图

在幻灯片放映视图中，幻灯片按顺序在屏幕上全屏放映，如图 4-3 所示。可采用多种方式进行下一张的放映，如按键盘上的 N 键，按回车键，单击，或右击在弹出的快捷菜单中选择“下一张”，即可进行放映。按 Esc 键或右击选择“结束放映”，即可从当前位置回到普通视图中。

图 4-3　幻灯片放映视图

4.1.4　备注页视图

备注页视图分为两部分，上半部分是缩小的幻灯片图像，下半部分是备注区，如图 4-4 所示。用户可在备注区添加文本对幻灯片进行注解，备注信息在放映时不会出现在屏幕中。

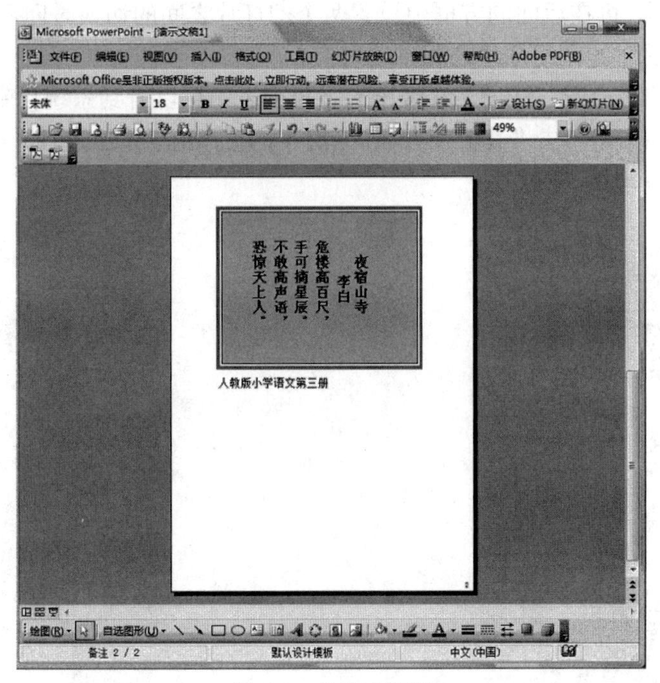

图 4-4　备注页视图

知识拓展：制作使 PPT 备注仅被演示者看到，而观众看不到的效果。

（1）单击“Windows 属性”→“设置”命令，选择“2”（多监视器支持）。

（2）在 PowerPoint 中，单击“幻灯片放映”→“设置放映方式”命令，在打开的对话框中，“幻灯片显示于”选项选择“监视器 2”，并勾选“显示演讲者视图”复选框。

4.2　幻灯片切换

学习目标：

- 会对幻灯片进行切换效果设置
- 能对切换效果进行修改

4.2.1　幻灯片切换效果

1. 设置幻灯片切换效果

单击“幻灯片放映”→“幻灯片切换”命令，打开“幻灯片切换”任务窗格，如图 4-5 所示。在需要设置效果的幻灯片上单击，使其处于选中状态，然后在“应用于所选幻灯片”选项中单击任意需要的切换效果即可。

2. 修改切换效果

幻灯片切换效果的声音、速度是系统默认的，可以在打开的“幻灯片切换”任务窗格中选择“修改切换效果”选项组中的速度、声音，重新进行设置；同时可对换片方式进行修改。

在“换片方式”选项组中勾选“单击鼠标时”复选框，则单击可切换到下一张幻灯片；选中“每隔”复选框，可在后面的方框中设置两个幻灯片之间的切换时间，在放映时不需要单击，系统根据设置的时间在幻灯片之间自动切换。

单击图 4-5 中的“声音”选项，在弹出的下拉列表中可以看到系统自带的一些声音选项，如果想加入其他声音，可单击“其他声音”（见图 4-6），弹出“添加声音”对话框（见图 4-7），选择需要加入的声音即可。

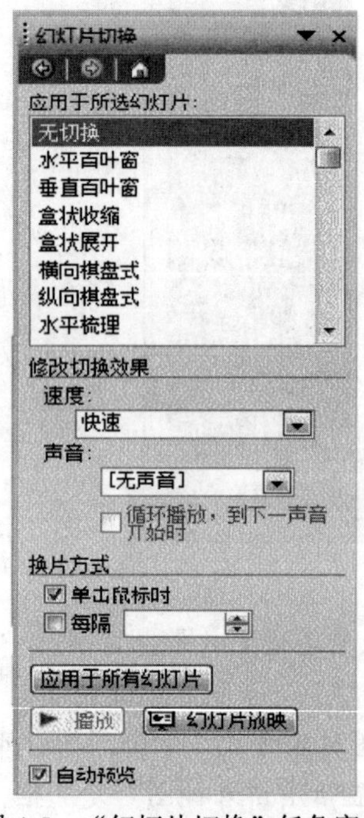

图 4-5　“幻灯片切换”任务窗格

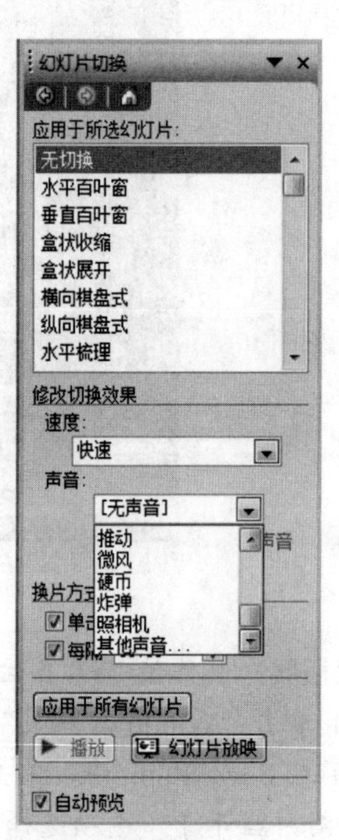

图 4-6　“声音”下拉列表

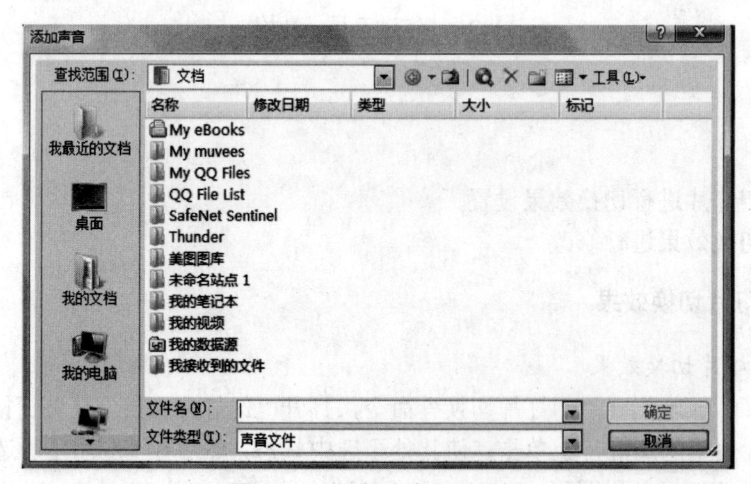

图 4-7　“添加声音”对话框

4.2.2　案例——创建幻灯片放映切换效果

（1）创建两张幻灯片，如图 4-8 所示。

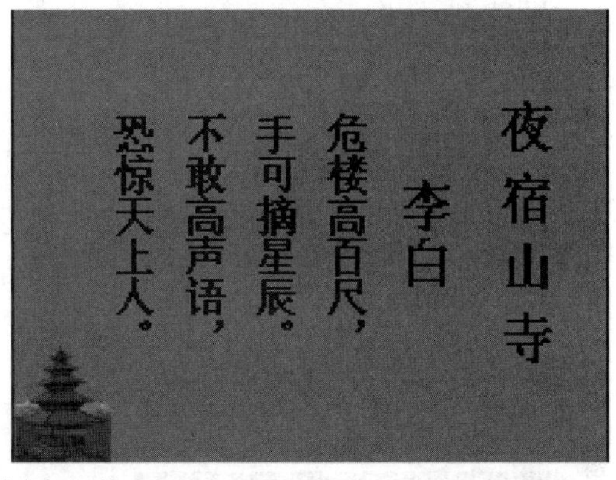

图 4-8　创建幻灯片

（2）单击“幻灯片放映”→“幻灯片切换”命令，在第一张上单击，选中文字和图片，然后选择“水平百叶窗”效果，在“速度”下拉列表中选择“中速”，其他不用设置，保持系统默认值即可。

（3）在第二张幻灯片上单击，选中文字和图片，选择“横向棋盘式”效果，其他保持系统默认值。

（4）单击“幻灯片放映”按钮，即可看到幻灯片的切换效果。

4.3　设置文字/图片简单特效

学习目标：

- 了解自定义动画
- 掌握文字/图片进入幻灯片的特效设置

4.3.1　自定义动画

选中需要设置自定义动画的对象，右击，在弹出的快捷菜单中选择“自定义动画”命令，或单击“幻灯片放映”→“自定义动画”命令，弹出“自定义动画”任务窗格，如图 4-9 所示。

选中对象（文字或图片），打开“自定义动画”任务窗格，单击“添加效果”按钮，选择“进入”效果，打开其子菜单，如图 4-10 所示。默认的有 6 个进入动画，如果没有满意的，可单击“其他效果”选项，出现如图 4-11 所示的对话框。

添加动画后，在任务窗格中会出现添加的动画，这时可单击其右边的“▼”按钮，弹出如图 4-12 所示的下拉菜单，可以对动画效果进行设置，常用的是“计时”选项设置，如图 4-13 所示，可控制动画播放的时间间隔。

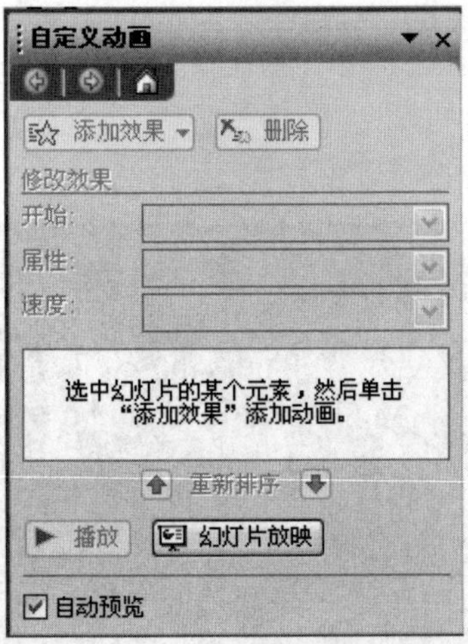

图 4-9　“自定义动画”任务窗格

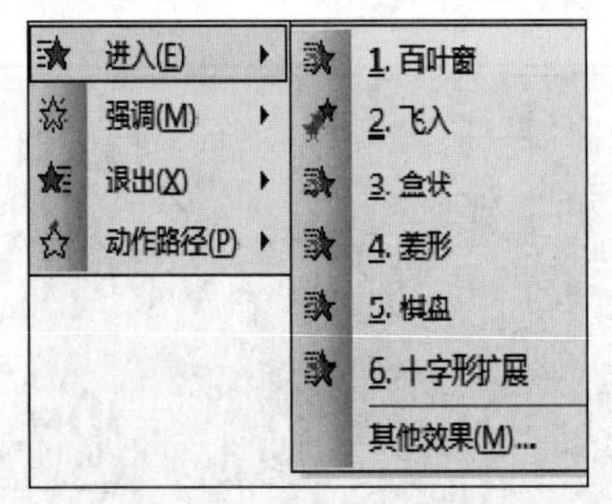

图 4-10　添加效果的“进入”子菜单

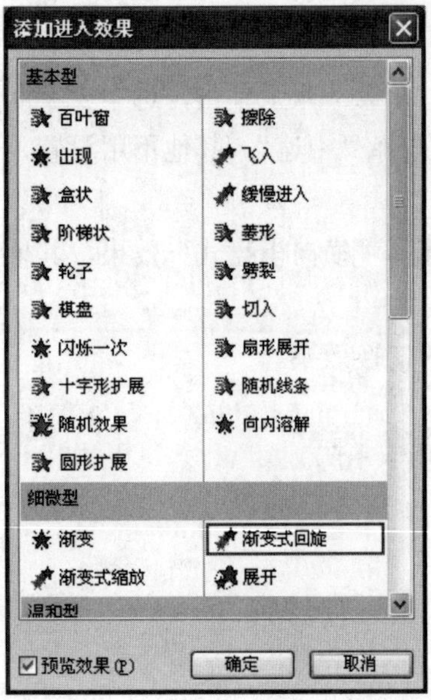

图 4-11　“添加进入效果”对话框

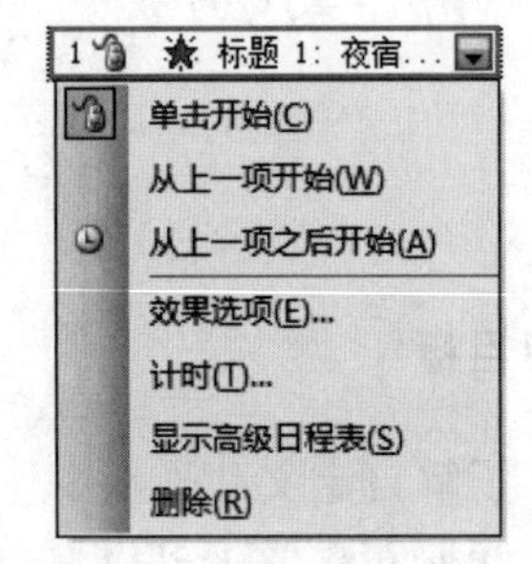

图 4-12　动画设置菜单

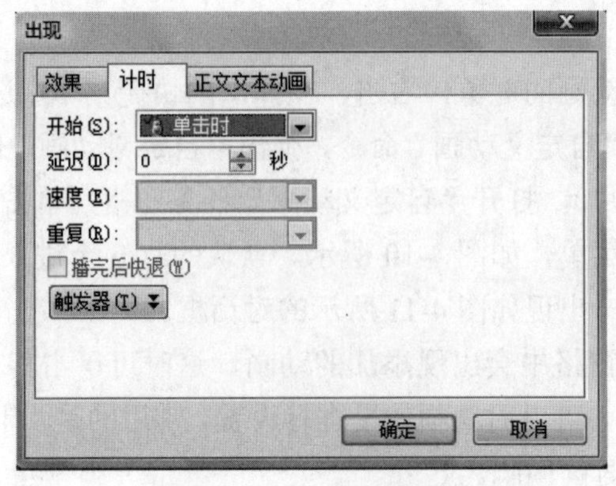

图 4-13　“计时”选项卡

学习导航： 学习了自定义动画，你也许会有疑问，它除了简单的进入效果外还有别的用途吗？接下来通过一个实例帮助大家了解它鲜为人知的功能。

4.3.2　制作汉字笔画

具体操作步骤如下：

（1）单击“绘图”工具栏中的“矩形”工具，在工作区拖出一个矩形，填充色为绿色，再用直线工具画出对角线和中线，并对其格式进行设置，做一个“米”字格，如图 4-14 所示。选中矩形和线条，右击，在弹出的快捷菜单中选择“组合”→“组合”命令，将它们组合为一个整体。

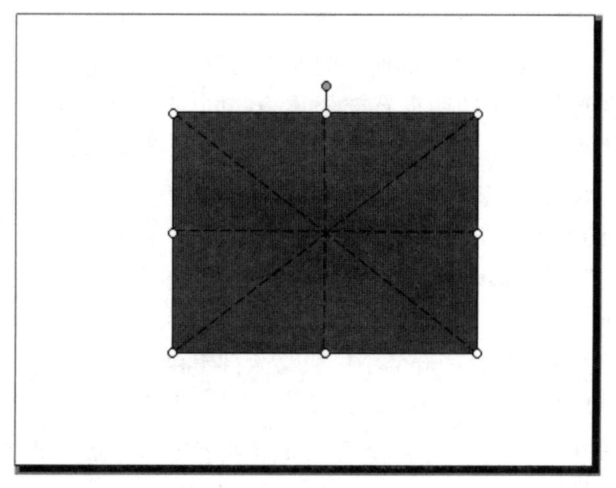

图 4-14　“米”字格

（2）插入艺术字，在打开的“艺术字库”对话框中选择第一行第一列的艺术字样式，即空心字效果。在“编辑‘艺术字’文字”对话框中输入要演示的汉字“小”，并设置好字体。利用控制手柄调节其大小，将其放入“米”字格的正中，如图 4-15 所示，选中“米”字格和艺术字，将它们组合为一个对象。

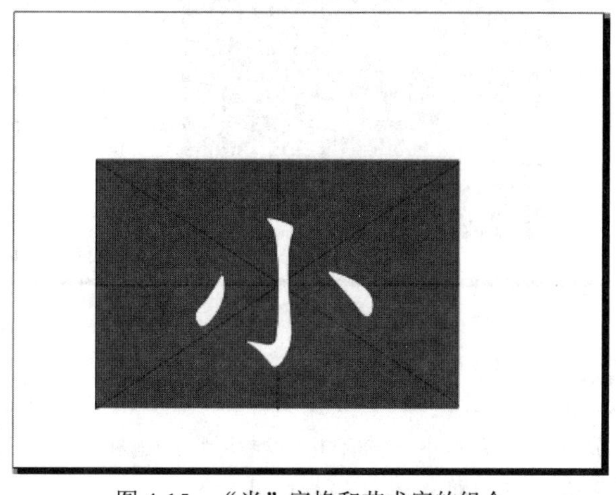

图 4-15　“米”字格和艺术字的组合

（3）按 Ctrl+X 键，将组合后的对象剪除，然后单击“编辑”→“选择性粘贴”命令，在打开的对话框中双击“位图”选项，将它作为图片粘回工作区中。

（4）选中图片，显示“图片”工具栏（如果没有，则右击在弹出的快捷菜单中选择），选择“设置透明色”工具，然后单击汉字中空心的白色部分。

（5）用矩形工具绘制一个长方形（或其他图形），把其填充色和边框设为黑色，调整其大小，把它移动到“小”字中间那一笔的竖弯勾线上，使其遮住这个笔画，但不要遮挡其余的笔画，以免影响演示效果。

（6）单击长方形，在弹出的快捷菜单中选择“自定义动画”命令，打开其任务窗格，单击“添加效果”→“进入”→“出现”命令。将任务窗格中“出现”的“开始”设置为“单击时”。

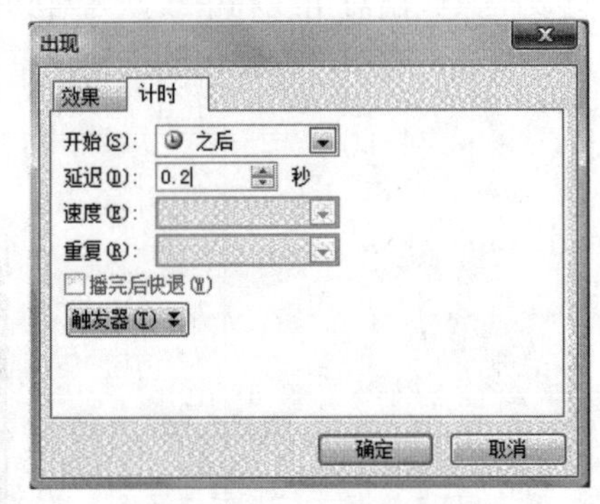

图 4-16 “出现”对话框

（7）选中长方形，按住 Ctrl 键的同时，向左拖动鼠标复制新的图形，新图形与原来的图形有部分重叠，同时使复制的图形遮住“小”字左边那一撇。将任务窗格中“出现”的“开始”设置为“之后”，单击任务项列表中的“矩形 2”右方的“▼”，单击“计时”命令，在出现的对话框的“延迟”框中输入 0.5 秒，如图 4-16 所示（如果想让动画显示得更慢，可把时间适当延长）。用同样的方法做“小”字右边部分，直至小色块将全部笔画覆盖。注意，此处一定要按笔画的顺序依次摆放。

（8）选中“米”字格，右击，在弹出的快捷菜单中单击“叠放次序”→“置于顶层”命令，将做好的艺术字覆盖在所有图形上方，如图 4-17 所示。

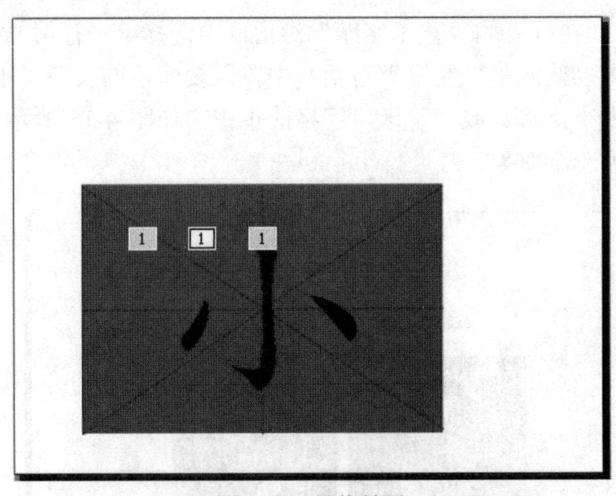

图 4-17 最终效果

（9）按 F5 键观看放映效果。

学习导航：“添加效果”菜单中，除了进入特效外，还有强调、退出、动作路径这些效果，它们有什么效果呢？下面将讲解这些特效的效果。

4.4　特效组合

学习目标：

- 知道强调特效、退出特效、动作路径特效的功能
- 会对幻灯片中的对象进行特效设置

4.4.1　特效

1. 强调特效

在制作课件时，有的地方是重点或难点，需要引起观众的兴趣，这时就需要突出对象，可以自定义动画中的强调特效来达到这种效果。

操作方法与进入特效相同，先选中对象，再打开“自定义动画”任务窗格，在“添加效果”子菜单中选择“强调”特效，打开“强调”子菜单，如图 4-18 所示，然后在弹出的菜单中选择喜欢的特效，单击即可。

2. 退出特效

幻灯片在退出时，也可以加入“退出”特效，为幻灯片增色。

在任务窗格中选择“退出”特效，打开其子菜单，如图 4-19 所示，选中一个退出特效，则可以为幻灯片添加退出特效。

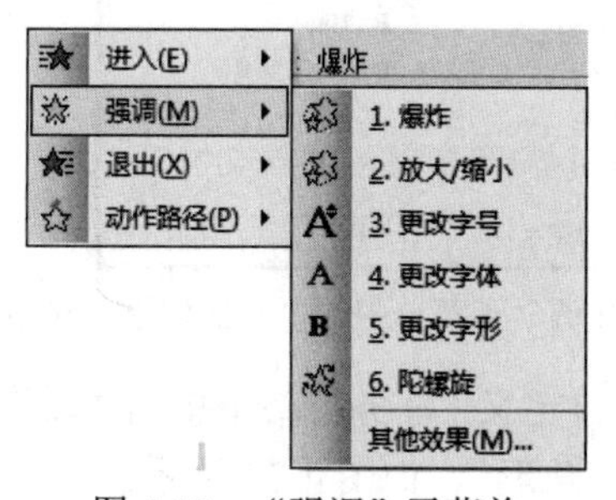

图 4-18　“强调”子菜单

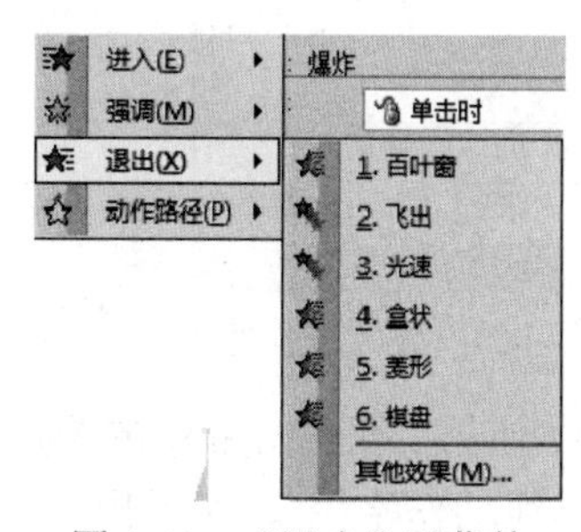

图 4-19　“退出”子菜单

3. 设置动作路径

可以为幻灯片中的对象设置路径，让其在特定的“轨道”上运行。打开“动作路径”特效子菜单，如图 4-20 所示。有很多系统自带的路径，还可以自己绘制所需要的路径。单击“绘制自定义路径”命令，选择要绘制路径的线条，再在幻灯片上要设置路径的位置绘制即可。

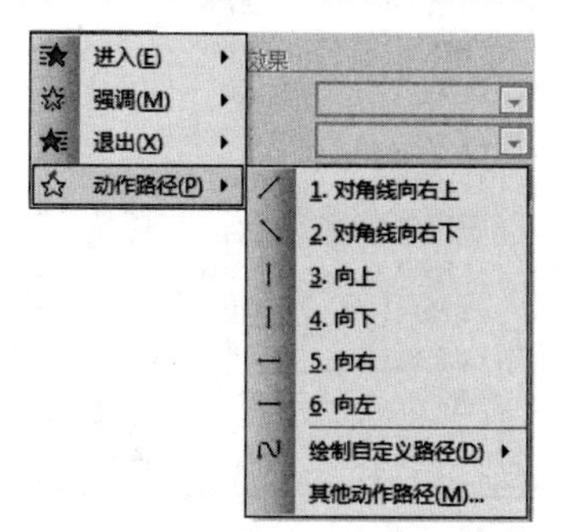

图 4-20　“动作路径”子菜单

4.4.2 案例——特效组合

在实际的课件制作中，可以根据需要组合不同的特效方式，产生整体的特效效果，结合上节的例子来说明。具体操作步骤为：

（1）选中第一张幻灯片的文字，右击，选中“自定义动画”命令，在“添加效果”菜单中选择“进入”特效，在其子菜单中选择“菱形”，方向设为“内”，速度设为“中速”，如图4-21所示。

（2）选中第二张幻灯片，使文字处于选中状态，单击“强调”特效，在其子菜单中选择“其他效果”，如图4-22所示，在弹出的对话框中选择“加深”，速度设为“中速”。

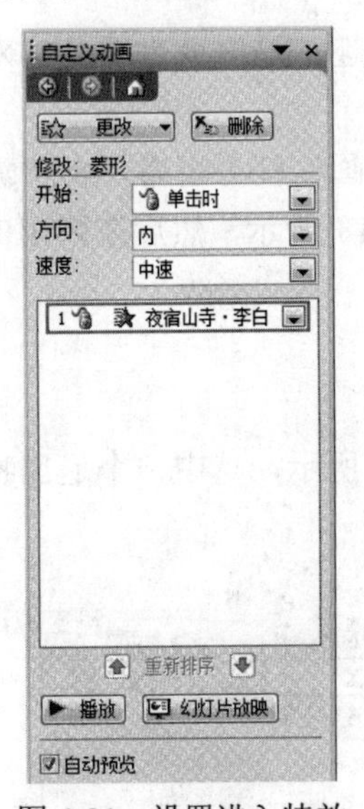

图4-21　设置进入特效

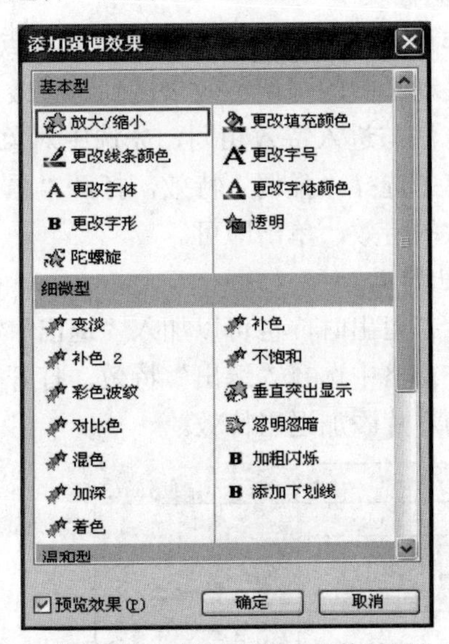

图4-22　“强调”子菜单中的“其他效果”对话框

（3）使第二张幻灯片中的图形处于选中状态，在“自定义”任务窗格中单击“动作路径”，选中“其他动作路径”，在弹出的对话框中选择“等边三角形”，如图4-23所示。

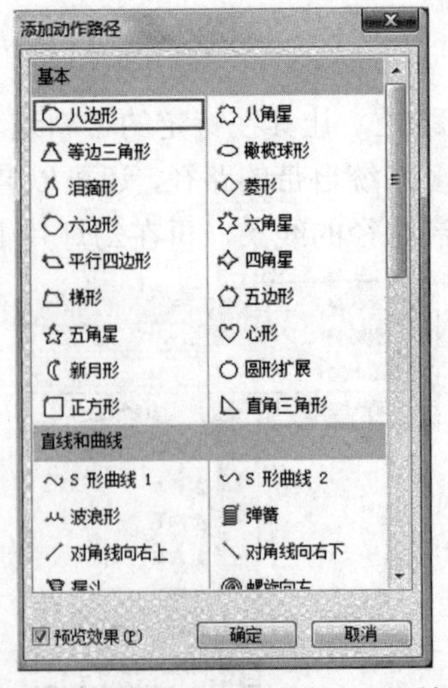

图4-23　“添加动作路径”对话框

（4）仍然使第二张幻灯片的文字和图片处于选中状态，单击“退出”特效，在子菜单中选择“百叶窗”，为文字添加退出效果。

编者提醒：在“自定义”任务窗格下，加入特效后的对象，会在其旁边根据加入特效的先后顺序进行编号，如图 4-24 所示。在这些编号上单击，可对相应的特效进行编辑。

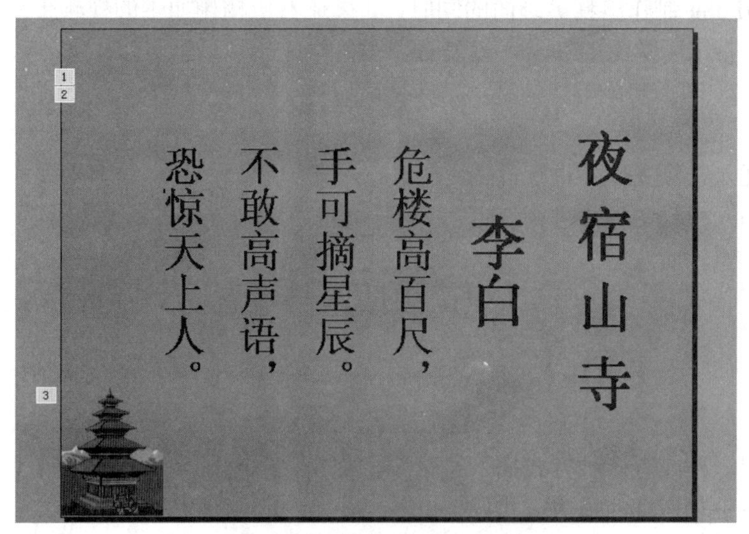

图 4-24　带特效编号的幻灯片

第 5 章　视频音频素材的嵌入

在用 PowerPoint 制作出精美画面的同时，如果还希望栩栩如生的视频带来视觉上的冲击，美妙动听的音乐带来听觉上的冲击，该怎么做呢？学完本章后就可以做到。

学习目标：

- 能够插入音频文件并进行设置
- 能够插入视频文件并进行设置

5.1　音频插入与设置

学习目标：

- 可以用一种或者多种方式插入音频
- 能有效设置声音的播放方式

5.1.1　插入音频

（1）准备好一个音乐文件，可以是 WAV、MID 或 MP3 文件格式。

（2）选中要插入音频的幻灯片，执行“插入”→“影片和声音”→“文件中的声音”命令，弹出如图 5-1 所示的对话框。

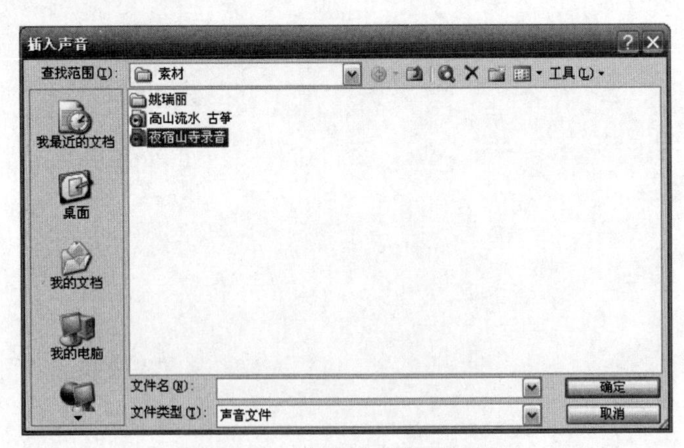

图 5-1　“插入声音”对话框

（3）选择“夜宿山寺录音”音频文件，单击“确定”按钮，弹出对话框，如图 5-2 所示，单击“自动”按钮，选择“在单击时”表示单击幻灯片播放声音。

（4）选择 PPT 上的声音图标，右击选择“自定义动画”命令，弹出“自定义动画”任务窗格，单击任务窗格中的 1 ▷ 12.wma ，如图 5-3 所示。选择“效果选项”，出现“播放 声音”对话框，如图 5-4 所示。

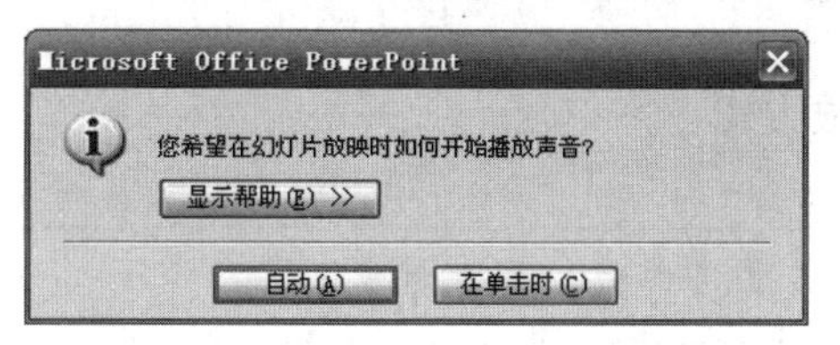

图 5-2　设置开始播放声音对话框

图 5-3　“自定义动画”任务窗格

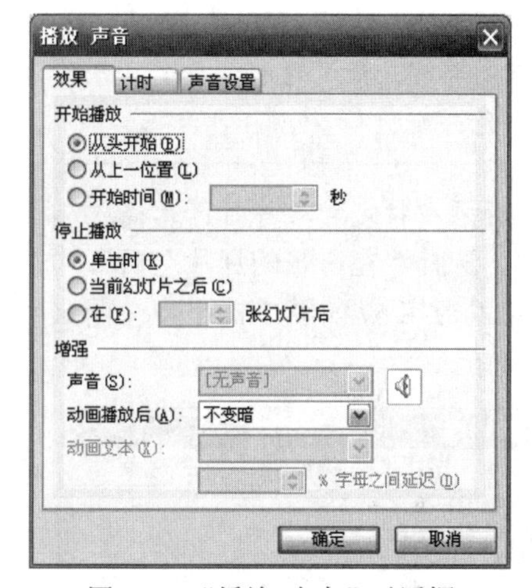

图 5-4　“播放 声音”对话框

（5）在“效果”选项卡中，默认选中的“开始播放”选项组的“从头开始”表示音频文件从头开始播放。

最终效果如图 5-5 所示。

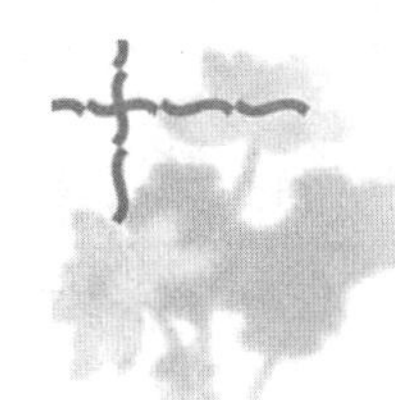

图 5-5　插入声音后的界面

5.1.2 设置声音的播放方式

学习导航：若只想播放某段音频，怎么办呢？

1. 播放部分音频

（1）图 5-4 中的“开始时间”表示播放音频几秒后的音频，确定音频中高潮开始播放的时间，然后在“开始时间”后的文本框中输入音频高潮开始的时间，如 01:00，如图 5-6 所示。

（2）“停止播放”中默认选中“单击时”选项，音频在鼠标单击后停止播放，若选择“当前幻灯片之后”选项，则音频将在当前幻灯片之后就停止播放。

学习导航：如果想将音乐作为整个 PPT 的背景音乐，或者到第几张后就停止播放，该怎么办呢？

2. 音频在特定幻灯片时停止播放

（1）选择“在…张幻灯片之后”，如果想使音频在第 5 张幻灯片之后停止播放，则在文本框中输入数字 5，如图 5-7 所示。如果幻灯片共有 20 张，输入 20 则设置该音乐作为整个 PPT 的背景音乐。

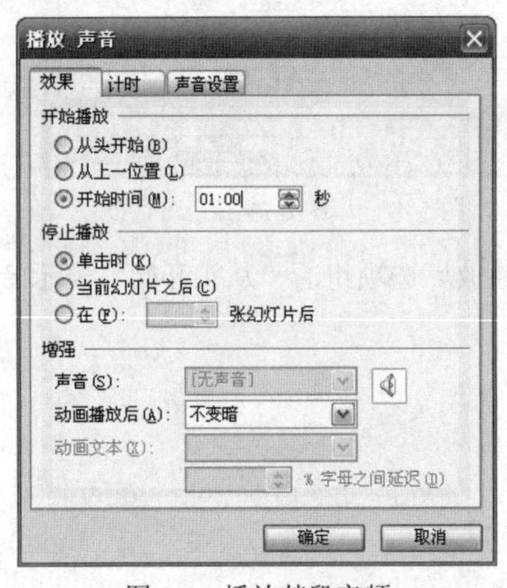

图 5-6 播放某段音频

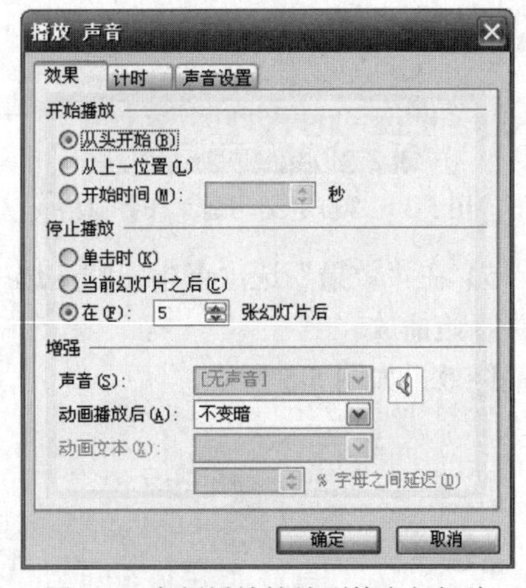

图 5-7 音频播放持续到特定幻灯片

（2）选择“计时”选项卡，如图 5-8 所示。

知识拓展：

（1）“开始”列表框中有“单击”、“之前”、“之后”三个选项，“单击”表示鼠标单击之后播放声音，“之前”表示和位于其上面的文件的动画同时发生（添加两个效果后，位置随添加的顺序一上一下），“之后”表示在上一动画结束时播放。其实声音就是一个动画，只不过是音频，是听觉而不是视觉。

（2）“延迟”表示在上一动作（动画）播放好后，延迟多少时间播放。“重复”选项中可以选择“数值”表示次数，也可以选择“直到下一次单击”或“幻灯片末尾”，表示不单击鼠标或幻灯片不到末尾，声音一直循环下去。

（3）选择“声音设置”选项卡，如图 5-9 所示。在“声音音量”选项中对其音量进行控制；在“显示选项”中选中“幻灯片放映时隐藏声音图标”复选框，表示幻灯片播放时隐藏声音图标。

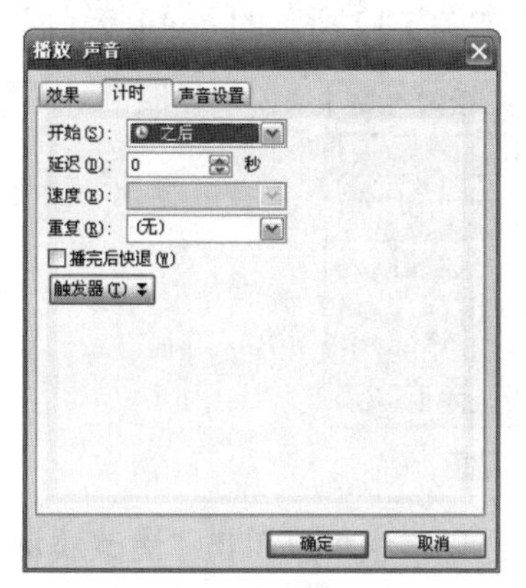

图 5-8　“计时”对话框

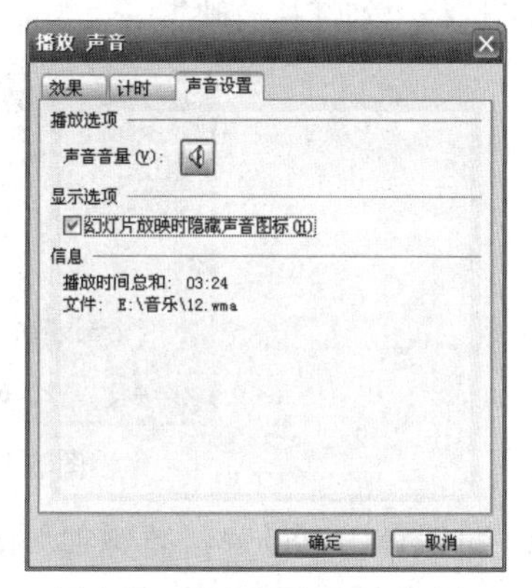

图 5-9　“声音设置”选项卡

学习导航：如果要使影片和声音文件在当前幻灯片上循环播放直到切换到下一张幻灯片，怎么设置呢？可以采用如下方法。

3. 循环播放音频和视频文件

（1）在幻灯片上，右击影片或者声音图标。

（2）在弹出的快捷菜单中选择“编辑声音对象”命令或“编辑影片对象”命令，弹出“声音选项”或者“影片选项”对话框，如图 5-10 或图 5-11 所示。

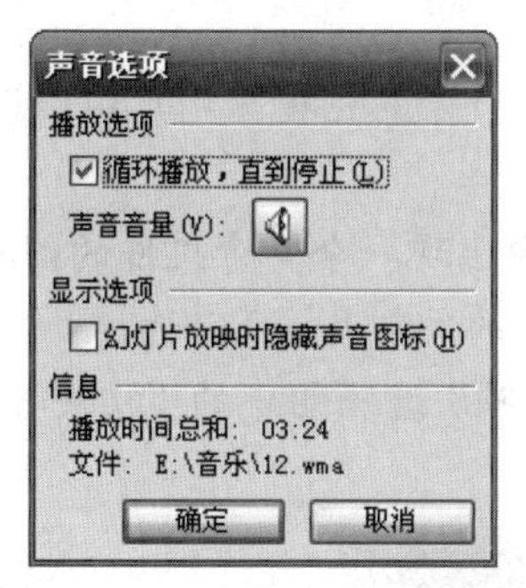

图 5-10　“声音选项”对话框

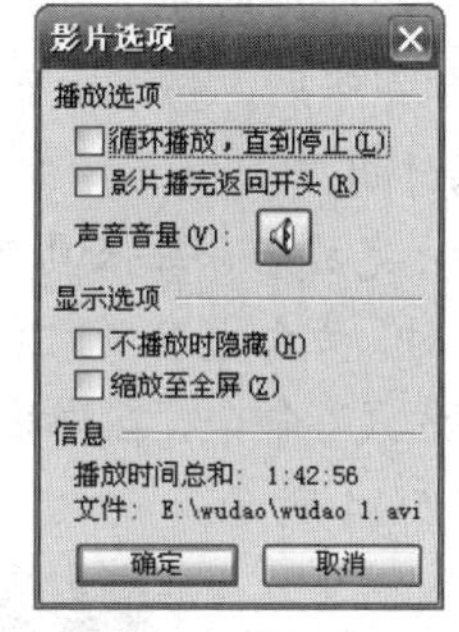

图 5-11　“影片选项”对话框

（3）选中“循环播放，直到停止”复选框即可。若是影片，如果选中“影片播完返回开头”复选框，则可以在影片播放完后使其返回影片开头，单击“确定”按钮即可。

学习导航：如果希望在播放到某一张幻灯片时，自动播放该张幻灯片的解说词，怎么设置呢？可以采用如下方法。

4. 录制旁白

（1）首先录制好该张幻灯片的解说词，并保存为声音文件。如果需要记录声音旁白，必须要在计算机中配备声卡和麦克风。

（2）在普通视图的“大纲”选项卡或“幻灯片”选项卡中，选择要开始录制旁白的幻灯片图标或缩略图。

（3）选择“幻灯片放映”→“录制旁白”命令，弹出如图 5-12 所示的“录制旁白”对话框。

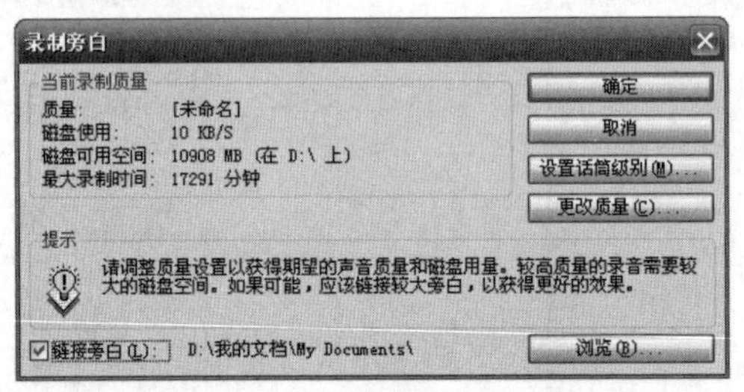

图 5-12 “录制旁白”对话框

（4）可以单击“设置话筒级别”按钮，设置话筒的级别，也可以单击“更改质量”按钮，设置录制时声音的位数和声道等。

（5）如果要作为嵌入对象在幻灯片上插入旁白并开始记录，可以单击“确定”按钮。如果要作为链接对象插入旁白，可以选中“链接旁白”复选框，再单击“确定”按钮。

（6）如果要插入旁白的幻灯片不是第一张幻灯片，将弹出如图 5-13 所示的对话框，询问用户选择开始录制旁白的位置。

图 5-13 选择开始录制旁白的位置

（7）运行幻灯片放映，即可通过话筒来添加旁白。

（8）录制完毕后，按 Esc 键结束幻灯片放映，将弹出一个对话框，用户可以选择是否保存幻灯片排练时间。

编者提示：完成后，每张具有旁白的幻灯片右下角都会出现一个声音文件的图标。在运行幻灯片放映时，旁白也会随之播放。如果要放映没有旁白的幻灯片，可以选择“幻灯片放映”→“设置放映方式”命令，在弹出的对话框中选择“放映选项”选项组中的“放映时不加旁白”复选框，如图 5-14 所示。

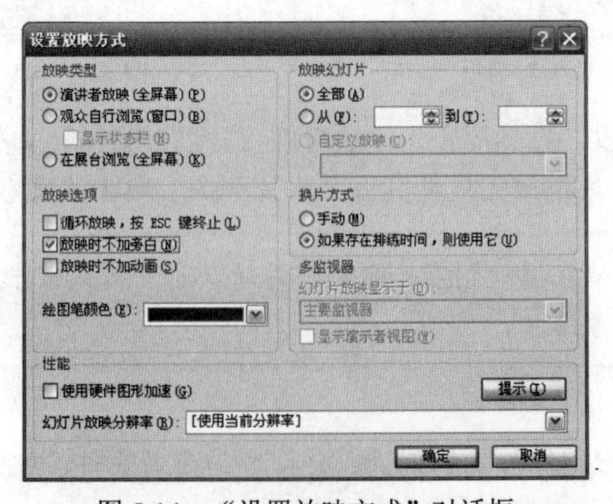

图 5-14 “设置放映方式”对话框

学习导航：上一节学会了如何插入音频及进行设置，插入视频及设置方法与其大体相同，只是多一些细节和步骤，下面一起来看看。

5.2　视频插入与设置

学习目标：

- 可以用一种或者多种方式插入视频
- 能有效设置视频的播放方式

5.2.1　插入视频

（1）在幻灯片窗格中打开要插入影片的幻灯片。

（2）执行“插入”→“影片和声音”→“文件中的影片”命令，弹出对话框，如图 5-15 所示。

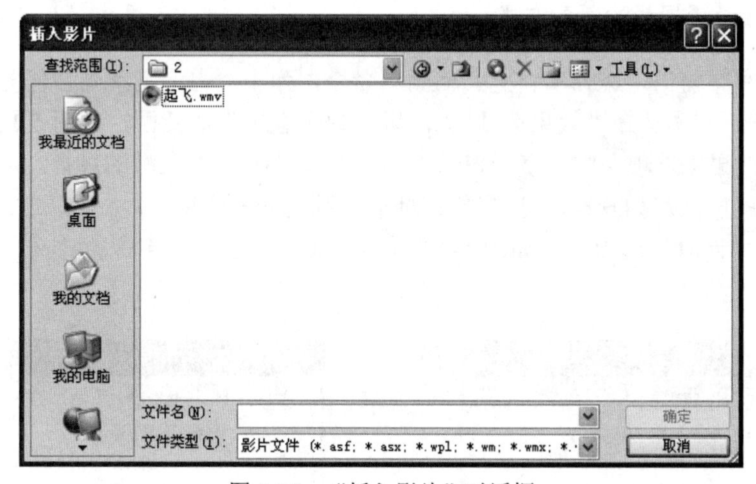

图 5-15　“插入影片”对话框

（3）选中“起飞”视频文件，单击“确定”按钮，弹出如图 5-16 所示的对话框，单击选择“自动”按钮。

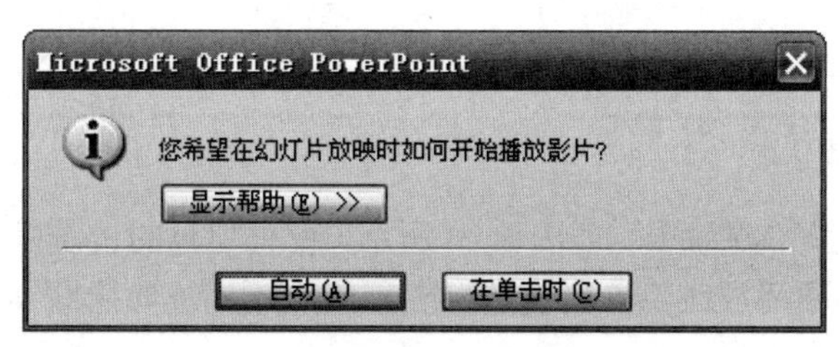

图 5-16　开始播放视频设置对话框

（4）选中视频文件，并将它移动到合适的位置，效果如图 5-17 所示。

图 5-17 插入视频后的效果

5.2.2 有效设置视频的播放方式

（1）右击视频窗口，选择“自定义动画”命令，弹出“自定义动画”任务窗格，单击任务窗格中的选项后右击选择“效果选项”，出现“效果选项”对话框，如图 5-18 所示。

（2）在“效果”选项卡中，声音表示“影片”出现在 PPT 上时的声音，可以在“动画播放后”文本框中进行颜色的设置，选择影片播放后颜色的变化情况。

（3）选择“计时”选项卡，如图 5-19 所示，其中的选项与声音的意义一样，这里不再解释。

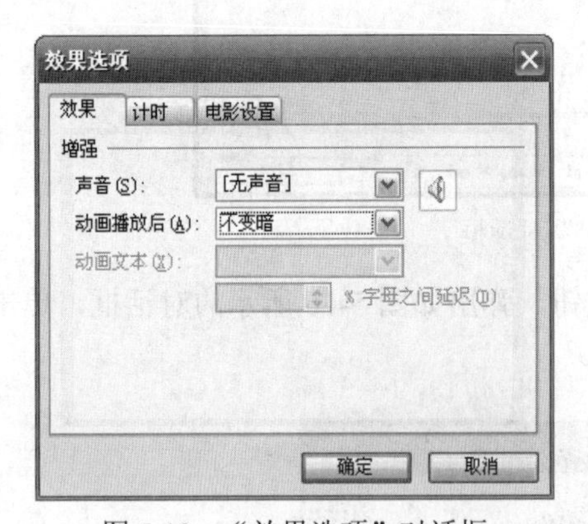

图 5-18 “效果选项”对话框

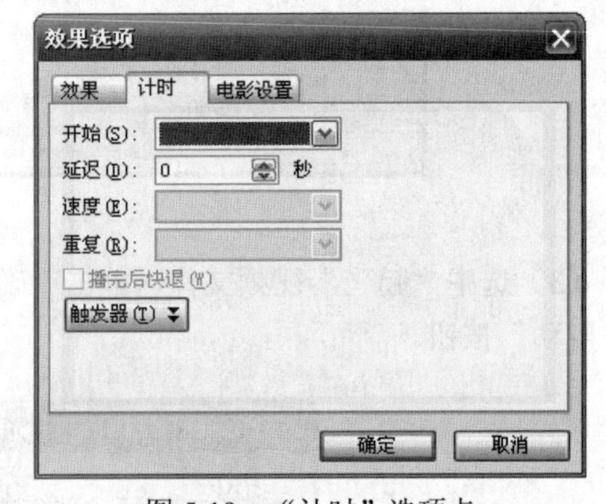

图 5-19 “计时”选项卡

（4）选择“电影设置”选项卡，如图 5-20 所示，设置视频的音量以及显示情况。选中“显示选项”选项组中的“不播放时隐藏”复选框表示影片不播放时隐藏其框架；“缩放至全屏”复选框表示影片播放时全屏播放。

编者提示：在视频播放过程中，将鼠标移动到视频窗口中单击，视频就能暂停播放。如果想继续播放，再次单击即可。

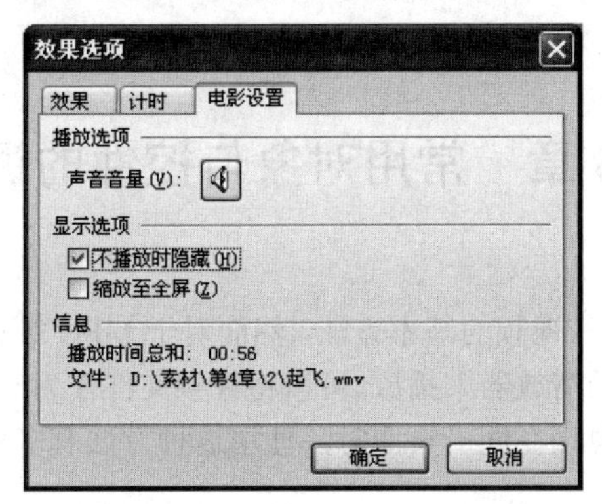

图 5-20　“电影设置”对话框

学习导航：以上方法用单击视频来控制视频的播放，只提供简单的“暂停”和“继续播放”功能，并且只能播放 WMV 格式的文件，对于 AVI 等格式的文件，怎么插入呢？下章将详细讲述。

第 6 章　常用对象与控件的调用

上一章介绍了插入音频和视频的基本方法，然而对于 MPG 等视频格式文件用这种方法不能播放，这时就需要调用视频播放器来播放。可以将视频文件作为对象或控件插入到幻灯片中，当 PPT 中的图片、文字、视频在同一页面时，使用这种方法有多种可供选择的控制播放的操作按钮，既方便又灵活。

学习目标：

- 能够使用插入对象的方法插入文件
- 能够使用插入控件的方法插入文件

6.1　视频播放器的调用

学习目标：

- 能够使用插入对象的方法插入视频文件
- 能够使用插入控件的方法插入视频文件

6.1.1　插入对象的方法调出视频播放器

（1）打开需要插入视频文件的幻灯片，单击“插入”→“对象”命令，打开“插入对象”对话框，如图 6-1 所示。

图 6-1　“插入对象”对话框

（2）选中“新建”选项后，再在对应的“对象类型”列表框中选中 Windows Media Player，单击“确定”按钮。如图 6-2 所示。

图 6-2 视频播放器界面

6.1.2 插入控件的方法调出视频播放器

（1）运行 PowerPoint 程序，打开需要插入视频文件的幻灯片。

（2）单击菜单栏中的“视图”→“工具栏”→“控件工具箱”命令，如图 6-3 所示。

图 6-3 控件工具箱

（3）单击工具右下角的“其他控件”按钮，会打开一个长长的控件清单，一直往下拖，选择 Windows Media Player 选项，如图 6-4 所示。

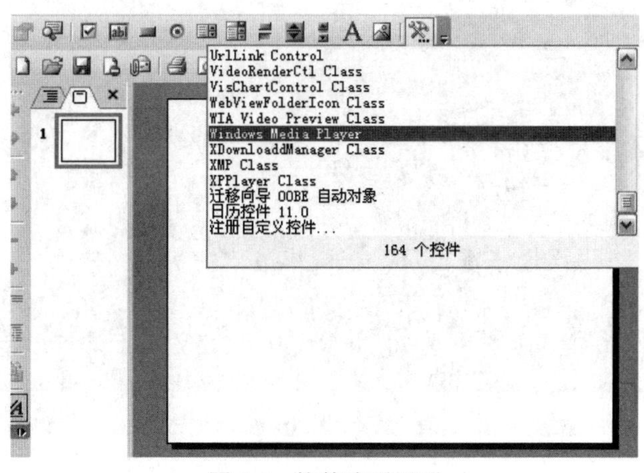

图 6-4 控件选项界面

（4）将鼠标移动到 PowerPoint 的编辑区域中，画出一个合适大小的矩形区域，随后该区域就会自动变为 Windows Media Player 的播放界面。

学习导航：接下来，怎样设置媒体播放界面的“属性”，从而实现视频的播放呢？

6.1.3 设置媒体播放界面的“属性”

（1）右击该播放界面，从弹出的快捷菜单中选择“属性”命令，打开该媒体播放界面的“属性”窗口，如图 6-5 所示。

（2）在“属性”窗口中，在 URL 后的文本框中输入需要插入到幻灯片中的视频文件的详细路径及文件名。如“…/素材/第 5 章/1/video.avi”，注意要带上后缀.avi，如图 6-6 所示。

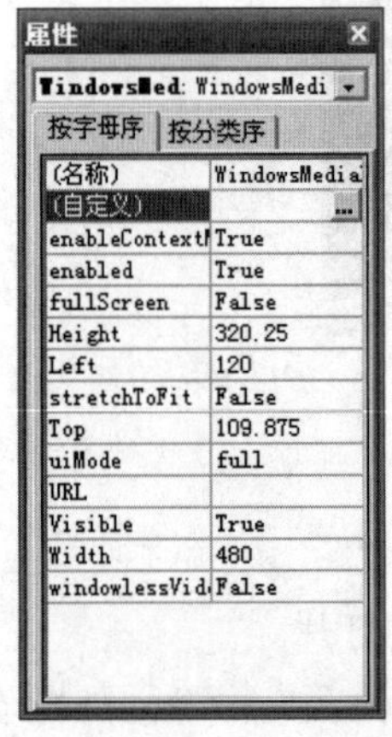

图 6-5　媒体播放界面的“属性”窗口

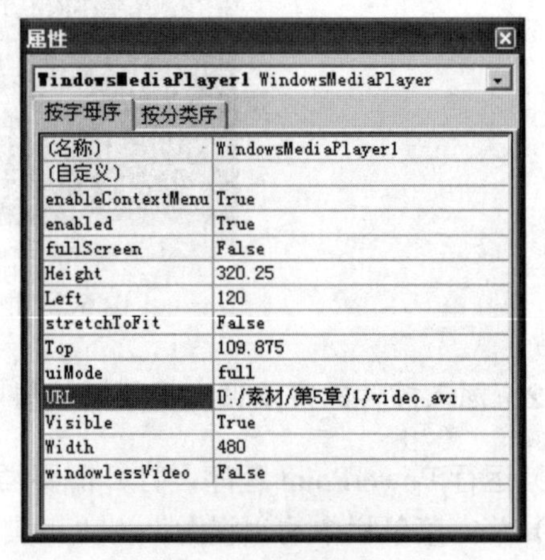

图 6-6　视频属性窗口

编者提示：PPT 中支持的视频格式有 AVI、WMV 及 MPEG 等。对于不能播放的格式可以用格式转换工具转换。

（3）最终效果如图 6-7 所示。

图 6-7　插入视频后的效果

编者提示：

（1）选择“属性”窗口中的自定义，单击后面的“...”，在弹出的对话框中，单击“浏览”按钮，选定文件类型“全部文件”，找到视频文件，全屏播放，确定。在播放过程中，可以通过媒体播放器中的[播放]、[停止]、[暂停]和[调节音量]等按钮对视频进行控制。

（2）如果本章中提到的课件的 PPT 文件和视频、音频文件在同一目录，则只要输入文件名全名，即在 URL 中输入 video.avi 即可；否则输入对应文件的完整路径。

> **学习导航**：怎样更快地在 PPT 中输入统计函数、数学函数、微积分方程式等复杂方程式呢？下节利用插入对象的方法来实现。

6.2　数学公式的插入

学习目标：

- 能用插入对象的方法插入数学公式

（1）执行“插入”→“对象”命令，弹出“插入对象”对话框，在“对象类型”列表中选择“Microsoft 公式 3.0”，如图 6-8 所示。

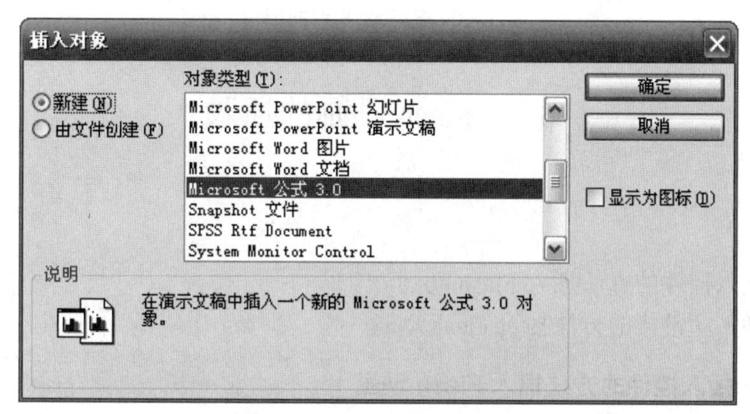

图 6-8　“插入公式”对话框

（2）单击“确定”按钮，弹出“公式编辑器”窗口，如图 6-9 所示。

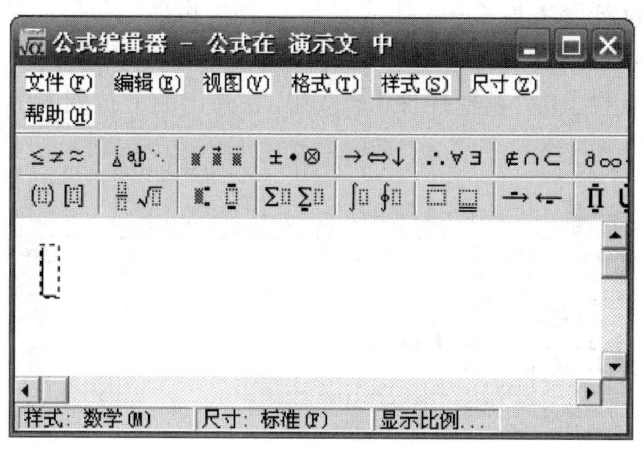

图 6-9　“公式编辑器”窗口

（3）在公式编辑器的工具栏上包含许多常用的数学公式按钮，根据需要单击其中的按钮，然后在方框中输入字符，就可以轻松地完成公式的输入，如图 6-10 所示。

编者提示：网上还有一些数学公式编辑器可供下载。

学习导航：很多时候需要添加一些 Flash 动画以使幻灯片更加生动、美观和具有说服力。但是 PowerPoint 中没有提供类似插入图片那样直接的功能。如何在 PPT 中插入 Flash 动画影片呢？

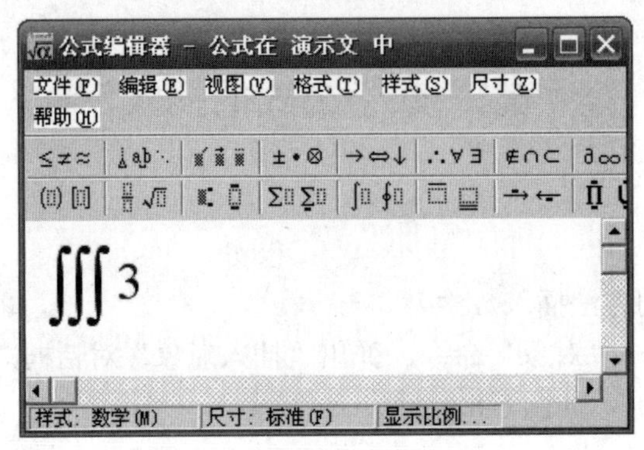

图 6-10　输入公式后的窗口

6.3　Flash 动画的插入

学习目标：

- 能用插入控件的方法插入 Flash 动画
- 能用插入超链接的方法插入 Flash 动画

6.3.1　利用插入控件的方法插入 Flash 动画

（1）运行 PowerPoint 程序，打开要插入动画的幻灯片。

（2）执行“视图”→“工具栏”→“控件工具箱”命令。

编者提示：通过执行“工具”→“自定义”→“工具栏”命令，勾选“控件工具箱”，也可以调出控件工具箱。

（3）单击控件工具栏上的“其他控件”按钮，在弹出的下拉列表中选择 Shockwave Flash Object 选项，如图 6-11 所示。

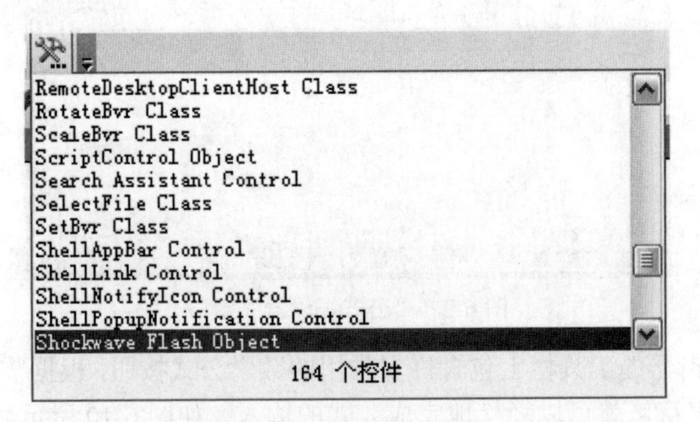

图 6-11　控件选项界面

（4）将鼠标移动到 PowerPoint 的编辑区域中，这时鼠标光标变成细十字线状，按住鼠标左键在工作区中画出一个合适大小的矩形区域，随后该区域就会自动变为 Flash 文件的播放窗口，如图 6-12 所示。

（5）右击上述矩形框，在弹出的快捷菜单中选择“属性”命令，打开“属性”窗口，在

Movie 选项后面的方框中输入需要插入的 Flash 动画文件名及完整路径，注意要带上后缀.swf，如 kj-1-3.swf，然后关闭“属性”窗口，如图 6-13 所示。

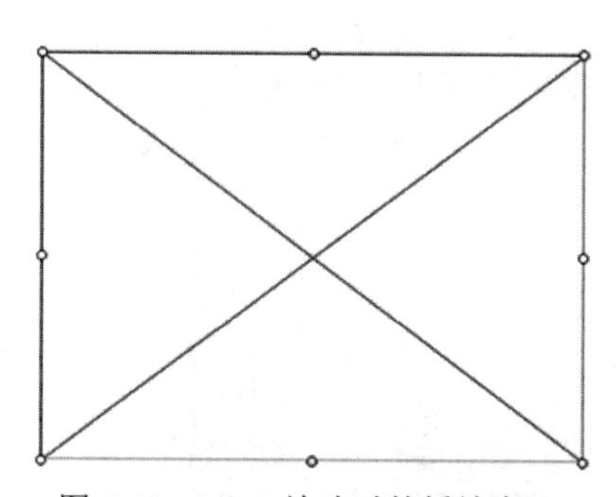

图 6-12　Flash 放映时的播放窗口

属性

ShockwaveFlash1 ShockwaveFlash

按字母序 | 按分类序

(名称)	ShockwaveFlash1
AlignMode	0
AllowFullScreen	false
AllowNetworking	all
AllowScriptAccess	
BackgroundColor	-1
Base	
BGColor	
DeviceFont	False
EmbedMovie	False
FlashVars	
FrameNum	57
Height	324
left	120
Loop	True
Menu	True
Movie	kj-1-3.swf
MovieData	
Playing	True
Profile	False
ProfileAddress	

图 6-13　“播放窗口”的属性

（6）单击“确定”按钮，效果如图 6-14 所示。

图 6-14　插入 Flash 后的效果

学习导航：使用以上这种方法后，在幻灯片播放时 Flash 动画自动播放，比较直观，如果只是想播放它时才播放，采用什么方法呢？可以采用插入超链接的方法，单击超链接时才播放 Flash 文件。

6.3.2　利用插入超链接方法插入 Flash

（1）运行 PowerPoint 程序，打开要插入动画的幻灯片。

（2）在其中插入任意一个对象，如一段文字、一个图片等。这里以输入“文明礼仪”对象为例，这个对象与链接到的动画的内容相关。

（3）选中“文明礼仪”对象，单击“插入”→“超级链接”命令，或者选择“文明礼仪”对象后，右击，选择“超链接”命令。

（4）在弹出的对话框中，单击“浏览文件”按钮，选择想插入的动画，或者直接在地址栏中输入完整路径，如图 6-15 所示，单击“确定”按钮。

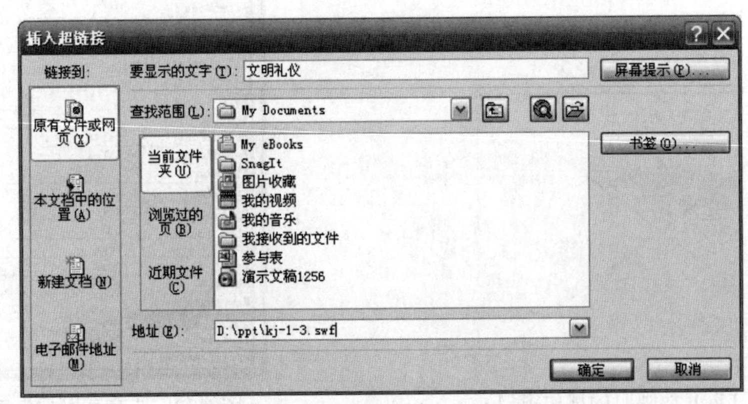

图 6-15 “插入超链接”对话框

（5）此时编辑区域的对象变成 文明礼仪 ，多了下划线，代表此处有超链接。在播放动画时，将鼠标指针置于此文字上，则指针变为手状。单击即可打开所链接的 Flash 文件。

编者提示：还可以在选择 “文明礼仪”对象后右击，在弹出的快捷菜单中选择“动作设置”命令，弹出“动作设置”对话框，如图 6-16 所示，在对话框中选择“单击鼠标”选项卡，选择“超链接到”，在下拉列表中选择“其他文件”，选中要插入的 Flash 文件，单击“确定”按钮即可。

图 6-16 “动作设置”对话框

学习导航：在 PPT 中有时需要加入表格来确切地描述数据，怎么操作呢？接下来会一一讲解。

6.4　PPT 与 Excel 的交互

学习目标：

- 能用插入对象的方法插入 Excel 表格
- 能利用多种方式调用 Excel 表格

6.4.1　利用插入对象的方法插入 Excel 表格

（1）打开需要插入 Excel 的 PPT 文件，执行“插入”→“对象”命令，弹出“插入对象”对话框。

（2）在对话框中选择“新建”选项，并在“对象类型”列表框中，选择“Microsoft Excel 工作表”选项，单击“确定”按钮，如图 6-17 所示。

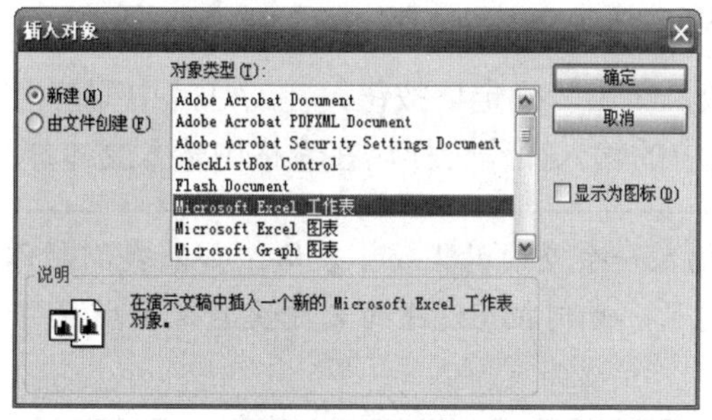

图 6-17　“插入 Excel 工作表”对话框

（3）可以看到幻灯片视图中会出现 Excel 工作表编辑区。Excel 菜单和按钮同 PowerPoint 的菜单一起出现在窗口中，可以像在 Excel 中一样对工作表进行编辑、修饰，如图 6-18 所示。

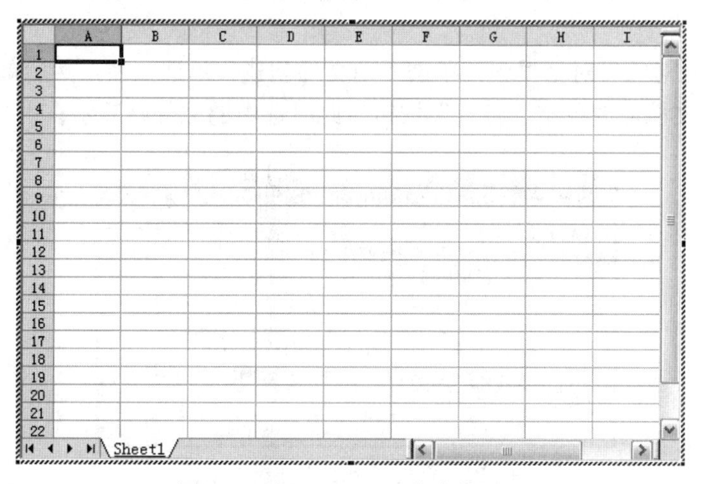

图 6-18　插入 Excel 工作表的界面

学习导航：如果我们制作的演示文稿有大量的表格已经在 Excel 里输入过了，如何把 Excel 文件快速转换成 PPT 文稿呢？可以用下面三种方法直接调用。

编者提示：“复制”、“粘贴”法：在Excel应用程序中，选定所需的表格区域，单击“复制”按钮，切换到PowerPoint程序，单击“粘贴”按钮，即可将Excel表格复制到PowerPoint程序中。

6.4.2　利用带有表格内容的幻灯片版式

（1）打开需要插入Excel的PPT文件，执行“插入”→“新幻灯片”命令。

（2）在“幻灯片版式”任务窗格里选择内容版式。单击即可在幻灯片窗口中出现表格标志，如图6-19所示。

（3）单击表格标志中的“插入表格”图标，弹出“插入表格”对话框，如图6-20所示。

图6-19　带表格版式标志

图6-20　“插入表格”对话框

（4）输入列数和行数，单击“确定”按钮，在幻灯片中即可出现表格。

（5）如同Excel表格中的输入操作一样，在表格中输入文本即可。

学习导航：前面是插入一个空白的Excel表格；如果我们制作的演示文稿有大量的表格已经在Excel里输入过了，如何把Excel的文件快速转换成PPT文稿？我们可以采用以下的方法。

6.4.3　利用插入对象的方法调用Excel表格

（1）新建一张空白演示文稿，在演示文稿编辑模式中，单击菜单栏中的“插入”→“对象”命令。

（2）在“插入对象”对话框中，单击“由文件创建”单选按钮，然后单击“浏览”按钮找到并选中Excel文档，并单击“打开”按钮。此时选中的文件将显示在“文件”文本框中，如图6-21所示。

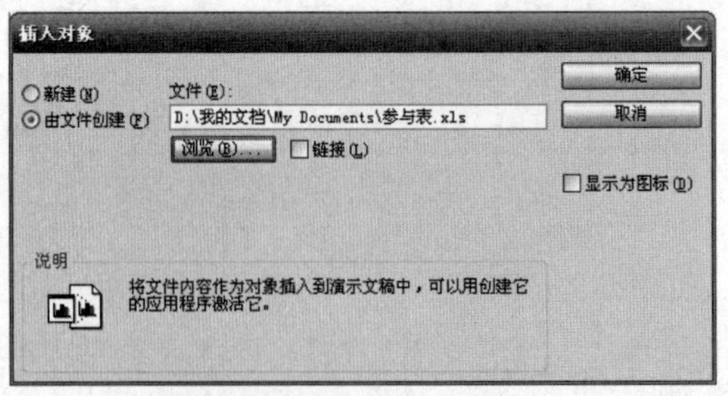

图6-21　调用Excel 工作表对话框

专家提示：在默认情况下，该文件会被完全插入到当前演示文稿中。如果希望插入后的表格随原文件中的表格一起变化，则在上述对话框中选中“链接”复选框。

（3）单击“确定”按钮。此时Excel表格被插入到当前演示文稿中，如图6-22所示。

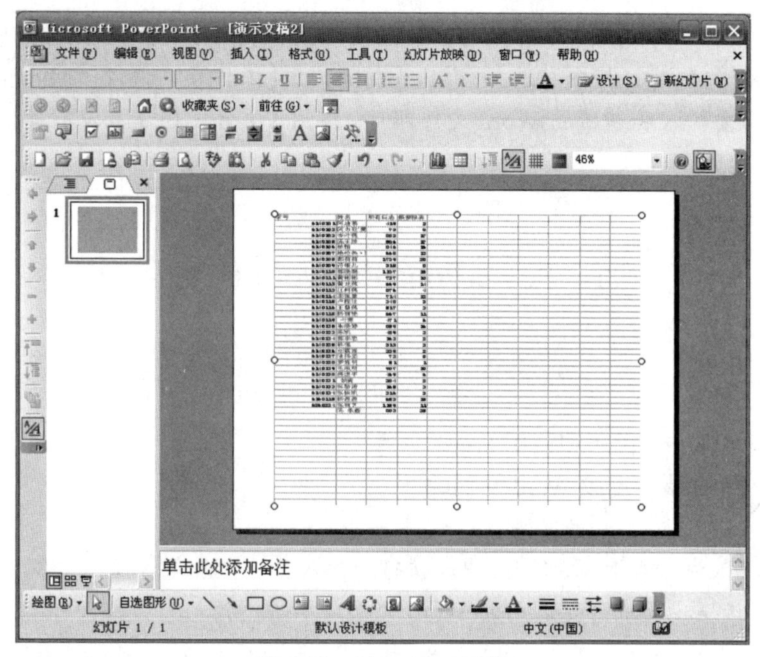

图 6-22　插入 Excel 表格

（4）如果要在 PowerPoint 中编辑表格，双击该表格则会调用 Excel 中的功能对表格进行编辑，如图 6-23 所示。

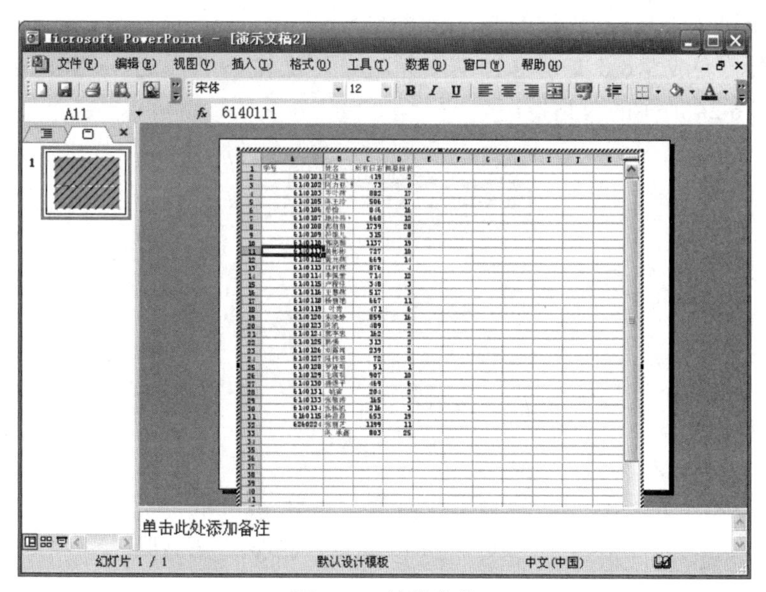

图 6-23　编辑表格

（5）编辑完毕在表格以外的位置单击，可恢复到演示文稿编辑状态。

（6）如果要移动表格的位置，可以直接拖动表格。

编者提示：我们还可以采用“复制”、“粘贴”法：在 Excel 应用程序中，选定所需数据的表格区域，单击“复制”按钮，切换到 PowerPoint 程序，单击“粘贴”按钮，即可将 Excel 表格复制到 PowerPoint 程序中。

学习导航：插入和调用 Word 文档的方法同插入和调用 Excel 文档的方法大体相同，只是在“插入对象”对话框中将选择“Microsoft Excel 工作表”换成“Microsoft Word 文档”，以及选择要插入和调用的 Word 文件即可。调用 Word 文件还有没有其他的方法呢？下面一起来看看。

6.5 PowerPoint 与 Word 的交互

学习目标：

- 能利用多种方法插入和调用 Word 文档
- 能将 PPT 文稿转变成 Word 文档

知识拓展：

（1）直接插入法：在 PowerPoint 中，执行“插入”→“幻灯片（从大纲）”命令，打开“插入大纲”对话框，选中需要调用的 Word 文档，单击“插入”按钮即可。

（2）发送法：在 Word 中，打开相应的文档，执行“文件”→“发送”→Microsoft Office PowerPoint 命令，系统自动启动 PowerPoint，并将 Word 中设置好格式的文档转换到演示文稿中。

注意：在使用以上两种调用方法之前，都要在 Word 中对文本进行设置：将需要转换的文本设置为标题 1、标题 2、标题 3 等样式，保存后返回。

把 PPT 文稿转变成 Word 文档的操作如下：

（1）打开要转变成 Word 文档的 PPT 文件，执行“文件”→“发送”→Microsoft Office Word 命令，弹出如图 6-24 所示的对话框。

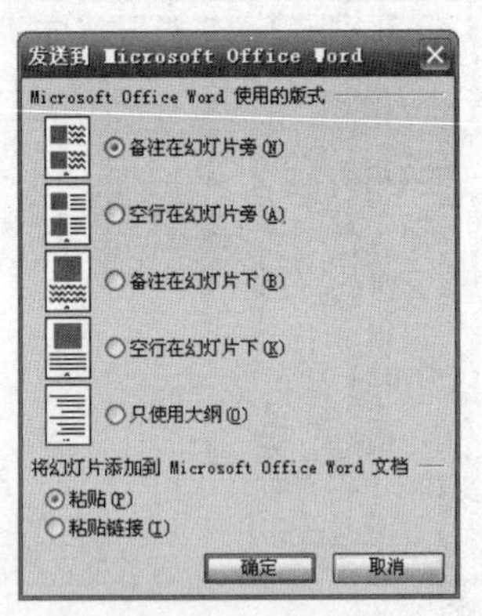

图 6-24 “发送到 Microsoft Office Word”对话框

（2）在弹出的对话框中选择 Word 使用的版式，如果想将幻灯片粘贴并链接到 Word 中，则选中“粘贴链接”复选框。

学习导航：到这里 PPT 课件设计的基本知识已经介绍完了，在后面的实战中还需要继续用到这些知识。“养兵千日，用兵一时”，以后的学习就是完整地进行课件设计，望大家再接再厉。

实践篇

前面 PPT 基本知识的学习，目的在于在课堂实践中真正应用所学知识，本篇按照自动播放式和演示性课件两种类型进行实例解析，同时讲述在完整考虑多媒体课件设计时关于配色方案、模板选择和母版设置的问题，以此提高大家利用 PPT 设计多媒体课件的能力。

第 7 章　自动播放式课件的设计（排练/模板母版）

课件制作时，要先选择模板再制作母版，同时希望在放映时它能根据演讲时间自动放映，本章就来解决这个问题。

学习目标：

- 了解母版的几种类型
- 会对幻灯片进行排练计时的设定
- 能对幻灯片在放映过程中进行控制
- 会在幻灯片中加入页眉和页脚
- 对制作好的幻灯片打包

1. 幻灯片母版

母版控制幻灯片中的每个元素，包括字体、字形、背景等。PowerPoint 2003 提供了幻灯片母版、讲义母版和备注母版，分别应用于不同的视图方式。单击“视图”→“母版”命令，在其子菜单中提供了这三种母版，可以分别打开（见图 7-1），以了解每种母版的使用方法，其中最常用的是幻灯片母版。

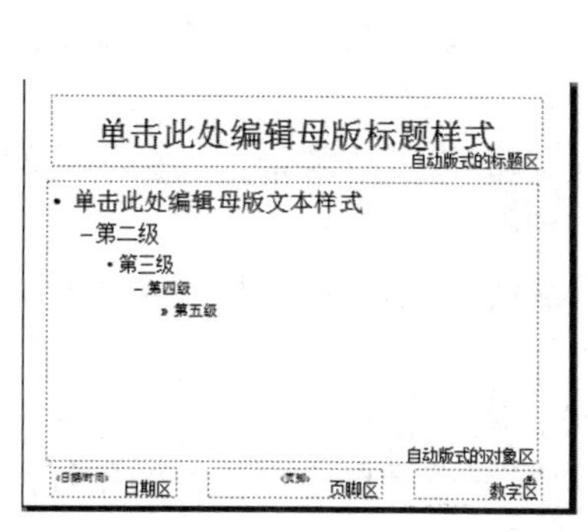

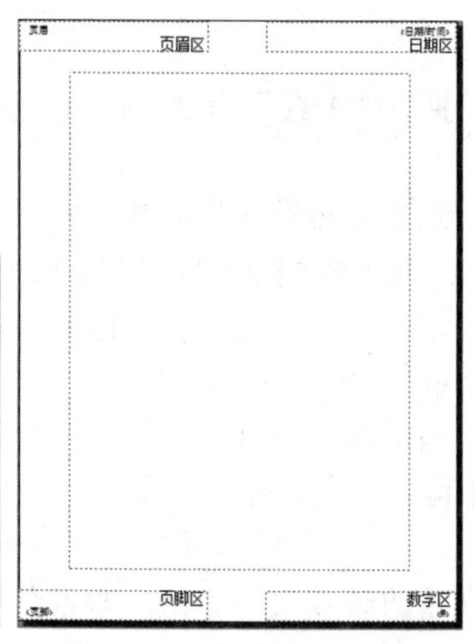

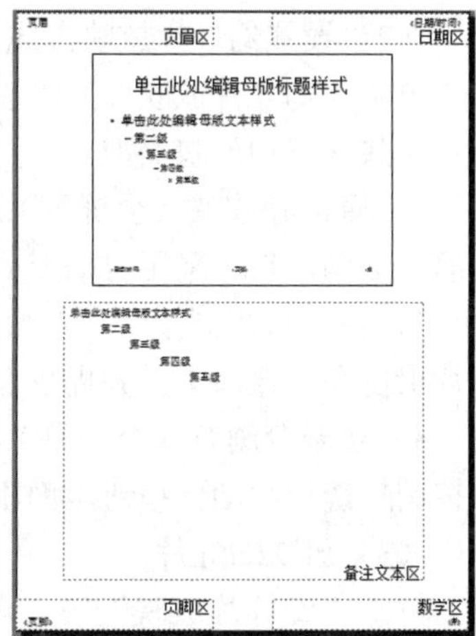

图 7-1　三种母版的视图

幻灯片母版可以保存母版信息的设计模板，在母版中设计的一切信息都会应用在所有幻灯片中，包括字形、字体、背景、图片等，方便用户对全局进行修改，使整个课件保持统一的风格。

利用讲义母版，可以对讲义母版中的页眉、页脚、日期等进行修改。

备注母版用于控制备注页中的内容和格式，使多数注释具有统一的外观。

编者提示：对于幻灯片的母版，用户可以自己设置也可以在任务窗格中选择“幻灯片设计”，或在网上搜索。

2. 播放幻灯片

（1）幻灯片播放的排练计时。

制作好幻灯片后，单击“幻灯片放映”→“排练计时”命令，进入幻灯片放映的全屏模式，同时在左上角可以看到有一个“预演”对话框，如图7-2所示，这时用户可根据实际的讲演时间情况，单击（或单击预演对话框中的“➡”）在幻灯片之间切换，系统自动记下幻灯片之间切换所需要的时间，下次播放时，不用动手去控制，系统会自动播放。

图7-2 “预演”对话框

放映结束后，系统提示“是否保留新的幻灯片排练时间”，单击“是”按钮（见图7-3）。当需要再次用到同一份演示文稿时，只需在“设置放映方式”对话框里单击“观众自行浏览”或者“在展台浏览”，换片方式选择“如果存在排练时间，则利用它”，单击放映，则自动按照上次放映每一页所需的时间进行放映。

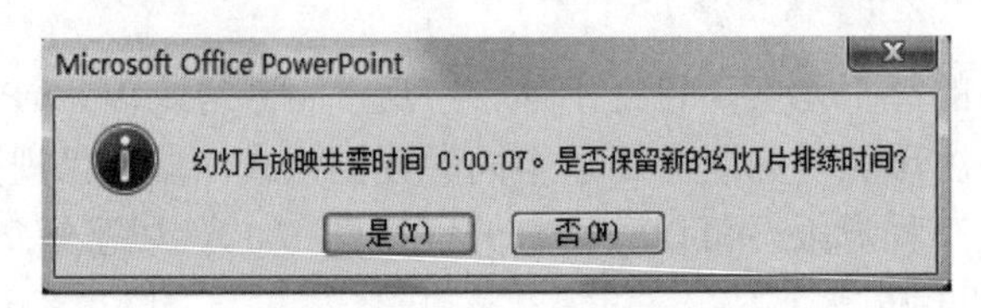

图7-3 排练计时保存对话框

（2）设置幻灯片放映方式。

单击“幻灯片放映”→“设置放映方式”命令，弹出“设置放映方式”对话框，如图7-4所示，共有三种放映类型。

1）演讲者放映（全屏幕）：这是系统默认的放映方式，在此放映方式下，演讲者完全控制演示文稿，也可采用自动或人工的方式控制放映过程。

2）观众自行浏览（窗口）：演示文稿由观众自行控制，它和演讲者放映最大的区别是幻灯片出现在小窗口中，并提供命令在放映时移动、编辑、复制和打印幻灯片。

3）在展台浏览（全屏幕）：自动运行幻灯片，不需要专人播放，用户可以通过使用鼠标来控制超链接和动作按钮，但不可以改变幻灯片内容。

（3）放映幻灯片。

单击“幻灯片放映”→“观看放映效果”命令，即可在全屏下观看自己制作好的幻灯片放映效果。

知识拓展：单击屏幕左下角的按钮或者按F5键均可直接放映幻灯片。

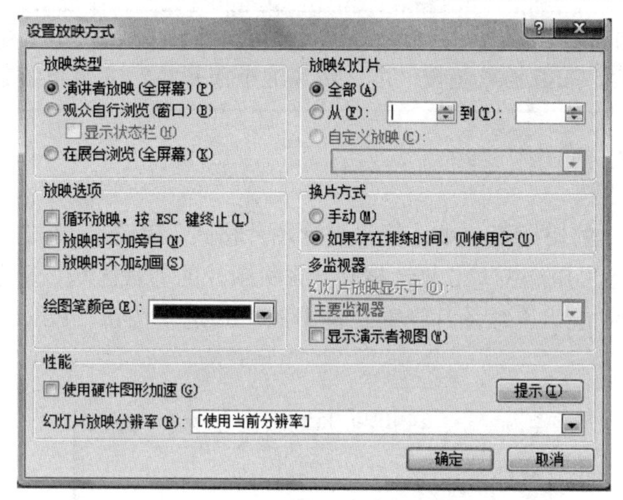

图 7-4　“设置放映方式”对话框

3. 幻灯片放映过程中的控制

（1）快捷键控制放映过程。

1）同时按住鼠标的左右键 2 秒以上，可以快速返回到第一张幻灯片。

2）按 Ctrl+H 组合键隐藏鼠标，按 Ctrl+A 组合键鼠标重现。

3）按 B 键快速显示黑屏，按 W 键快速显示白屏。

（2）鼠标控制幻灯片放映。

放映过程中，右击，弹出一个快捷菜单，如图 7-5 所示，可以用这个菜单对幻灯片的放映进行控制。

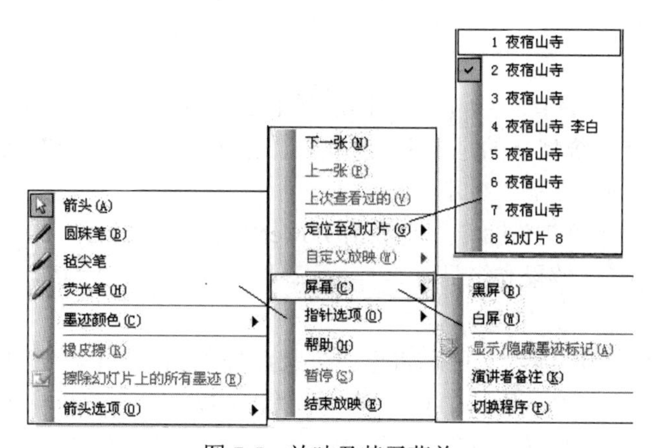

图 7-5　放映及其子菜单

1）定位至幻灯片：单击弹出其子菜单，如图 7-5 所示，方便迅速定位至所需要的幻灯片。

2）指针选项：单击弹出其子菜单，如图 7-5 所示，利用它可以在放映时进行标注，突出主题。

3）屏幕：单击弹出其子菜单，如图 7-5 所示，可以根据需要对幻灯片进行黑屏或白屏设置。

放映过程中，最常用的是通过单击或控制鼠标滑轮的上下滚动来制幻灯片的播放。还可以通过屏幕左下角的放映工具栏来控制对幻灯片的放映。

学习导航：幻灯片加入图片、声音等各种素材后，可以发现幻灯片文件变得非常大，保存好后移动时不方便，而且播放缓慢，怎么解决这个问题呢？下面介绍怎样使幻灯片减重。

4. 幻灯片“减重”的几种方法

（1）压缩图片文件。

右击图片，在弹出的快捷菜单中选择“设置图片格式”命令，单击“图片”→“压缩”。在弹出的对话框中勾选“压缩图片”复选框和“删除图片的剪裁区域”复选框，如图 7-6 所示。如果系统给出提示，单击“压缩图片”对话框中的“确定”按钮，PowerPoint 将自动压缩一张或多张图片。

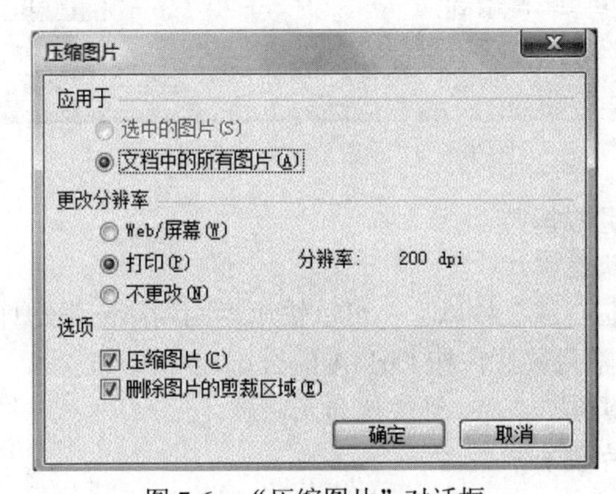

图 7-6 “压缩图片”对话框

编者提示：图片在保存时，最好先用图形处理工具压缩一下，而且尽量存成 JPG 等占用空间较少的格式。

（2）取消快速保存。

单击“工具”→“选项”命令，在弹出的对话框中单击“保存”选项卡，再取消选中“允许快速保存”复选框（系统默认的是选中状态），最后单击“确定”按钮即可。

（3）另存文件让演示文稿“减肥”。

选择“文件”→“另存为”命令，把当前 PowerPoint 文件另存，即可让 PowerPoint 文件减肥（文件大小变小了），效果立竿见影！

（4）给幻灯片打包。

打开编辑好的要打包的演示文稿，将空白刻录盘插入到刻录机中，单击“文件”→“打包成 CD”命令，打开如图 7-7 所示的对话框，在“将 CD 命名为”框中为 CD 键入名称。

编者点拨：演示文稿打包到 CD 需要 Windows XP 或更高版本。如果是其他版本的 Windows，可以先使用“打包成 CD”功能将演示文稿打包“复制到文件夹”，然后使用 CD 刻录软件将打包文件夹中的文件刻录到 CD 中。

5. 幻灯片加入页眉页脚

单击“视图”→“页眉和页脚”命令，出现如图 7-8 所示的对话框，在幻灯片选项中，根据需要进行设置，然后单击“应用”按钮，则在当前选择的幻灯片中应用页脚；若选择“全部应用”按钮，则所有的幻灯片中都会出现页脚。

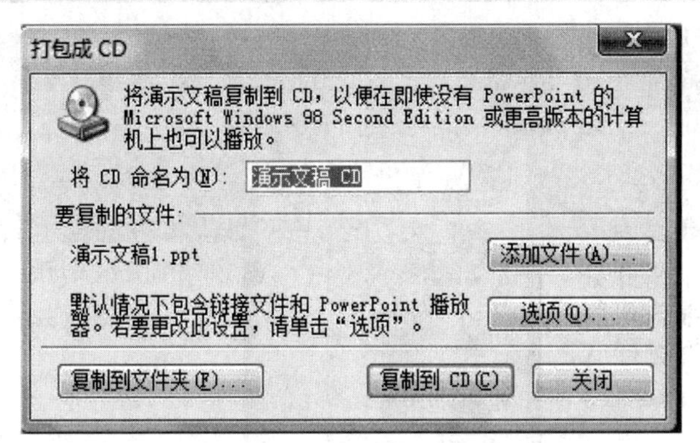

图 7-7　“打包到 CD”对话框

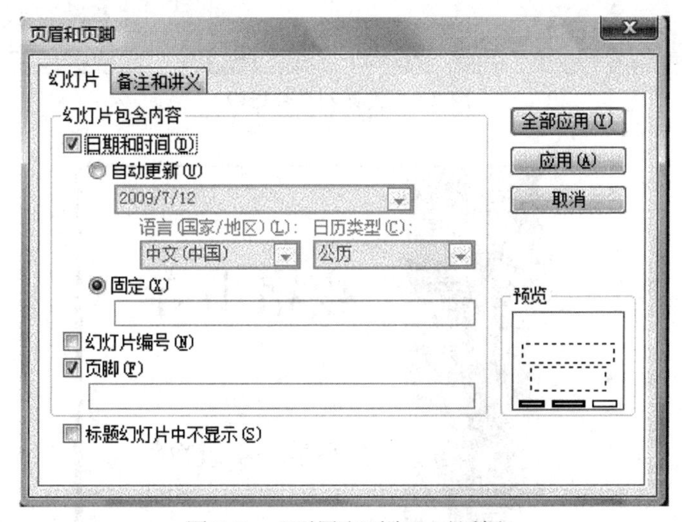

图 7-8　“页眉和页脚”对话框

若选择“页眉和页脚”对话框中的“备注和讲义”选项卡，则在其页面中可以选择加入页眉或页脚。

6. 实例——幻灯片自动放映

（1）单击“文件”→“新建”命令，在任务窗格中选择“幻灯片设计”，打开其中一个模板。

（2）单击“视图”→“母版”→“幻灯片母版”命令，出现两张相互关联的幻灯片。第二张幻灯片，标题区设为宋体、72 号、加粗、黑色字体，副标题设为宋体、32 号、黑色字体，删除页眉和数字区，日期区输入“2009/3”，字体为宋体、24 号、黑体、居中。第一张幻灯片中，标题区字体设为宋体、60 号、加粗、居中、黑色，对象区字体默认，再在右下角插入一张与主题有关的剪贴画，如图 7-9 所示。

（3）“视图”→“普通”命令，回到普通视图中，在幻灯片首页输入标题和演讲者如图 7-10 所示；第二张幻灯片上输入演讲提纲，并单击“格式”→“项目符号和编号”命令，在弹出的对话框中选择“自定义”，然后单击“图片”按钮，在弹出的对话框中选择喜欢的编号图片即可，如图 7-11 和图 7-12 所示。

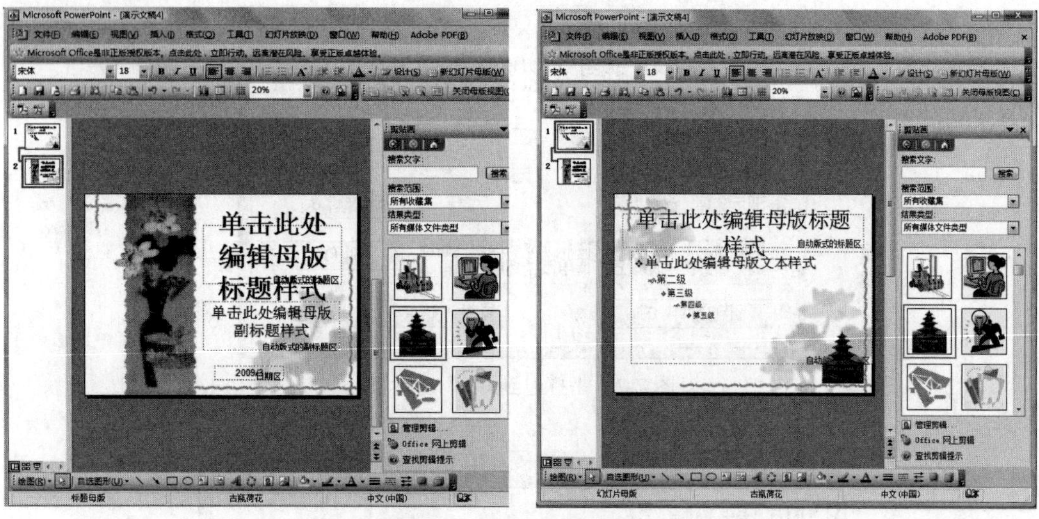

图 7-9 设计幻灯片母版

图 7-10 第一张幻灯片

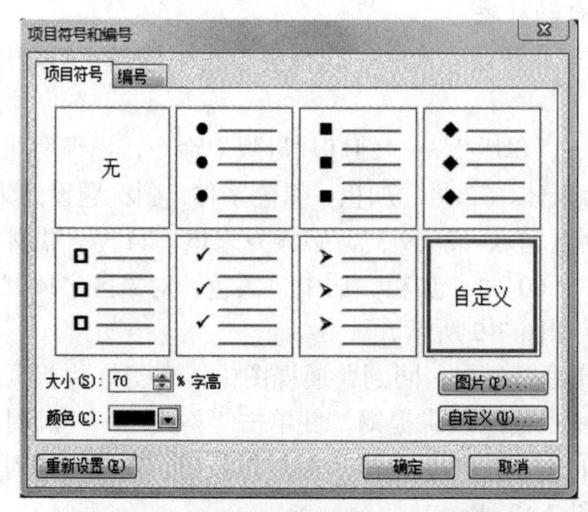

图 7-11 “项目符号和编号”对话框

图 7-12　第二张幻灯片

（4）单击“插入”→“新幻灯片”命令，输入文字，如图 7-13 所示。

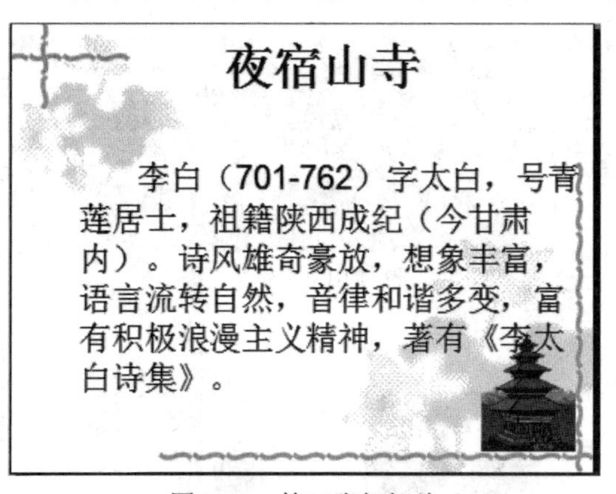

图 7-13　第三张幻灯片

（5）单击“插入”→“新幻灯片”命令，书写文字，并插入配音，如图 7-14 所示。

（6）单击“插入”→“新幻灯片”命令，输入文字，并加入剪贴画，然后在文字后面输入拼音，而音调的输入则单击“插入”→“特殊符号”→“拼音”命令，找到需要的拼音直接输入即可，效果如图 7-15 所示。

图 7-14　第四张幻灯片

图 7-15 第五张幻灯片

（7）单击“插入”→“新幻灯片”命令，用自定义动画制作具有写字效果的幻灯片，如图 7-16 所示。

图 7-16 第六张幻灯片

（8）单击“插入”→“新幻灯片”命令，用控件制作课件的交互功能，如图 7-17 所示。

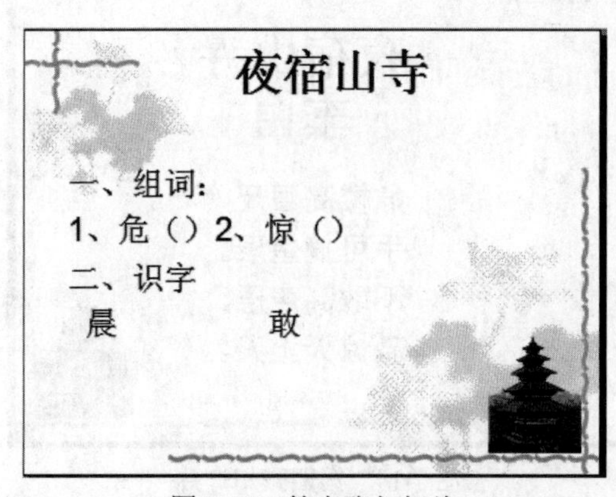

图 7-17 第七张幻灯片

（9）单击“幻灯片放映”→“排练计时”命令，对制作好的演示文稿进行“排练计时”（演讲者可根据演讲进度进行设计，这里只是做了一个例子）。

（10）保存幻灯片。

学习导航：这里通过一个简单的例子说明了自动播放式课件的设计要点，读者可以通过浏览素材及源文件中提供的经典案例来学习 PPT 在自动播放中体现出的与众不同的魅力。其实我们在教学中最常用 PPT 作为辅助手段，演示型课件就“大展拳脚”了。接下来的一章系统学习如何设计演示型课件。

设计点评：多媒体介入教学领域，给课堂教学注入了新的活力，优化了课堂教学结构，活跃了课堂气氛，激发了学生的学习兴趣，对提高教学效果起到了一定的作用。然而自动播放式课件在设计之时就应考虑到它所适用的对象和特定教学环境：首先我们应该考虑到整个过程当中不需要人为控制，每个界面和内容的停留时间是有限的；其次在设计中如何控制教学内容呈现的层次和顺序，以及教学内容呈现的形式都是设计中应考虑的重要环节。基于这种特性，我们通常在网络课堂、远程课堂、实验课堂使用较为普遍，还有不少教师在大型讲课比赛或者公开课中通过多次的排练、准确地控制讲课流程和教育课件内容的呈现，来展示高超的教学水平和娴熟的职业技能。

第 8 章　演示型课件的设计

多媒体课件演示已成为现代教学的一种重要手段。有效运用多媒体课件进行教学，可以提高学生的学习兴趣，取得更好的教学效果。PowerPoint 就是一种方便易学的演示软件，它不仅通过文字传达所要表达的信息，还可以通过插入图片、音频、视频，以及设置动画，并使用特殊效果，填充背景等手段提供更加丰富的视觉和听觉效果。本章以赵州桥 PPT 课件的制作为例，把各类技法贯穿起来进行讲解，并着重介绍填充背景和插入超链接的技法。

学习目标：

- 知道多媒体课件设计的配色方案
- 学会插入超链接
- 能够综合运用各种技巧设计多媒体课件

1. 课件总体设计

课件的内容选择人教版义务教育课程标准试验教材三年级语文上册的《赵州桥》一文。为活跃课堂气氛，加深学生对课程内容的理解，老师采用多媒体手段进行教学。这里的多媒体教学主要针对课堂教学进行，为便于教师在课堂教学中操作使用，因而采用简单易用的 PowerPoint 软件作为主要制作工具。

2. 素材准备

需要准备的图片参考素材如图 8-1 所示。

图 8-1　图片素材

3. 页面设计与制作过程

课件页面将由 6 张幻灯片组成，分别为封面的制作、看一看页面的制作、听一听页面的制作、读一读页面的制作、写一写页面的制作、想一想页面的制作。

（1）封面的制作。

1）单击菜单栏中的“文件”→“新建”命令，出现“新建演示文稿”任务窗格。

2）选择空演示文稿，在右边出现的“幻灯片版式”任务窗格中选择“内容版式”中的空白文稿，如图 8-2 所示。

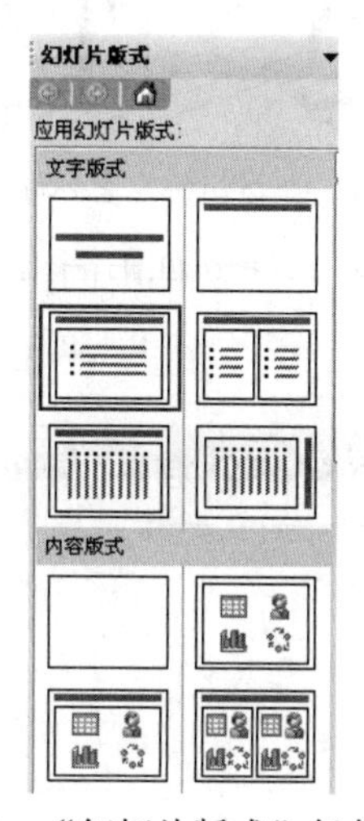

图 8-2　“幻灯片版式”任务窗格

3）插入“背景”图片。单击菜单栏中的“插入”→“图片”→“来自文件”命令，在弹出的对话框中找到背景图片，如图 8-3 所示。

图 8-3　“插入图片”对话框

4）通过图片对象四周的控制点，来调整图片的大小和位置。

5）插入艺术字“赵州桥”。执行“插入”→“图片”→“艺术字”命令，选择所需要的艺术字库，单击“确定”按钮。

编者提示：还可以通过选择“视图”→“工具栏”→“绘图”命令，调出“绘图”工具栏，单击“绘图”工具栏中的工具。

6）在随后弹出的“编辑艺术字”对话框中输入文字“赵州桥”，并设置字体及字号，在幻灯片中将出现如图8-4所示的艺术字。

图8-4 “赵州桥”艺术字效果

7）执行“插入”→“影片和声音”→“文件中的声音”命令，弹出“插入声音”对话框，如图8-5所示。

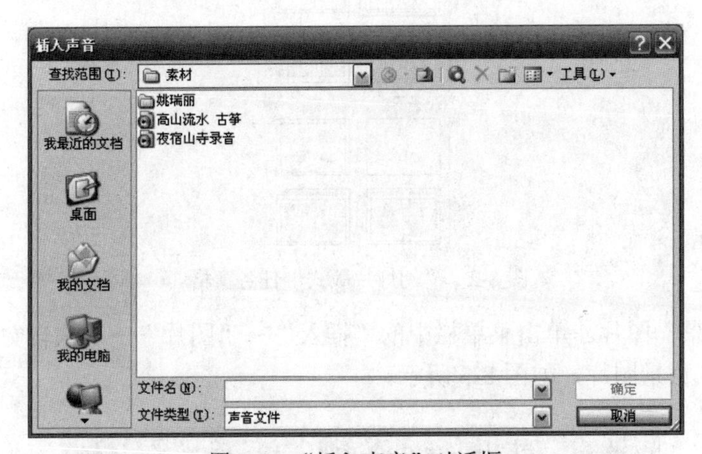

图8-5 “插入声音”对话框

8）选择“高山流水 古筝”音频文件，单击“确定”按钮，弹出对话框，如图8-6所示，单击“自动”按钮。

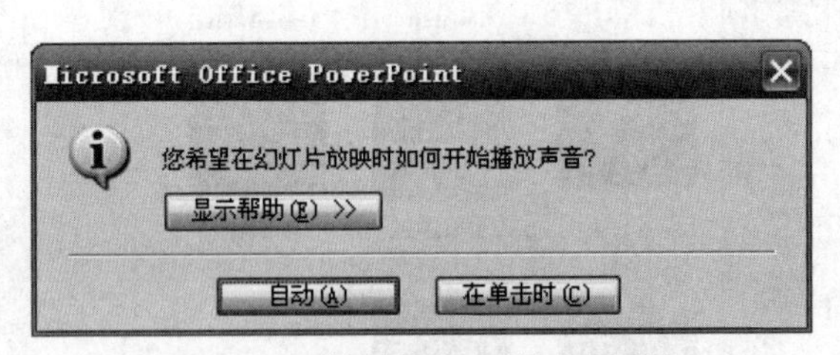

图8-6 开始播放声音设置对话框

9）选择PPT上的声音图标，右击，在弹出的快捷菜单中“自定义动画”命令，出现“自定义动画”任务窗格，如图8-7所示。

10）选择“效果选项”，出现“播放声音”对话框，在“效果”选项卡中，在停止播放中选择“在...张幻灯片之后”，在文本框中输入数字2，确定即可，则音乐在播放第2张幻灯片后停止播放，如图8-8所示。

图 8-7　“自定义动画”任务窗格

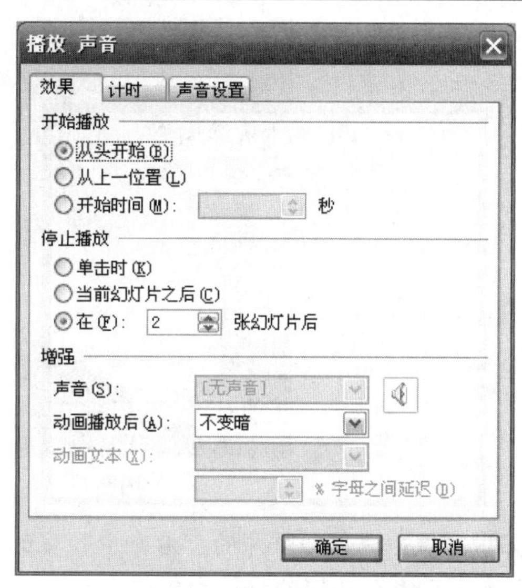

图 8-8　设置播放效果

11）在“计时”选项卡中，在“开始”下拉列表中选择“之后”，如图 8-9 所示。

12）在“声音设置”选项卡中勾选“幻灯片放映时隐藏声音图标”复选框，如图 8-10 所示。

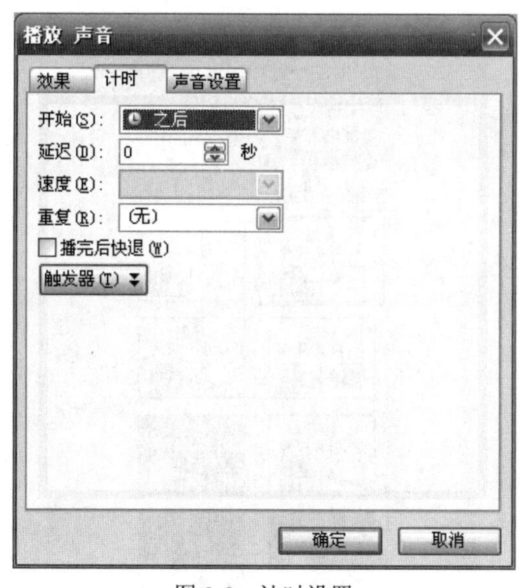

图 8-9　计时设置

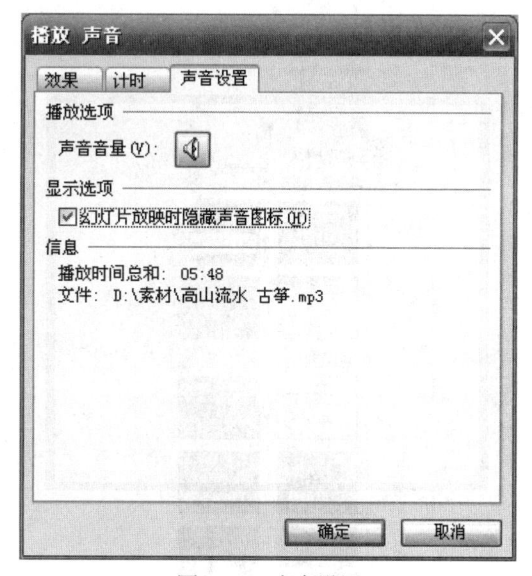

图 8-10　声音设置

13）封面页面的效果如图 8-11 所示。

（2）“看一看”页面的制作。

1）单击“插入”→“新幻灯片”命令，新建一张幻灯片。

2）单击“格式”→“幻灯片设计”命令，右侧出现“幻灯片设计”任务窗格，如图 8-12 所示。

3）选择一种模板。单击选择第二行第一列的模板，则该模板应用于当前演示文稿的所有幻灯片。

图 8-11 封面页面的效果

知识据展：课件幻灯片的“看一看”页面的制作，开始设计时制作了一张母版，再根据模板进行页面其他内容的设计和制作。

设计模板中包含配色方案、具有一定格式的幻灯片和标题母版以及字体样式，可以用来创建特殊的外观。

4）在“幻灯片设计”任务窗格中单击“配色方案”选项，此时的任务窗格如图 8-13 所示。

图 8-12 “幻灯片设计”任务窗格

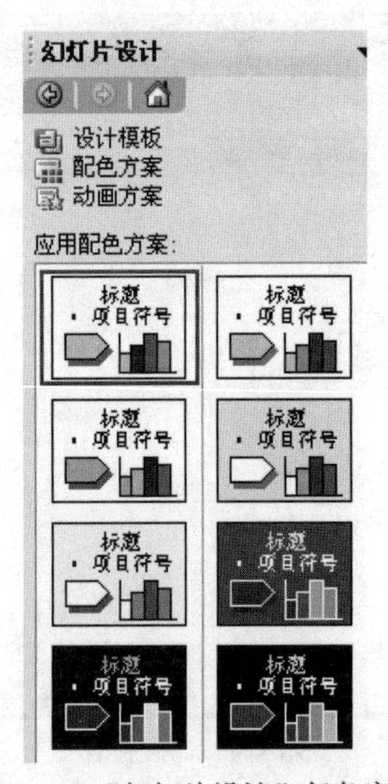

图 8-13 “幻灯片设计”任务窗格

5）在“应用配色方案”列表中选择一种内置的配色方案，右击，在弹出的快捷菜单中选择“应用于所选幻灯片”命令，把更改的配色方案只应用于当前幻灯片。

编者提示：用户也可以在快捷菜单中选择“应用于所有幻灯片”命令，把更改的配色方案用于整个演示文稿中。

配色方案可以更改 8 项元素的颜色，如文本、背景、填充和强调文字所用的颜色。

6）单击“格式”→“背景”命令，弹出如图 8-14 所示的“背景”对话框。

7）单击“背景填充”选项组下方的下拉列表框，单击“其他颜色”选项，再选择接近淡蓝色的颜色，在如图 8-15 所示的“填充效果”对话框中选择颜色为“单色”，底纹样式为“水平”，可拖动深浅滑块设置颜色效果。

图 8-14　“背景”对话框

图 8-15　“填充效果”对话框

编者提示：还可以设置其他各种填充效果，如“渐变”、“纹理”、“图案”等。

8）设置完后的“背景”对话框如图 8-16 所示，这里只将背景应用于当前幻灯片，则单击“应用”按钮，若要将背景应用于全部幻灯片，则单击“全部应用”按钮。

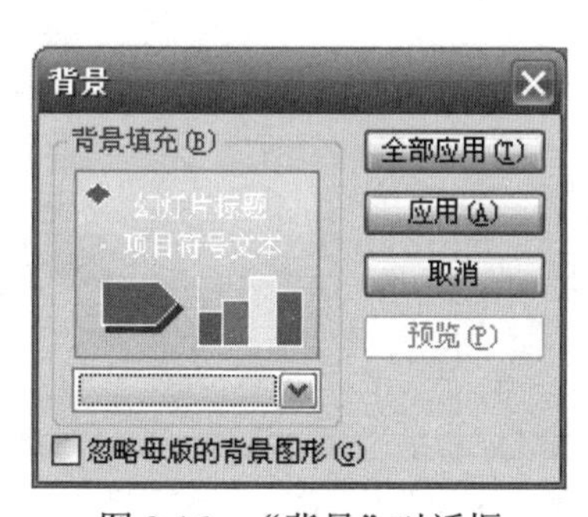

图 8-16　“背景”对话框

9）插入“看一看”小图片，方法同插入“背景”图片一样。“看一看”幻灯片的背景效果如图 8-17 所示。

知识拓展：用户也可以自己定义标题文字等各项的颜色。单击任务窗格左下方的“编辑配色方案”超链接文本，打开“编辑配色方案”对话框，如图 8-18 所示，双击需要更改的选项（如“阴影”），打开相应的“调色板”，重新编辑相应的配色，然后确定返回，自定义好后单击“应用”按钮。

10）单击“插入”→“图片”→“来自文件”命令，在弹出的对话框中找到图片，插入赵州桥 1、赵州桥 2、龙的图标 1、龙的图标 2 等图片。

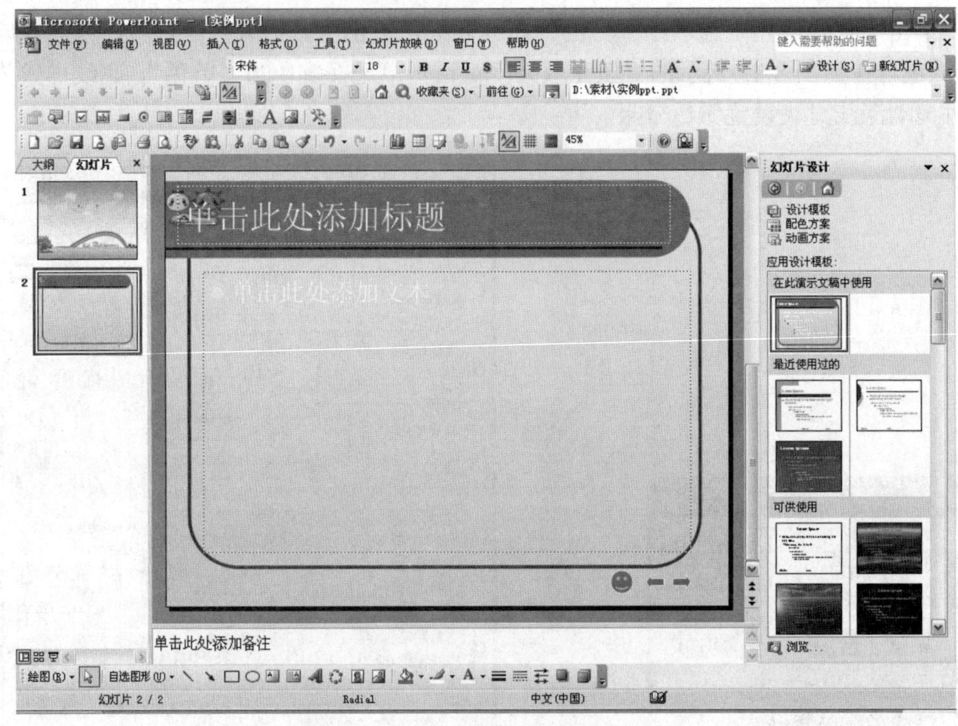

图 8-17 “看一看”页面的背景效果

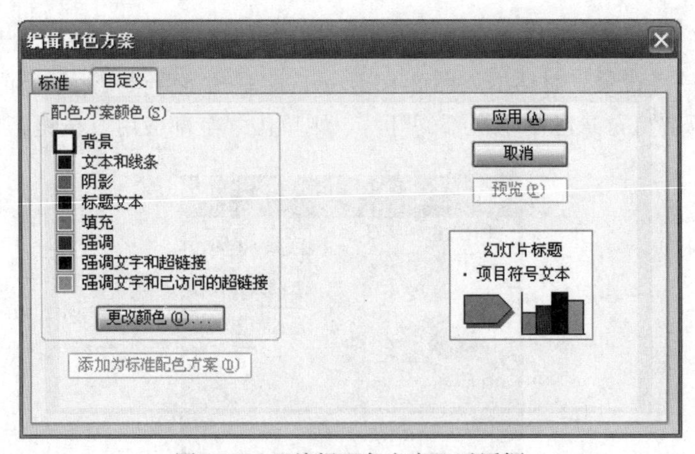

图 8-18 “编辑配色方案”对话框

11）调整上述 4 张图片的大小和位置。

12）单击“视图”→“工具栏”→“绘图”，调出“绘图”工具栏，如图 8-19 所示。

绘图(R) ▾ 自选图形(U) ▾

图 8-19 “绘图”工具栏

13）在“绘图”工具栏中单击“自选图形”工具，选择“基本形状”，再选择“笑脸”按钮，这时鼠标变成十字形。

14）用十字形的鼠标光标在空白幻灯片的页面上拖动，即出现一个笑脸图形。

15）给笑脸形状的按钮填充颜色。同样，填充颜色的工具——油漆桶也在屏幕的下面，单击油漆桶旁边的下三角按钮，出现基本颜色，选中蓝色，效果如图 8-20 所示。

16）选中笑脸按钮，右击，在弹出的快捷菜单中选择“动作设置”命令，在弹出的对话框中选择超链接到“第一张幻灯片”，如图 8-21 所示，确定即可。

图 8-20　笑脸按钮

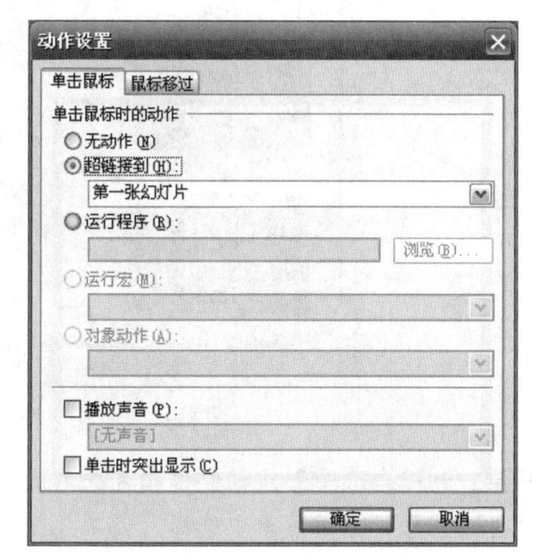

图 8-21　“动作设置”对话框

17）单击“幻灯片放映”→“动作按钮”命令，在出现的子菜单中选择“上一张幻灯片”动作按钮。

18）在幻灯片的右下角拖动鼠标，画出一个按钮，松开鼠标左键时，PowerPoint 会弹出如图 8-22 所示的对话框。

图 8-22　“动作设置”对话框

19）单击“确定”按钮，并用同样的办法制作出“下一张幻灯片”按钮。前进和后退按钮如图 8-23 所示。

图 8-23　前进和后退按钮

20）“看一看”页面的效果如图 8-24 所示。

图 8-24　“看一看”页面的效果

知识拓展：利用自选图形按钮制作向左向右的箭头图形。单击屏幕下端的“自选图形”按钮，在出现的“自选图形”下拉菜单中选择“箭头总汇”中的虚尾箭头，这时，鼠标变成十字形。

用十字形的鼠标光标在幻灯片的页面上拖动，即出现一个向右的箭头图形。

向左的图形也可用同样的方法制作。

要添加箭头按钮的阴影，则选中箭头按钮，单击屏幕下端的阴影工具，选择第五行第二列的阴影样式，这时蓝色的箭头按钮就添加了阴影。

知识拓展：快速复制按钮。为了形式美观一致，每一页的按钮通常放在同一位置。在一个页面做好按钮以后，选定按钮，按 Ctrl+C 键复制，然后换一页，按 Ctrl+V 键粘贴就可以了，并且以前设置好的动作在其他页面同样有效。利用这种方法还可以将其他对象也放在不同页面的同一位置。

（3）“听一听”页面的制作。

1）单击菜单栏的“插入”→“新幻灯片”命令，新建幻灯片。

知识拓展：在普通视图下的幻灯片模式下，在左边空白处右击，选择“新幻灯片”命令也可以新建幻灯片。

2）插入“听一听”图片，单击标题文本框，输入文字“听一听：课文朗读”。

知识拓展：本案例中用到的模板为标题文本框和正文文本框，若幻灯片中没有文本框，可以插入文本框。方法是单击“插入”→“文本框”→“水平”命令。在插入的文本框中可以输入文字。

3）将鼠标定位到正文框后，单击“视图”→“工具栏”→“控件工具箱”或者单击“工具”→“自定义”→“工具栏”，选择“控件工具箱”，调出控件工具箱。

4）单击控件工具栏上的“其他控件”按钮，在弹出的下拉列表中选 Shockwave Flash Object 选项，如图 8-25 所示。

5）将鼠标移动到 PowerPoint 的编辑区域中，这时鼠标光标变成细十字线状，按住左键在工作区中画出一个合适大小的矩形区域，随后该区域就会自动变为 Flash 文件的播放窗口，如图 8-26 所示。

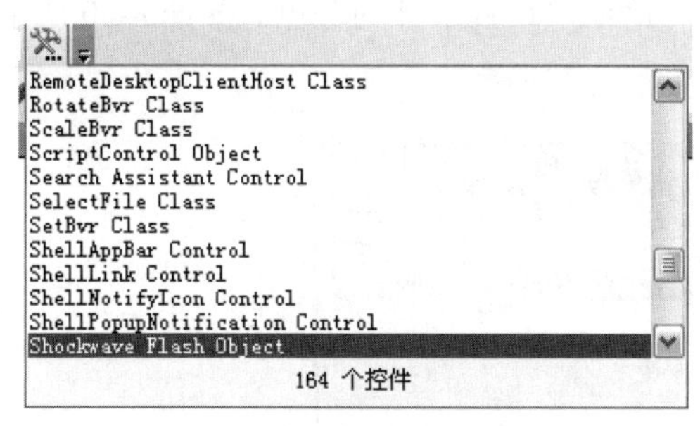

图 8-25　控件选项界面

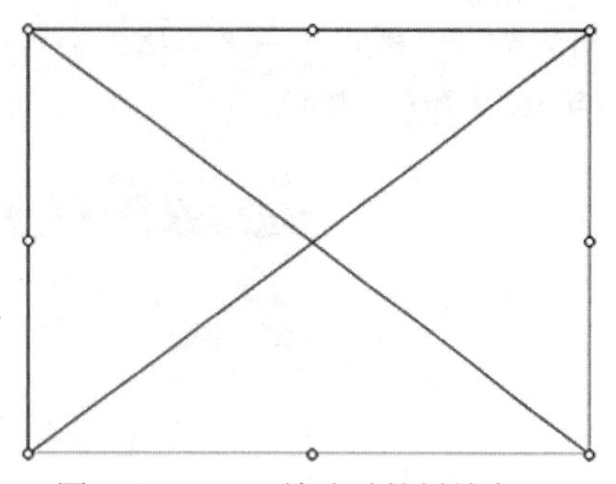

图 8-26　Flash 放映时的播放窗口

6）右击上述矩形框，在随后弹出的快捷菜单中选择“属性”命令，打开“属性”窗口，在 Movie 选项后面的方框中输入需要插入的 Flash 动画文件名及完整路径，注意要带上后缀. swf，如“D:\素材\赵州桥 flash.swf”，然后关闭“属性”窗口，如图 8-27 所示。

7）单击“确定”按钮。“听一听”页面的效果如图 8-28 所示。

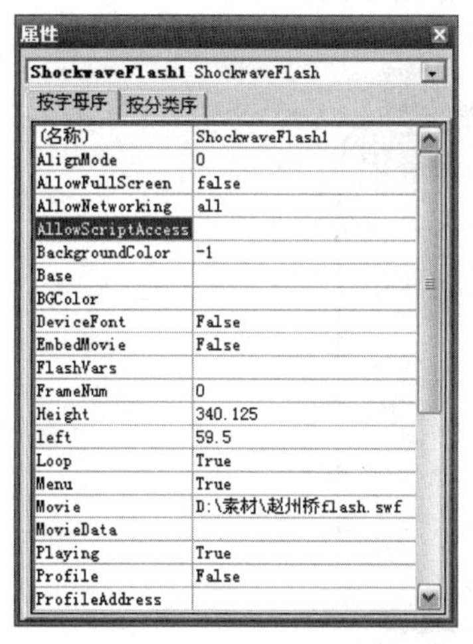

图 8-27　“播放窗口”的属性

图 8-28　“听一听”页面的效果

（4）“读一读”页面的制作。

1）新建幻灯片，插入“读一读”图片，单击标题文本框，输入文字“读一读”。

2）单击“单击此处添加文本”，即正文文本框，在此文本框中输入文字。

3）将音标加上音调。单击“插入”→“特殊符号”命令，在弹出的对话框中选择“拼音”选项卡，选择ά，如图 8-29 所示。

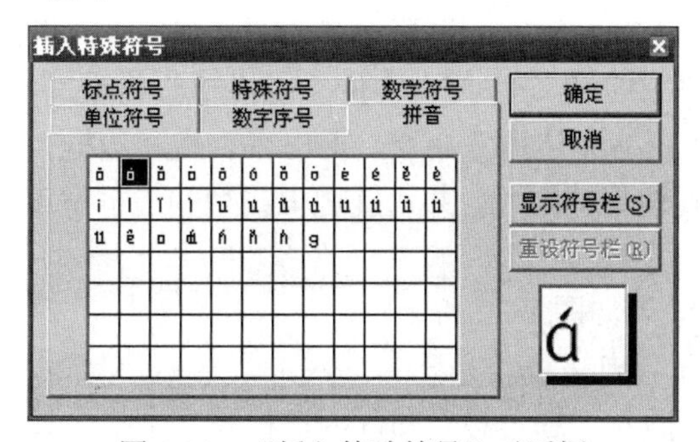

图 8-29　“插入特殊符号”对话框

4）单击“格式”→“字体”命令，在弹出的对话框中设置字体的颜色。如图 8-30 所示，设置字体的颜色为黑色。

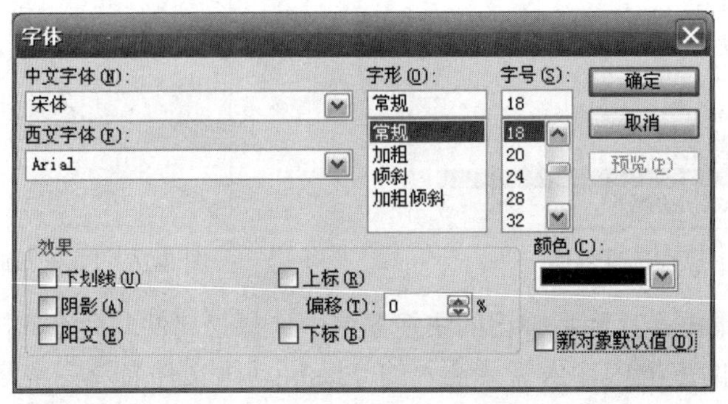

图 8-30 “字体”对话框

5）将强调的文字颜色设置为红色。“读一读”页面的效果如图 8-31 所示。

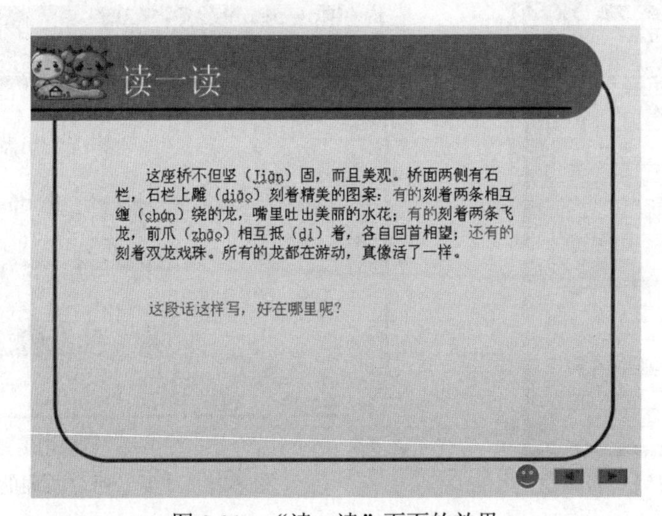

图 8-31 “读一读”页面的效果

（5）“写一写”页面的制作。

1）新建幻灯片，插入“写一写”图片，并在标题文本框中输入文字“写一写”。

2）单击“插入”→“表格”命令，在弹出的对话框的列数中输入 8，行数中输入 2，单击确定，即插入了 2 行 8 列的表格。

3）输入文字后，选择所有的文字，设置文字的字号和字体，并选择工具栏上的“格式”→“字体对齐方式”→“居中”命令，使文字位于表格中心位置。

4）单击“视图”→“表格和边框”命令，调出“表格和边框”工具栏，选中表格，单击“边框颜色”按钮，设置边框的颜色，并设置边框线型和边框宽度，最后设置表格为显示所有框线。

5）“写一写”页面的效果如图 8-32 所示。

（6）“想一想”页面的制作。

1）新建一张幻灯片，插入“想一想”图片，在标题文本框中输入文字“想一想”。

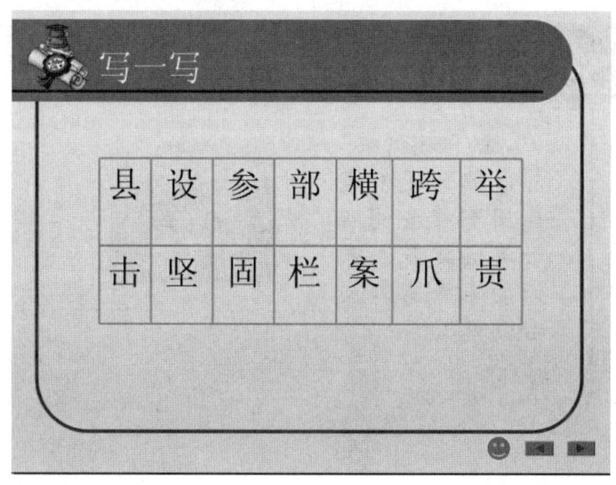

图 8-32　“写一写”页面的效果

2）调整正文文本框四周的控制点，使文本框在 PPT 的居左位置，在文本框中输入文字。

3）插入“长城”图片，并插入水平文本框，输入文字“中国长城”。

4）选中“中国长城”这个对象，单击“插入”→“超链接”命令，弹出“插入超链接”对话框，如图 8-33 所示。

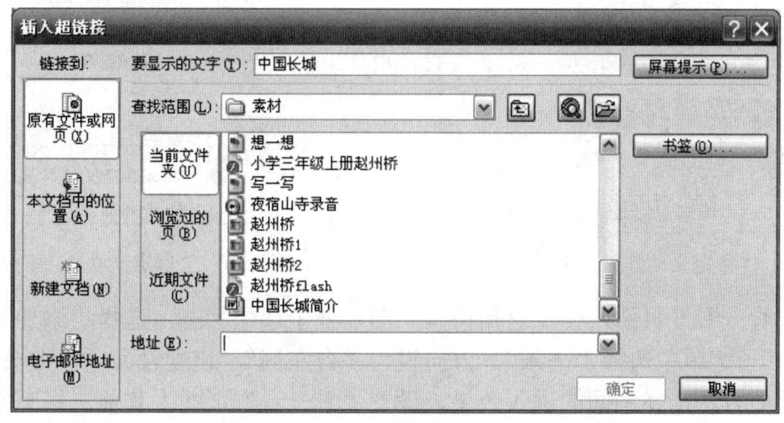

图 8-33　“插入超链接”对话框

5）单击“浏览文件”按钮，选择名为“中国长城简介”的 Word 文档，单击“确定”按钮完成。

6）“想一想”页面的效果如图 8-34 所示。

编者提示：在选择对象时，有时可能看不到或者选不出想要变更的对象，因为它被其他对象遮盖了，这时可以先选一个对象，然后按 Tab 键，PowerPoint 将按顺序选择每个对象。

（7）设置幻灯片的动画效果。

1）单击“幻灯片放映”→“自定义动画”命令，出现“自定义动画”任务窗格，如图 8-35 所示。

2）选中封面页面上的文字“赵州桥”，在“自定义动画”任务窗格中选择“添加效果”→“进入”特效，在其子菜单中选择“百叶窗”。方向设为“水平”，速度设为“中速”，如图 8-36 所示。

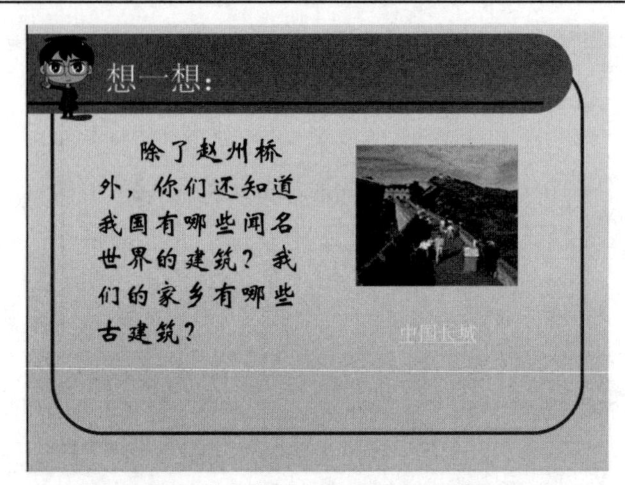

图 8-34 “想一想”页面的效果

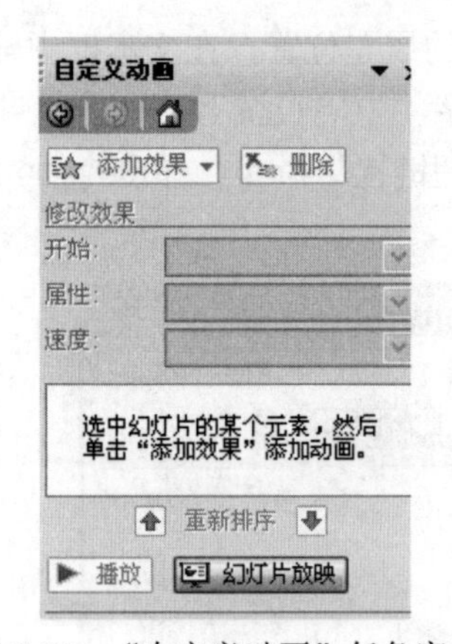

图 8-35 “自定义动画”任务窗格

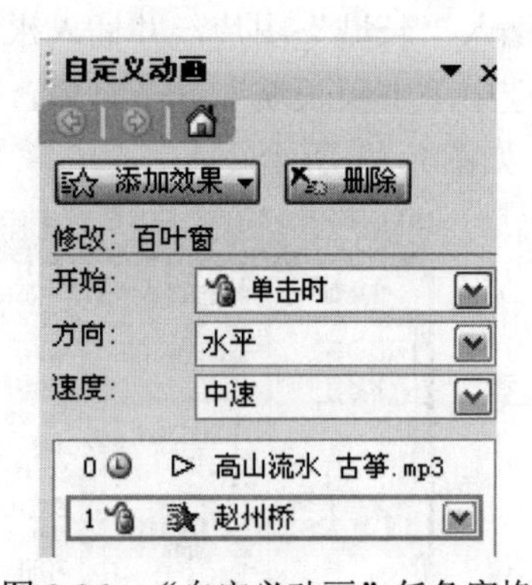

图 8-36 “自定义动画”任务窗格

3）选中“看一看”页面，使“赵州桥 1”图片处于选中状态，选择“添加效果”→“进入”特效，在其子菜单中选择“飞入”。方向设为“自左侧”，速度设为“非常快”。

4）用同样的方法选择不同的进入效果，设置“看一看”页面上其他三张图片的动画效果以及“读一读”、“写一写”页面上对象的动画效果。

5）选中“想一想”页面，使“长城”图片处于选中状态，选择“添加效果”→“动作路径”，选中“其他动作路径”，弹出如图 8-37 所示的“添加动作路径”对话框。

6）在弹出的对话框中选择“等边三角形”，单击确定，速度设为“中速”。在 PPT 中出现三角形形状。

7）选中“中国长城”文字，单击“强调”特效，在其子菜单中选择“其他效果”，选择“更改字体颜色”，单击字体颜色后的下三角按钮，在下拉列表中选择一种颜色，速度设为“中速”，如图 8-38 所示。

8）设置动画效果后的页面如图 8-39 所示。

（8）设置幻灯片切换效果。

1）单击“幻灯片放映”→“幻灯片切换”命令，打开“幻灯片切换”任务窗格，如图 8-40 所示。

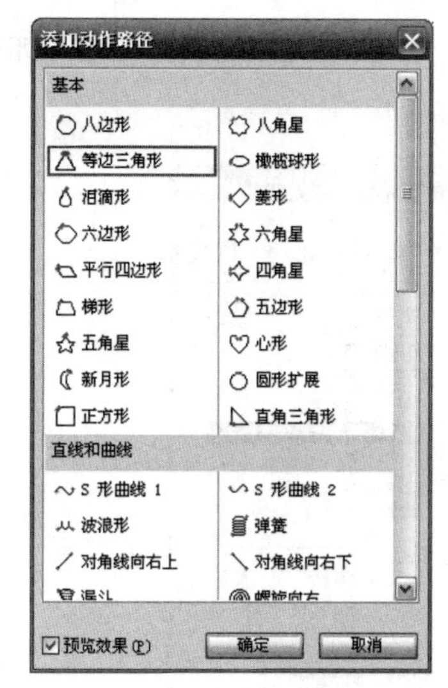

图 8-37　“添加动作路径”对话框

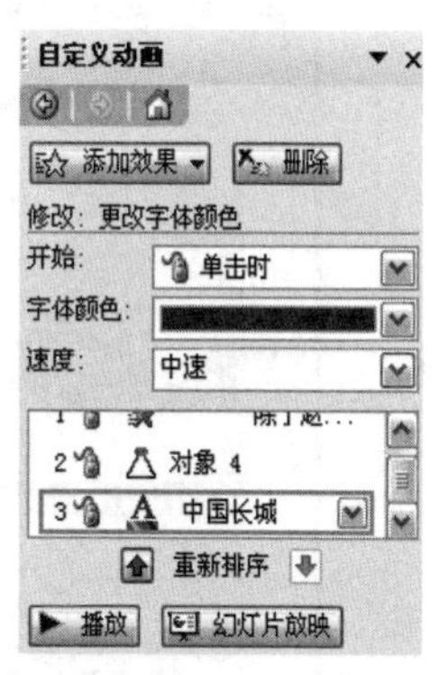

图 8-38　“中国长城”文字的效果设置

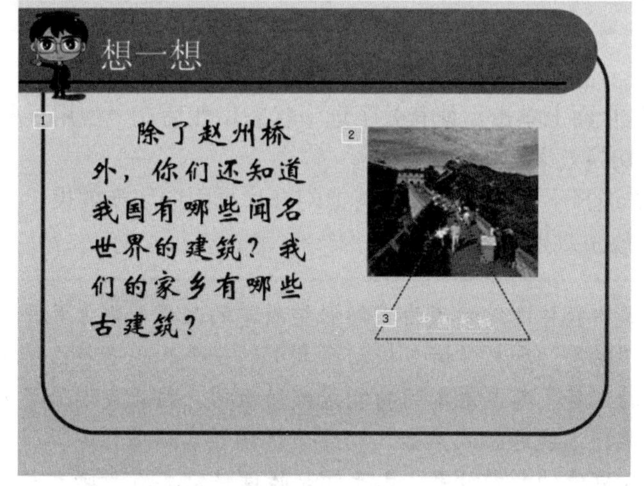

图 8-39　设置动画效果后的页面

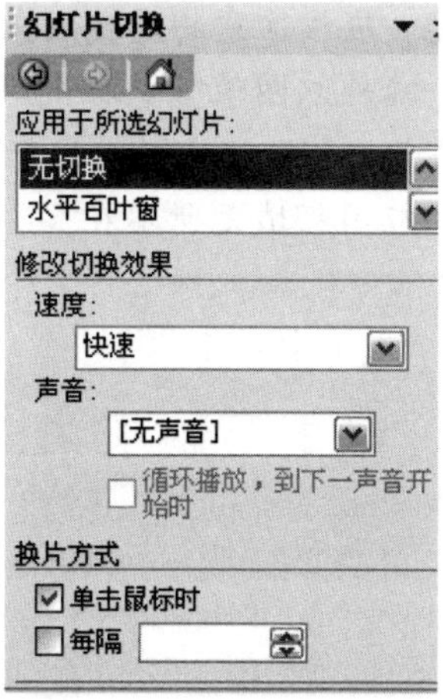

幻灯片切换
应用于所选幻灯片：
无切换
水平百叶窗
修改切换效果
速度：
快速
声音：
[无声音]
循环播放，到下一声音开始时
换片方式
单击鼠标时
每隔

图 8-40　“幻灯片切换”任务窗格

2）单击 PPT 左下角的“幻灯片浏览视图”按钮田，切换到幻灯片浏览视图，如图 8-41 所示。

图 8-41　幻灯片浏览视图界面

3）在“看一看”页面上单击，使其处于选中状态，然后在“应用于所选幻灯片”选项中单击“横向棋盘式”切换效果即可。

4）用同样的方法选择不同的方式设置其他幻灯片页面的切换效果。

5）按 F5 键观看放映效果。

设计点评：多媒体教育课件的确为我们课堂教学的改革开辟了无限美好的前景，成为了广大教师的有力“助手”和教学诸多推动因素中的一个和谐音符；演示性课件充分体现了多媒体辅助教学的优势，其最基本的功能是辅助教学，因此我们除了可以呈现一定的文本内容，还可以简单、方便地融入声音、动画、视频等多媒体信息，使得知识呈多维度、多感官呈现，以达到更佳的教学效果。由于演示性课件需要有教师参与操作，课件设计者就可以利用超级链接来组织教学信息，一方面保证知识的完整性和系统性；另一方面为多角度、广视域学习知识提供了可能。应该注意的是我们在强调种种优势的同时，不能弱化了学科的本身特点，就语文而言一味地以图像直觉取代语言形象，势必会淡化语言训练，弱化学生对语言的感知能力，结果只能是与语文教学目标背道而驰。利用 PPT 做演示性课件已经成为广大老师的首选，它的应用领域无所不在。

第三部分　课件制作精灵——Flash 8 课件制作

Flash 8 是美国的 Macromedia 公司（现被 Adobe 收购）推出的交互式动画设计软件。可以将音乐、声效、动画以及富有新意的界面融合在一起。基于时间线和图层的思想，其亲切友好的界面受到广大动画爱好者的青睐，强大的动画编辑功能和矢量的图形系统让动画制作简单易行，形象生动的画面也受到广大师生的欢迎。

基础篇

在学习 PowerPiont 2003 之后，虽然我们喜欢它的方便快捷，但是面对更加复杂多变的动画效果和图形绘制，PowerPiont 2003 就暴露出了它的不足，通过学习 Flash 8 做课件，可以随心所欲地设置所需要的各种动画方式。

第 9 章　Flash 界面简介和基本工具的使用

Flash 8.0 是美国 Macromedia 公司（现被 Adobe 收购）出品的一款功能强大的多媒体制作工具，它操作简便、易学，同时具有良好的兼容性，利用它制作的动画课件可以很方便地被 PowerPoint、Authorware 等其他课件制作工具调用。目前 Flash 受到越来越多老师的青睐。Flash 8 可以制作出界面美观、动静结合、声形并茂、交互方便的多媒体课件。怎样才能得心应手地使用 Flash 呢？让我们从基础开始吧！

学习目标：

- 熟悉 Flash 8 操作界面
- 掌握 Flash 8 的基本工具和常用面板布局的基本操作

9.1　Flash 8 界面简介

学习目标

- 熟悉 Flash 的操作界面
- 了解菜单栏的功能和命令

Flash 8 的操作界面就像表演舞台，在这个舞台里可以尽情地发挥。在学习使用 Flash 制作动画之前，先来认识其操作界面。在计算机中安装 Flash 8 中文版后，选择“开始”→“程序”→Macromedia→Macromedia Flash 8 命令，启动 Flash 8 中文版，如图 9-1 所示。

单击“文件”→“新建”命令或者直接单击“创建新项目”→“Flash 文档”即可创建一个空白文档。

Flash 8 的操作界面如图 9-2 所示。

知识拓展：

（1）菜单栏是 Flash 中最重要的组成部分之一，大部分功能都可以通过菜单栏命令来实现。

（2）菜单栏包括文件、编辑、视图、插入、修改、文本、命令、控制、窗口和帮助等 10 个菜单。对于初学者来说，“帮助”菜单是非常实用的，它提供了学习教程和典型范例，也为初学者在使用 Flash 的过程中提供各种帮助。

图 9-1　Flash 8 的启动界面

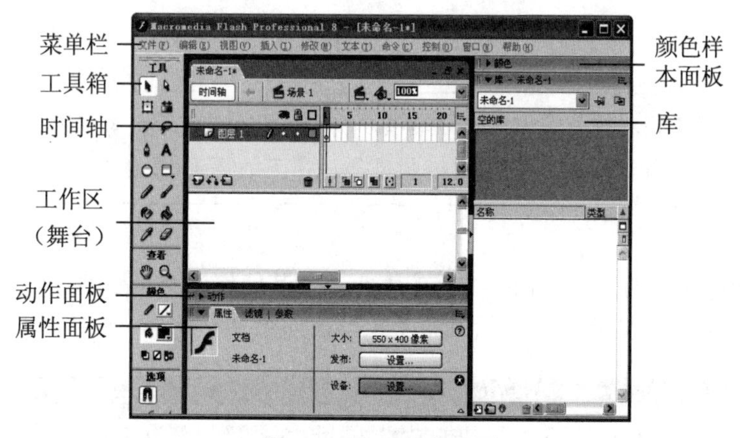

图 9-2　Flash 操作界面

> **学习导航**：介绍 Flash 的操作界面后，下面看看课件制作中常用的工具和面板。其中工具箱是最常用的，首先来认识一下。

9.2　Flash 8 的常用工具与面板

学习目标：

- 掌握工具箱中各种工具的使用
- 熟悉各类常用面板及其具有的功能

9.2.1　Flash 8 常用工具箱

工具箱好比是一个百宝箱，包含绘制、编辑图形所需的大部分工具。使用工具箱中的工具可以使绘制的图形千变万化，满足教学需要。Flash 8 工具箱如图 9-3 所示。

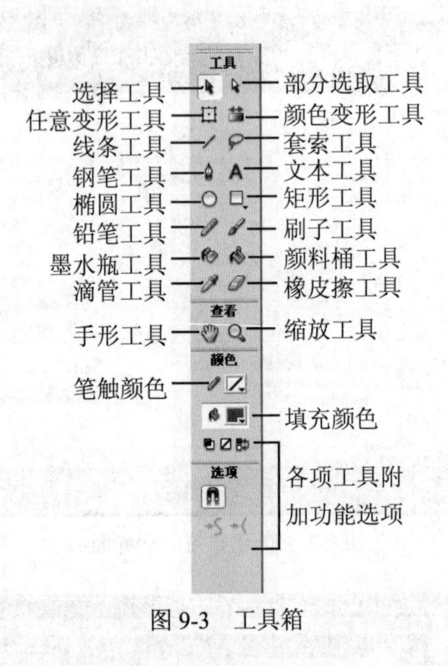

图 9-3　工具箱

> **学习导航**：工具箱有这么多的工具，要如何利用使之为教学服务呢？面板又该如何发挥出它的功效呢？不用担心，下面通过绘制风筝、草莓、星形图案三个实例来学习。

1. 矩形工具

新建一个 550×400 的空白文档，文档的大小以及其他属性都可以通过“属性”面板进行修改。在工具箱中使用“矩形工具”绘制一个矩形，如图 9-4 所示。

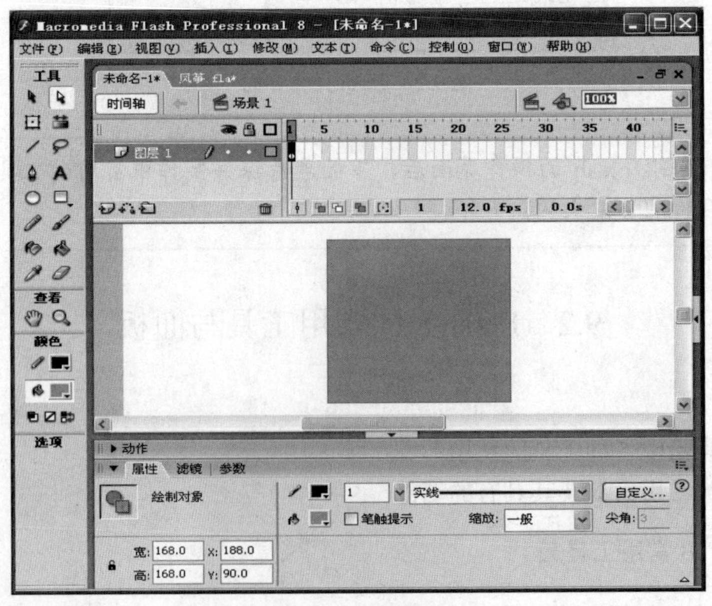

图 9-4　绘制矩形

知识拓展：

（1）矩形工具主要用来绘制矩形，按住 Shift 键，可绘制正方形。在绘制矩形之前可以通过“笔触颜色”工具来设定矩形边框的颜色，利用填充色设定矩形的颜色。

（2）圆角矩形可以利用矩形工具通过参数的设置来获得。平行四边形是由矩形变形而成的。

（3）“属性”面板。当用户选中某一个对象时，“属性”面板会显示与该对象有关的属性。如果要修改此对象的属性，可以在该面板上直接对其进行修改。在此选择了线条对象，其属性如图 9-5 所示。

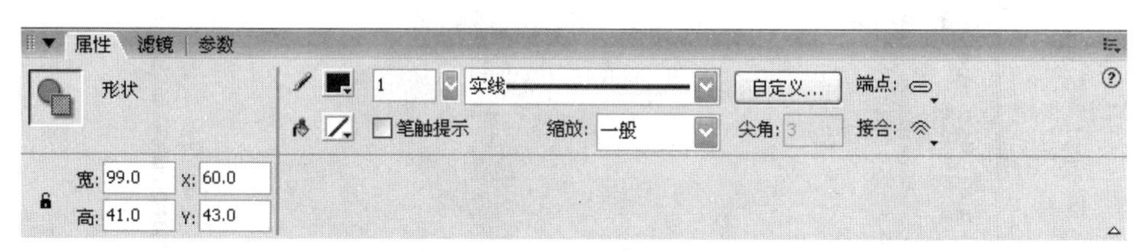

图 9-5　属性面板

2. 任意变形工具

使用“任意变形工具”可以改变矩形的方位。任意变形工具可以对图形和文字对象进行缩放、旋转、倾斜和扭曲等操作，如图 9-6 所示。

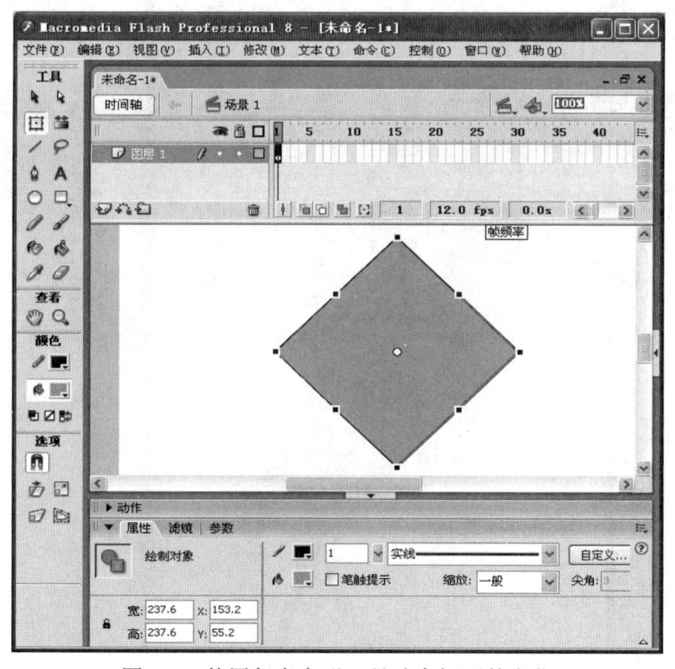

图 9-6　使用任意变形工具改变矩形的方位

3. 线条工具

“线条工具”用于绘制直线，可以绘制风筝的支撑部分，如图 9-7 所示。

4. 钢笔工具

使用“钢笔工具”可以绘制任意形状的曲线，可以用来绘制风筝的飘带部分，如图 9-8 所示。

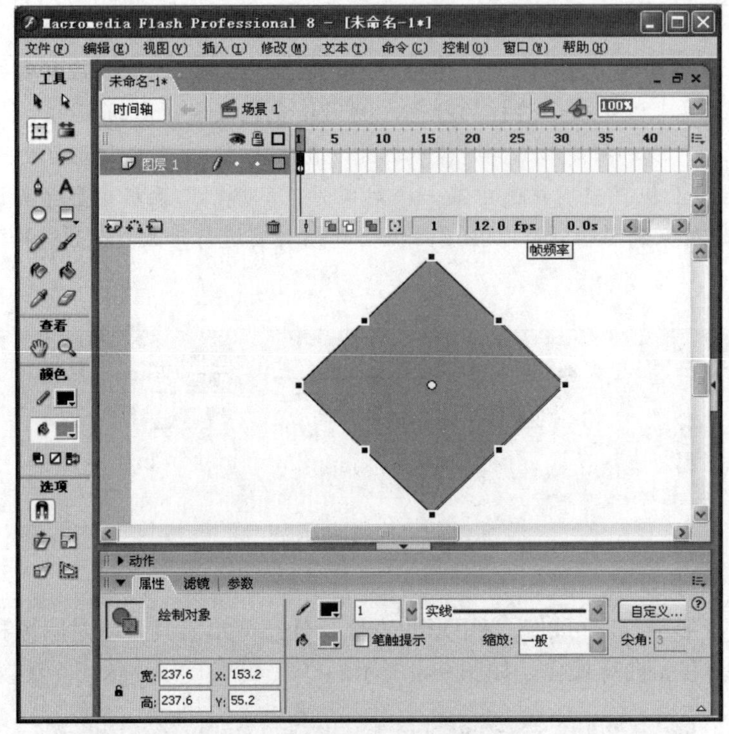

图 9-7　绘制风筝的支撑部分

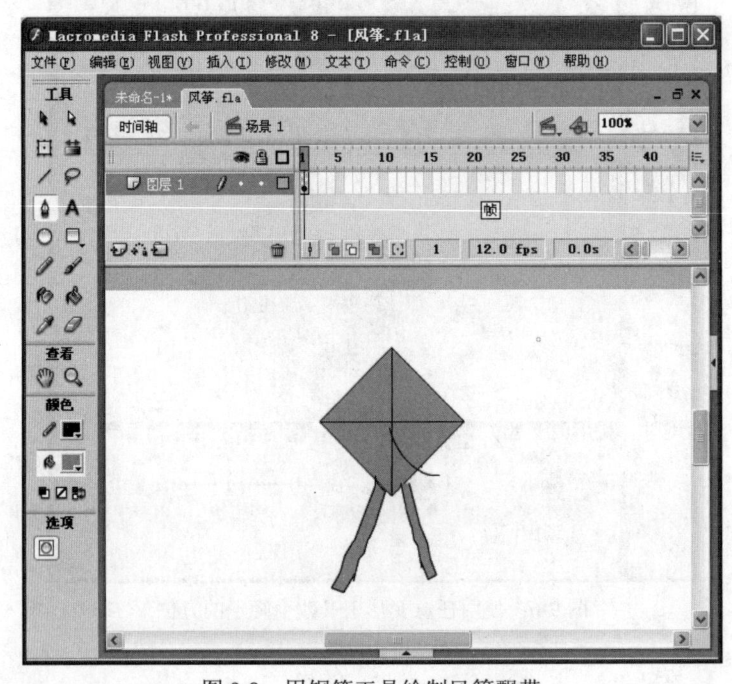

图 9-8　用钢笔工具绘制风筝飘带

知识拓展：

（1）钢笔工具用于精确地绘制直线或曲线路径。在绘制曲线和不规则线条时钢笔工具发挥着重要的作用。

（2）在绘制图形的过程中，如果是单击鼠标，则创建一个转角点，每个转角点之间用直线段连接；若单击的同时拖动，则创建一个曲线点，曲线点之间用曲线连接。

（3）可以把刚才绘制的图形保存下来，方法：在菜单栏选择“文件”→“保存”命令，在“保存”对话框中，输入文件名为“风筝”保存即可。

学习导航：刚才学习了如何使用矩形工具、任意变形工具、线条工具、钢笔工具绘制风筝，接下来继续学习使用工具箱的其他工具绘制其他图形。

5. 椭圆工具

在工具箱中选择“椭圆工具”，将椭圆工具的边框线设为无，填充色为红色，按住 Shift 键绘制一个圆，如图 9-9 所示。

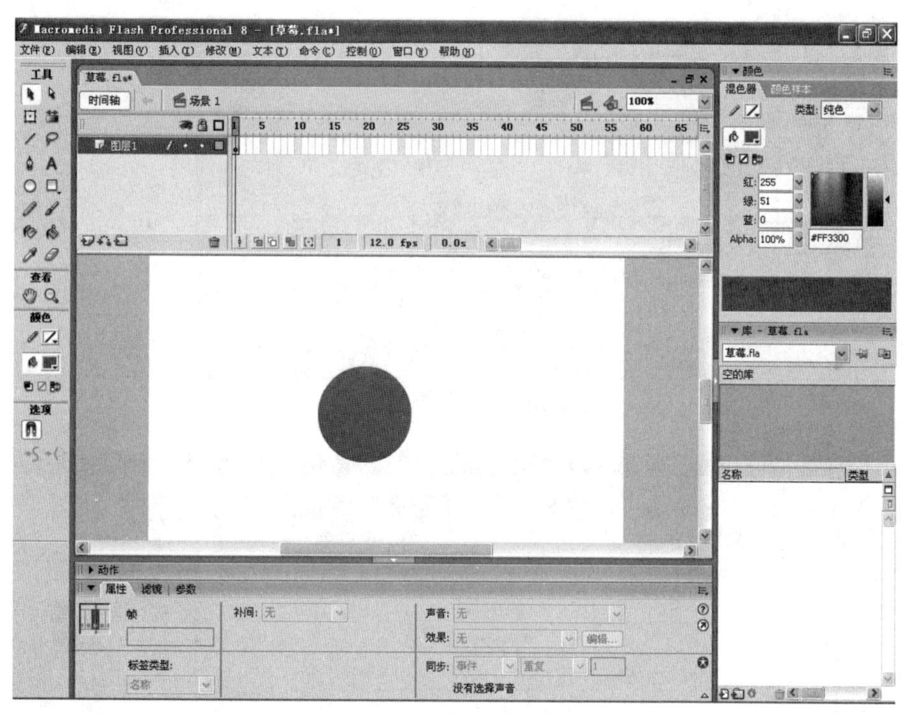

图 9-9　绘制一个圆

知识拓展：

（1）椭圆是由边框线和填充色组成的。椭圆工具的边框线通过工具箱中的笔触颜色来设定，这里将边框线设置为无，通过单击笔触颜色选择线圈部分所指向的按钮，如图 9-10 所示。

（2）按住 Shift 键的同时拖动鼠标，可以画出正圆。

学习导航：刚刚画了一个圆，但是众所周知，草莓的形状并不是圆形的，怎么解决呢？继续看下一步吧。

6. 选择工具

将“选择工具”放在圆的边缘，箭头会变成带有圆弧的形状，此时拖动圆色块变形得到与草莓相似的形状，如图 9-11 所示。

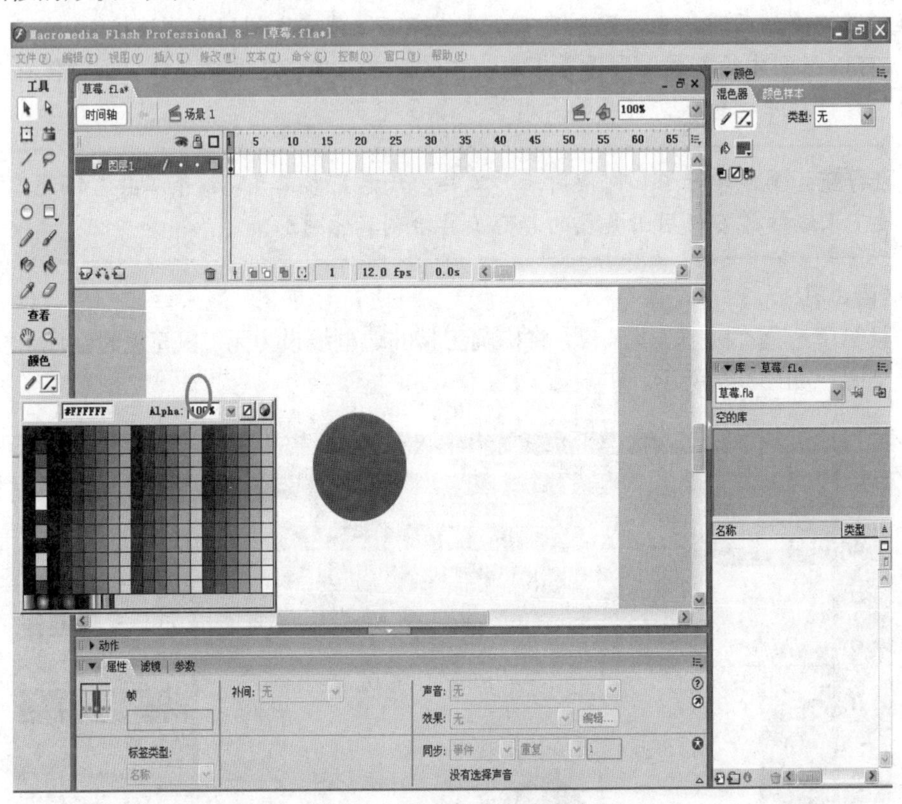

图 9-10　修改椭圆的边框线

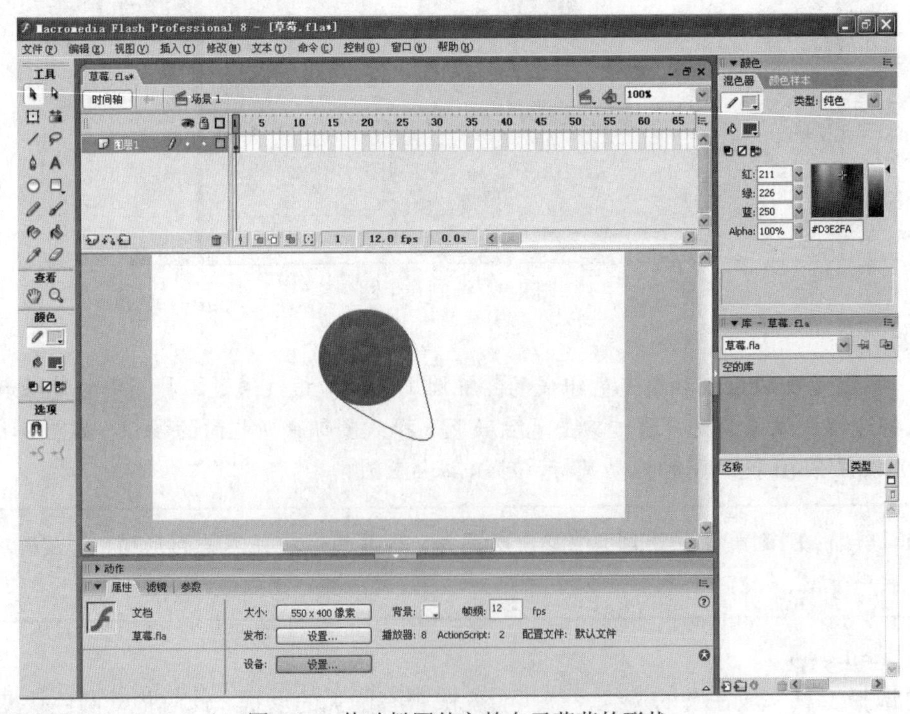

图 9-11　修改椭圆使之趋向于草莓的形状

知识拓展：

（1）选择工具主要用来选择对象，按住 Shift 键可以选择多个对象。选择工具还可以拖动图像到合适的位置。

（2）前面用选择工具改变了图形的形状，如果想更精确地调整图形，可以使用部分选择工具。

7. “时间轴”面板

在“时间轴”面板上，将图层 1 改名为“草莓”，新建一个图层，命名为“叶子”，绘制一个椭圆，用选择工具拖动该椭圆为叶子的形状并将叶子拖到合适的位置，如图 9-12 所示。图层这部分的知识将在第 10 章详细介绍。

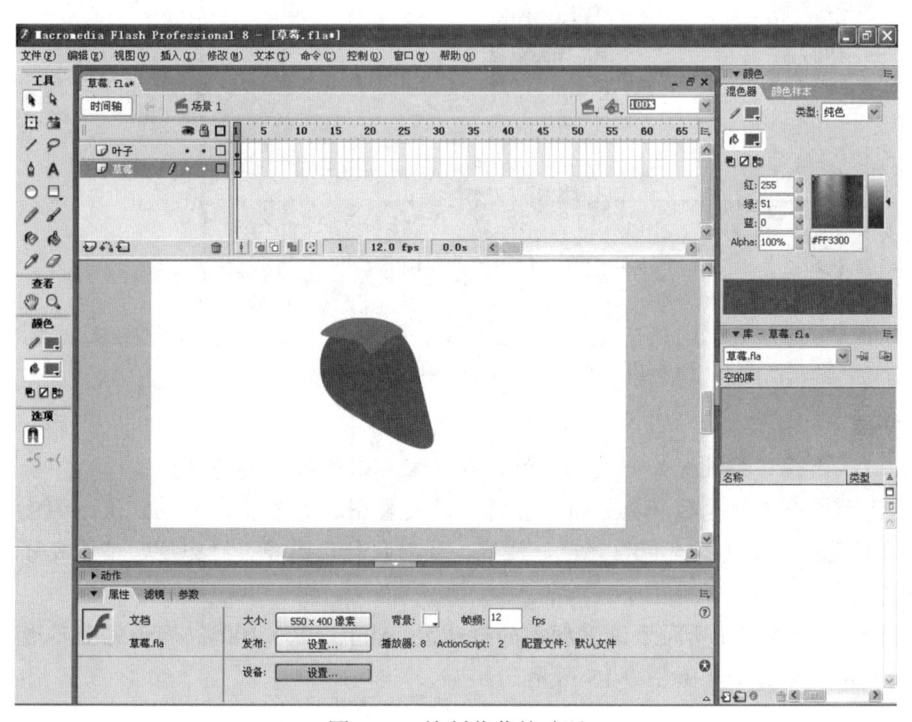

图 9-12　绘制草莓的叶子

知识拓展：“时间轴”面板用于组织和控制影片内容在一定时间内播放的层数和帧数。与电影胶片一样，Flash 将时长分为帧，图层就像层叠在一起的幻灯胶片一样，每个图层都包含不同的图像。时间轴的主要组件是图层、帧和播放头，如图 9-13 所示。

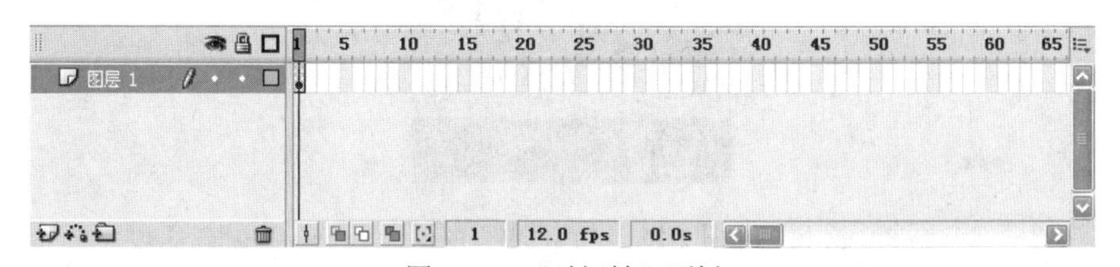

图 9-13　“时间轴”面板

8. 颜料桶工具

选择“草莓”图层，用“颜料桶工具”填充渐变色，单击“窗口”→“混色器”命令将“混色器”面板调出。在“混色器”面板中设置和调整所需的填充色，如图 9-14 所示。

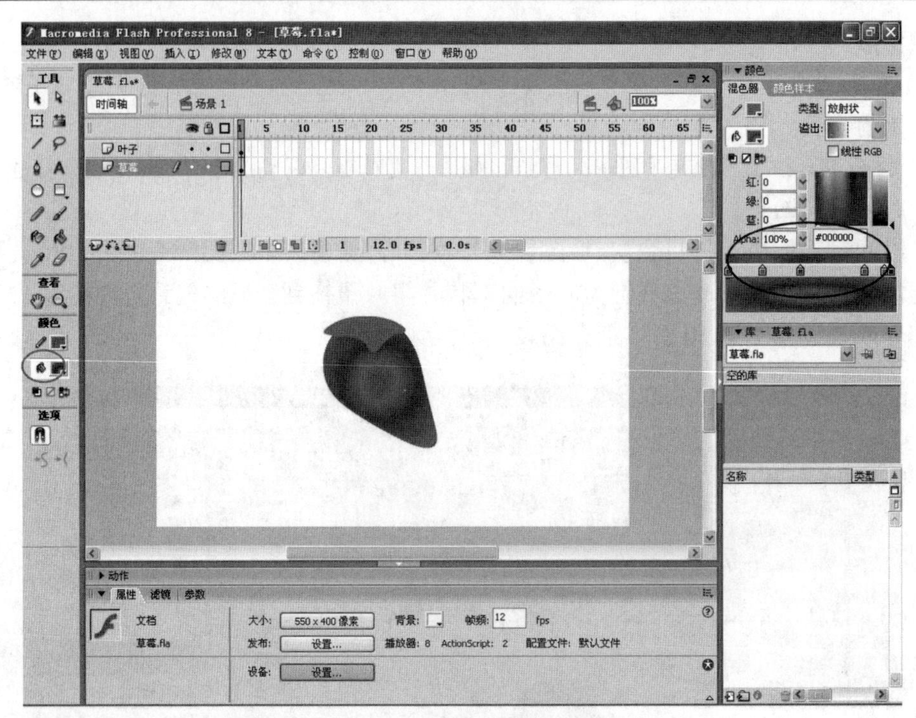

图 9-14　使用混色器设置和调整所需的填充色

知识拓展：

（1）“混色器”面板就如一块调色板，在这里可以选择想要的颜色。

（2）该面板中包括笔触颜色、填充颜色、填充类型、颜色值、Alpha 值、调色板和亮度控件等。填充类型可以选择无色、纯色、线性、放射状和位图等。“亮度”控件可修改所有颜色模式下的颜色亮度。

（3）面板中的 Alpha 项同于设置颜色的透明度，Alpha 值为 100%，表示完全不透明；Alpha 值为 0%，表示完全透明，如图 9-15 所示。

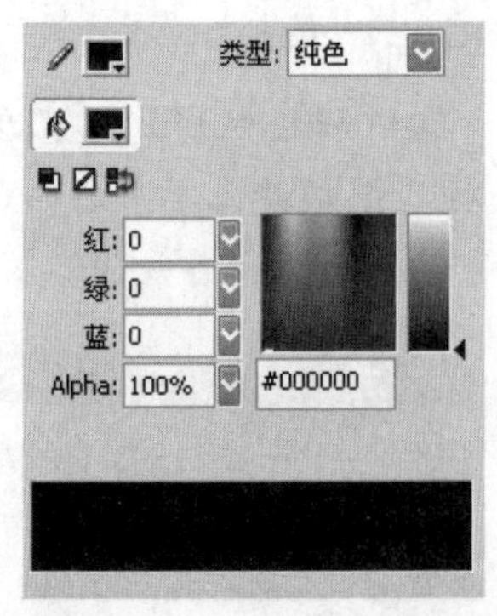

图 9-15　“混色器”面板

9. 墨水瓶工具

选择“叶子”图层，用“墨水瓶工具”对叶子的边线进行填充，如图 9-16 所示。墨水瓶工具用于改变线条或图形边框线的颜色、宽度和样式。

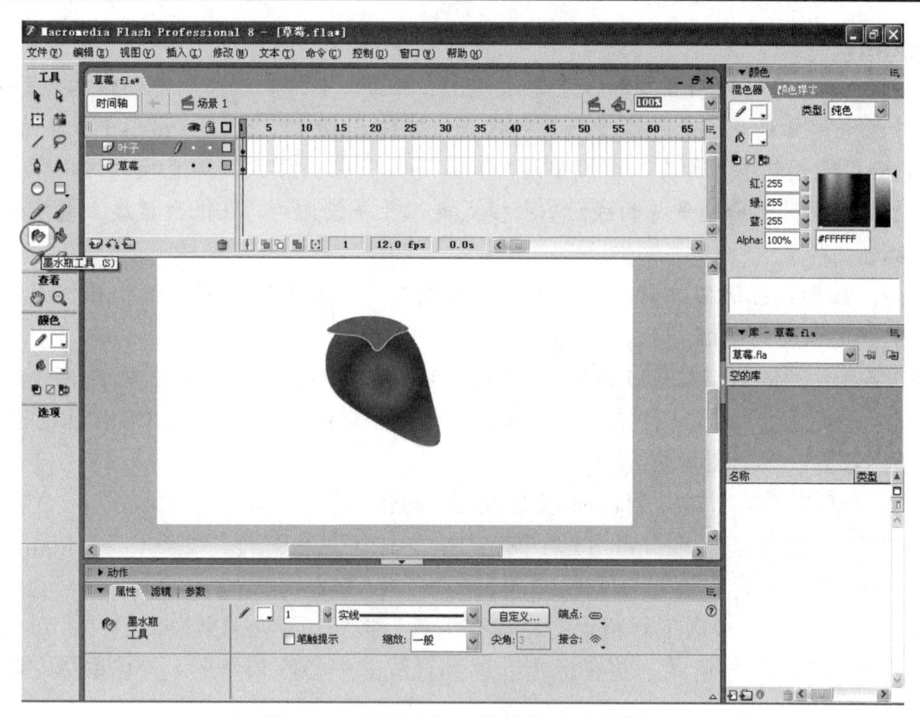

图 9-16　用墨水瓶工具填充叶子的边线

10. 铅笔工具

用“铅笔工具”和“画笔工具”分别在“叶子”图层和“草莓”图层进行一些加工，如图 9-17 所示。

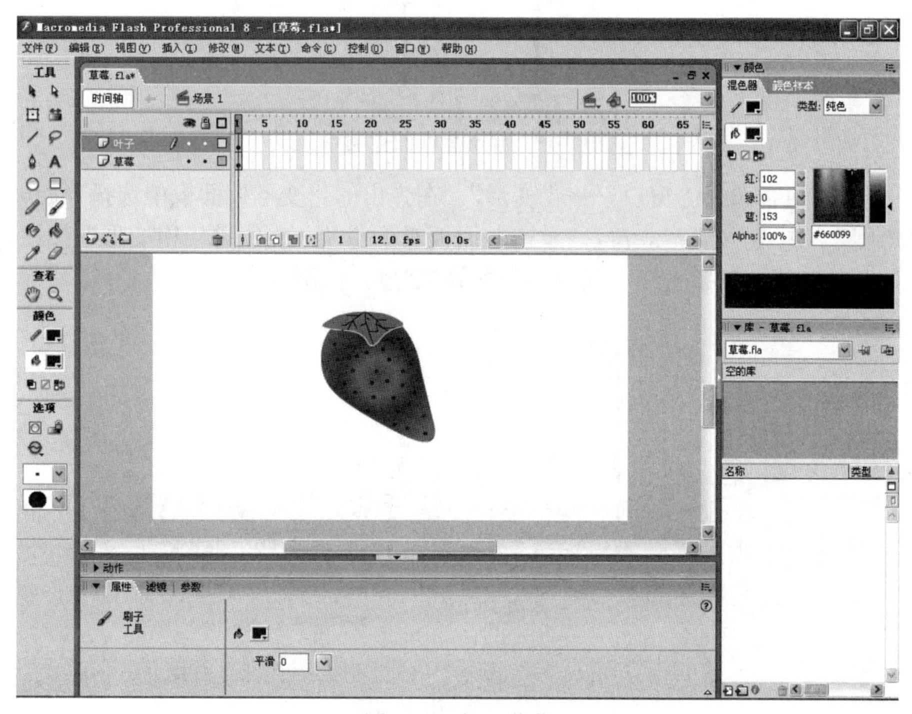

图 9-17　加工草莓

知识拓展：

（1）铅笔工具可以绘制直线和任意曲线，用来在动画中绘制线条和勾勒轮廓。可以在“属性”面板中设置笔触颜色、笔触高度和笔触样式。按住 Shift 键，可以画出水平或垂直的直线。

（2）铅笔模式包括“伸直”、“平滑”、“墨水”三种模式。伸直模式适用于绘制规则线条；平滑模式适用于绘制平滑曲线；墨水模式类似于手绘图形，在很大程度上真实反映手绘时的线条轨迹。

小结一：前面已经运用工具箱的多种工具来绘制“风筝”和“草莓”。相信大家已经对工具箱有了一定程度的了解。

在制作各个学科的多媒体 CAI 课件的过程中，经常需要用到一些星形图案，如五角星、夜空中的星星等。下面通过“星形图案的绘制”来巩固一下工具箱中各种工具的使用，以加深印象。

【实例 9-1】　星形图案的绘制。

（1）线条工具。新建一个 Flash 空白文档。单击选择“视图”→“网格”→“显示网格”命令（或按 Ctrl+’组合键），在舞台上显示网格线。单击工具箱中的“线条工具”按钮，在“属性”面板中将“笔触颜色”设置为黑色，“笔触高度”设为 1，在舞台中绘制一条竖直线。

（2）选择工具。单击工具箱上的“选择工具”按钮，单击直线将其选中；单击工具箱上的“任意变形工具”按钮，将鼠标指针移到直线的中心控制点上，按住鼠标左键不放，将其拖动到直线下端的顶点上，如图 9-18 所示。

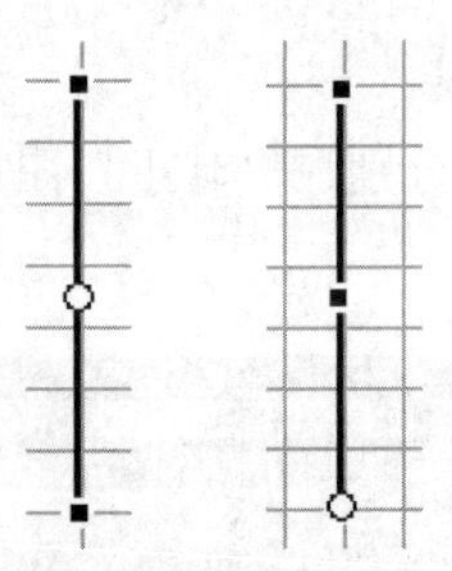

图 9-18　移动直线的控制点

（3）变形窗口。选择“窗口”→“变形”，在弹出的“变形”面板中选择“旋转”选项，在“旋转角度”框中输入“72.0 度”，单击该面板右下角的“复制并应用变形”按钮 4 次，复制出另外 4 条直线，每条直线之间的夹角均为 72 度，如图 9-19 所示。

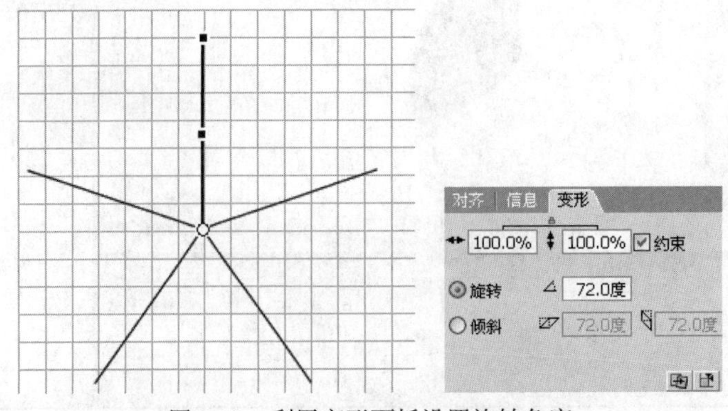

图 9-19　利用变形面板设置旋转角度

（4）线条工具 。单击工具箱上的“线条工具”按钮，将图形中的各个顶点用直线连接起来，如图 9-20 所示。

（5）选择工具 。单击工具箱上的“选择工具”按钮，分别选中多余的线条，按 Delete 键将它们删除，此时的图形如图 9-21 所示。

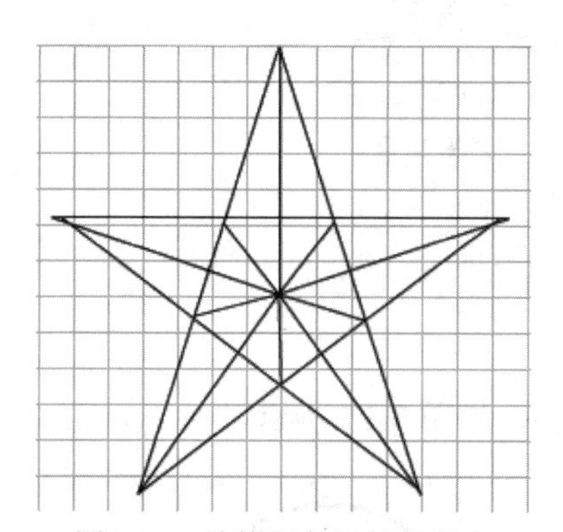

图 9-20　连接五角星的各顶点

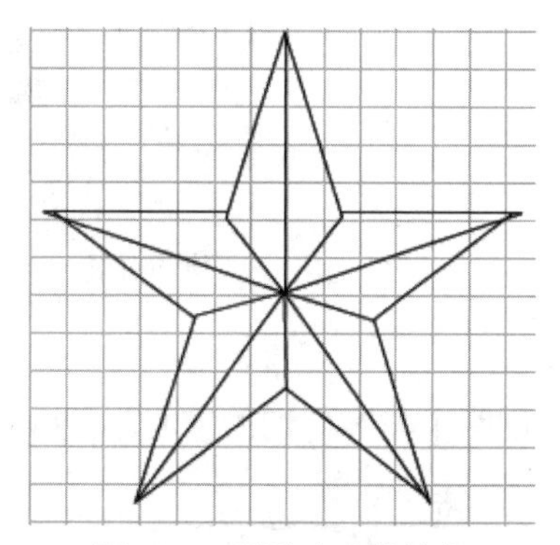

图 9-21　删除多余的线条

编者提示：在用选择工具选择多余线条进行删除操作时，要注意先打散（按 Ctrl+B 键），再选择。

（6）颜料桶工具 。单击工具箱上的“颜料桶工具”按钮，并在该工具箱上的“颜色”区中，设置“填充色”为黄色，在五角星的部分图形中填充黄色。再设置“填充色”为红色，在五角星的其余图形中填充红色，如图 9-22 所示，五角星制作完成。

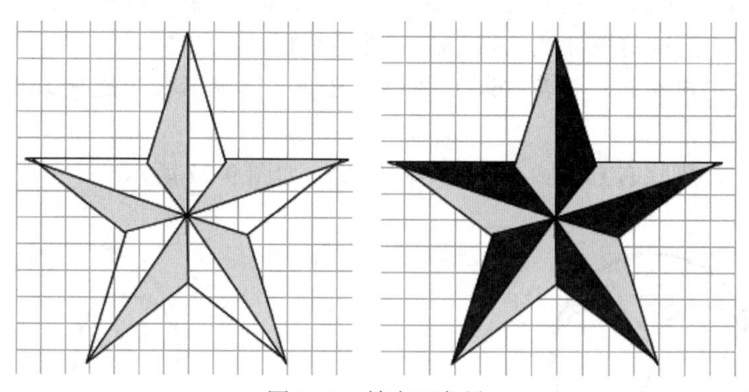

图 9-22　填充五角星

小结二：绘制完“五角星”，相信大家对工具箱又有了进一步的了解。

最后再看看黑白双鱼是如何绘制的，进一步巩固对工具箱的认识。

【实例 9-2】　黑白双鱼的绘制。

（1）新建文档。在 Flash 中新建一个空白文档。

（2）编辑网格。选择“视图”→“网格”→“编辑网格”命令，在弹出的“网格”对话框中，选中“显示网格”和“贴紧到网格”复选框，设置网格线的水平、垂直间距均为 25px，如图 9-23 所示。

（3）椭圆工具。单击工具箱中的“椭圆工具”按钮 ，在“属性”面板上，设置“笔触高度”为 2，填充色设为无颜色；按住 Shift 键的同时拖动鼠标，在舞台上绘制一个空心圆（占 4×4 个网格），如图 9-24 所示。

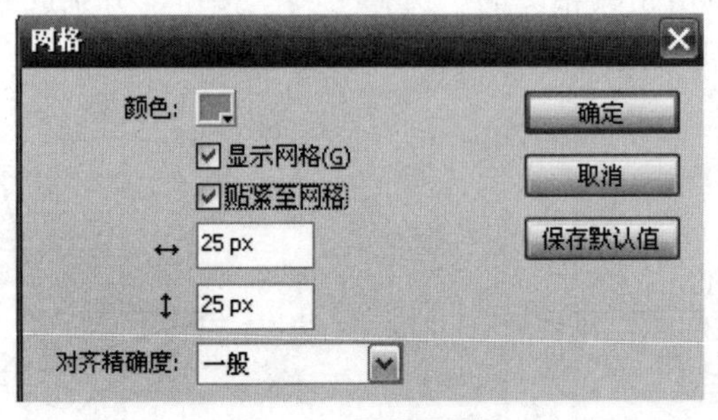

图 9-23 编辑网格

再绘制两个与圆内切的空心小圆（占 2×2 个网格），如图 9-25 所示。

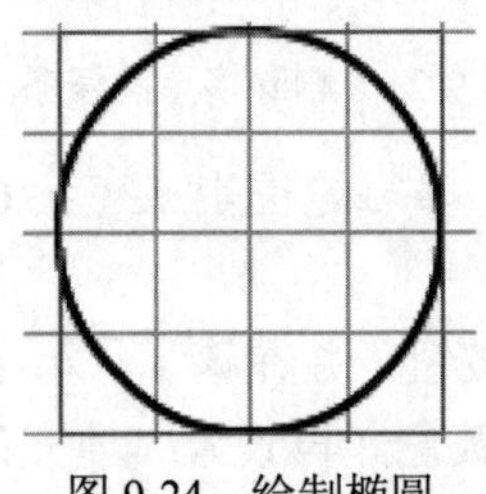

图 9-24 绘制椭圆

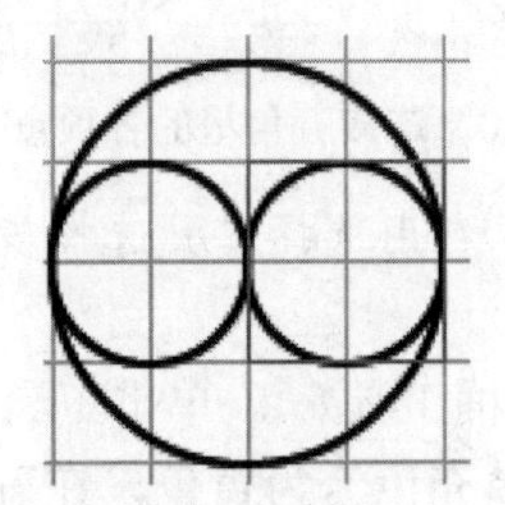

图 9-25 绘制空心小圆

（4）选择工具。单击工具箱上的“选择工具”按钮，将鼠标指针移动到左方小圆下侧的半圆曲线上，单击选中这条曲线，按 Delete 键将其删除，如图 9-26 所示。

编者提示：选中内切圆，将其打散（按 Ctrl+B 键），然后使用选择工具选中要删除的部分，将多余线条删除。

用同样的方法，删除右方小圆上侧的半圆曲线，如图 9-27 所示。

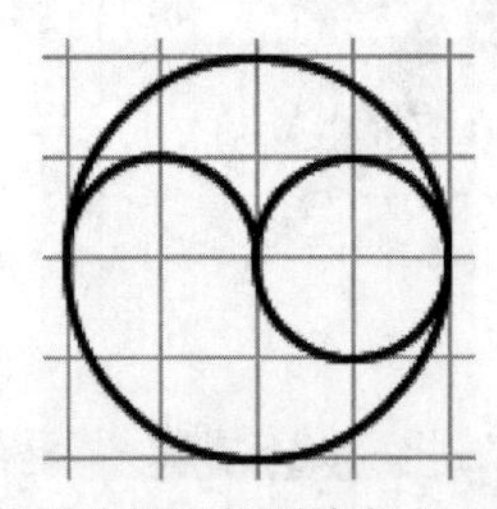

图 9-26 使用选择工具删除左方下侧半圆曲线

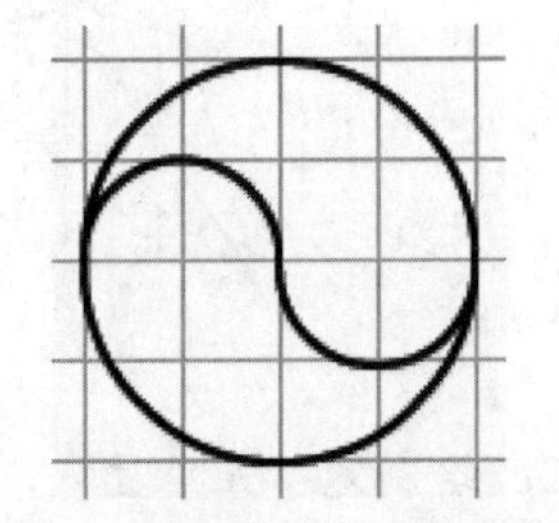

图 9-27 删除右方上侧半圆曲线

（5）填充颜色。单击工具箱中的“椭圆工具”按钮，设置笔触颜色为无颜色，填充色为黑色，在下方原来小圆的中心位置上绘制一个黑色小圆；单击颜料桶工具，设置“填充色”为白色，将鼠标移动到左侧区域，单击将其填充为白色。

编者提示：注意在填充左侧区域时，要保证左侧区域是封闭的。

设置“填充色”为白色，用相同的方法，在上方原来小圆的中心位置绘制一个白色小圆，将右侧填充为黑色，如图 9-28 所示。

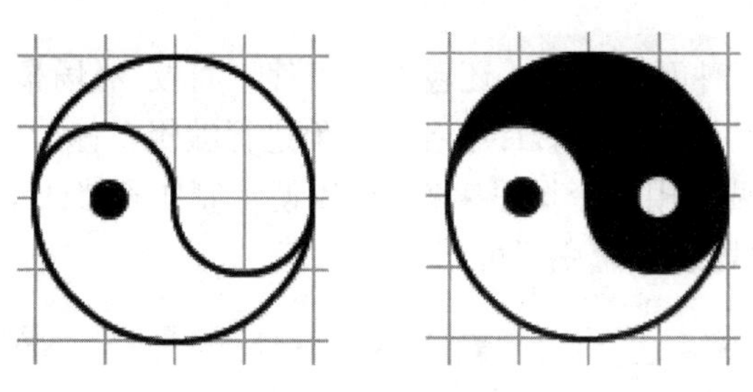

图 9-28　填充颜色

（6）保存文件。

学习导航：在认识了 Flash 的基本操作环境后，相信大家对 Flash 有了一些基本了解。面板是 Flash 中重要的组成部分，在制作课件的工程中经常用到各种面板。下面来认识一下 Flash 的几种面板。

9.2.2　Flash 8 常用面板

1. “颜色样本”面板

“颜色样本”面板分为上下两部分，上半部分是单色色彩样本，下半部分是渐变色彩样本，如图 9-29 所示。在制作课件的过程中可以根据需要选择颜色样本。

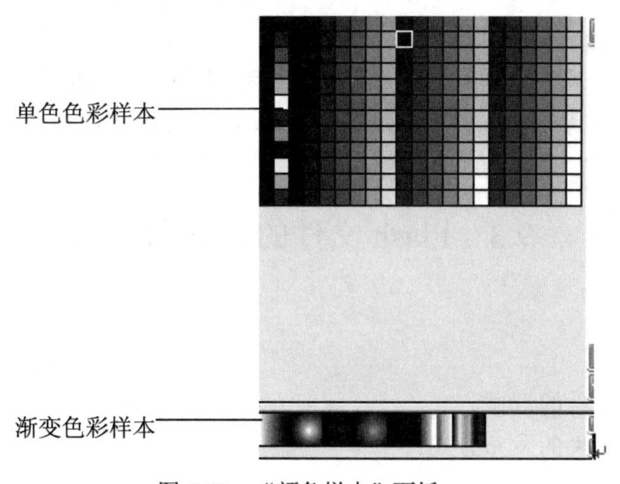

图 9-29　“颜色样本”面板

2. “动作”面板

“动作”面板可以为对象和帧添加动作语句，创作出具有交互性的课件。“动作”面板主要分为两部分，左侧是动作函数，右侧是动作脚本编辑区。双击面板左侧需要用到的动作函数，生成的语句显示在面板右侧的脚本编辑区，如图 9-30 所示。

知识拓展：默认情况下，“动作”面板显示在软件窗口的下方，只需单击就可以展开面板。如果软件窗口中没有显示“动作”面板，可以选择“窗口”→“动作”命令，将“动作”面板打开。

3. 其他面板

Flash 除了具有以上几种面板之外，还包括“组件”面板、“场景”面板等。Flash 制作影片的工作区域称为“场景”，它是对影片中各种对象进行编辑、修改的场所。如果要绘制一个较复杂的动画，还可能需要采用多个场景来安排，以便于制作和修改动画。要添加一个新场景，只需要选择“插入”→“场景”命令即可。

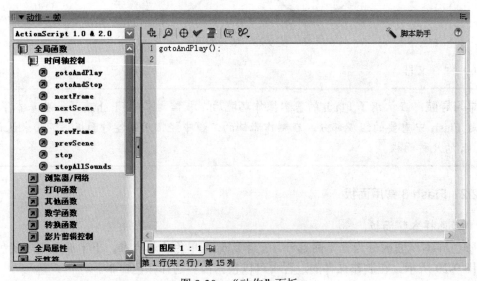

图 9-30 “动作”面板

学习导航：通过风筝、草莓、星形图案三个案例的学习，相信大家已经对 Flash 常用工具和面板有了比较清楚地认识。下面看一下 Flash 文件的调试和发布。

9.3 Flash 文件的调试和发布

学习目标：

- 熟悉 Flash 文件的调试方式
- 掌握 Flash 文件的发布方式

9.3.1 Flash 文件的调试方式

单击“控制”→“调试影片”命令或者直接按 Enter 键可以实现 Flash 文件的调试。

9.3.2 Flash 文件的发布方式

1. 发布设置

在发布之前首先要进行发布设置。选择“文件”→“发布设置”命令，打开如图 9-31 所示的对话框。

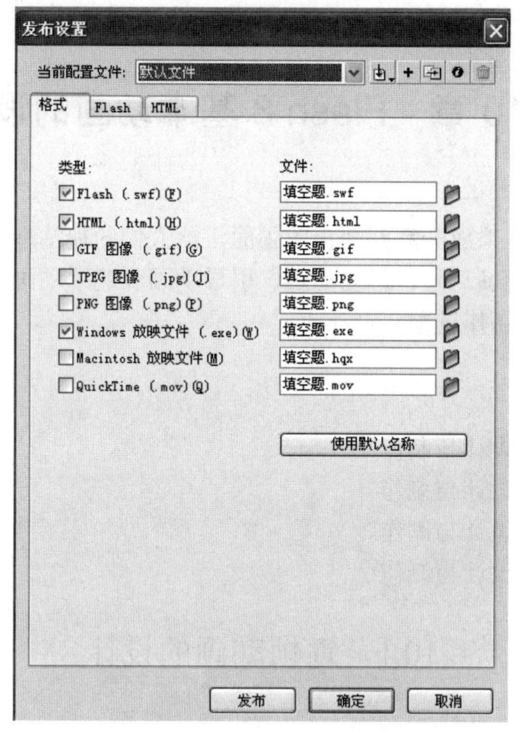

图 9-31　“发布设置”对话框

选中所需要的发布类型，例如.swf 格式、HTML 格式、Windows 放映文件（.exe）等，单击“确定”按钮。

编者提示：通过单击“控制”→“测试影片”命令或者直接按 Ctrl+Enter 组合键可以实现.swf 格式的文件发布。

2. 发布

单击“文件”→“发布”命令，可以实现文件的发布。

学习导航：学习完本章内容后，相信大家对 Flash 的操作环境和面板有了比较清楚的认识。如果想更好地学习和熟悉前面所讲的知识，Flash 菜单栏的“帮助”菜单会是一个很好的助手。Flash 最精华之处在于创建动画，到现在还没有见到怎么制作动画。请继续努力，下一章将学习 Flash 基本动画的设计。

第 10 章　Flash 8 基本动画的设计

Flash 动画是通过连续播放一系列静止的画面，给人们的视觉造成一种连续变化的动画效果。Flash 基本动画包括逐帧动画、形变动画、引导动画和遮罩动画等类型，本章通过实例详细阐述这四种基本动画的制作过程。

学习目标：

- 掌握逐帧动画的设计与制作
- 掌握形变动画的设计与制作
- 掌握引导动画的设计与制作
- 掌握遮罩动画的设计与制作

10.1　逐帧动画的设计

学习目标：

- 掌握帧、关键帧和空白关键帧的作用
- 能进行逐帧动画的制作

逐帧动画

逐帧动画是 Flash 动画中的一种重要类型，它适合制作形状变化较大的动画。逐帧动画中的每一帧都是关键帧，即每一帧图形都需要由制作者制作。下面以小球跳动为例来学习逐帧动画。

1. 帧

新建一个“空白文档”，在“属性”面板中将舞台的背景颜色设为#00FFFF，在 Flash 默认图层的第 1 帧，使用椭圆工具按住 Shift 键在舞台中创建一个小球，并将其填充色设为渐变色，使小球具有立体感，如图 10-1 所示。

知识拓展：帧（过渡帧）就是动画中最小单位的单幅影像画面，相当于电影胶片上的每一格镜头，每一帧都与前一帧略有不同，它是 Flash 中最基本的组成部分之一。在 Flash 的时间轴上帧表现为一格或一个标记。

2. 关键帧

关键帧在时间轴中是含有黑色实心圆点的帧。它用于定义动画变化的帧，在动画制作过程中是最重要的帧类型。在使用关键帧时不能太频繁，过多的关键帧会增加文件的大小。补间动画的制作就是通过关键帧内插的方法实现的。

（1）在“时间轴”面板第 5 帧处右击插入关键帧，也可通过按 F6 快捷键来插入关键帧，如图 10-2 所示。

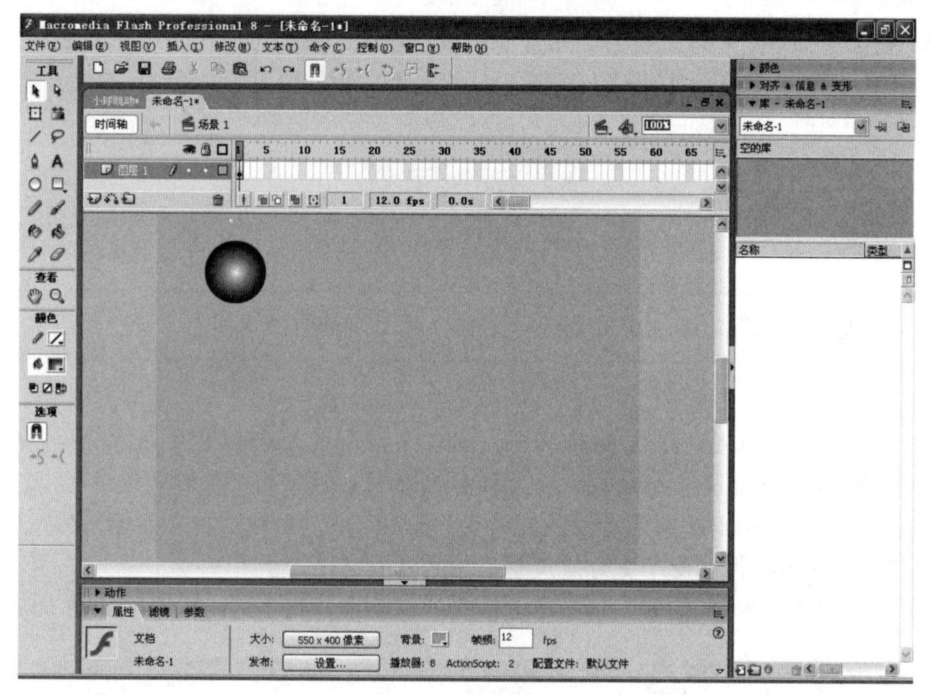

图 10-1　绘制小球

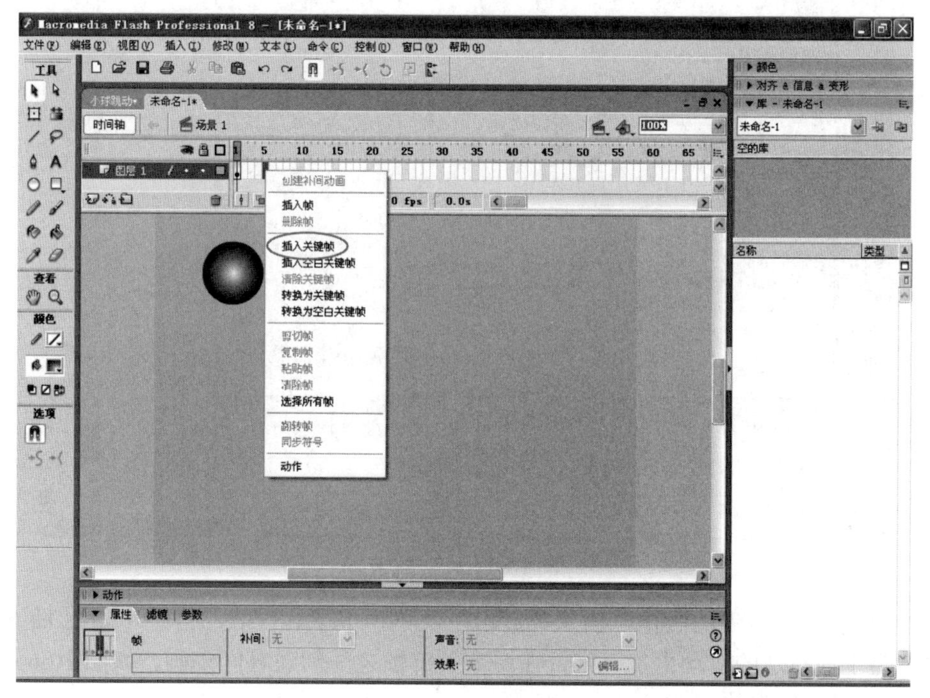

图 10-2　插入关键帧

知识拓展：空白关键帧在时间轴中是含有空心小圆圈的帧。在时间轴中插入关键帧后，左侧相邻帧的内容就会自动复制到该关键帧中，如果不想让新关键帧继承相邻左侧帧的内容，可以采用插入空白关键帧的方法。在每一个新建的 Flash 文档中都有一个空白关键帧。

（2）在第 5 帧选中小球，打开“属性”面板。通过“属性”面板中小球的坐标位置来控制小球的移动位置,小球向下移动时，X 轴不变，改变 Y 轴的位置，如图 10-3 所示。

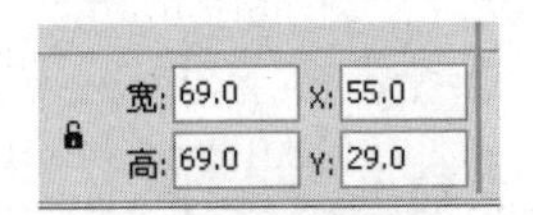

图 10-3　坐标位置

学习导航：“属性”面板中对象的“坐标位置”该如何使用呢？

知识拓展：

（1）对象的坐标位置包括 X 轴和 Y 轴，通过 X 轴和 Y 轴可以方便和准确地调整对象的位置移动。舞台的最左边是坐标的原点，X 轴和 Y 轴往右往下的数值都是逐步增大。

（2）更精确地移动小球的方法：通过单击“视图”→“网格”→“显示网格”命令，舞台中会显示出很多网格，以便于更好地调整小球的位置变化。

（3）在时间轴上第 15 帧处添加一个关键帧，拖动小球到合适的位置，如图 10-4 所示。

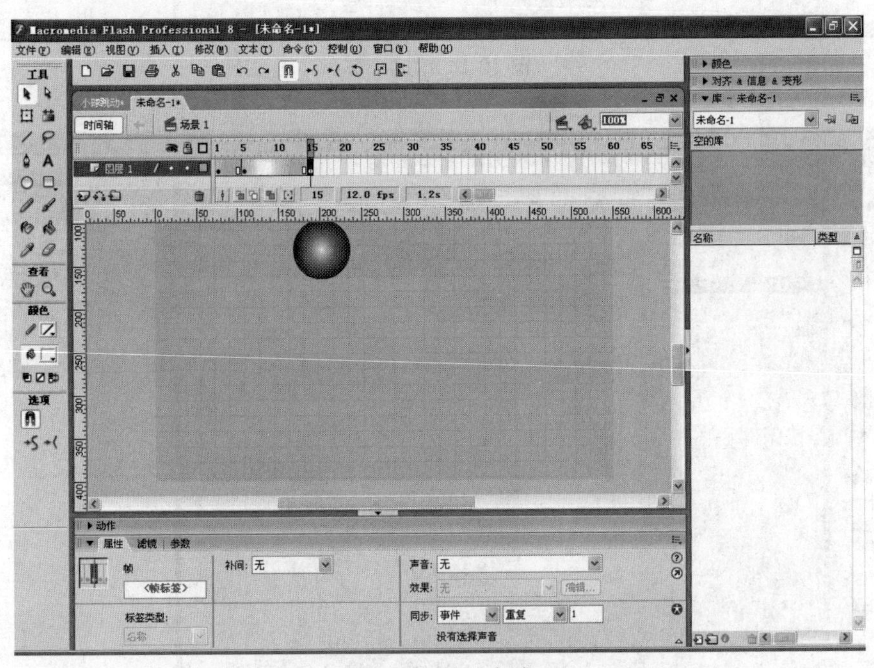

图 10-4　移动小球

（4）重复第（3）步的操作，插入关键帧以及移动小球到合适的位置，如图 10-5 所示。

（5）为了使小球的运动更加流畅，在两个关键帧之间创建补间动画，如图 10-6 所示。小球跳动的逐帧动画就制作完成了。

（6）保存文件，调试并发布。

学习导航：细心地你会发现在这里提到了一个陌生的词语“创建补间动画”，不用着急，接下来就会详细介绍该内容。

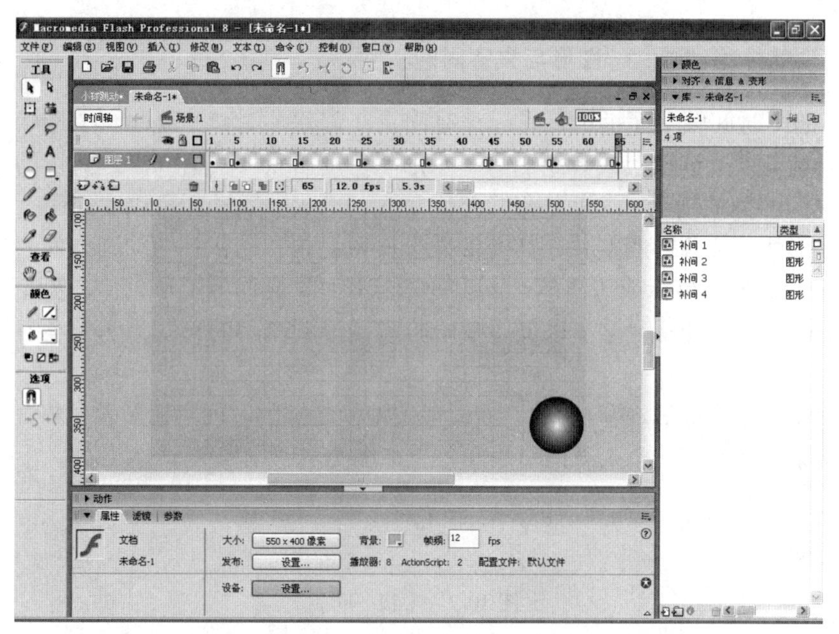

图 10-5　移动小球到最后位置

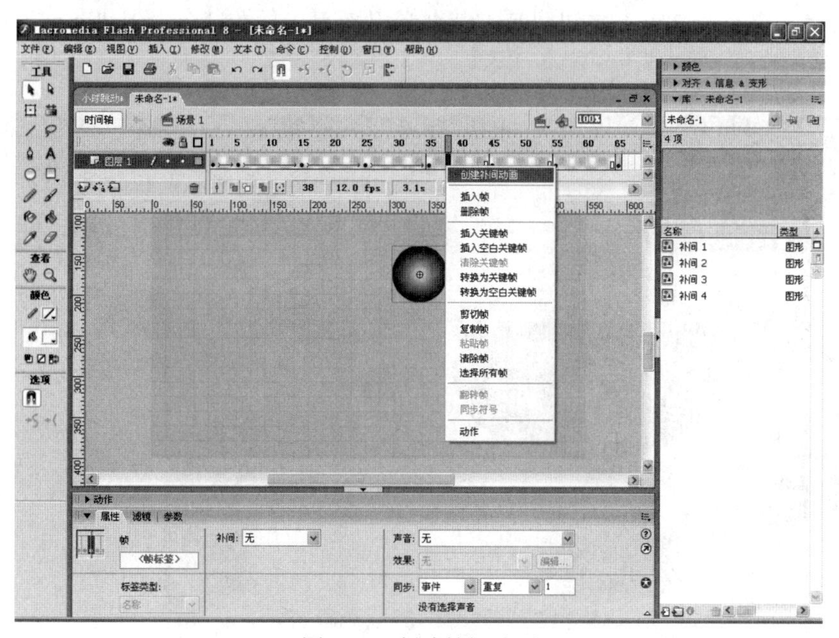

图 10-6　创建补间动画

10.2　形变动画的设计

学习目标：

- 掌握形变动画的基本设计方法
- 了解形变动画的几种类型

10.2.1 形状补间动画——图形与文字间的转换

在 Flash 的“时间轴”面板上，在一个时间点（创建关键帧）绘制一个形状，在另一个时间点（关键帧）更改该形状或者绘制另一个形状，然后软件根据二者之间帧的值或形状的变化来创建中间部分的动画，这就是形状补间动画。形状补间动画可以实现两个图形之间的颜色、大小、形状、位置等的变化，其变形介于逐帧动画和动作补间动画之间。形状补间动画中使用的元素多为用鼠标或压感笔绘制出的形状，如果要使用图形元件、按钮元件、文字，则必须先“分离”，再变形。这里以笑脸嘻哈哈和图形到图形的形变为例来学习形变动画的制作。

形状补间动画制作好后，“时间轴”面板上关键帧之间的时间点的背景色将变为淡绿色，在起始帧和结束帧之间有一个长长的箭头，效果如图 10-7 所示。

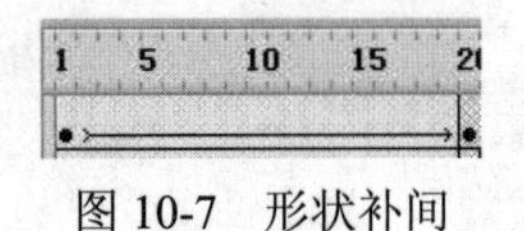

图 10-7 形状补间

1．文字的分离

（1）新建一个空白文档，在图层第 1 帧上利用椭圆工具在舞台中创建两个简单的笑脸，如图 10-8 所示。

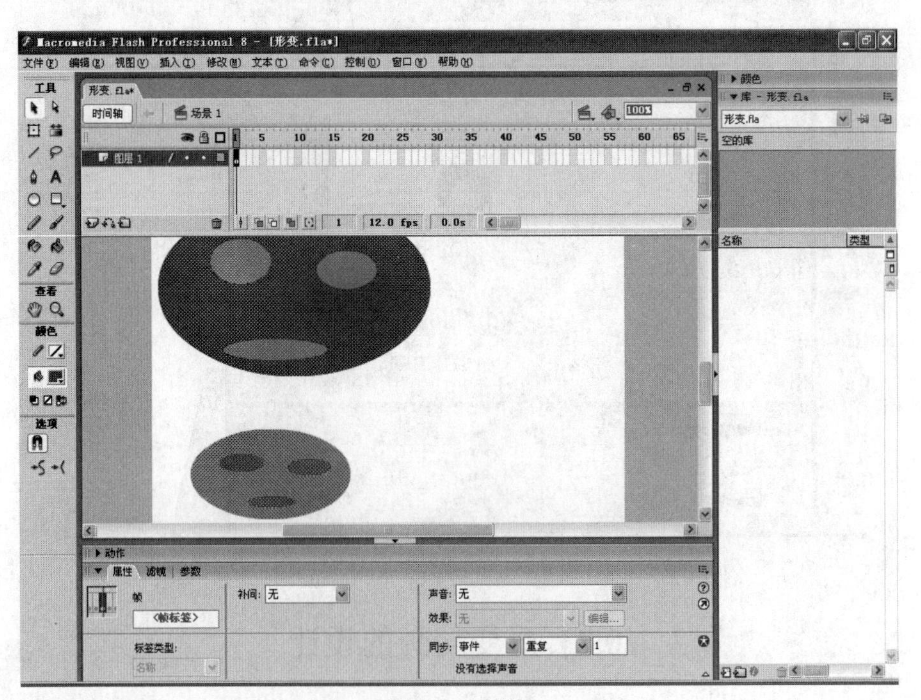

图 10-8 笑脸

（2）在第 30 帧的位置添加一个关键帧，在舞台中创建两个“哈”字，如图 10-9 所示。

（3）选中两个“哈”字，右击选择“分离”命令，将文字分离打散。分离后对文字可以进行适当的调整，如图 10-10 所示。

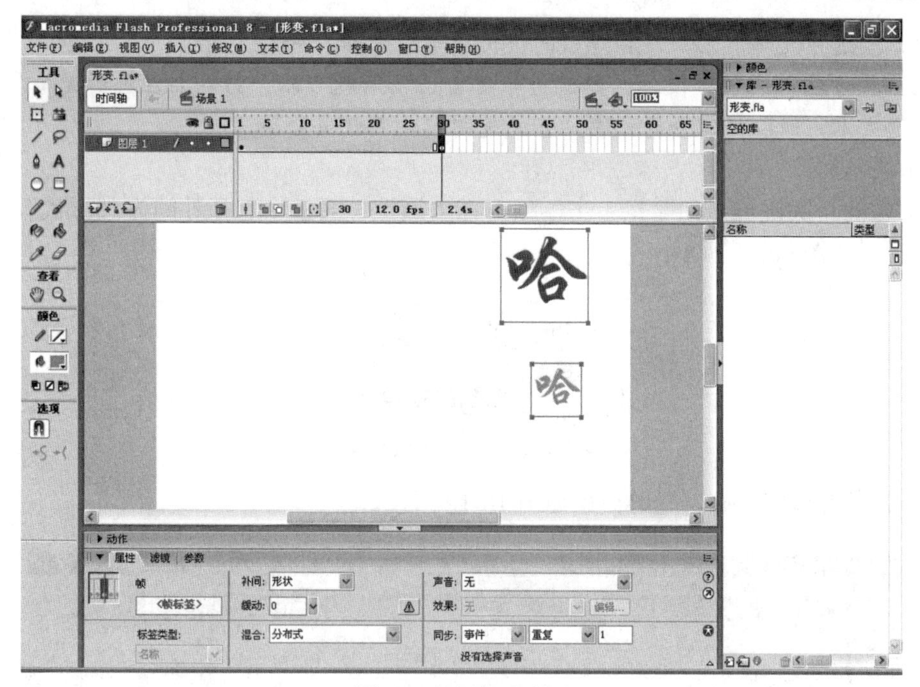

图 10-9　文字“哈”

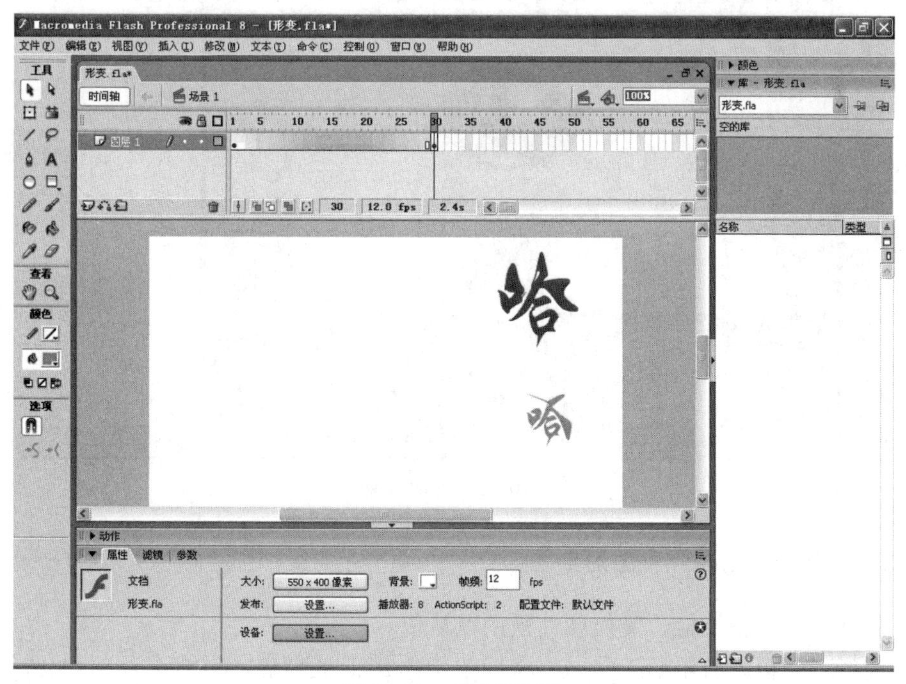

图 10-10　将文字打散

知识扩展：

（1）使用图形、文字进行形变时，必须先进行“打散”才能进行形变。

（2）其他分离方法。

方法一：单击选中元件，选择“修改”→“分离”命令。

方法二：选中元件，右击，在弹出的快捷菜单中选择“分离”命令。

以上三种方法都比较方便，选择哪种根据自己喜好就可以。另外要注意的是，实例中用到的是普通文本，所以只需分离一次，如果是图形元件就要分离三次。

2. 形状补间

（1）在两个关键帧之间随意单击一帧，在“属性”面板中选择补间为“形状”，建立形状补间动画，如图 10-11 所示。

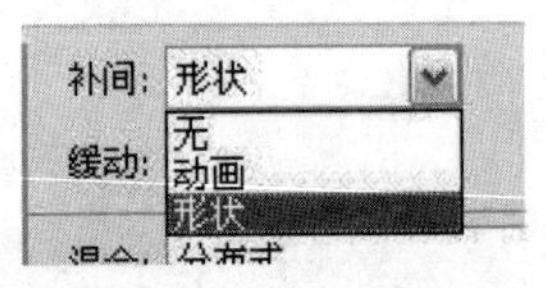

图 10-11　选择形状补间

（2）调试并保存动画，最终效果如图 10-12 所示。

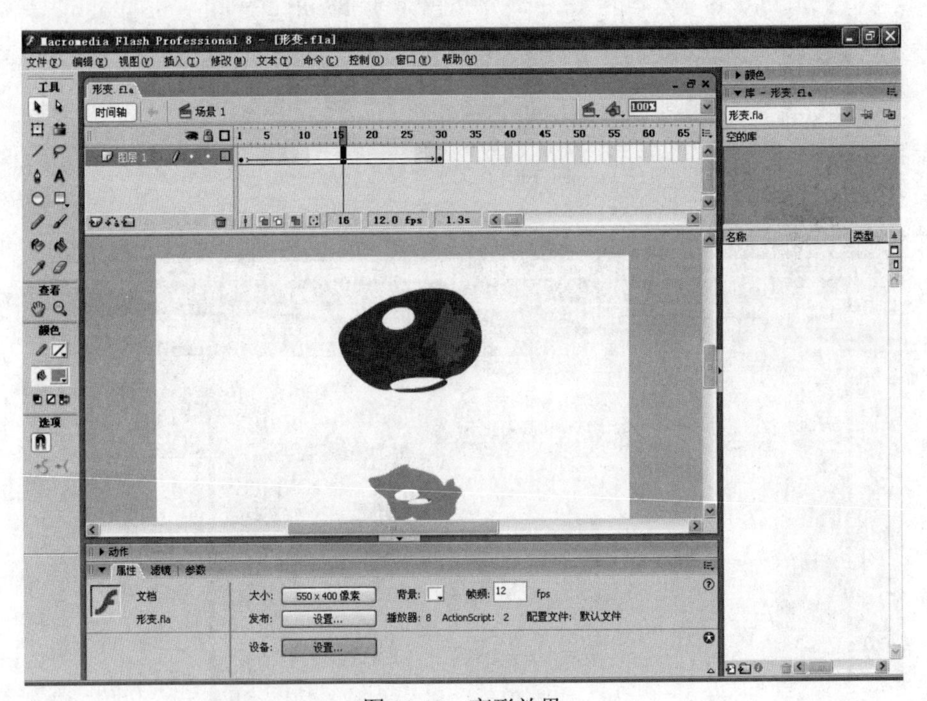

图 10-12　变形效果

10.2.2　形状补间动画——图形到图形

（1）新建一个空白文档，文档属性采用默认值。

（2）选择工具箱中的矩形工具，将线条颜色选为蓝色，粗细设为 3，另外谨记选择虚线（因为选择虚线，显示效果时是以线段形式呈现）。

（3）在舞台中央画一个矩形，如图 10-13 所示。

（4）单击第 1 帧，选择“修改”→“形状”→“将线条转换为填充”命令。

（5）在第 60 帧单击，插入关键帧，在舞台上另绘制一个矩形。

图 10-13　矩形

（6）在第 1 帧到第 60 帧之间将补间选为“形状”，创建形状补间动画，效果如图 10-14 所示。

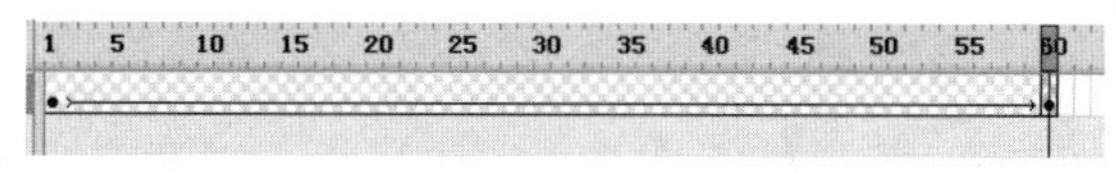

图 10-14　形状补间的效果图

（7）为了看到更直观、更漂亮的效果，可以在大矩形之间多画几个小矩形（注意只能在第 60 帧插入小矩形，实现填充效果），如图 10-15 所示。

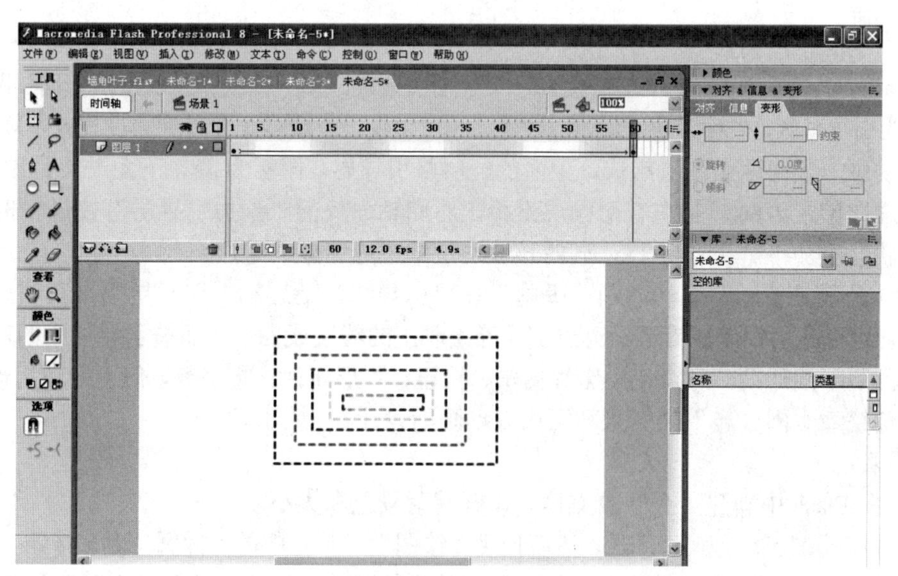

图 10-15　多个矩形框

（8）调试并保存文件，效果如图 10-16 所示。

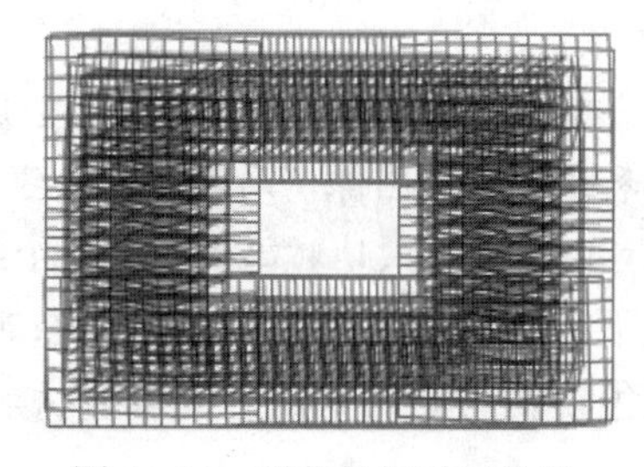

图 10-16　形状补间动画效果

知识拓展：形变动画除了具有图形到文字的形变、图形到图形的形变外，还包括①文字到图形的形变和②文字到文字的形变。虽然形变的类型不一样，但是其制作原理大同小异，有兴趣的读者可以尝试做不同的形变动画。

学习导航：在学习了这两种动画后，我们会发现这两种动画的对象都是按照直线运动的，这对于制作动态课件显然是不够的，因为很多课件的内容都需要对象按照事先确定的路径（如曲线）运动。下一节就来学习这种能够使对象按照指定的路径运动的动画。

10.3 引导动画的设计

学习目标：

- 理解引导动画的制作原理
- 学会创建、设计引导动画

引导动画

在 Flash 中，将一个或多个层链接到一个运动引导层，使一个或多个对象沿着同一路径运动的动画称为引导动画，也称为轨迹动画。这种动画可以使一个或多个元件完成曲线或不规则运动。

引导动画一般由两个图层组成，上面的一层是引导层，图标为，下面一层是被引导层，图标同普通图层，为。当在普通图层上单击时间轴面板的“添加引导层”按钮时，该图层的上面就会添加一个引导层，同时该普通层缩进成为被引导层。

引导动画就是使一个运动动画“吸附”在“引导线”上运动。引导层用来表明元件运行的路径，它可以是用钢笔、铅笔、椭圆工具等绘制出的线段或曲线。而被引导层中的对象要沿着引导层的引导线运动，可以使用影片剪辑、按钮、图形元件、文字等，但不能使用形状。下面以“地球绕着太阳公转”为例来学习引导动画的设计与制作。

1. 图层

（1）在 Flash 中新建一个空白文件，设置其背景色和大小。

（2）将图层 1 命名为“太阳”，然后使用“绘图”工具栏中的“椭圆工具”按钮 ，将“笔触色”设置为“无色”，将“填充色”设置为黄色到红色的放射状渐变色（也可以到“混色器”面板调节颜色）；然后在编辑窗口中画一个圆（画的同时按住 Shift 键，使画出来的为圆形，而不是椭圆）；最后将“对齐”面板调出来，单击“相对舞台”按钮，并分别单击水平中齐和垂直中齐按钮，使元件位于舞台中央。

知识拓展：图层就像是一叠含有不同图形图像的剪纸，这些剪纸按照一定的顺序叠放在一起。用户可以在不同图层中分别处理和绘制图形图像，而不会在处理当前图层中的图形图像时，影响到其他图层中的图形图像。用户可以非常方便地对画面中的各个组成元素进行管理和编辑。

（3）单击“时间轴”面板下部的“插入图层”按钮，添加一个图层并将其命名“地球”，绘制方法同“太阳”，只是填充色设置为蓝色到白色的放射状渐变色即可。绘好的“太阳”和“地球”如图 10-17 所示。

知识拓展：这里首次接触到添加“图层”的操作。添加图层的方法如下：

方法一：选择“插入”→“时间轴”→“图层”命令

方法二：选择“时间轴”面板中的任意图层，然后右击，在弹出的快捷菜单中选择“插入图层”命令。

> **学习导航**：前面创建了一个图层，那如何删除一个不需要的图层呢？下面就一起来看看吧！

编者提示：

方法一：在“时间轴”面板中，单击按钮。

方法二：拖动选择的图层到“时间轴”面板下部的“删除图层”按钮。

方法三：在“时间轴”面板中，在选择的图层上右击，从弹出的快捷菜单中选择“删除图层”命令。

2. 引导层

（1）回到场景 1 编辑窗口，在“地球”图层上面添加一个运动引导层，作为“地球”图层绕太阳公转的引导层。引导层需要使用“绘图”工具栏中的“椭圆工具”按钮绘制，在“填充色”工具栏中选择无色，在引导层中画一个椭圆，再用“变形工具”按钮调整椭圆的大小和角度，需要留意的是最后用“橡皮擦工具”按钮将椭圆擦去一个小缺口，如图 10-18 所示。

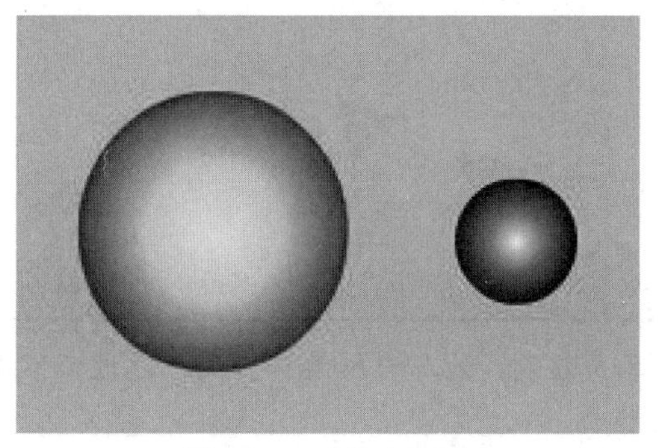

图 10-17　太阳与地球

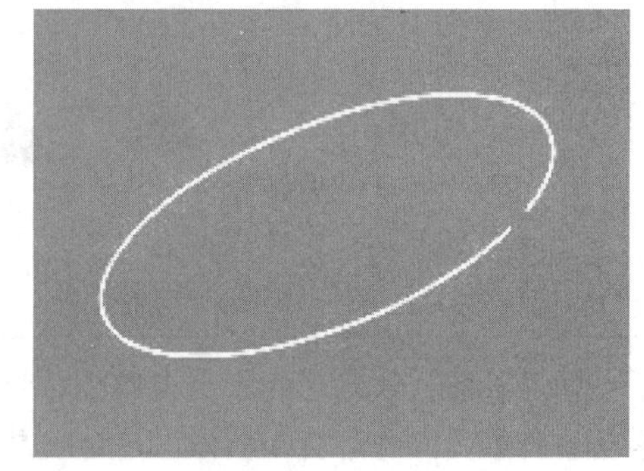

图 10-18　引导线

编者提示：为什么一定要用“橡皮擦工具”擦去一个缺口呢？如果“引导层”是一段封闭的的线条，被引导层会“狡猾”地选择最短的那段路径。这里为了让“地球”完成公转效果，就不能选择封闭的弧线，可以采用弧线段来做“引导层”。

（2）在“太阳”图层和引导层的第 50 帧各插入一个普通帧，使它们延长到第 50 帧。单击“地球”图层，选中第 1 帧，选中地球图形并把它拖到椭圆上的一个端口（起点）；再在该图层的第 50 帧上按 F6 键插入一个关键帧，把地球图形拖到椭圆上的另一个端口（终点）。其中，地球图形的中心一定要紧紧吸附在引导线上。这里需要注意的一点是地球绕太阳公转是沿逆时针方向转动。

编者提示：如果起始帧和终止帧不在线段两端，会发生跳跃感，所以为了运行流畅，缺口要尽可能小，让微小的跳跃快速闪过，不至于影响整体的美观。

（3）最后回到“地球”图层的第 1 帧，在“属性”面板设置“补间”为“动作”，为两个关键帧中间加入补间动画。这样“地球绕着太阳公转”的动画就做好了，可以按 Ctrl+Enter 组合键进行测试，观看动画效果（在生成的 SWF 文件中引导线是不可见的）。最终效果如图 10-19 所示。

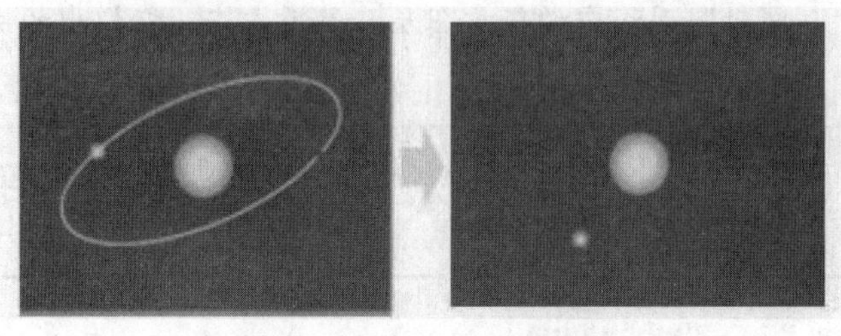

图 10-19 地球绕着太阳公转

知识拓展：地球绕太阳公转是地球沿着一个有规律的曲线在运动。除此之外，还可以用使用“绘图”工具栏中的“钢笔工具”按钮来绘制不规则的曲线，作为运动引导层的引导线。

另外，当沿路径运动的对象为不规则图形，如小汽车时，可以在“属性”面板中，选中“调整到路径”选项，则对象在运动的过程中将沿着路径的方向改变自身的角度；反之则对象始终保持自身角度不变进行运动。设置过程及效果如图 10-20 和图 10-21 所示。

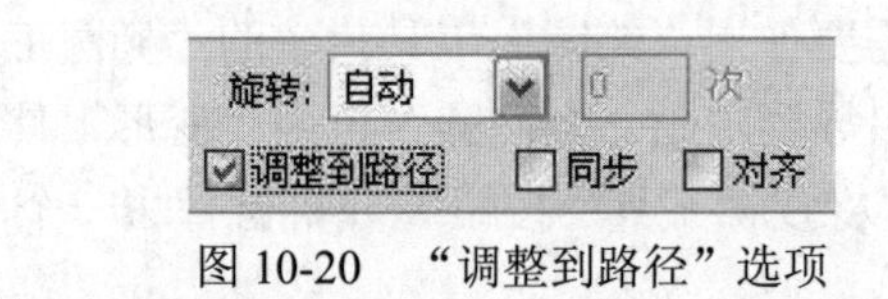

图 10-20 “调整到路径”选项

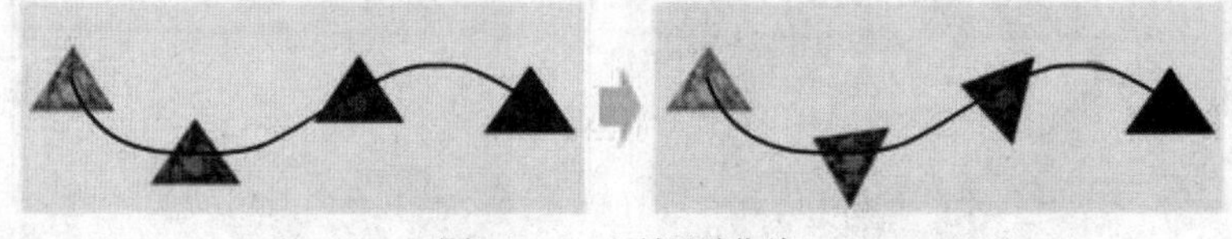

图 10-21 不规则曲线

学习导航：做完“地球绕太阳公转”后很容易想到，地球自转怎么做呢？通过下节遮罩动画的学习，将学会如何做“地球自转”的动画。

10.4 遮罩动画的设计

学习目标：

- 理解遮罩动画的制作原理
- 学会创建、设计遮罩动画

遮罩动画

顾名思义，遮罩动画就是运用遮罩制作而成的动画。它通过“遮罩层”来达到有选择地显示“被遮罩层”中的内容，在一个遮罩动画中，“遮罩层”只有一个，“被遮罩层”可以有任意个。

在 Flash 中没有专门的按钮来创建遮罩层，而是由普通图层转化来的。只要在某个图层上右击，在弹出的快捷菜单中选择“遮罩”，该图层就会生成一个遮罩层。层图标继而变为遮罩层图标，系统也会自动把遮罩层下面的一层关联为“被遮罩层”，如果想关联更多被遮罩图层，只要把这些需被关联的图层拖到“遮罩层”下与“被遮罩层”置于一起就可以了。

同引导动画的引导线一样，遮罩层中的图形对象在播放时是看不到的。遮罩层中的内容可以是按钮、影片剪辑、图形、文字等，但不能使用线条。如果一定要用线条，必须将线条转化为“填充”。被遮罩层中的对象只能透过遮罩层中的对象才能看到。在被遮罩层中，可以使用按钮、影片剪辑、图形、文字、线条等。下面就以地球自转为例学习遮罩动画的制作。

1. 设置遮罩层

（1）新建一个 Flash 文档，设置其背景色。

（2）将图层 1 命名为“地球”，通过单击“文件”→“导入”→“导入到舞台”命令，在弹出的“导入”对话框中导入两张同样的地球平面图（map.jpg），并将两张图片首尾相接，放在舞台的右边，如图 10-22 所示。

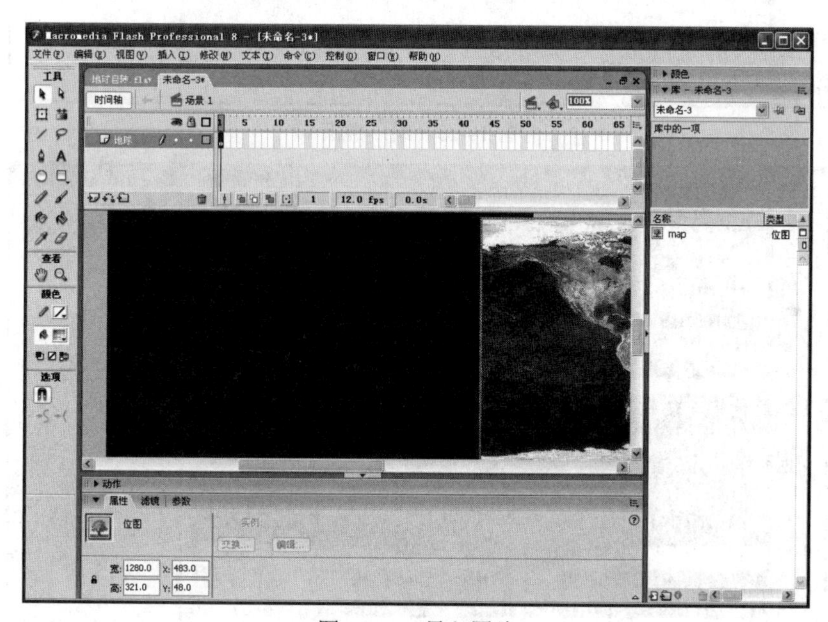

图 10-22　导入图片

编者提示：这里用了两张图片并使它们首尾相接，地球自转中主要是依靠图片的移动来实现的，通过两张图片连接在一起使地球在自转的时候不产生停顿。

（3）新建一图层将其命名为“圆形遮罩”，利用圆形工具绘制一个圆，选择填充类型为“放射状”；填充颜色为“蓝色”；并移动图片和圆到合适的位置，如图 10-23 所示。

（4）新建一个图层将其命名为“半透明圆”，复制“地球”图层舞台上的圆到“半透明圆”图层的第 1 帧，调整位置同原图形重合。

编者提示：这里复制一个半透明圆的目的是使地球具有立体效果。

2. 创建补间动画

选定“地球”图层，在第 50 帧的位置插入关键帧，在“圆形遮罩”和“半透明圆”图层的第 50 帧处插入帧。在“地球”图层的第 50 帧中，移动图片到圆的左边的合适位置，如图 10-24 所示。

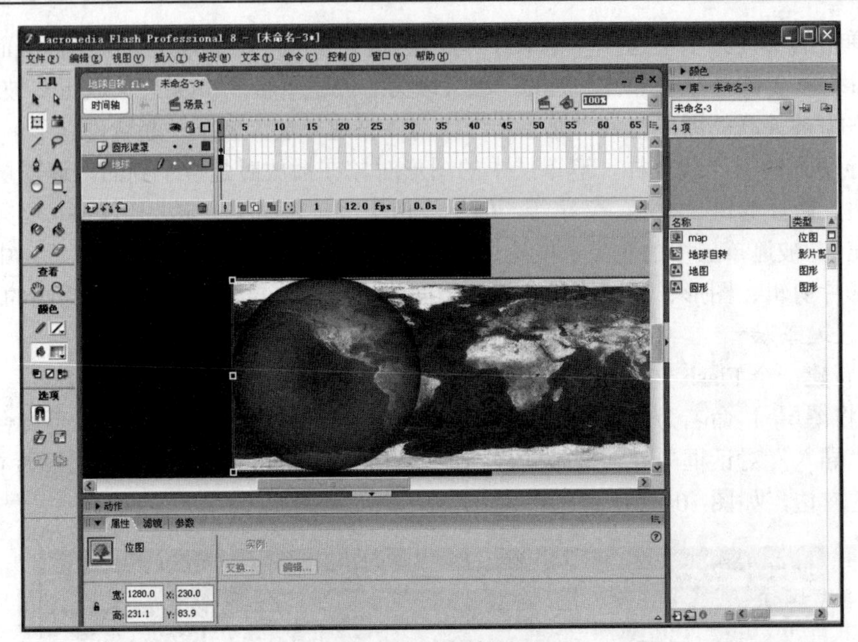

图 10-23 绘制椭圆

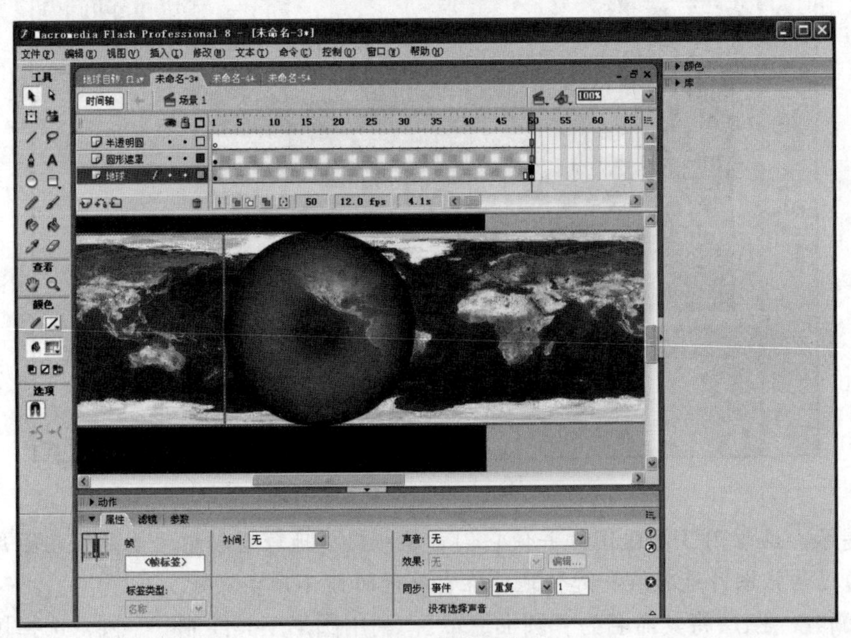

图 10-24 移动图片

3. 遮罩层

（1）选中“圆形遮罩”，右击，在弹出的快捷菜单中选择“遮罩层”命令。

（2）新建一个图层，命名为“文字”，利用文本工具在舞台中输入“地球自转”。

（3）测试并保存文件，如图 10-25 所示。

知识拓展：在 Flash 动画中，“遮罩”主要有两种用途，一个作用是用在整个场景或一个特定区域中，使场景外的对象或特定区域外的对象不可见，另一个作用是用来遮罩住某一元件的一部分，从而实现一些特殊效果。

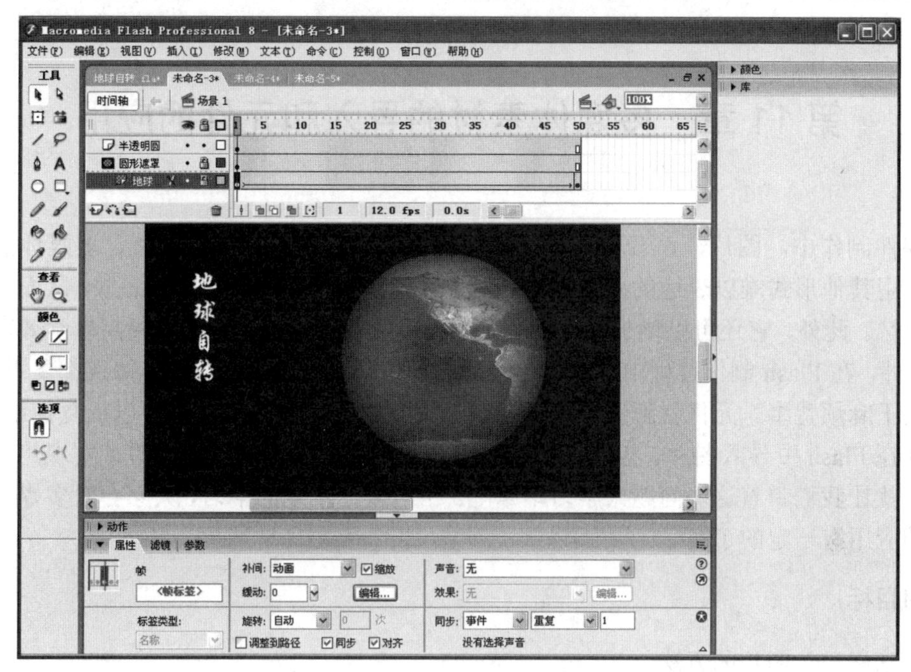

图 10-25　地球自转的效果

4. 图层的锁定

当“圆形遮罩”变为遮罩层时，遮罩层与被遮罩层就会出现被锁定图标。

编者提示：图层的锁定/解除锁定：在编辑当前图层中的对象时，有时会误选择其他图层中的对象。为避免这样的情况发生，用户可以锁定暂时不使用的其他图层，然后再对所需的图层中的对象进行操作。要锁定或解除锁定图层，可以使用下列方法。

方法一：单击图层或图层文件夹名称右侧的“锁定/解除锁定所有图层”列中对应的按钮，即可锁定图层或图层文件夹；单击“锁定/解除锁定所有图层”列中对应的按钮，即可解除图层或图层文件夹的锁定状态。

方法二：单击“锁定/解除锁定所有图层”按钮，即可锁定所有的图层和图层文件夹。方法三：在“锁定/解除锁定所有图层”列中按下鼠标左键并向下或向上拖动，即可锁定或解除锁定图层。

学习导航：上面的这个遮罩动画是保持遮罩层的内容不变，而将被遮罩层中的内容制作成动画。除此之外，如果保持被遮罩层中的内容不变，也可以将遮罩层中的内容制作成动画。制作方法基本相同。

在 Flash 作品中，常常看到很多眩目神奇的效果，其中不少就是用最简单的“遮罩”完成的，如水波、万花筒、百叶窗、放大镜、望远镜、探照灯等。

学习导航：在基本动画的制作过程中经常会导入一些图片、声音、视频等。在课件制作过程中不可避免地要多次用到这些对象，除了从外部导入外还有更方便的方法吗？下一章将学习和解决这一问题。

第 11 章　多媒体素材的导入和元件的应用

在课件制作中，图片、声音和视频是应用最多的素材。相比文字而言，多媒体素材可以表达许多用其他形式难以表达的内容，展示教学过程，使学生获得更多的信息，从而帮助学生理解和记忆。此外，它还可以增加课件的美观，吸引学生的注意力，大大提高教学效率和教学质量。另外，在 Flash 制作过程中，我们会遇到重复使用素材的情况，如果每次都要重新导入，就显得过于麻烦费事。元件就解决了这个问题，它只需要创建一次，就可以反复使用。

如何在 Flash 中导入图片、控制视频呢？又该如何创建不同类型的文件，实现声音的控制播放呢？就让我们带着这些问题来学习本章吧。相信通过本章的学习，大家会对多媒体素材以及元件的应用有一定的了解。

学习目标：

- 掌握导入图片的方法
- 熟悉元件的设计和使用
- 了解导入视频的方式
- 掌握声音的导入与控制播放

11.1　图片的导入

学习目标：

- 掌握导入单张图片的方法，懂得如何调整图片大小
- 熟悉导入系列图片的方式，了解一次导入多张图片的方法

11.1.1　单张图片的导入

1. 打开“导入”对话框

新建一个 Flash 空白文档，选择“文件”→“导入”→“导入到库”命令，打开如图 11-1 所示的“导入到库”对话框。

知识拓展：在 Flash 课件中使用外部的图像文件，先要将该图像文件导入到 Flash 中。导入的图像文件将存于“库”面板中，需要重复使用时，可以从“库”面板中将其拖动到舞台上。

2. 将图片导入到库中

单击需导入的图片文件的名称，将其选中，单击“打开”按钮，即可将图片导入到 Flash 中。

3. 调整和移动图片大小

单击“缩放”按钮，使图片四周出现如图 11-2 所示的 8 个控制点。用鼠标拖动控制点，调整图片的大小直到满意为止。再利用鼠标或键盘上的方向键，将图片调整到舞台的合适位置。

图 11-1　“导入到库”对话框

图 11-2　利用“缩放工具”调整图片大小

4. 使用文本工具A，输入文字

选择工具箱中的“文本”工具，在舞台中输入文字，并设置字体为“华文行楷”，字号为 45，文字颜色为蓝色，如图 11-3 所示。将文字调整到图片的合适位置即可。

知识拓展：

（1）文本是 Flash 课件中最基本的组成元素，是不可缺少的组成部分。用在课堂教学中替代大量的板书，可节约时间，提高效率。文本有三种类型：静态文本、输入文本、动态文本。

（2）静态文本是在课件制作过程中创建，而在课件播放时不能改变的文本，主要用于制作固定不变的文字，显示内容、解释、说明文字等。

（3）输入文本的作用是响应鼠标和键盘输入等，实现影片播放中的人机交互。它有一个密码选项，如果选择了这种类型，在生成影片后，用户输入的文本将以“*”号显示，用于确认用户身份。面板中的“最多字符数”选项，用于限制文本框中输入字符的长度。

（4）动态文本类型允许通过变量名的设定来动态更新文本域中的文本内容。它实际上是在舞台上显示一个变量的值，如果在课件播放过程中，该变量的值发生改变，则舞台上相对应的文本也会随之改变，从而实现文本动态显示的效果。

图 11-3 输入文本

11.1.2 导入系列图像

有时素材库中的某一类图像的文件按编号命名，如本例中的赵州桥 1、赵州桥 2、赵州桥 3，Flash 能自动通过文件名来识别它们，可以一次导入所有的图像文件。

1. 修改文档属性

运行 Flash 8，新建一个 Flash 文件。选择“修改”→“文档”命令，打开“文档属性”对话框。在“帧频”框中输入 1，单击“确定”按钮，将文件播放速度调整为 1 帧/秒，这样可以使课件的运行速度适当慢一些，如图 11-4 所示。

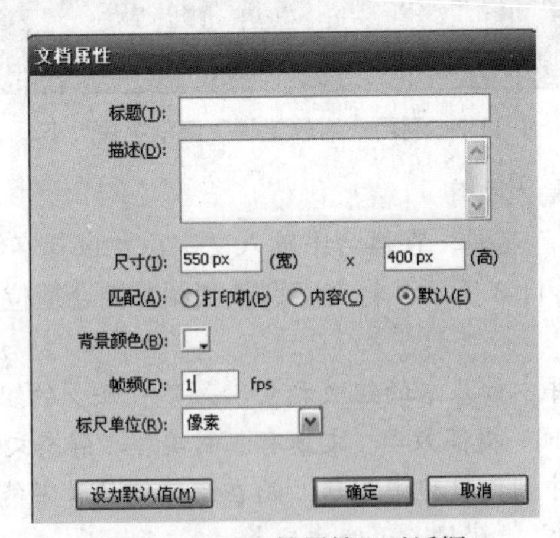

图 11-4 “文档属性”对话框

2. 导入图片到库

选择“文件”→“导入”→“导入到库”命令，打开如图 11-5 所示的“导入到库”对话框。

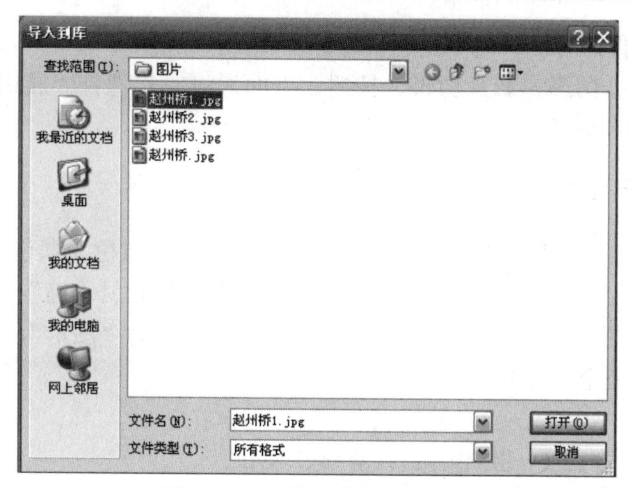

图 11-5　“导入到库”对话框

选择要导入的图像文件，单击“打开”按钮，系统自动识别图像系列，打开如图 11-6 所示的对话框。

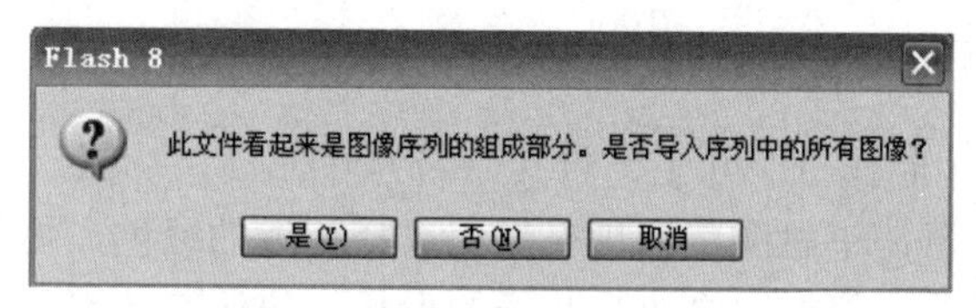

图 11-6　提示对话框

单击“是”按钮，导入当前文件后面的所有系列图像文件。如本例赵州桥图像系列一共有 3 个文件，如果在导入对话框中选中“是”，则导入的是“赵州桥 1”及其后面的 2 个图像文件。

单击“否”按钮，只导入所选定的图像文件。

3. 调整图像大小及位置

导入图像系列后，一个图像被放在一帧。分别选中各帧，调整各帧的图像大小及位置，直到满意为止。

编者提示：如果希望导入多个文件，可在“导入”或“导入到库”对话框中，单击选择文件时按下 Ctrl 键（选择一组不连续文件）或 Shift 键（选择一组连续文件）。

学习导航：导入图片的方法不难，自己可以尝试做做练习。另外在课件制作过程中，我们经常遇到素材重复使用的情况，如果每次使用都要重新调用一次，不仅麻烦，而且容易出错。该如何解决这个问题呢？下一节将为大家解开谜团，拨开云雾见月明。

11.2　元件的设计和使用

学习目标：

- 区分元件的三种类型

● 掌握创建元件的方法

元件有三种类型：图形、影片剪辑、按钮。下面通过制作课件“爬山虎的脚”来学习并区分这三种元件类型的差别。

11.2.1 创建图形元件

（1）新建一个空白文档，设置文档大小为550×400，背景色为默认的白色。

（2）选择“文件”→“导入”→“导入到库”命令，将素材“墙”导入到库中。

（3）选择“插入”→“新建元件”菜单命令，设置类型为“图形”，命名为“墙壁”，打开库，将素材“墙”拖至元件中。

知识拓展：

（1）元件的类型有三类：图形、影片剪辑、按钮。

（2）图形元件用于创建图片和动画片段。如果该元件内部包含的是一段动画，那么这段动画的时间轴就与影片的主时间轴同步，也就是说，影片的主时间轴停止播放，则元件中的时间轴也随着停止播放。

11.2.2 创建影片剪辑元件

（1）首先在Flash中制作一个叶子，将其命名为叶。

1）选择“椭圆”工具，笔触颜色和填充颜色选择相近的绿色，画出一个椭圆。

2）选中“选择”工具，将椭圆修改为叶子的形状，按住Ctrl键，可以制作出叶子尾部的尖形。

3）选择“线条”工具，绘制它的脉络。叶子就制作成功。

制作好之后，将其组合，右击，选择“转换为元件”命令，命名为“叶子”。

（2）选择“插入”→“新建元件”命令，设置类型为“影片剪辑”，命名为“爬山虎的运动”，打开库，将库中的图形元件“叶子”拖放到该影片剪辑的第 1 帧，并在其后的第 30 帧、第60帧上插入关键帧。

（3）为了实现叶子随风摆动的逐帧动画，对叶子的每一帧进行处理。单击第 30 帧，让其旋转一个角度，实现移动的效果。再复制第1帧到第60帧，实现叶子左右飘动的效果。最后分别在第1帧与第30帧之间，第30帧与第60帧之间创建补间动画。第1帧、第30帧、第60帧的效果如图11-7所示。

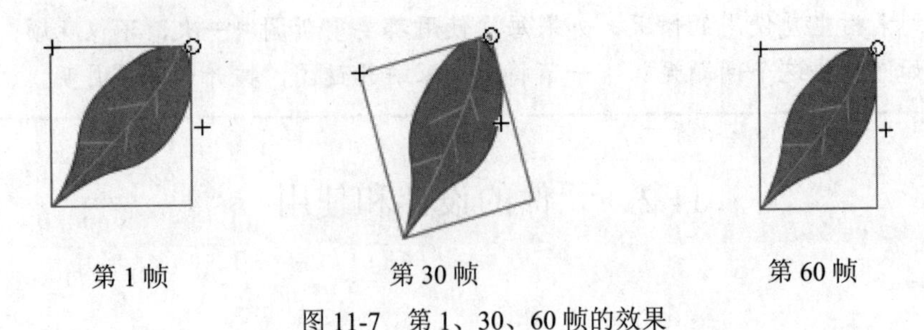

图11-7 第1、30、60帧的效果

知识拓展：

（1）在制作过程中，要记住固定根部，不能让根部发生移动，如图11-8所示。

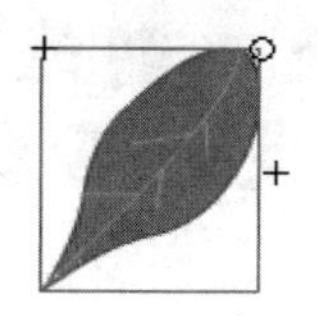

图 11-8　固定根部

（2）影片剪辑元件用于创建可反复使用的动画片段，可独立于主动画的时间轴进行播放。其播放形式与图形元件不同，它拥有独立的时间轴，始终以独立循环方式播放内部包含的动画，即使影片剪辑暂停播放，还会继续播放它所包含的动画，也可以把影片剪辑置于按钮元件内，以创建动态按钮。

11.2.3　创建按钮元件

（1）选择“插入”→“新建元件”命令，设置类型为“按钮”，命名为“退出”。

（2）绘制按钮的弹起状态：在“弹起”帧中输入文字“退出”，颜色设置为蓝色。

（3）绘制按钮的指针经过状态：在该帧中插入一个关键帧，将文字的颜色设置为绿色。

（4）绘制按钮的按下状态：改变按钮的位置，可以向右向下移动，产生位移，实现立体感。

（5）在“单击”帧中用矩形工具绘制一个蓝色响应区域（响应区域的大小以文字所在区域为标准，要覆盖住所有的文字，但也不能超出文字太多）。

知识拓展：按钮元件有 4 个不同的状态，分别是弹起、指针经过、按下和单击；这 4 种方式分别表示按钮的初始状态、指针停留在其上时的状态、按下鼠标后按钮呈现的状态，以及鼠标响应热区。

11.2.4　在主场景中操作

（1）将图层 1 命名为“墙壁”，将图形元件“墙壁”拖入到舞台中。修改大小为 550×400。

（2）新建图层 2，命名为“叶藤”，笔触颜色为绿色，线条粗细为 3，在墙壁上画藤。

（3）新建图层 3，命名为“叶子的运动”，将“叶子的运动”这个影片剪辑元件拖到到场景中，可以多次拖动，分别放置在不同的位置，并对这些元件进行缩放或旋转。

（4）新建图层 4，命名为“退出”，将事先制作好的“退出”按钮移至场景的右下角。

（5）新建图层 5，命名为“文字”，单击第 1 帧，选择楷体，字号为 50，输入文字“爬山虎的脚”，选择宋体，字号为 27，输入文字“作者：叶圣陶”。

11.2.5　新建场景 2

建立一个新场景——场景 2，制作“退出按钮”的退出界面。

（1）选择“插入”→“场景”命令，新建场景 2。

（2）选择“文件”→“导入”→“导入到库”命令，导入一张背景图。

（3）输入文字“您已经进入到退出界面，是否确定要退出？”。

11.2.6　添加动作语句

把之前制作好的“是”和“否”两个按钮拖入到场景中，如图 11-9 所示。

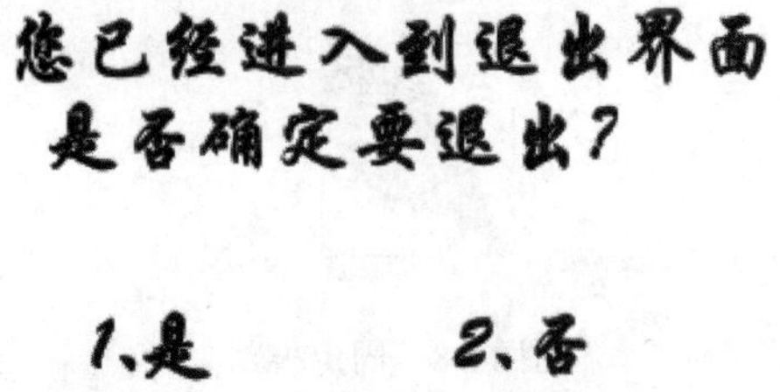

您已经进入到退出界面
是否确定要退出?

1、是　　2、否

图 11-9　退出界面

添加动作语句，实现两个场景之间的切换、是否按钮的选择以及退出按钮的操作。

1. 场景 1 的动作语句

首先在场景 1 的任意一个图层的最后一帧添加 stop();语句，如图 11-10 所示。

图 11-10　添加 stop 语句

选择“退出”按钮，在“动作”面板中添加输入脚本语句：

```
on(press){gotoAndPlay("场景 2",1)}
```

即可完成“场景 1”到“场景 2”的跳转。

2. 对场景 2 进行操作

首先采用同样的方法对任意图层的最后一帧添加 stop();语句。然后选择“是”按钮，这个按钮实现退出操作：

```
on(press){fscommand("quit" )}
```

给“否”按钮添加如下代码：

```
on(press){gotoAndPlay("场景 1",1)}
```

如图 11-11 所示。场景 2 的界面如图 11-12 所示。

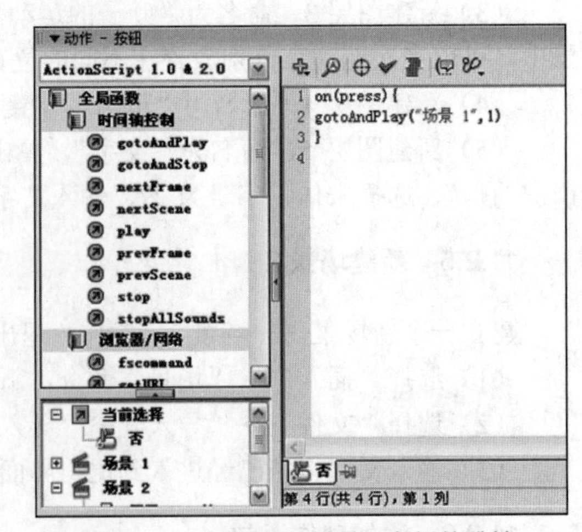

图 11-11　场景 2 与场景 1 之间的跳转

图 11-12　场景 2 的界面

最后的界面如图 11-13 所示。

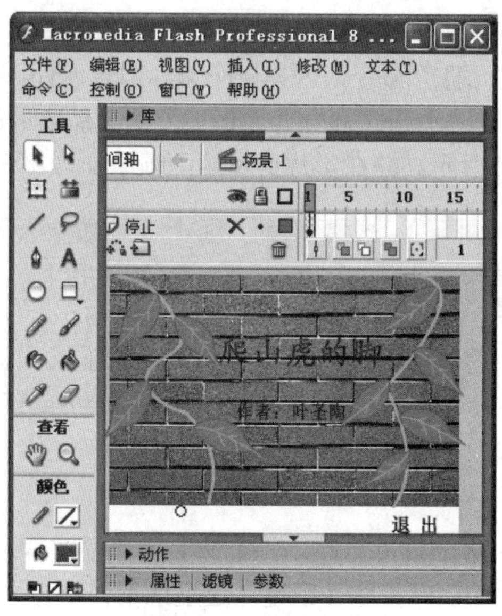

图 11-13　最后界面

学习导航：刚才已经学会了用元件来制作爬山虎的脚，如果要在影片中导入声音，并实现声音的控制播放，这又该如何实现呢？下面就来看看声音素材的导入与控制。

11.3　声音素材的导入

学习目标：

- 学会导入声音
- 掌握控制声音播放的方法

前面一节已经制作了课件“爬山虎的脚”，本节要在课件中导入声音，并实现控制声音的播放与暂停效果。

11.3.1 声音的导入

单击“文件”→“导入”→“导入到库”命令，选择文件“背景音乐”，单击“确定”按钮，即可将所需要的音乐导入到库中。制作课件过程中，如果需要，可以直接从库中拖到舞台中。

学习导航：直接把声音拖到舞台上，无法控制声音的播放，声音将持续播放。如果要实现声音的播放，该如何实现呢？下面马上就来学习。

11.3.2 声音的控制与播放

在控制声音的播放与停止的过程中，可以复习一下元件的使用，进一步巩固元件的使用方法。下面看看如何控制声音的播放与停止。

1. 创建一个影片剪辑元件

单击“插入”→“新建元件”命令，创建一个影片剪辑元件，并命名为“音乐控制”。将库中的背景音乐拖动到舞台中，打开“属性”面板，为了全部显示音乐长度，在“同步”栏中选择“数据流”，如图 11-14 所示。并在影片剪辑第 1 帧添加语句 Stop()。

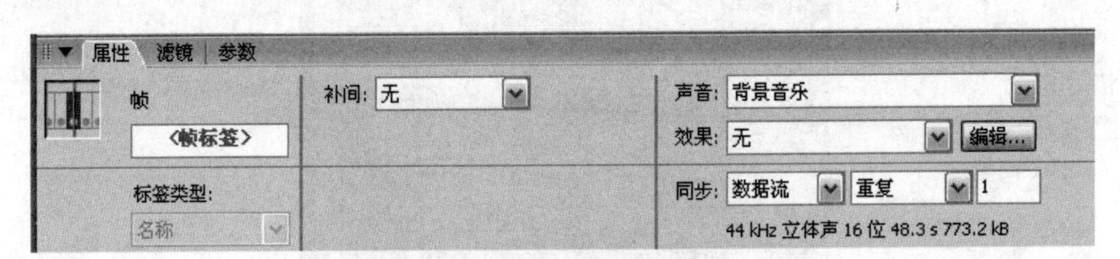

图 11-14 “背景音乐”属性面板

2. 创建按钮元件

采用同样的方法，插入两个按钮元件，一个命名为“播放”，另一个命名为“停止”。按钮元件的制作与动画效果前面已经具体介绍过，这里就不详细介绍了。

3. 新建图层

回到主场景中，在文字图层上方新建三个图层，分别命名为音乐开关、播放、停止，分别用于放置“音乐控制”元件、“播放按钮”元件和“停止按钮”元件。在主场景中，将“音乐控制”影片剪辑元件的实例名改为 mc。

4. 添加动作语句

单击选中“播放按钮”，打开“动作”面板，添加如下语句：

```
on (release) {mc. play(); }
```

单击选中“停止按钮”，打开“动作”面板，添加如下语句：

```
on (release) {mc. stop(); }
```

编者提示：一定要单击按钮后再打开“动作”面板，否则，动作语句代码将添加到“时间轴”面板的帧上。

动作语句添加完成以后，我们基本上已经完成了声音控制的问题，单击“控制”按钮，测试影片。

学习导航：这下大家应该懂得简单控制声音播放的方法了吧。了解了声音的播放与控制，视频又是怎样导入的呢？又是如何控制呢？与声音有什么相同与不同之处呢？让我们一起来看看吧。

11.4　视频素材的导入

学习目标：

- 掌握导入视频素材的方法
- 了解视频播放控制的方式

在上节的基础上，学习如何在课件中导入视频素材，以“爬山虎的脚”为例导入一个视频，并控制它的播放。

11.4.1　导入视频素材

（1）在“爬山虎的脚”课件中插入一个视频按钮。这里插入一个“视频按钮”元件。具体方法在 11.2 节已经详细介绍过，这里就不重复介绍了。

（2）新建场景。在课件中选择“插入”→“场景”命令，新建“场景 3”。下面的导入操作都是在场景 3 中进行的。

（3）选择视频。选择“文件”→“导入”→“导入视频”命令，弹出如图 11-15 所示的对话框。

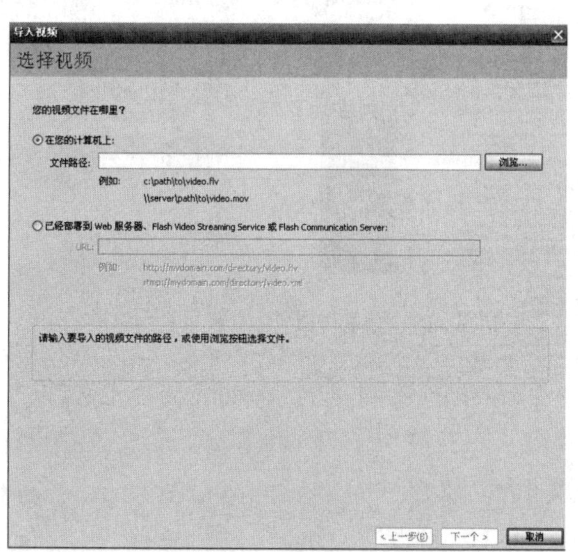

图 11-15　“选择视频”对话框

（4）输入视频地址。在“文件路径”文本框中输入视频文件的地址或者单击“浏览”按钮选择所需要的视频素材。然后单击“下一个”按钮，进入下一步操作。

（5）部署视频。选择“以数据流的方式从 Flash 视频数据流服务传输”，如图 11-16 所示。

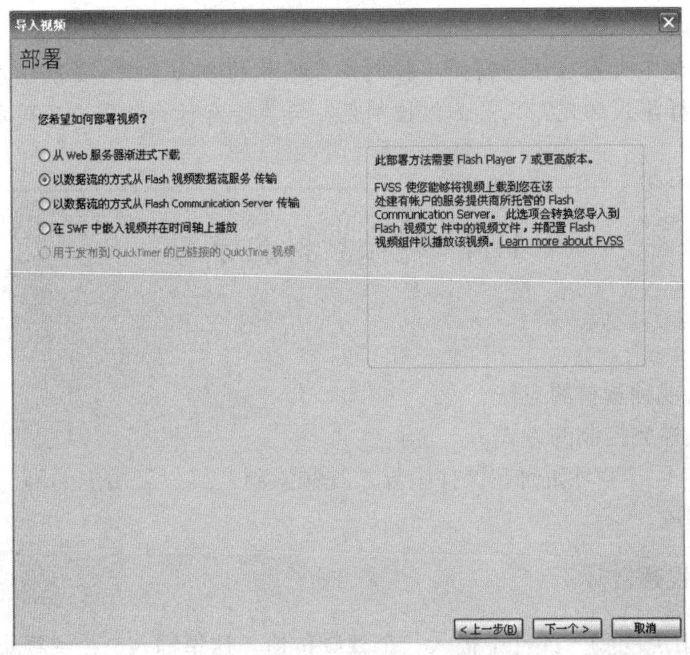

图 11-16　“部署”对话框

（6）外观选择。外观选择第一项 ArcticOverAll.swf，单击“下一个”按钮，如图 11-17 所示。

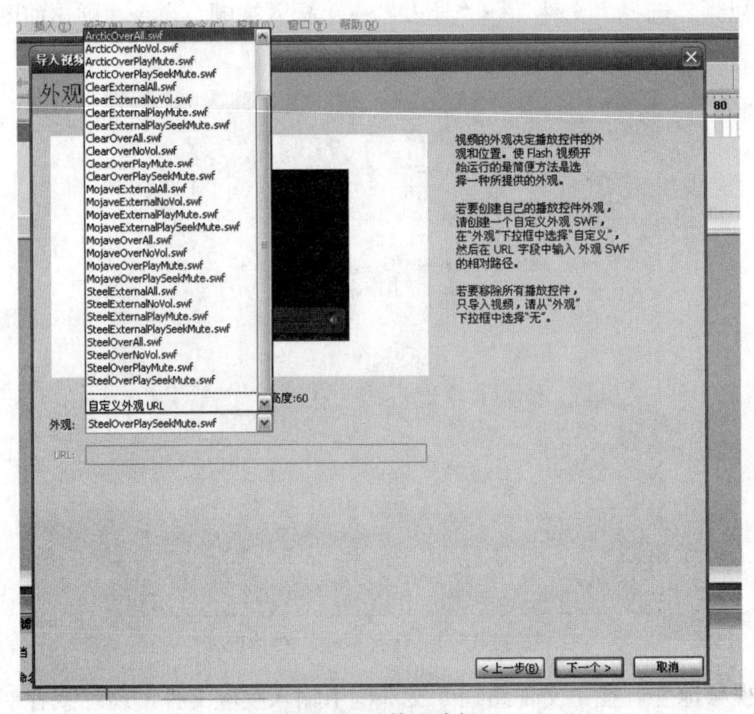

图 11-17　外观选择

（7）完成视频的导入。弹出完成视频导入对话框，单击“完成”按钮即可完成视频的导入，如图 11-18 所示。

图 11-18　完成视频的导入

（8）调整视频框大小。选择任意变形工具，可以修改视频文件的大小。

11.4.2　控制视频的播放

导入视频素材文件后，Flash 自带一些播放控制功能，可以实现视频的播放、暂停、前进、后退、声音的控制。

接下来制作一个返回按钮，添加动作语句。

（1）在主场景中，在视频按钮元件中，添加动作语句：

```
on(press){gotoAndPlay("场景 3",1)}
```

（2）在场景 3 中，单击按钮元件，添加动作语句：

```
on(press){gotoAndPlay("场景 1",1)}
```

（3）在场景 3 的第 1 帧添加 stop();语句。

编者提示：进行到这步，视频文件的导入方法，大家已经能理解了。其实很简单，可以自己动手试试。

学习导航：通过本章的学习，大家已经对如何导入图片、视频、声音，元件的设计与使用，以及如何控制声音、视频的播放有了一定程度的了解。学到这章为止，Flash 的基本工具、动画、素材的基础知识都已经介绍完毕。接下来将进入提高篇，学习制作综合课件，将前面学习的基本知识运用到实际操作中，进一步巩固对 Flash 的理解。相信通过实践篇部分的学习，大家对 Flash 会有更深层次的理解。

实践篇

经过 Flash 基本动画和元件的学习，通过巧妙的组合就可以完成各种动画设计，制作课件也是利用大家“创意”的头脑来组合动画方式，当然如果懂一点编程的话，Flash 将更能展示她独特的魅力。本篇将从演示型、分支型和测验型课件阐述利用 Flash 制作多媒体课件的方法。

第 12 章　Flash 演示型课件的设计与制作

演示是课堂教学的一种重要表现形式。主要用于突出演示的效果，提高教学效率。在制作演示型课件的过程中，经常需要融合文字、图形、声音和视频等多媒体素材，使学生的多种感官受到刺激，提高学习兴趣，从而达到演示的目的。

另外，演示型课件在课件制作过程中应用广泛，不需要复杂的 Action 代码就可以得到很好的教学效果，操作比较简单。

本章将详细介绍演示型课件的制作过程，使大家对演示型课件有初步了解。

学习目标：

- 掌握制作演示型课件的方法
- 熟练运用各种工具

1. 新建文档

选择“文件”→“新建”命令，新建一个 Flash 空白文档。

2. 设置背景

（1）将“图层 1”重命名为“背景”，导入一张图片 bj.jpg，如图 12-1 所示。

图 12-1　插入背景图片

（2）选择“任意变形工具”，调整背景图片，覆盖整个舞台，如图 12-2 所示。

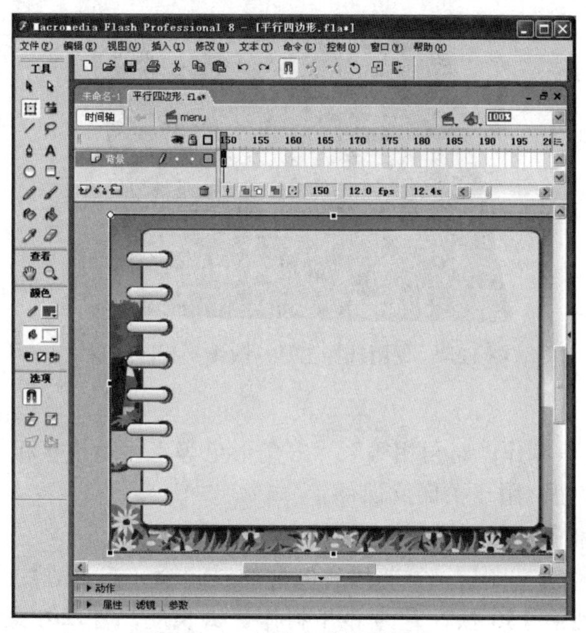

图 12-2　任意变形背景图片

知识拓展：为了方便变形，我们通常要把变形的中心移动到舞台“原点”位置（即舞台左上角）。

3. 绘制平行四边形

（1）新建图层，命名为“平行四边形”。

> **学习导航**：通过基础篇的学习，矩形的制作方式大家应该很熟悉了，那么平行四边形又该如何制作呢？

知识拓展：

（1）选择“矩形工具”，拖动鼠标，绘制一个长方形，如图 12-3 所示。

图 12-3　绘制长方形

（2）选中“选择工具”，移动鼠标指针到长方形的左上角和右下角，当鼠标指针旁边出现一个直角时，按住鼠标左键拖动，将其改变为平行四边形，如图 12-4 所示。

（2）使用“文本工具”，在平行四边形的上方用蓝色隶书写上课件标题“平行四边形”。

图 12-4　使用选择工具，改为平行四边形

4. 绘制按钮

新建“按钮”图层，制作“对角相等”、“三角形全等”、“对边长相等”、“想一想”4 个按钮，并制作“退出”按钮，用于关闭此课件。

5. 制作“对顶角相等”的动画

（1）新建“对角动画”图层，并将所有图层的过渡帧（普通帧）扩展到第 150 帧。

编者提示：拓展到第 150 帧，是为影片制作留出长度，可以在最后根据实际情况进行删减。

（2）由于课件第 1 帧要制作静止状态，因此表现动画要从第 2 帧开始，单击图层第 2 帧，按 F6 键插入关键帧。

（3）在舞台中依照下方的“平行四边形”位置，用红色线条绘制“角度”形状，如图 12-5 所示，最后将其全选并按 F8 键转换为元件，将元件命名为“对角”。

图 12-5　绘制角度形状

（4）双击进入“对角”元件的编辑状态，单击第 3 帧，按 F6 键插入关键帧，将此帧上的“对角”颜色改为白色，按 F5 键将帧扩展到第 4 帧；得到一个闪烁的动画效果；用复制帧的方法将这种闪烁效果再持续一次，复制前 4 帧到第 5～8 帧，再复制第 1 帧到第 9 帧，以原始状态结束，即第 9 帧与第 1 帧相同，为红色。

（5）退出元件，回到主场景。单击第 2 帧的“对角”实体，在“属性”面板设置其属性为：播放一次，“第一帧”为 1；分别按 F6 键将第 13 帧及第 28 帧转换为关键帧，并将第 28 帧上的“对角”实体顺时针旋转到另一个对角；并在这两个关键帧之间设置动画补间。

按 F6 键将第 32 帧转换为关键帧，选中舞台中的“对角”实体，在“属性”面板中设置其属性为“播放一次”，“第一帧”为 1，让“对角”元件再闪烁一次，两个图层结束于第 41

帧，即在第 42 帧插入空白关键帧。

6. 制作“被对角线分成两个全等三角形”动画

（1）绘制虚线对角线。新建图层，位于“对角动画”之上，命名为“对角虚线”；单击图层第 42 帧，按 F6 键插入关键帧，在舞台中依据“平行四边形”绘制黄色虚线对角线，如图 12-6 所示。

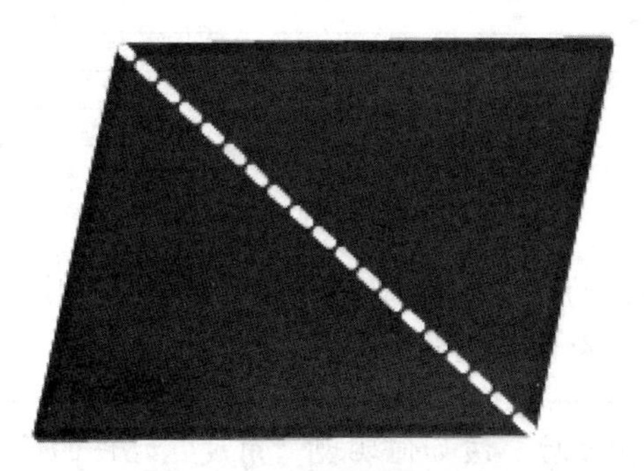

图 12-6 绘制虚线对角线

知识拓展：直线是使用工具箱上的“线条工具” 绘制的，该工具对应的“属性”面板如图 12-7 所示。直线包括三种属性：笔触颜色、笔触高度和笔触样式，其中“笔触颜色”即线条的颜色，“笔触高度”即线条的粗细，“笔触样式”即线条的样式，如实线、虚线等，“自定笔触样式”用于自定义线条的样式。将鼠标指针移动到场景中，在按住 Shift 键的同时拖动鼠标，可以绘制出角度是 45 倍数的直线，如水平、垂直、45 度、135 度的直线。

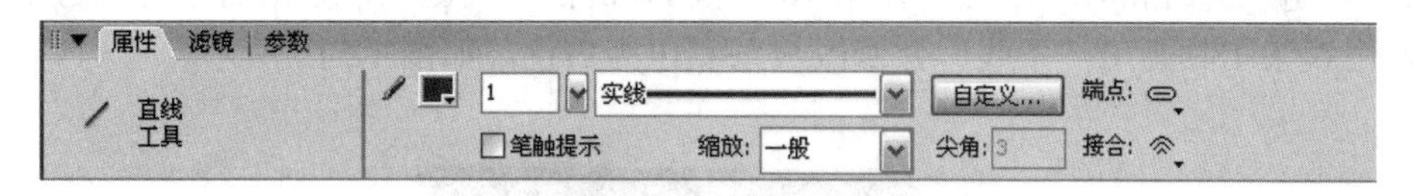

图 12-7 直线工具

（2）制作“三角形”动画。再新建图层，位于“对角虚线”层之上，命名为“全等”；单击图层第 45 帧，按 F6 键插入关键帧，在舞台中依据“平行四边形”绘制带绿色边框的橙色三角形，如图 12-8 所示。将其全选，按 F8 键转换为图形元件，命名为“三角形”。

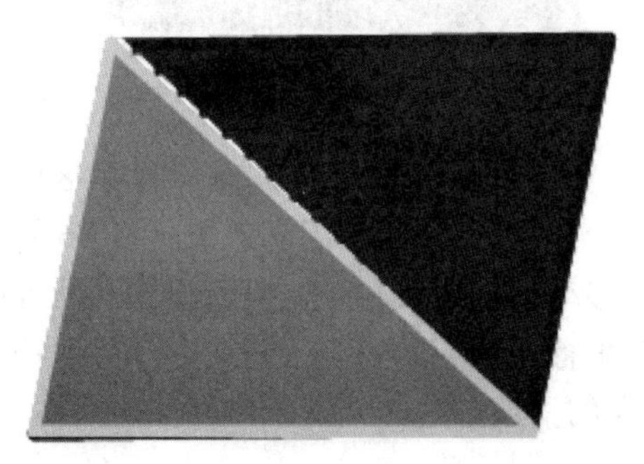

图 12-8 绘制带绿色边框的橙色三角形

（3）双击进入“三角形”元件，制作闪烁动画。制作方法与“对角”元件的制作相同。

（4）创建补间动画。退出元件，回到主场景，按 F6 键分别将图层第 56 帧和第 65 帧转换为关键帧，并将第 65 帧上的“三角形”实体顺时针旋转到另一半平行四边形上，并为这两个关键帧之间设置动画补间，如图 12-9 所示。

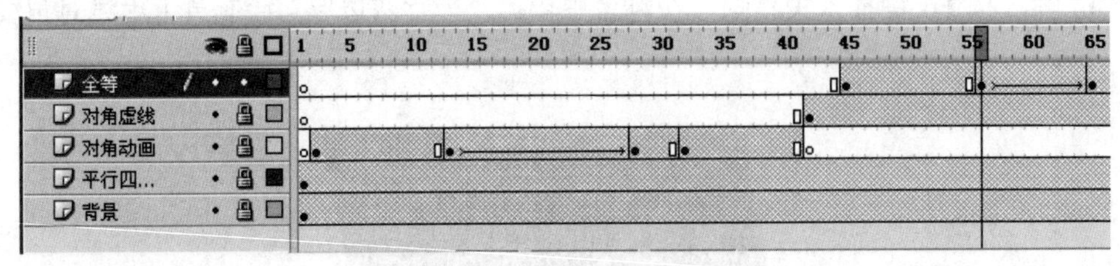

图 12-9 创建动画补间

知识拓展：创建补间动画的方式有两种，可以直接右击“时间轴”面板，创建补间动画。还可以在“属性”面板上选择补间类型为“动画”。

学习导航：创建补间动画后，该如何实现“角度”元件的闪烁效果呢？下面看看利用属性面板设置的方法。

按 F6 键将第 112 帧转换为关键帧，单击舞台中的“三角形”实体，在“属性”面板中设置其属性为：播放一次，“第一帧”为 1，让“角度”元件再闪烁一次。在第 77 帧插入空白关键帧结束。

7. 新建“对边相等”图层

（1）单击“对边相等”图层，在第 78 帧按 F6 键插入关键帧，并沿着平行四边形的的一条边线，用线条工具画出一条线，并修改线条颜色为白色，如图 12-10 所示。

图 12-10 用线条工具画白色线

（2）单击第 80 帧，插入空白关键帧。并将第 78 帧至第 80 帧复制到第 82 帧到第 84 帧，并将第 78 帧复制到第 86 帧，实现白色边线的闪烁效果。按 F6 键在第 88 帧和第 96 帧插入关键帧，并将第 96 帧上的边线移动到右边线对齐，接着设置形状补间，如图 12-11 所示。

（3）用上面的方法制作平行四边形的另外一边，表现另一边相等的动画效果，最后别忘了以空白关键帧结束两个图层的播放。

8. 为按钮添加程序代码，控制播放

为避免动画效果重复播放，要为每个动画片段的最后一帧添加停止代码。分别在“对角动画”图层的第 1 帧、第 41 帧，“全等图层”的第 76 帧添加 stop();语句。

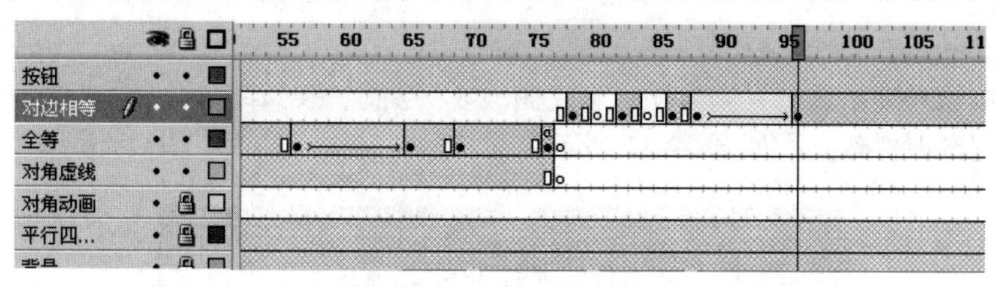

图 12-11　创建形状补间

为“对角相等”按钮添加如下代码：

```
on (release) {
        gotoAndPlay(2);
}
```

为“被对角线平分为全等三角形”按钮添加如下代码：

```
on (release) {
        gotoAndPlay(45);
}
```

为“对边长相等”按钮添加如下代码：

```
on (release) {
        gotoAndPlay(78);
}
```

为“退出”按钮添加如下代码：

```
on (release) {
        fscommand("Quit");
}
```

> **学习导航**：到这里实现了 4 个按钮的操作，还有一个“想一想”按钮，该如何实现它的操作呢？可以想象，在一个场景中是很难实现想要的效果的，那又该如何实现呢？看看案例操作吧。

9. 新建场景 2，命名为 xiangyixiang

（1）在图层 1 中插入 bj.jpg，输入标题“想一想”，制作按钮“提示”。

（2）新建图层 2，在第 25 帧插入关键帧，输入“面积=底*高”。

（3）在“提示”按钮中输入代码：

```
on (release) {
gotoAndPlay(25);
   }
```

（4）制作按钮“返回”，输入代码：

```
on (release) {
        gotoAndPlay("menu",1);
   }
```

（5）为“想一想”按钮添加如下代码：

```
on (press) {
        gotoAndPlay("xiangyixiang",1);
   }
```

10. 测试并保存文件

为了使按钮和展示区域界限分明，新建图层 8，绘制一条弧线，选择“控制”→“测试影片”命令，测试课件效果，如图 12-12 所示。

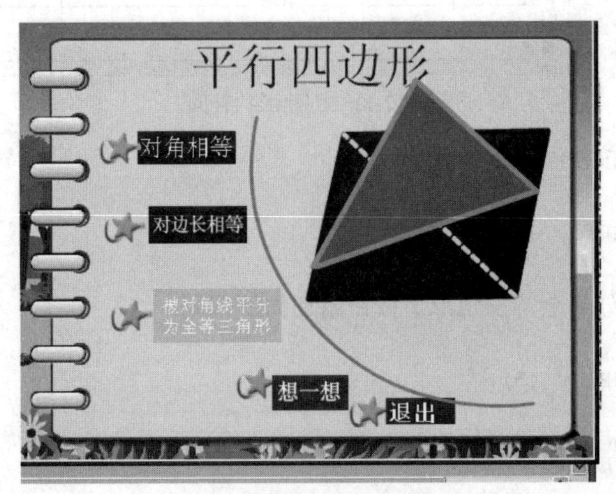

图 12-12 最后界面的效果

学习导航：通过本章的学习，应该对演示型课件有了简单的了解。制作课件的方法比较多，还有交互型课件、测验型课件，这些都将在后面的章节中逐一介绍。

设计点评：由于 Flash 二维动画的强大功能，可以把很多复杂的问题变得简单，尤其在动态的呈现变化过程的问题上，它的优势是无可比拟的；但不是说任何时候这种优势都存在，这也要求我们在设计时准确洞察知识呈现的形式；在具体设计过程中，我们一定要结合学生的认识规律、心理特点、教学内容、教学任务、学生学习实际等诸多因素去综合考虑；把握好尺度，找准最佳切入点，让学生充分进行读书、思考，在学生思维陷入“山重水复疑无路”之时，再呈现多媒体，才能使学生豁然开朗，才能使课堂教学进入“柳暗花明又一村”的佳境。就是说，多媒体教育课件的使用应该有助于激发学生研究问题的热情，培养学生解决问题的能力，而不应以多媒体的演示代替学生活动。比如，作为人文性极强的语文学科，教师要注意学生的感情变化，不失时机地运用多媒体，创设一个最适宜产生情感共鸣的环境，培养和激发学生的情感，这时纷繁的动画效果就未必是最佳的选择了。Flash 演示型课件在呈现实验教学、程序性知识方面有着独特的效果，如果只是简单地呈现一定的内容，它的优势就不复存在了。

第 13 章　Flash 交互型课件的设计与制作

日常教学中，简单的演示型课件已经不能满足需要了，我们需要的是能够根据教学情况控制课件播放，甚至要能够与学生之间进行简单交互的课件。交互型课件是在演示型课件的基础上，根据教学控制课件的内容，实现简单的内容及简单人机交互的课件。本章以制作古诗《鸟鸣涧》为例，在课件中实现按键播放或后退、制作菜单命令供选择课件内容等。

学习目标：

- 掌握动作交互脚本的编写
- 掌握交互型课件的设计与制作

本例是一个综合的交互型课件，可以通过课件自学完成教学任务。本例中主要用到遮罩动画的制作、按钮动作的设置等操作。其中每一页的内容由一系列静态的画面组成，通过为按钮设置动作可以在各页面之间实现跳转，用户可以用交互方式来学习。

1. *启动程序，新建文档*

新建一个大小 400×300 的 Flash 文档，保存文件，命名为“鸟鸣涧”，如图 13-1 所示。

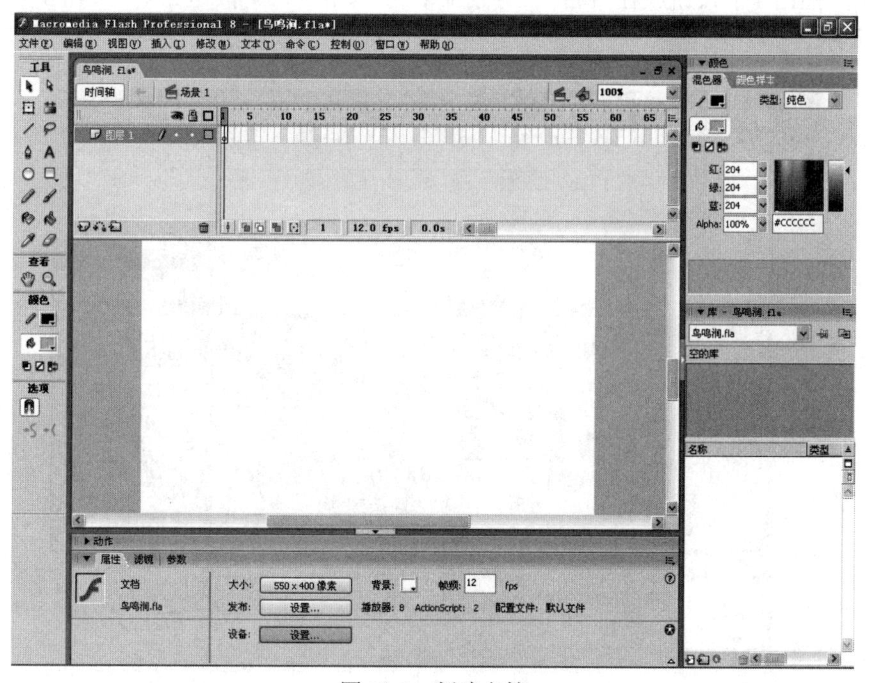

图 13-1　新建文档

2. *导入图片*

将图层 1 命名为“背景”，单击“文件”→“导入到舞台”命令，导入一幅背景图片。新建一图层，命名为“文字”，使用文本输入工具在背景上输入古诗《鸟鸣涧》的内容，如图 13-2 所示。

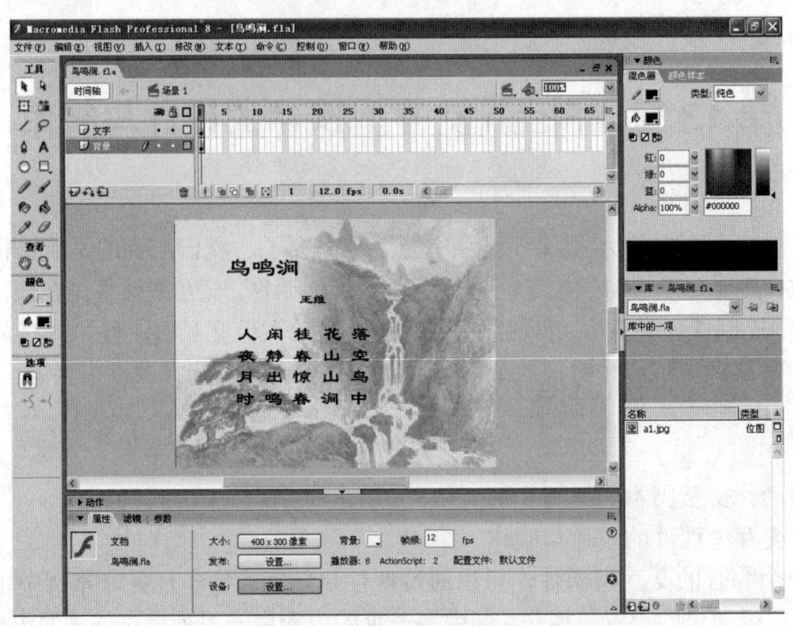

图 13-2 编辑课件首页

3. 创建按钮

新建一图层，命名为“按钮”，通过单击“窗口”→“公用库”命令调出按钮库面板，从公用符号库中拖出4个按钮放在舞台上，分别命名为“按钮1”、“按钮2”、“按钮3”、“按钮4”，如图13-3所示。

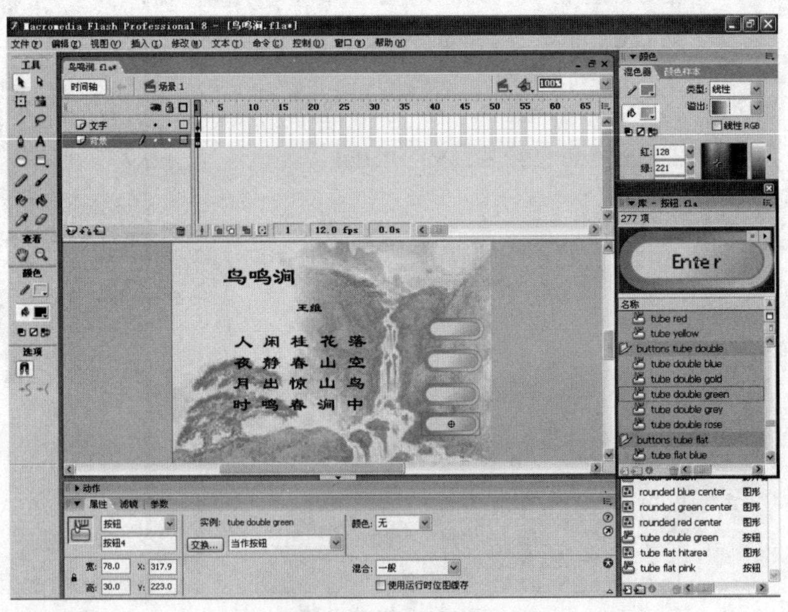

图 13-3 创建按钮

4. 新建图形元件

（1）选择“插入”→“新建元件”命令，打开“创建新元件”对话框，将元件命名为“诗人简介”，类型选择“图形”，单击“确定”按钮，进入图形元件编辑窗口，创建静态文本“诗人简介”。

（2）单击编辑窗口上的“场景 1”返回主场景，重复第（1）步，分别创建“古诗鉴赏”、“学习步骤”、“课堂练习”三个图形元件。

（3）返回主场景，创建“椭圆”图形元件，内含一个椭圆图形，如图 13-4 所示。

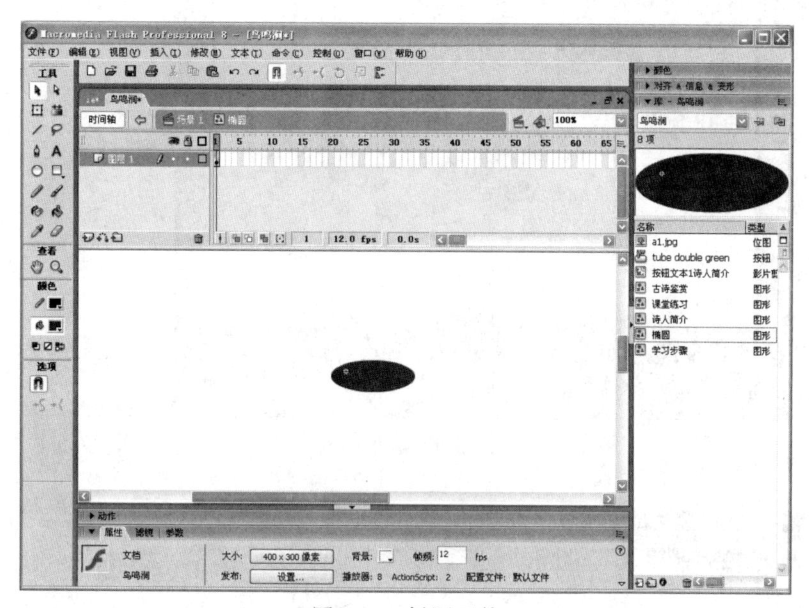

图 13-4　椭圆元件

5．新建影片剪辑元件

选择“插入”→“新建元件”命令，打开“创建新元件”对话框，将元件命名为“按钮文本 1 诗人简介”，类型选择“影片剪辑”，单击“确定”按钮，进入影片剪辑元件编辑窗口。

6．将元件拖入舞台

在影片剪辑元件编辑模式下创建三个图层，从下向上分别命名为“文本 1”、“椭圆运动”、“文本 2”。从库中拖出“诗人简介”图形元件放在“文本 1”图层上，从符号库中拖出“椭圆”图形元件放在“椭圆运动”图层上，将“文本 1”的内容复制、粘贴在“文本 2”图层上。在“文本 1”层、“文本 2”层的第 30 帧插入帧，在“椭圆运动”层的第 30 帧插入关键帧。

7．遮罩动画

（1）将“文本 2”层设置为“遮罩层”，“椭圆运动”层设置为“被遮罩层”。将“椭圆运动”层中的第 1 帧、第 30 帧的“椭圆”实例分别放在文本“诗人简介”的两端，创建“补间动作”动画，如图 13-5 所示。

（2）返回主场景，重复 5～7 的操作，分别创建“按钮文本 2 古诗鉴赏”、“按钮文本 3 学习步骤”、“按钮文本 4 课堂练习”三个影片剪辑元件。

编者提示：这里制作了 4 个影片剪辑元件的遮罩动画，目的是使元件拖入到舞台时按钮文字产生动态效果。

（3）新建一图层命名为“按钮文本”，从符号库中拖出“按钮文本 1 诗人简介”、“按钮文本 2 古诗鉴赏”、“按钮文本 3 学习步骤”、“按钮文本 4 课堂练习”，分别放在与按钮对应的适当位置，如图 13-6 所示。

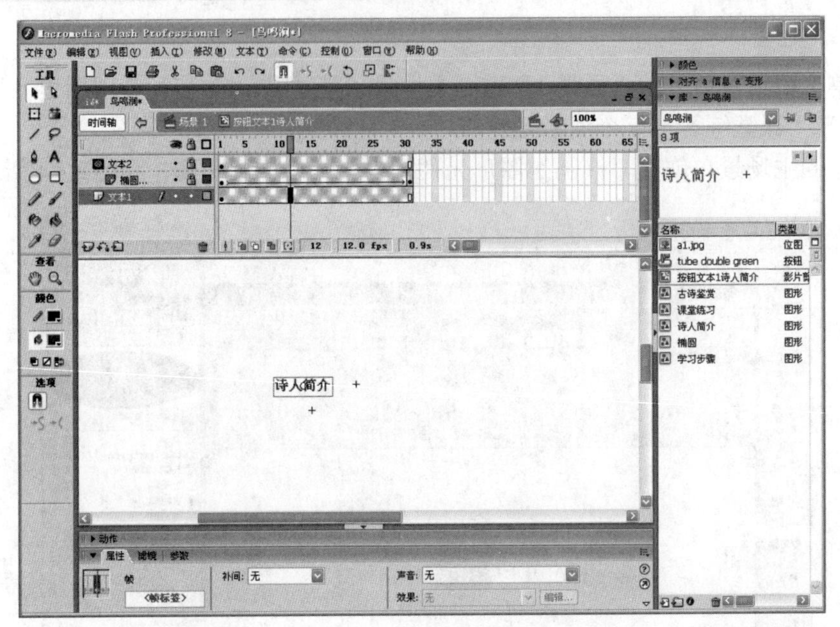

图 13-5 遮罩动画

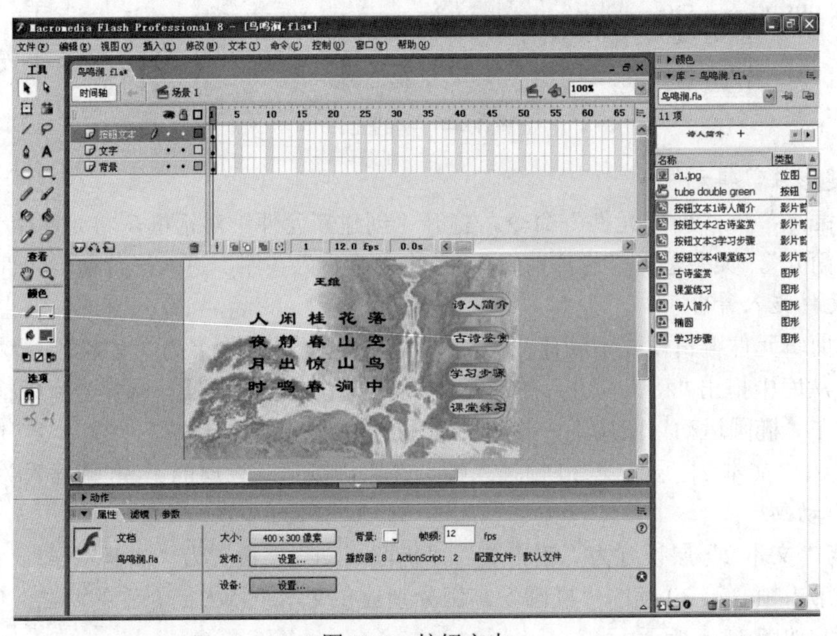

图 13-6 按钮文本

8. 插入关键帧

（1）新建一个图层命名为“课程内容”，分别在第 10 帧插入“关键帧”，将关键帧命名为“诗人简介”，并在舞台中添加具体的文本内容，文本内容可根据教学需要和学生的特点进行适当组织，如图 13-7 所示。

（2）在“课程内容”图层，按照第（1）步的操作分别在第 15、16、20、24、25 帧插入“关键帧”，分别将关键帧命名为“古诗鉴赏 1”、“古诗鉴赏 2”、“学习步骤”、“课堂练习 1”、

“课堂练习 2”，并创建文本的具体内容。

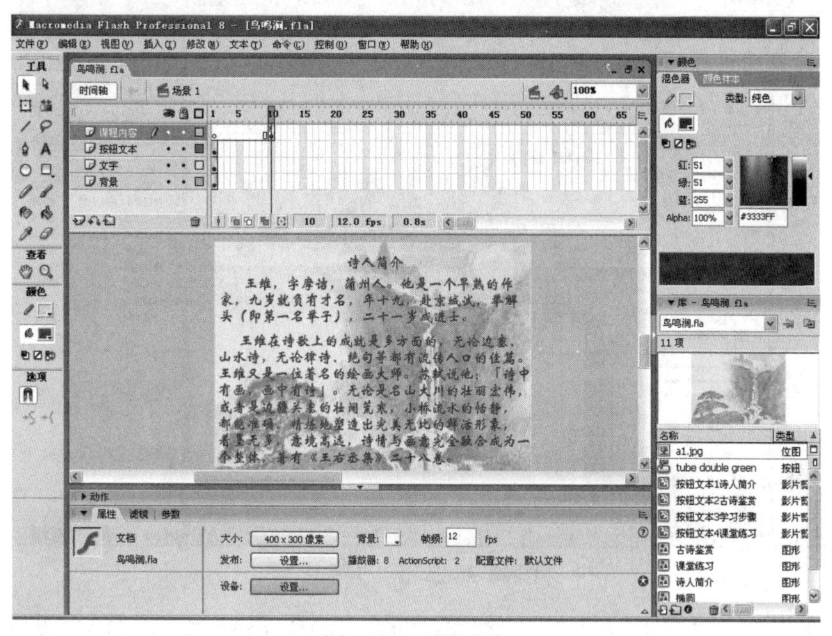

图 13-7　课程内容

9. 动作脚本编写

（1）选中“课程内容”的第 1 帧，打开“动作－帧”面板，设置 Stop 动作：Stop();，如图 13-8 所示。

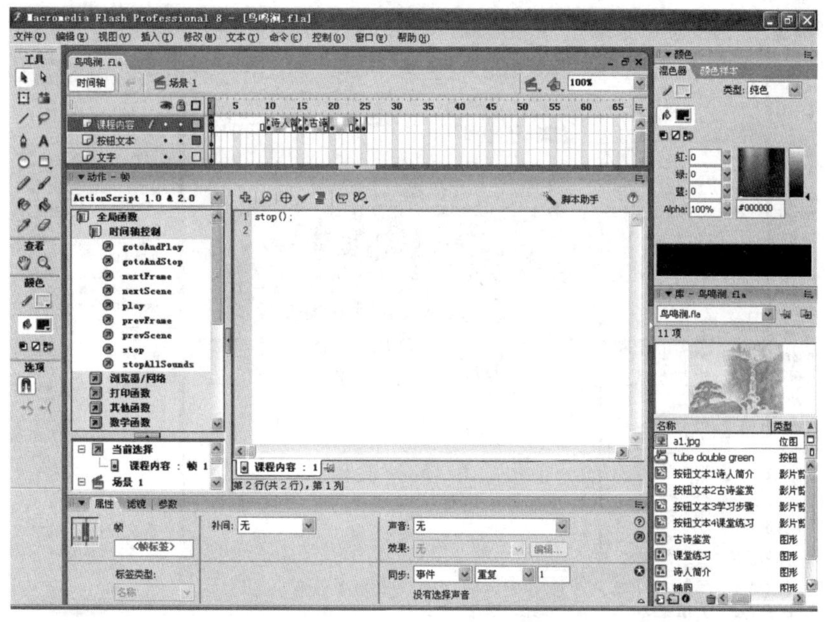

图 13-8　课程内容的动作脚本

（2）选中“按钮 1”，打开“动作－按钮”面板，添加动作命令：On(press){gotoAndStop(10);}，如图 13-9 所示。

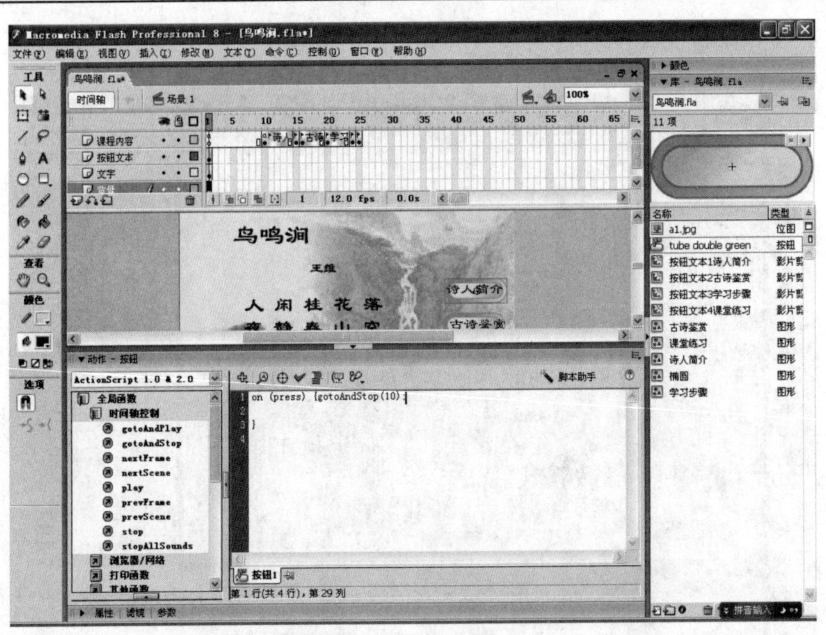

图 13-9　按钮动作脚本

（3）同上操作，设置“按钮 2”的动作：On(press){gotoAndStop(15);}，设置“按钮 3”的动作：On(press){gotoAndStop(20);}，设置“按钮 4”的动作：On(press){gotoAndStop(24);}，单击这些按钮时，动画自动跳转到对应的学习内容。

（4）在第 10、15、16、20、24、25 关键帧页面上分别添加“返回”按钮，并添加动作命令：On(press){gotoAndStop(1);}，如图 13-10 所示。

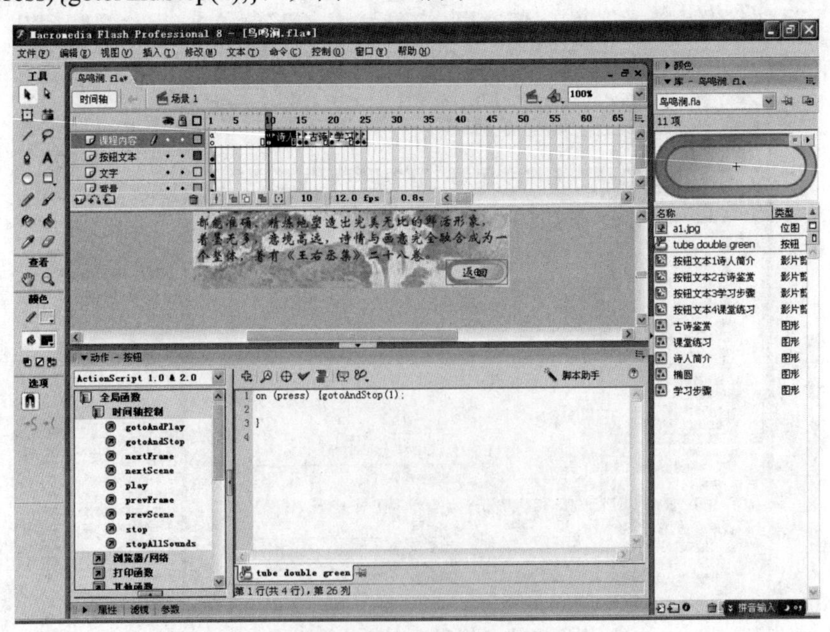

图 13-10　返回动作脚本

（5）在第 15 帧、第 24 帧上分别添加“下一页”按钮，并添加动作命令：on (release) {nextFrame();}，如图 13-11 所示。

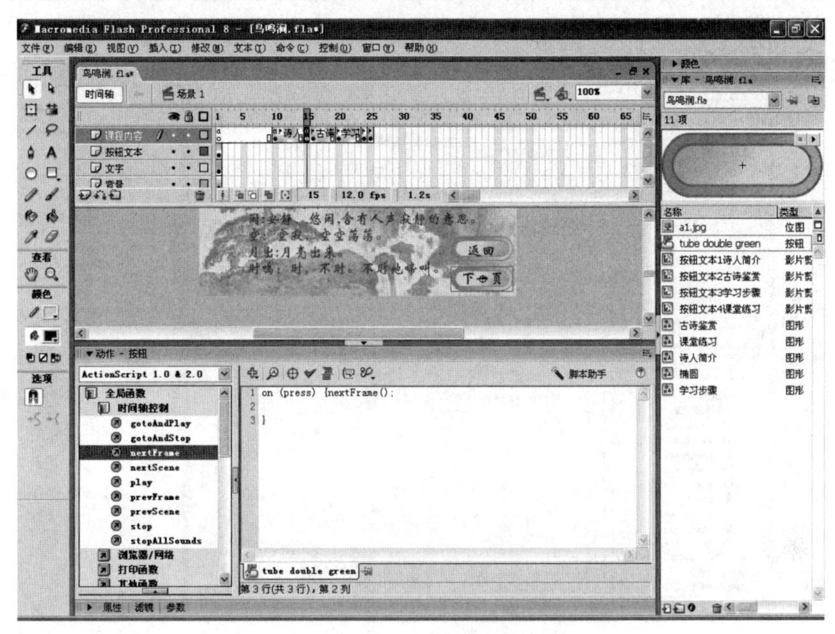

图 13-11　下一页的动作脚本

10. 导入音乐

在主场景中新建一图层，命名“背景音乐”。在第 25、40 帧插入关键帧，在 25 帧单击“文件”→“导入到舞台”命令，导入一段背景音乐，打开“属性”面板，“同步”类型选择“事件”，如图 13-12 所示。

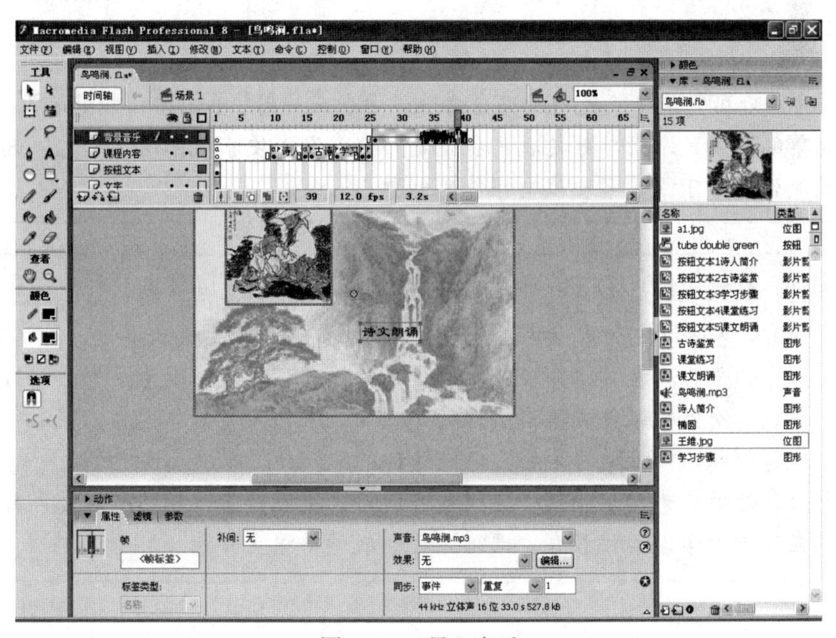

图 13-12　导入音乐

11. 动作脚本

返回主场景，添加一个“课文朗诵”按钮，此按钮用来控制声音的播放，添加动作命令：on (press) {gotoAndStop(26);}，如图 13-13 所示。

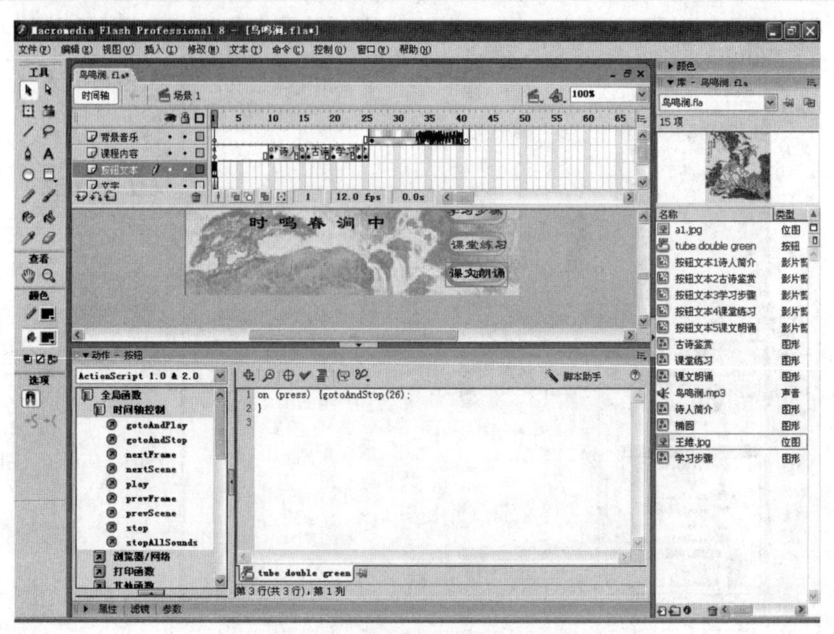

图 13-13 课文朗诵按钮的动作脚本

12. 调试课件

课件基本已经完成，单击“控制”→“测试影片”命令测试课件，也可以按 Ctrl+Enter 组合键测试该课件。

这是一个简单的交互型课件，在制作过程中综合运用前面所学的基础知识，具有简单的交互性，可以根据自己的需要选择所学知识。

学习导航：交互型课件使我们能够自由地学习所需内容，单击按钮能够跳至所需页面，能够实现简单的交互。课程学习之后都会设置一些习题以便于巩固所学知识，这样就要在课件中设置测试题，下章学习测试型课件的制作。

设计点评：新课程的最大特色就是让教学主体地位重新回归；交互型课件能让学生自主选择学习内容、学习进度和学习方式，使学生的主体地位得到最大尊重，创造师生平等、共同合作、探究的平台。教育课件应在情感流动的情况下促进“教为主导、学为主体”原则的落实。多媒体交互性课件更值得关注的是教学效果而不是教学内容，使教师上好课，使学生易于理解知识、掌握学习方法，促进纯粹的知识学习与提高素养的统一。因此，设计过程中要舍身处地的为学生着想，提供尽可能多的交互接口，以达到殊途同归的效果。交互型课件在实验教学、远程教育、网络课程的教学中深受青睐。

第 14 章　Flash 测验型课件的设计与制作

随着软件功能的丰富，很多老师开始使用 Flash 制作交互型课件，其中包括常用到的几种题型，即填空题、选择题或判断题。这些都涉及到 Action 编程。你是不是有些犯难了呢？不用想得那么复杂，跟着本章的内容一点一点来，很快就能上手制作该类型的课件。

学习目标：

- 理解各种题型制作的基本原理
- 能进行简单的综合题型的制作
- 能进行多道综合题型的制作

将前面几种题型综合到一个课件里，做一个片头和各种题型的场景，然后通过 Action 语言将它们链接起来就可以了。各种题型的分场景只需按照前面几节所讲的内容做就可以，主要介绍实例的制作。

1．新建“片头”场景

在 Flash 中新建一个空白文件。选择“窗口”→“其他面板”→“场景”命令，打开“场景”面板，将场景重命名为“片头”。

2．设置首页

（1）编辑“片头”场景。新建一个图层，命名为“首页”，作为整个课件打开时的首页。为其添加背景图片，并单击“绘图”工具栏上的“文本工具”按钮为课件添加标题等信息。效果如图 14-1 所示。

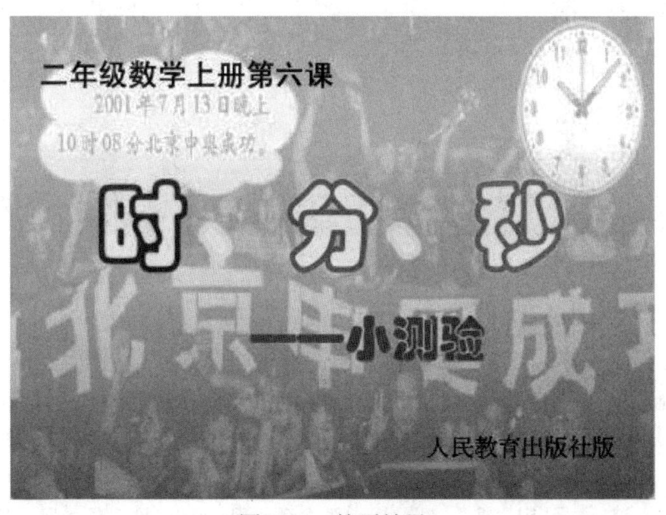

图 14-1　首页效果

（2）在该图层的第 20 帧右击，插入关键帧。再回到第 1 帧，单击“绘图”工具栏上的“任意变形工具”按钮，按住 Shift 键的同时拖动鼠标将其等比例缩小，倾斜放到舞台的左上角，并在“属性”面板的“补间”类型中选择“动作”，旋转为“顺时针”1 次，设置课件的开始为首页从左上角顺时针旋转放大至全部显示。

（3）在“首页”图层的第 30 帧和第 40 帧插入关键帧。在第 30～40 帧之间，设置“属性”面板中的“补间”类型为“动作”，勾选“缩放”复选框，旋转为“无”。在第 40 帧，单击“绘图”工具栏上的“任意变形工具”按钮，按住 Shift 键的同时拖动鼠标将其等比例缩小，再将缩小的图片拖到舞台右上角，从而实现首页的显示与退出。最后在第 65 帧按 F5 键插入帧，使整个首页延续到第 65 帧。并为第 65 帧添加如下程序代码：

```
Stop () ;                //让课件此时处于停止状态，不做循环播放
```

“时间轴”面板此时如图 14-2 所示。

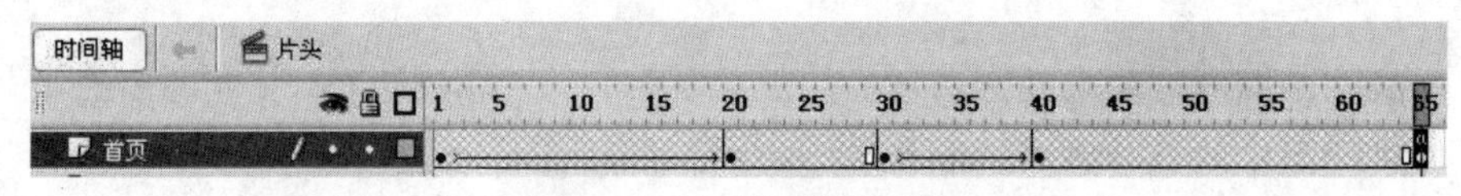

图 14-2　“时间轴”面版

3．插入图层文件夹

单击“时间轴”面板上的“插入图层文件夹”按钮插入一个图层文件夹，重命名为“题型按钮”。选中“题型按钮”图层文件夹，在其下面首先创建一个“做题背景”图层，即该图层显示整个课件做题时的背景。导入图片“背景 1.jpg”到舞台中，调整图片大小，设置 Alpha 透明度为 20%。单击“绘图”工具栏上的“矩形工具”按钮，设置笔触颜色为，填充色为#FFFFCC，画出矩形作为题目显示区，如图 14-3 所示。

图 14-3　题目背景

4．关键帧

在“做题背景”图层的第 40 帧右击，插入一个关键帧，并模仿首页的动画，设置第 30～40 帧做题背景逐渐变大的动画效果。最后在第 65 帧按 F5 键插入帧，使“做题背景”图层延续到第 65 帧。此时“时间轴”面板如图 14-4 所示。

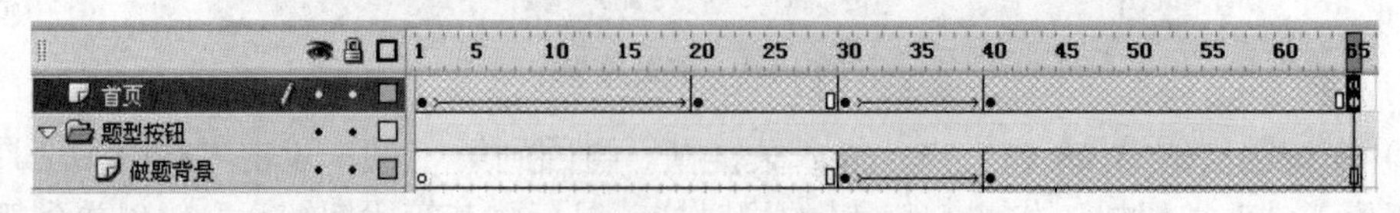

图 14-4　关键帧

知识拓展：还可以在“做题背景”图层下加一个图层“渐变背景”，使整个画面更加活跃。只需在第 1 帧处单击“绘图”工具栏上的“任意变形工具”按钮，设置笔触颜色为，填充色为，然后在“混色器”面板调节渐变颜色为白蓝渐变，再绘制全舞台矩形即可。

5. 创建按钮

（1）在“题型按钮”图层文件夹下面新建一个图层，命名为“填空题”，该图层是文件夹下的第一个图层，在“做题背景”图层上面。在第 40 帧上按 F7 键插入空白关键帧，在左上角插入一个按钮元件，标注本题型为“填空题”，制作合适的按钮，如图 14-5 所示。仿照“填空题” 按钮的制作方法，添加“判断题”、“选择题”两个按钮元件。

图 14-5　“填空题”按钮

（2）在第 45 帧按 F6 键新建一个关键帧，使按钮在第 45 帧依旧显示。再回到第 40 帧，将鼠标指针移动到“判断题”按钮上，向上拖动直至刚好拖出舞台。选中按钮，在“属性”面板设置颜色类型为 Alpha，值为 20%。最后选中该帧，在“属性”面板设置补间为动作，且无旋转，从而完成“判断题”按钮从舞台上方移动到舞台中的效果。在图层的第 65 帧按 F5 键插入帧，使按钮一直显示到第 65 帧。

（3）新建一个图层“判断题”，位于“填空题”图层下面。同样的方法，从“库”面板拖入“判断题”按钮，在该图层的第 45 帧到第 50 帧设置同样的效果，如图 14-6 所示。

图 14-6　“判断题”按钮

（4）在图层第 65 帧按 F5 键插入帧，使按钮一直显示到第 65 帧。

（5）新建一个图层“选择题”，位于“判断题”图层下面。同样的方法，从“库”面板拖入“选择题”按钮，在该图层第 50 帧到第 55 帧设置同样的效果，如图 14-7 所示。

图 14-7 “选择题”按钮

（6）在图层的第 65 帧按 F5 键插入帧，使按钮一直显示到第 65 帧。

6. 文字提示

（1）做完这些，可以在由演示转向做题的过程中添加一段文字，提示做题者准备好开始练习。操作如下：在“选择题”图层下新建一个图层，命名为“提示语”。在该图层的第 55 帧插入关键帧，单击“绘图”工具栏上的“文本工具”按钮 A，插入一段文字说明，如图 14-8 所示。

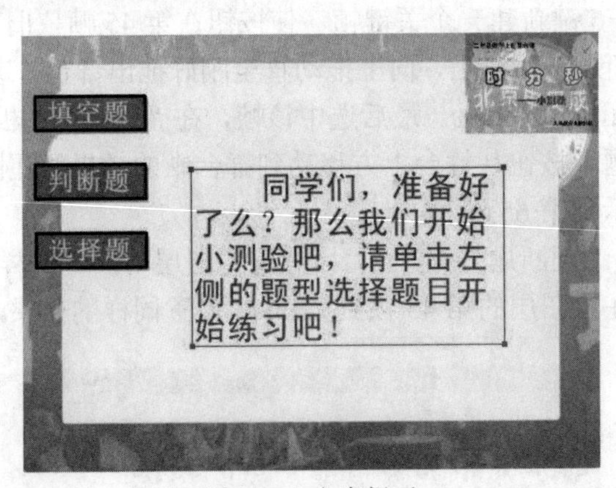

图 14-8 文字提示

（2）同样，在该图层的第 65 帧按 F5 键插入帧，使文本一直显示到第 65 帧。

（3）此时，该场景的第 65 帧处的舞台效果如图 14-9 所示。

7. 按钮动作脚本

为“填空题”、“ 判断题”、“选择题”三个按钮添加程序代码。

（1）在“填空题”图层的第 45 帧，为“填空题”按钮添加程序代码：

```
on (release) {
 gotoAndStop ("填空题",1) ;
}
```

（2）在“判断题”图层的第 50 帧，为“判断题”按钮添加程序代码：

```
on (release) {
  gotoAndStop ("判断题",1) ;
}
```

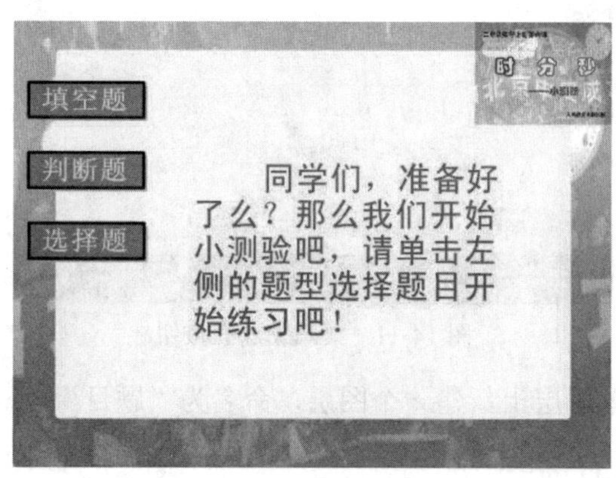

图 14-9　文字提示效果

（3）在“选择题”图层的第 55 帧，为“选择题”按钮添加程序代码：

```
on (release) {
  gotoAndStop ("选择题",1) ;}
```

8. 制作“填空题”场景

（1）插入“填空题”场景。单击“插入”→“场景”命令，并将场景重命名为“填空题”。在“填空题”场景中制作填空测试题。Flash 填空题需要用键盘输入答案，然后通过课件中的判断按钮来判断答案的正确与否，其中要用到部分 Action 代码实现控制过程。界面效果如图 14-10 所示。

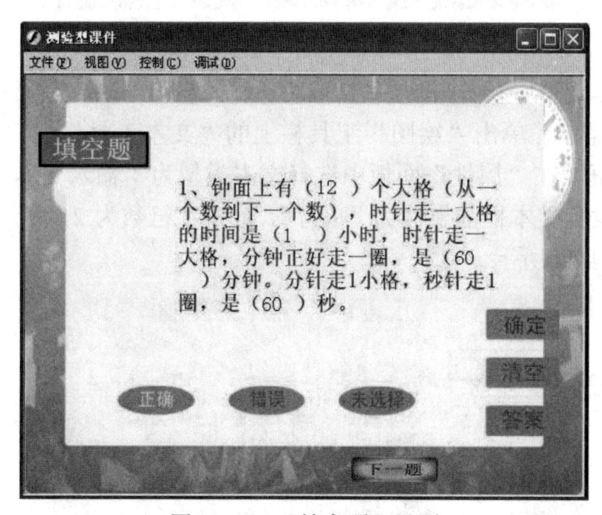

图 14-10　“填空题”界面

（2）添加按钮元件。在 Flash 中新建一个空白文件，在“时间轴”面板将图层 1 重命名为“背景”。导入图片“背景 1.jpg”到舞台中，调整图片大小，设置 Alpha 透明度为 20%。单击“绘图”工具栏的“矩形工具”按钮，设置笔触颜色为，填充色为#FFFFCC，画出矩形作为题目显示区。在左上角插入一个按钮元件，标注本题型为“填空题”，效果如图 14-11 所示。

图 14-11 “填空题”按钮

（3）添加文字。在该图层上新建一个图层，命名为“题目”，添加题目文字，如图 14-12 所示。

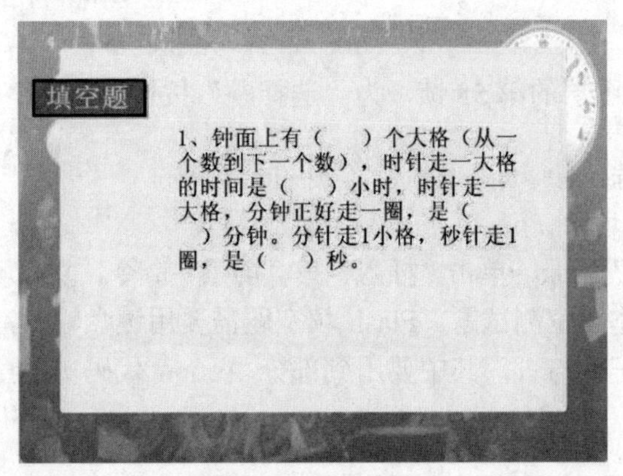

图 14-12 题目文字

（4）调整文本框。再新建一个图层，命名为“输入框”。先将“题目”图层的锁定图标选中，避免后面的误操作。单击“绘图”工具栏上的“文本工具”按钮，在需要填空的地方分别拖出 4 个文本框，在“属性”面板中选择文本类型为“输入文本”，调整文本框大小符合填空内容的大小。设置文本框的属性为“单行”，最多字符数为 2，变量名依次为 t1、t2、t3、t4，如图 14-13 和图 14-14 所示。

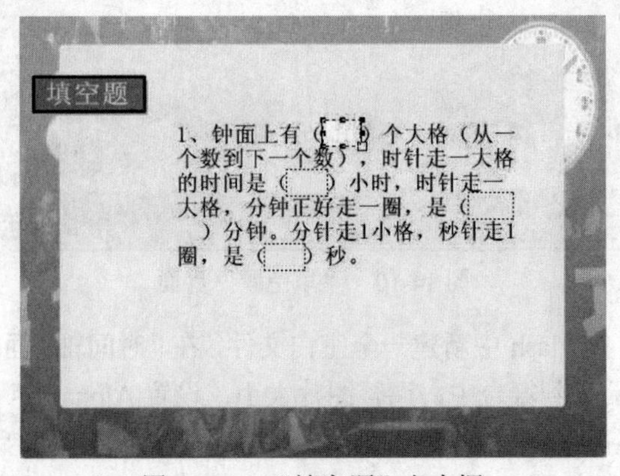

图 14-13 “填空题”文本框

图 14-14　文本框属性

9. 判断按钮

（1）在“输入框”图层上新建一个图层，命名为“提示”。单击“插入”→“新建元件”命令，命名为“正确”，类型为“影片剪辑”。在“正确”影片剪辑元件中，将图层 1 重命名为“底色”，选择“椭圆工具”绘制一个椭圆。新插入一个图层，命名为“文字”，在第 1 帧的位置，使用“文本框”工具输入“正确”，设置合适的字体颜色，在第 5 帧的位置插入关键帧，设置字体颜色与第 1 帧不同，依次在第 10、15、20 帧的位置插入关键帧并改变字体的颜色。至此“正确”影片剪辑制作完成。模仿“正确”影片剪辑制作“错误”和“未选择”影片剪辑。

（2）从“库”面板中拖入三个影片剪辑“正确”、“错误”、“未选择”到舞台下方，如图 14-15 所示。

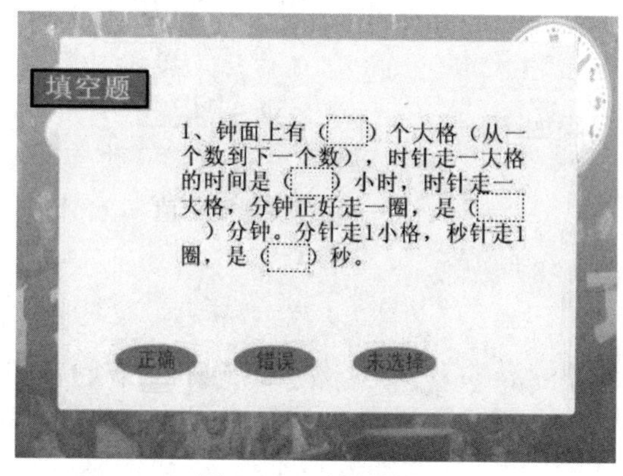

图 14-15　判断按钮

10. 影片剪辑元件的动作脚本

（1）三个影片剪辑的内容分别是字体闪烁的动画，其中第 1 帧和最后 1 帧分别添加程序代码：stop ( ) ;，“时间轴”面板的显示如图 14-16 所示。

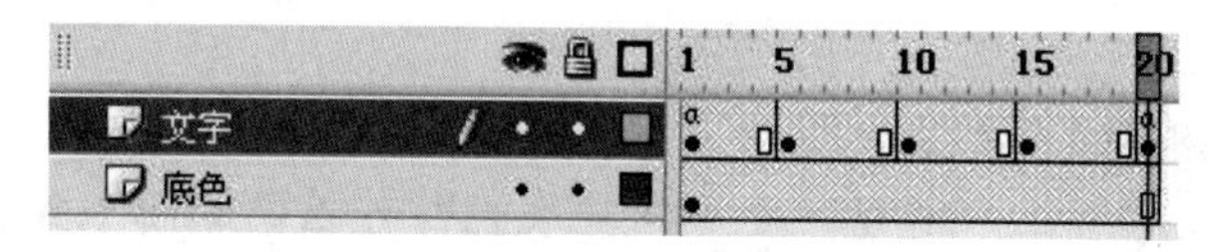

图 14-16　“时间轴”面板

依次选中三个影片剪辑，在“属性”面板中设置实例名称为“正确”、“错误”、“未选择”。

（2）回到“填空题”场景，在最上面新建一个图层，命名为“标签”，单击第 1 帧，添加如下程序代码，从而使课件一打开就处于停止状态，方便后面做题。

```
stop ( ) ;
```

（3）新建一个图层，命名为“按钮”，位于“标签”图层下面。从“库”面板中拖入三个按钮“确定”、“清空”、“答案”到舞台右下方，如图 14-17 所示。

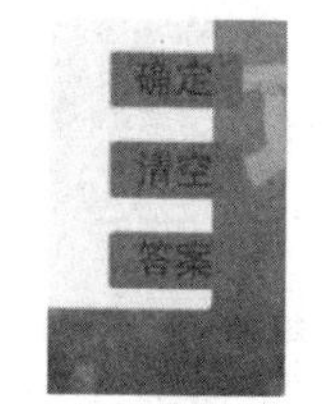

图 14-17　添加三个按钮

“确定”按钮的程序代码如下：

```
on ( release ) {
```

```
    if (Number (t1) == 12 and Number (t2) == 1 and Number (t3) == 60 and Number
(t4) == 60) {                  //判断输入的答案是否t1为12、t2为1、t3为60、t4为60
        tellTarget ("/正确") {        //如果条件满足，则响应影片剪辑“正确”，
        gotoAndPlay  (1) ;            //并从第1帧开始播放
        }
    }
  else if (t1 eq "" or t2 eq "" or t3 eq "" or t4 eq "") {
        tellTarget ("/未选择") {      //只要有一个空没填则响应影片剪辑“未选择”，
        gotoAndPlay  (1) ;            //并从第1帧开始播放
        }
  }
    else {
      tellTarget ("/错误") {          //上面两个条件都不满足时，则响应影片剪辑“错误”，
        gotoAndPlay (1) ;             //并从第1帧开始播放
        }
        }
  }
```

“清空”按钮的程序代码如下：

```
on (release) {
    t1 = "" ;                          //变量赋空值
    t2 = "" ;
    t3 = "" ;
    t4 = "" ;
    gotoAndStop (1) ;                  //跳转到场景的第1帧并停止，即回到初始状态重新输入
}
```

“答案”按钮的程序代码如下：

```
on (release) {
t1 = "12" ;
t2 = "1" ;
t3 = "60" ;
t4 = "60" ;
}
```

至此，Flash填空题制作完成。

知识拓展：通常试卷不止一道题，要如何扩展呢？可以添加两个按钮，作为每道题之间的桥梁。

首先按照填空题的制作步骤在本课件的第2帧制作第二道填空题。然后新建一个图层，命名为“下一题”。从“库”面板中拖入按钮“下一题”到舞台下方，如图14-18所示。

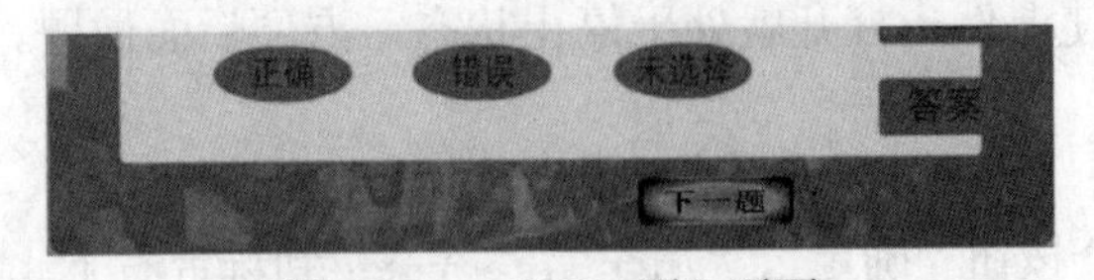

图14-18 “下一题”页面

单击选中“下一题”按钮，添加程序代码：

```
on (release) {
```

```
    nextFrame () ;                    //跳转到该帧的下一帧
}
```

这样就完成了从第一题转到第二题的设置。同样的方法可以新建一个“上一题”图层，在第 2 帧添加“上一题”按钮，并添加程序代码：

```
on (release) {
    prevFrame () ;                    //跳转到该帧的上一帧
}
```

用上面的方法，可以实现多道填空题之间的练习。

11．制作“判断题”场景

（1）创建“判断题”场景。单击“插入”→“场景”命令，将新场景命名为“判断题”。在“判断题”场景中制作判断测试题。Flash 判断题主要体现在，当鼠标移动到填空区时会出现“钩”和“叉”两个按钮，可以单击其中认为正确的答案按钮，即为填空区填入“钩”或“叉”。界面效果如图 14-19 所示。

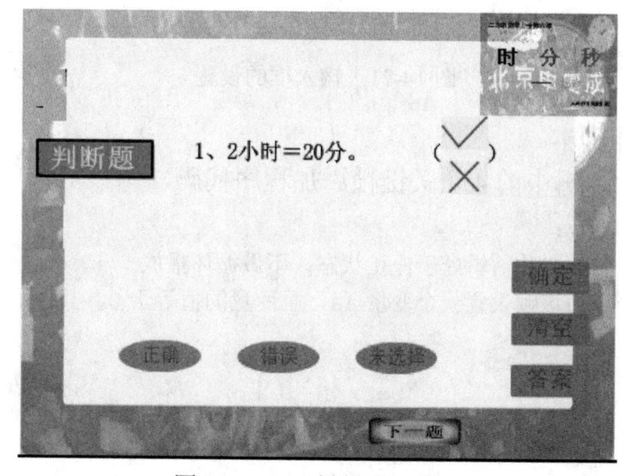

图 14-19　“判断题”首页

（2）判断题页面设置。在 Flash 中新建一个空白文件。在“时间轴”面板将图层 1 重命名为“背景”，背景的制作同上一节的“填空题”的第一步。创建“题目”图层并将题目添加进来。另外，创建“提示”和“按钮”图层，制作方法同“填空题”的制作。此时界面效果如图 14-20 所示。

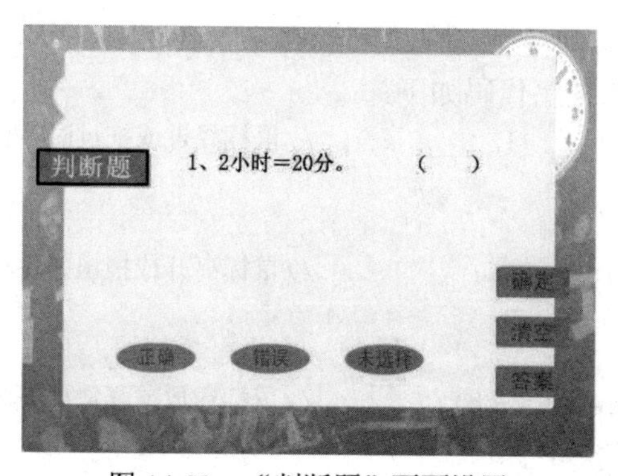

图 14-20　“判断题”页面设置

（3）输入框的设置。新建一个图层，命名为“输入框”。在填空区的位置插入上一个影片剪辑，实例名称为panduan。该影片剪辑包括4帧，其中第1帧为一个透明按钮；第2帧为一上一下的“钩”和“叉”按钮，第3帧和第4帧分别放置“钩”和“叉”按钮。效果如图14-21所示。

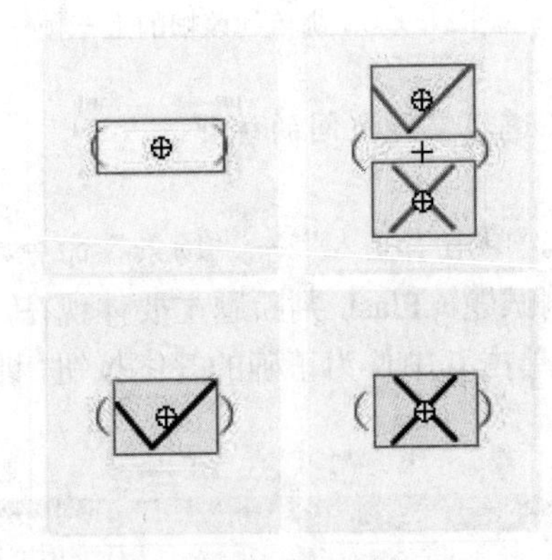

图14-21　输入框的设置

（4）影片剪辑动作脚本。

1）为panduan影片剪辑中的4个关键帧添加程序代码。

第1帧的程序代码如下：

```
stop () ;          //让影片剪辑处于停止状态，不做循环播放
aa = 0 ;           //为该帧设置一个变量aa，且变量的值等于0，其作用相当于标签
```

第2帧的程序代码如下：

```
aa = 1 ;
```

第3帧的程序代码如下：

```
aa = 2 ;
```

第4帧的程序代码如下：

```
aa = 3 ;
```

2）为各帧上的按钮添加程序代码。

第1帧上透明按钮的程序代码如下：

```
on (rollOver, dragOver) {                 //当鼠标从按钮上经过或拖过时跳转到第2帧
      gotoAndStop (2)
}
```

第2帧上“钩”按钮的程序代码如下：

```
on (rollOver, dragOver) {                 //鼠标经过或拖过时停止
      stop () ;
}
on (rollOut, dragOut){                    //鼠标离开或拖出时跳转到第1帧
      gotoAndStop (1) ;
}
on (release, releaseOutside) {            //鼠标释放或释放离开时跳转到第3帧，即“钩”
      gotoAndStop (3) ;                   //呈输入状时
}
```

第 2 帧上“叉”按钮的程序代码如下：

```
on (rollOver, dragOver) {
     stop () ;
}
on (rollOut, dragOut){
     gotoAndStop (1) ;
}
on (release, releaseOutside) {
     gotoAndStop (4) ;
}
```

第 3 帧上“钩”按钮的程序代码如下：

```
on (release) {            //按下鼠标后跳转到第 2 帧，即可重新选择“钩”或“叉”
     gotoAndStop (2) ;
}
```

第 4 帧上“叉”按钮的程序代码：

```
on (release) {            //按下鼠标后跳转到第 2 帧，即可重新选择“钩”或“叉”
     gotoAndStop (2) ;
}
```

3）在“提示”图层依次选中三个影片剪辑，在“属性”面板中添加实例名称为“正确”、“错误”、“未选择”。

4）为“按钮”图层的各控制按钮添加程序代码。

5）“确定”按钮的程序代码如下：

```
on (release) {                                //条件为当选择的答案是影片剪辑 panduan 中
if (Number (panduan1.aa) == 3) {              //变量为 aa=3 的帧，即填入的是“钩”
    tellTarget ("/正确") {                     //响应影片剪辑“正确”并从剪辑内部第 2 帧
      gotoAndPlay (2) ;                       //开始播放
    }
}else if (Number (panduan1.aa) == 0) {        //条件为当选择的答案是影片剪辑 panduan 中
    tellTarget("/未选择"){                     //变量为 aa=0 的帧，即未填选；响应影片剪辑
      gotoAndPlay (2);                        //“未选择”并从剪辑内部第 2 帧开始播放
    }
}else{
     tellTarget("/错误"){                      //以上条件都不满足，则播放影片剪辑“错误”
        gotoAndPlay(2);                       //中的第 2 帧
        }
     }
}
```

“清空”按钮的程序代码如下：

```
on (release) {
    tellTarget ("panduan1") {
    gotoAndStop (1) ;
    }
}
```

“答案”按钮的程序代码如下：

```
on (release) {
```

```
    tellTarget ("/panduan1") {
    gotoAndStop (4) ;               //panduan内部的第4帧，即正确答案为“叉”
    }
}
```

知识拓展：同填空题一样，通常练习的不止一道题，所以需要对其进行扩展。首先在第2帧后面的帧中将题目以及答案等都制作好，保证每个独立的题都完整且无误，然后添加“上一题”和“下一题”图层的按钮和程序代码即可。

12. 制作“选择题”场景

（1）创建“选择题”场景。单击“插入”→“场景”命令，将场景重命名为“选择题”。在“选择题”场景中制作选择测试题。Flash选择题的制作思想主要是在选择题的备选项上都放置透明按钮，单击该选项时，就响应括号内放置的影片剪辑内部所对应的帧，即“A”、“B”、“C”。界面效果如图14-22所示。

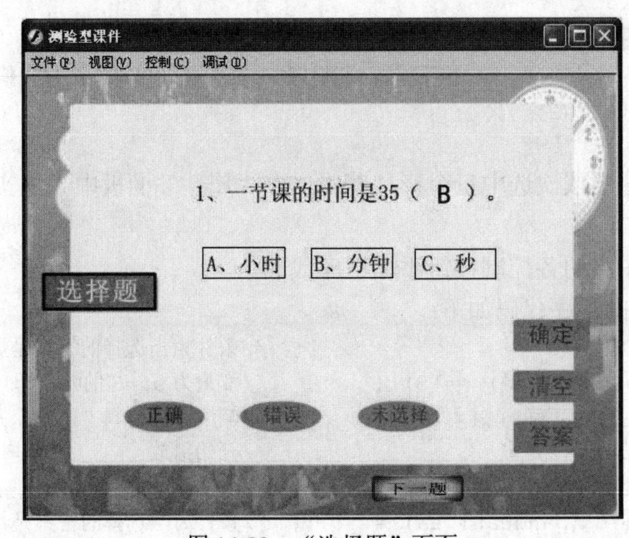

图14-22　“选择题”页面

（2）“选择题”页面设置。在Flash中新建一个空白文件。在“时间轴”面板中将图层1重命名为“背景”，背景的制作同“填空题”的第一步。创建“题目”图层并将题目添加进来。另外，创建“提示”和“按钮”图层，制作方法同“填空题”的制作。此时界面如图14-23所示。

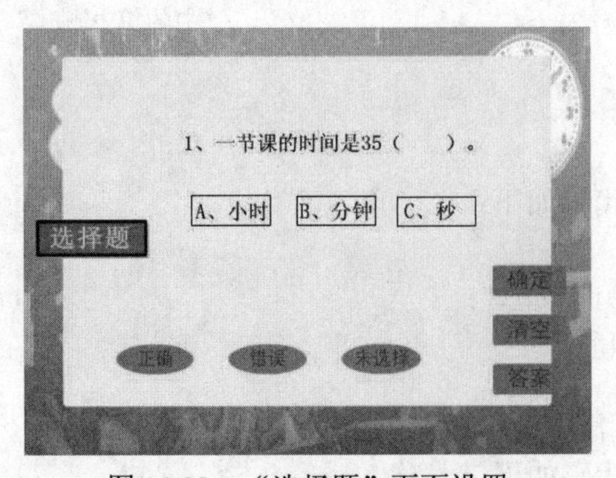

图14-23　“选择题”页面设置

（3）按钮的设置。

1）在“按钮”图层上，单击“绘图”工具栏上的“矩形工具”按钮，设置笔触颜色为黑色且 Alpha 透明度为 0%，填充色为白色且 Alpha 透明度为 0%，然后绘制矩形（即黑色边框且白色全透明填充色的矩形）。选中该矩形，按 F8 键将其转换为按钮元件，命名为“透明”，双击进入该按钮元件，将该矩形扩展到“点击”帧，如图 14-24 所示。

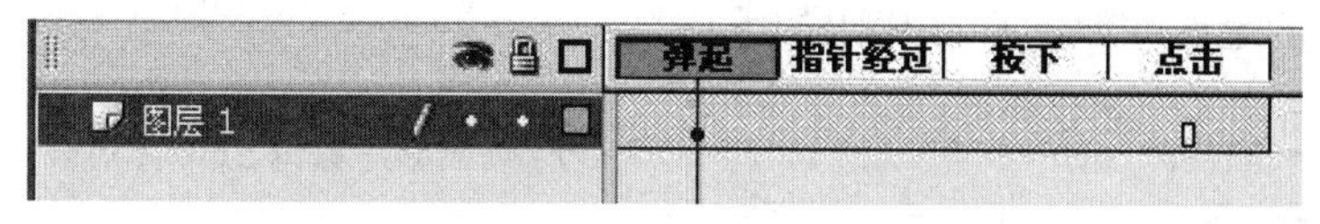

图 14-24　按钮设置

2）从“库”面板中拖出透明按钮，在选择题的三个备选项上各放置一个，如图 14-25 所示。

图 14-25　透明按钮

（4）创建影片剪辑元件的动作脚本。

1）新建一个“影片剪辑”元件，命名为“abc”，将其放置在放答案的括号内，对应三个选择选项。在元件内部设置第 1 帧为空白帧，添加程序代码：stop () ;。让该影片剪辑在空白状态下处于停止状态，即在舞台上看不到影片剪辑。

2）选择第 2 帧，按 F7 键插入空白关键帧，单击“绘图”工具栏上的“文本工具”按钮输入“A”；单击第 3 帧，按 F6 键插入关键帧，将文本内容的“A”改为“B”；同样的方法将第 4 帧的文本内容改为“C”。

3）为各帧添加程序代码。

第 1 帧的程序代码如下：

```
stop () ;
aa = 0
```

第 2 帧的程序代码如下：

```
aa = 1
```

第 3 帧的程序代码如下：

```
aa = 2
```

第 4 帧的程序代码如下：

```
aa = 3
```

4）为各备选项上面的透明按钮添加程序代码。

选项 A 上面的透明按钮的程序代码如下：

```
on (release) {
    tellTarget ("/abc") {            //响应影片剪辑 abc 转到第 2 帧，即显示“A”
        gotoAndStop (2) ;
    }
}
```

选项B上面的透明按钮的程序代码如下：

```
on (release) {
    tellTarget ("/abc") {                //响应影片剪辑 abc 转到第 3 帧，即显示“B”
      gotoAndStop (3) ;
    }
}
```

选项C上面的透明按钮的程序代码如下：

```
on (release) {
    tellTarget ("/abc") {                //响应影片剪辑 abc 转到第 4 帧，即显示“C”
        gotoAndStop (4) ;
    }
}
```

5）为“按钮”图层的其他控制按钮添加程序代码。

“确定”按钮的程序代码如下：

```
on (release) {                           //条件为当选择的答案是影片剪辑 abc 里
    if (Number (abc.aa) == 2) {          //变量为 aa=2 的帧，即填入的是“B”
      tellTarget ("/正确") {             //响应影片剪辑“正确”并从影片剪辑内部的
        gotoAndPlay (2) ;                //第 2 帧开始播放
        }
    } else if (Number (abc.aa) == 0) {   //条件是当选择的答案是影片剪辑 abc 里
      tellTarget ("/未选择") {           //变量为 aa=0 的帧，即未填选；响应影片剪辑
        gotoAndPlay (2) ;                //“未选择”并从影片剪辑内部的第 2 帧开始播放
        }
    } else {
      tellTarget ("/错误") {gotoAndPlay (2) ;  //以上条件都不满足，则播放影片剪辑
        }                                      //“错误”中的第 2 帧
    }
}
```

“清空”按钮的程序代码如下：

```
on (release) {
    tellTarget ("/abc") {            //响应影片剪辑 abc 转到并停止于其内部的第 1 帧
    gotoAndStop (1) ;
    }
}
```

“答案”按钮的程序代码如下：

```
on (release) {
    tellTarget ("/abc") {            //响应影片剪辑 abc 转到并停止于其内部的第 3 帧，
    gotoAndStop (3) ;                //即正确答案“B”
    }
}
```

知识拓展：同前面两种题型一样，通常有很多道练习题目，所以需要对其进行扩展。首先在第2帧后面的帧中将题目以及答案等都制作好，保证每个独立的题都完整且无误，然后添加“上一题”和“下一题”图层的按钮和程序代码即可。

此时各场景的“时间轴”面板如图 14-26 至图 14-29 所示。

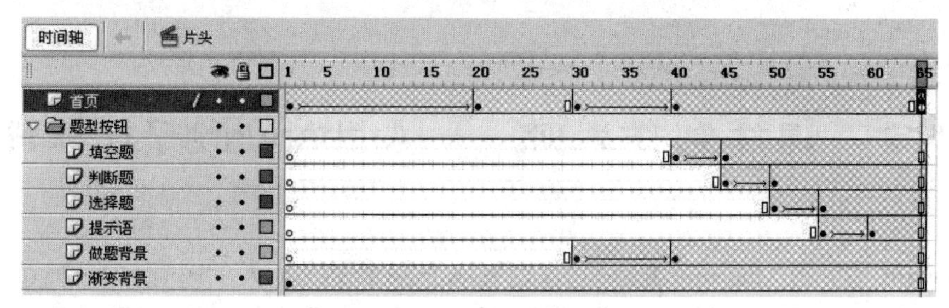

图 14-26　“首页”时间轴面板

图 14-27　“填空题”时间轴面板

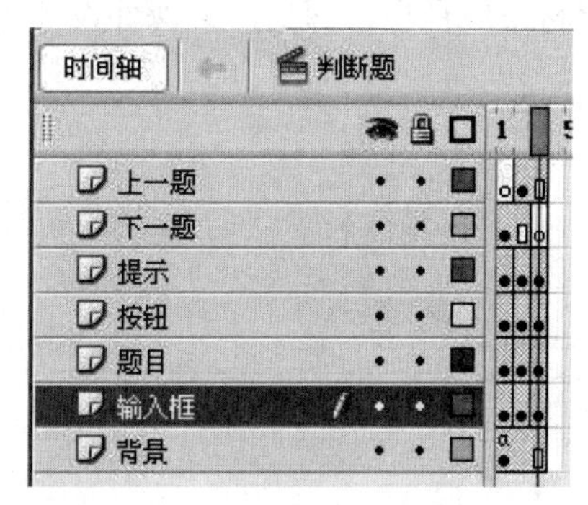

图 14-28　“判断题”时间轴面板

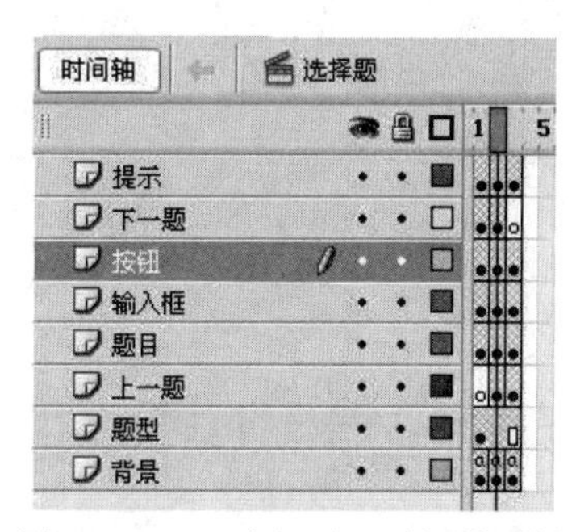

图 14-29　“选择题”时间轴面板

13. 测试课件

这样，本交互型课件就做好了，可以按 Ctrl+Enter 组合键测试影片。测试影片后，最后导出。

设计点评： Flash 测验类课件充分利用交互性、多媒体性和智能性，使教育过程中的练习和测验活动变得更加有效。一般的练习与测验类课件都要求具备良好的交互性、强大的智能性，并具有图文并茂的用户界面。利用练习与测验类课件进行教学活动，既可以巩固知识，又能活跃思维，还可以反馈信息，并且使不同层次的学生都有自主表现的机会，从中体会到成功的愉悦，有利于学生的发展。练习与测验类课件一般包括判断题、单选题、多选题、填空题、连线题、智能题库等。利用高级编程语言（比如 VB）可以较好地实现此类教育课件的制作，但需要复杂的编程，对一般课程教师来讲，具有一定的难度。面向对象的编程脚本语言，友好的界面效果，灵活多样的智能反馈信息，一次制作，重复使用，加上方便的网络发布种种优点，使得 Flash 成为制作测验类课件的最佳选择。网络考试、在线测验都可以让它大显身手。

第四部分　课件制作大师——Authorware 7.0 课件制作

Authorware 是美国 Macromedia 公司（现被 Adobe 收购）开发的多媒体制作软件，采用面向对象，基于设计图标和流程线的制作过程，简单直观。其强大的人机交互和扩展能力加上多媒体素材集成环境，深受广大课件设计用户的喜爱，被誉为“多媒体大师”。

基础篇

在学习 PPT 和 Flash 制作课件之后，你可能感觉到要想做出具备较强交互功能的课件已经有点力不从心了。有没有什么软件可以方便地集各种素材于一体，不用编写程序就能制作出比较精美的课件呢？有，那就是这里需要继续学习的新软件 Authorware。

第 15 章　Authorware 界面与常用图标简介

Authorware 采用基于设计图标和流程的程序设计方法，不用编写程序，即使是非专业人员也能够用它创作交互式多媒体程序。Authorware 7.0 做了很大程度的更新改进，功能更为强大，使用也更加方便。

学习目标：

- 认识 Authorware 7.0，了解它的特点以及功能
- 熟悉 Authorware 的启动以及退出
- 熟悉 Authorware 的工作界面，并能够自行设置个性化的工作环境
- 学会 Authorware 文件的打包及发布

15.1　Authorware 7.0 的启动与退出

学习目标：

- 熟练地启动 Authorware 7.0
- 会用多种方法退出 Authorware 7.0

15.1.1　Authorware 的启动

安装好 Authorware 7.0 以后，可以运行桌面的快捷方式图标，或者单击“开始”→“程序”→Macromedia→Macromedia Authorware 7.0 命令，启动 Authorware 7.0。单击启动画面，或者等待 5 秒钟后启动画面消失，即可进入 Authorware 的应用程序界面，可以看到如图 15-1 所示的欢迎画面。

在图 15-1 所示的应用程序界面中，可以通过两种方式新建 Authorware 应用程序，即通过“知识对象”窗口或“新建”菜单。

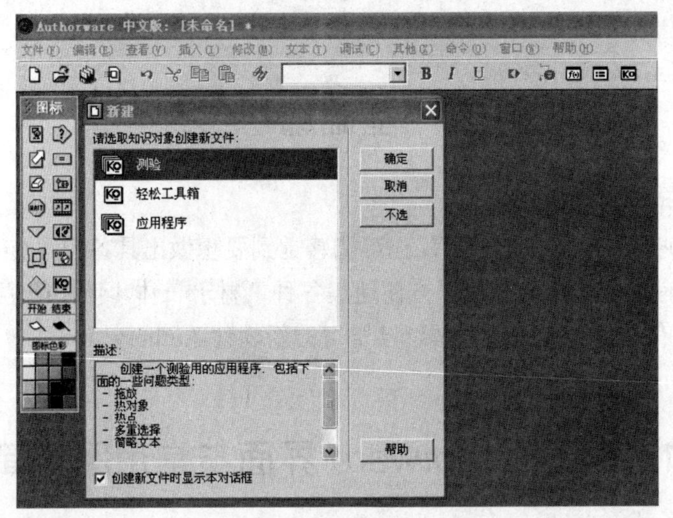

图 15-1 应用程序界面

15.1.2 Authorware 的退出

退出 Authorware 时，单击标题栏右侧的“关闭”按钮，或者单击“文件”→“退出”命令，也可以使用按 Alt+F4 快捷键关闭 Authorware。

学习导航：学会启动与退出 Authorware 7.0 后，还需要进一步了解 Authorware 7.0 的工作界面。下面学习 Authorware 7.0 的界面介绍。

15.2 Authorware 7.0 的界面简介

学习目标：

- 了解 Authorware 7.0 的界面
- 熟悉 Authorware 7.0 的标题栏、菜单栏以及工具栏
- 学会使用常用图标面板

单击“知识对象”窗口中的“取消”或者“不选”按钮即可进入 Authorware 7.0 主界面，如图 15-2 所示。Authorware 中大部分功能都集中于工具条上。程序设计窗口是 Authorware 的主窗口，是编写程序的地方，其中的一条竖线叫做流程线，所有的元素诸如声音、图像、交互等都在流程线上进行安排。Authorware 7.0 的整个开发环境可以划分成 4 个区域：标题栏、工具栏、菜单栏、“图标”面板和流程设计窗口。

知识拓展：知识对象是一种编写好的程序模块，提供交互和策略等功能。用户可以利用知识对象向导逐步创建所需的程序模块，如果不希望通过知识对象新建 Authorware 应用程序，单击“知识对象”窗口中的“取消”或“不选”按钮，关闭“知识对象”窗口即可。如果希望下次启动 Authorware 时不显示“知识对象”窗口，可以取消选中“知识对象”窗口中的“取消”或“不选”按钮，关闭“知识对象”窗口即可。

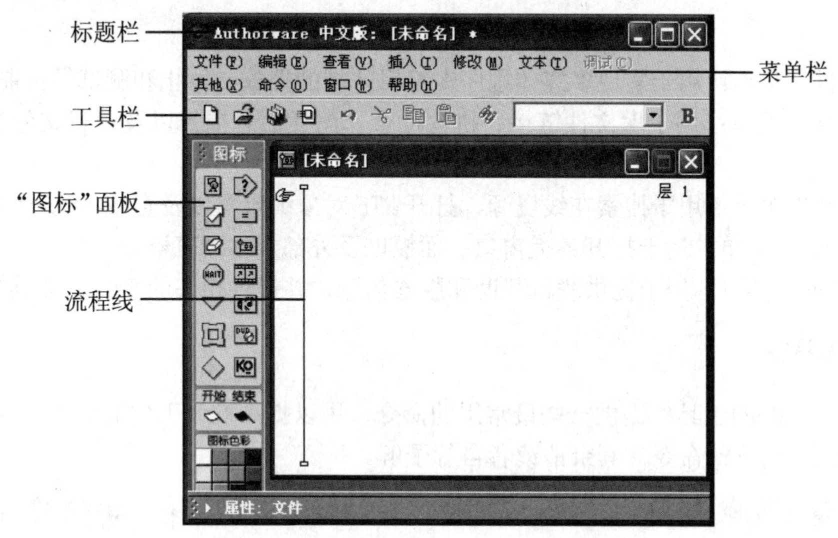

图 15-2 Authorware 7.0 工作界面

15.2.1 标题栏

Authorware 的标题栏由当前应用软件标志、程序文件名称和窗口控制按钮组成，如图 15-3 所示。

图 15-3 标题栏

在标题栏中可以执行以下操作：

单击 Authorware 7.0 的软件标志或右击标题栏，将弹出一个窗口控制菜单，该菜单包含控制窗口的多项命令。

程序文件名称后的符号“*”表示当前程序文件还没有保存。

标题栏右侧的 3 个按钮分别对应窗口控制菜单中的“最小化”、“最大化”/“还原”以及“关闭”。

15.2.2 菜单栏

Authorware 7.0 的菜单栏如图 15-4 所示，共包含 11 个菜单命令。

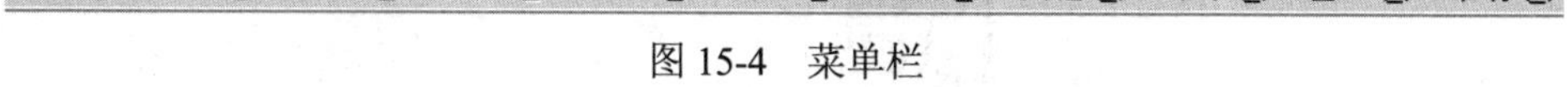

图 15-4 菜单栏

（1）“文件”菜单：用于创建、打开、关闭、保存文件，导入、导出媒体和 XML，以及页面设置、程序打包和发送邮件等操作。

（2）“编辑”菜单：用于执行常用的编辑操作，如撤销、剪切、复制、粘贴、全部选择等。

（3）“查看”菜单：用于在屏幕上显示或隐藏菜单栏、工具栏、控制面板和网格线等。

（4）“插入”菜单：用于插入图像、OLE 对象、ActiveX 空间、Flash 等媒体素材。

（5）“修改”菜单：用于查看以及修改文件和图标的属性。

（6）“文本”菜单：用于设置文本的字体、风格、大小等属性以及文本框的滚动效果和数字格式。

（7）“调试”菜单：用于实现多媒体程序在编辑区域的播放、停止和测试等控制。

（8）“其他”菜单：用于库文件链接、拼写检查、图标信息报告以及声音文件的转换和压缩。

（9）“命令”菜单：用于搜索在线资源、打开 RTF 对象编辑器以及查找 Xtras 等。

（10）“窗口”菜单：用于打开各类窗口、面板以及外部媒体浏览器。

（11）“帮助”菜单：用于提供联机帮助和版本信息，并提供相关的 Web 地址链接。

15.2.3 工具栏

Authorware 7.0 的工具栏提供一些最常用的命令，用以提高设计工作的效率，如图 15-5 所示。以下介绍常用到的命令，其余请读者自行了解。

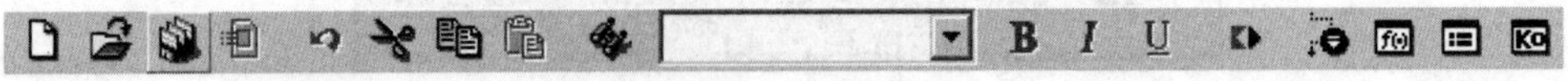

图 15-5 工具栏

（1）“新建”按钮：用于创建一个新的程序文件。

（2）“打开”按钮：用于定位并打开一个已经存在的文件。

（3）“保存全部”按钮：用于将当前打开的所有文件存盘。

（4）“导入”按钮：用于直接向流程线、显示图标或交互图标中导入文字、图像、音频及视频等。

（5）“撤销”按钮：用于撤销最近一次的操作，或者恢复到撤销之前的状态。

（6）“剪切”按钮、“复制”按钮、“粘贴”按钮、“查找”按钮：分别用于将当前选中的内容转移到剪贴板上、选中的内容复制到剪贴板、将剪贴板上的内容插入到当前位置、查找替换对象。

（7）“运行”按钮：用于运行当前打开的程序。

15.2.4 “图标”面板

“图标”面板包含 14 种设计图标、两种标志旗和图标色彩面板，如图 15-6 所示。

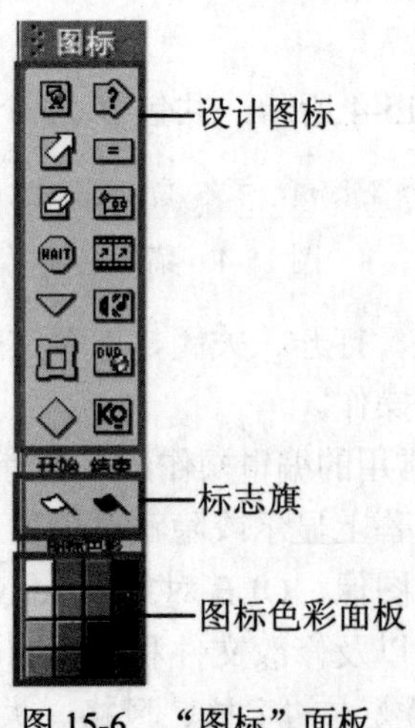

图 15-6 “图标”面板

“图标”面板中的主要图标有“显示图标”、“移动图标”、“擦除图标”、“等待图标”、“框架图标”、“导航图标”、“判断图标”、“交互图标”、“计算图标”、“数字电影图标”、“群组图标”以及“声音图标”，“开始标志”与“结束标志”图标用于设置程序运行的起点和终点。

学习导航：了解了 Authorware 7.0 的界面及其图标面板，在接下来的章节中会对具体的图标进行详细介绍。

15.3　常用图标和相关面板

学习目标：

- 学习常用图标及其属性
- 了解常用属性的相关面板
- 掌握常用图标在课件制作中的作用

通过上节内容的介绍，可以了解到常用图标以及相关面板的使用，下面从一个简单实例开始，了解一些基本图标的使用，包括显示图标，群组图标、判断图标、等待图标、擦除图标以及移动图标。实例的流程设计窗口如图 15-7 所示。

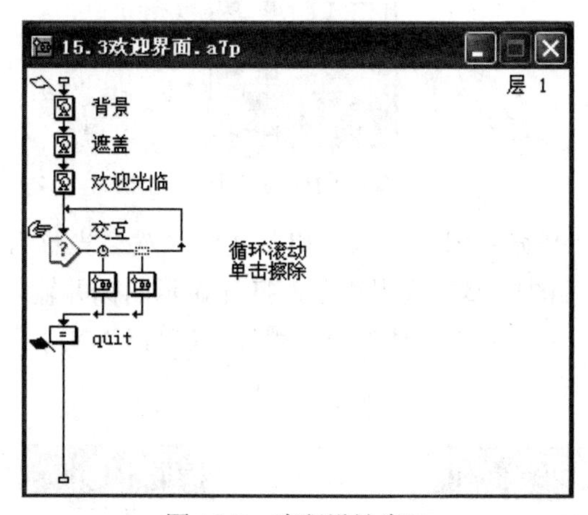

图 15-7　流程设计窗口

15.3.1　显示图标

（1）首先，选择“文件”→“新建”命令，新建一个文件，在流程线上拖入一个显示图标，命名为“背景”，并导入一张背景图片。

（2）在流程线上拖放一个显示图标，并命名为“遮盖”，将其背景色设置为黑色。

（3）再拖入一个显示图标，命名为“欢迎光临谢谢观赏”，在其中添加文字“欢迎光临”，并将其设置为“透明”，单击右下角工具中的“显示模式选项卡”有 6 个选项，分别是“不透明”、“遮隐”、“透明”、“反转”“擦除”以及“阿尔法”，选择其中的“透明”，效果如图 15-8 所示。

图 15-8　显示图标的使用

（4）在程序设计窗口双击显示图标，将打开一个空白的演示窗口，同时打开“工具”面板。Authorware 的“工具”面板中包含“绘图”工具、“色彩”工具、“线型”工具、“模式”工具和“填充”工具，如图 15-9 所示。

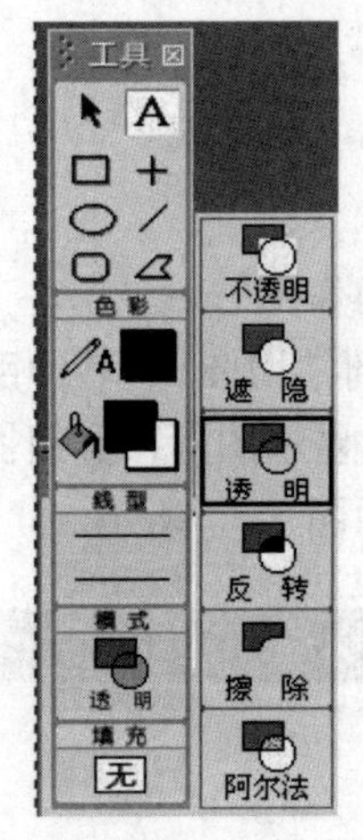

图 15-9　显示图标的“工具”面板

（5）文字的设置。打开显示图标，输入相关文字“欢迎光临”，文字的插入在显示图标中经常用到。添加一个显示图标到流程线上，打开显示图标并输入文字，设置文字“大小”为 72（单击“文本”→“大小”），“字体”为“黑体”（单击“文本”→“字体”），如图 15-10 所示。

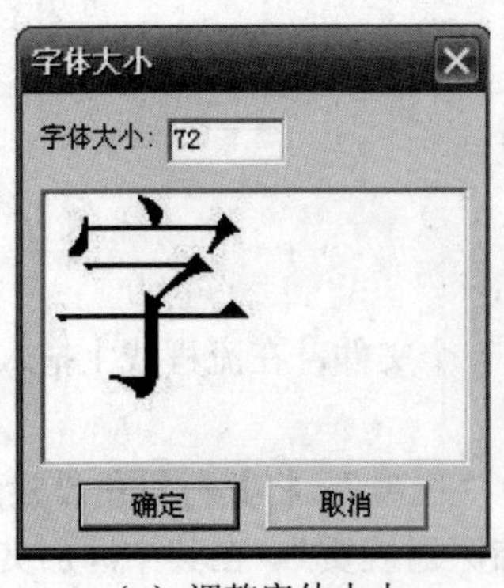

（a）调整字体大小

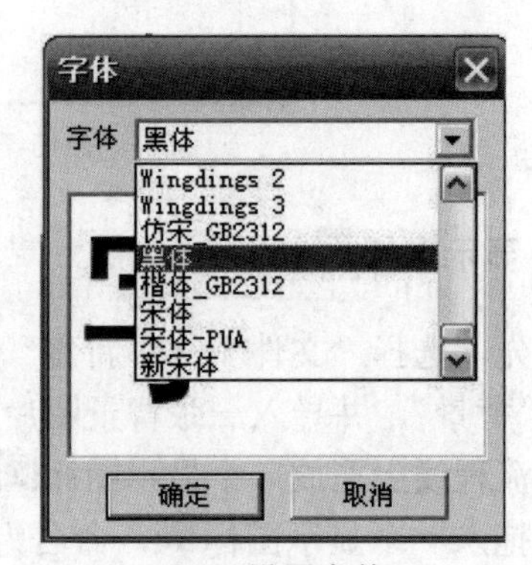

（b）设置字体

图 15-10　设置字体大小及字体

1）由于复制粘贴的文字与原文字位置一样，所以用键盘上的方向键，向左、向上移动复制的文字，并将复制的文字的显示模式设置为“透明”，完成后的效果如图 15-11 所示。

2）同样的方法制作空心文字，不同的是将所复制的“空心文字”的显示模式设置为“反转”，完成后的效果如图 15-12 所示。

图 15-11　阴影文字效果

图 15-12　空心文字

3）可以对文字设置效果，选择“特效”下拉列表框的，打开“特效方式”对话框，选择特效为“水平百叶窗式”，单击“确定”按钮，如图 15-13 所示。

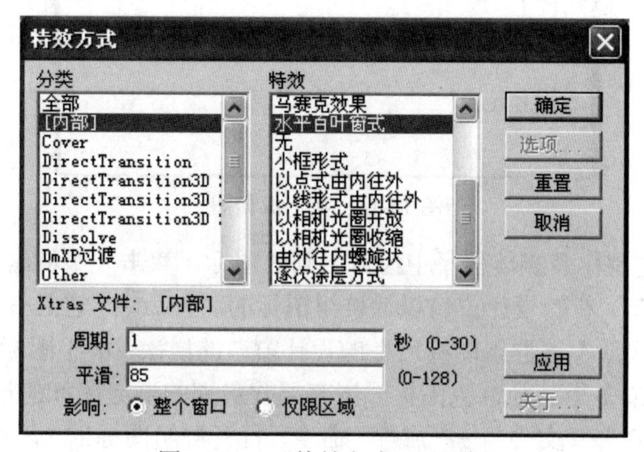

图 15-13　“特效方式”对话框

4）通过这些方式可以自由地设置输入文本的字体、字号、特效方式等。同样，双击“字幕”群组图标，打开字幕流程图，并对其进行编辑。在流程线上拖入显示图标 text，输入文字，并设置为透明效果，同上所述，设置后的效果如图 15-14 所示。

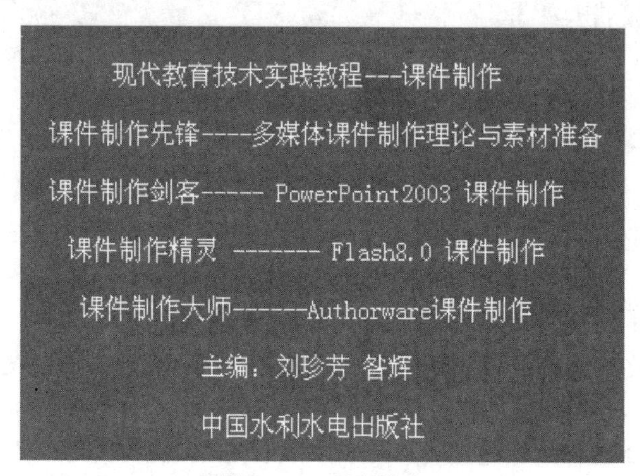

图 15-14　显示文本

15.3.2　群组图标

（1）将交互图标拖放至流程线上，并命名为“交互”，然后在其下面加入两个群组图标，交互类型分别选择“时间限制”和“热区域”，分别命名为“循环滚动”和“单击擦除”，层一图标的显示如图 15-15 所示。

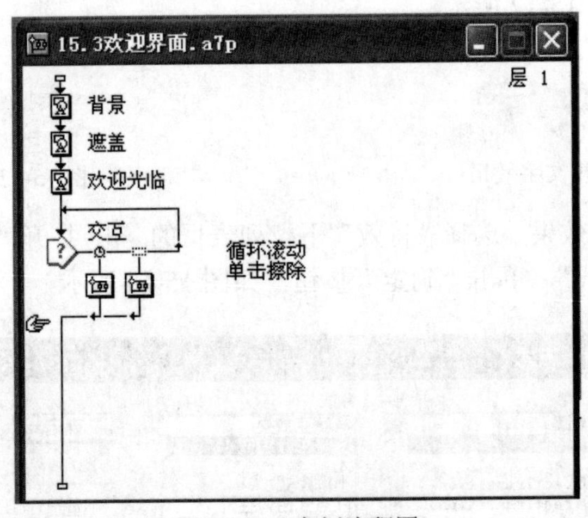

图 15-15 实例流程图

（2）群组图标是制作多媒体程序中经常用到的图标，双击一个群组图标，为该群组图标打开一个新的设计窗口，新的设计窗口以该群组图标的名称命名。它具有自己的流程线和程序的入口及出口，其层次低于该群组图标所在的设计窗口的层次。群组图标可以嵌套，即群组图标中还可以包含一个或多个其他群组图标。嵌套层次最深的群组图标的设计窗口层次最低。

（3）选择“修改”→“文件”→“属性”命令，打开群组图标的“属性”面板，如图 15-16 所示，该面板显示当前群组图标的嵌套层次结构。单击“打开”按钮，则将打开该群组图标所在的设计窗口，在其中可以对程序流程进行设计。

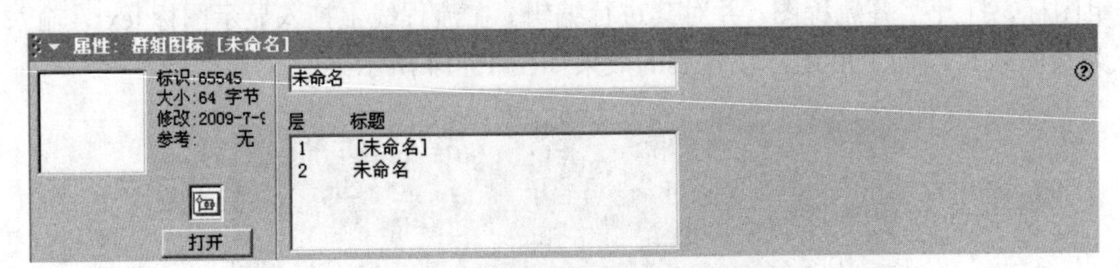

图 15-16 群组图标的“属性”面板

（4）双击群组图标，可以打开第二层设计窗口，可以在该窗口中设计局部程序，该窗口中的所有操作都与第一层设计窗口中相同。如果需要将流程线上的多个图标进行组合得到群组图标，可以按照下面的方法进行操作。

知识拓展：如果要组成群组图标的多个图标是连续的，可以首先框选它们，然后选择“修改”→“群组”命令，此时程序流程上将只出现一个群组图标，可以根据需要给它命名。如果要组成群组图标的多个图标是不连续的，可以在按住 Shift 键的同时，用鼠标一次选中它们，然后选择“修改”→“群组”命令即可。

15.3.3 判断图标

双击“循环滚动”群组，打开此群组的流程图，在流程图中拖放判断图标，命名为 loop，在其下面拖入一个群组图标“字幕”，如图 15-17 所示。

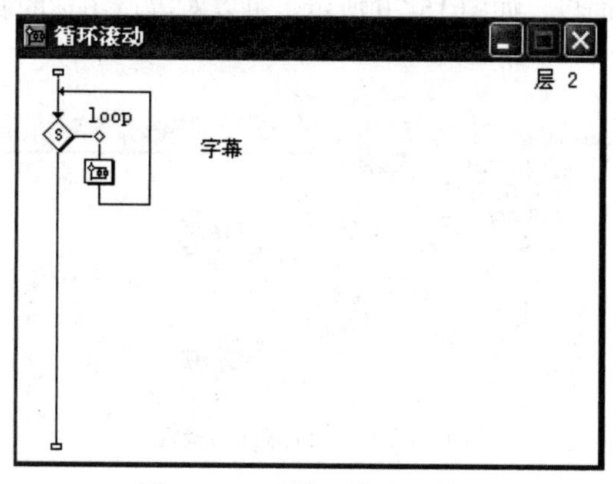

图 15-17 “循环滚动”群组

知识拓展：判断图标可以根据设置来决定程序进入哪一个分支，可以利用它实现课件制作中满足一定条件下的程序分支结构。双击判断图标，打开判断图标的属性面板，如图 15-18 所示。

图 15-18 判断图标的属性

15.3.4 移动图标

拖放一个移动图标 move1、一个等待图标、一个移动图标 move2 到此群组的流程线上，move1 和 move2 的不同是文字的位置发生了变化，在设置过程中，move1 将文字固定在某一处，move2 将其移动到另一个位置，最后字幕程序的层三如图 15-19 所示。

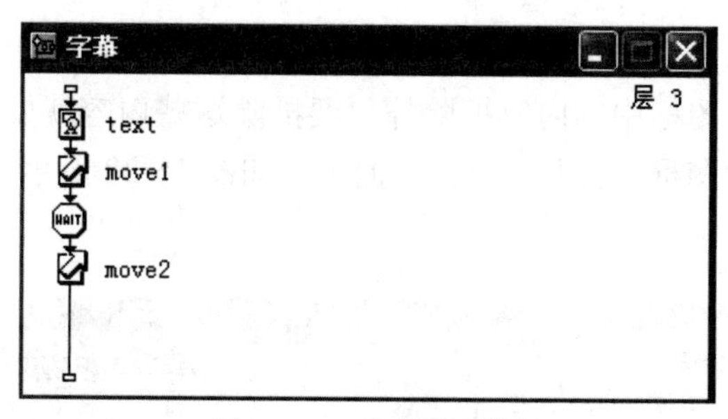

图 15-19 字幕流程图

15.3.5 等待图标

等待图标的作用是暂停程序的运行，使用等待图标不仅可以使多媒体程序中的各种媒体对象完美地同步，而且可以实现交互对话，并最终实现控制多媒体程序展示速度的目的。双击等待图标，打开“属性”面板，如图 15-20 所示，可以对等待图标的属性进行设置，同时实现程序的延时和暂停。

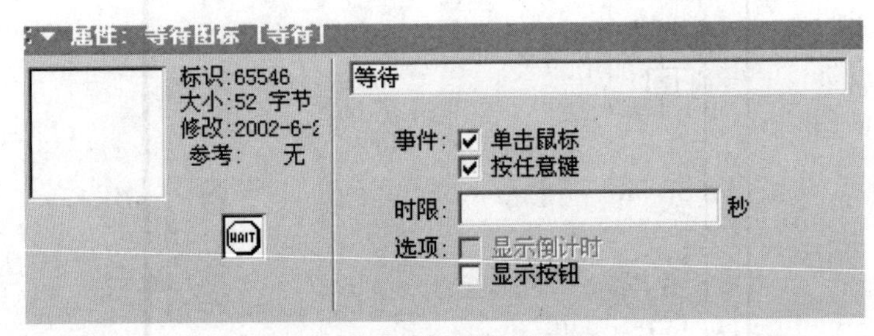

图 15-20 等待图标的属性

15.3.6 擦除图标

双击“单击擦除”群组图标，打开此群组图标，在其流程线上拖放擦除图标，命名为“擦除全部”，将前面显示的文字全部擦除，如图 15-21 所示。

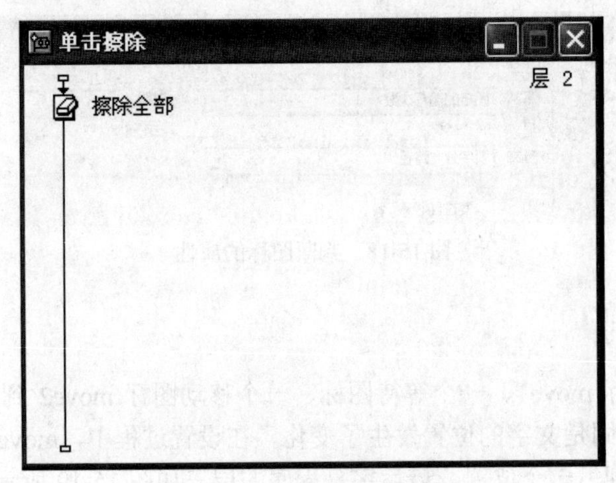

图 15-21 “单击擦除”群组

系统在默认情况下运行多媒体程序时，多个显示图标中的内容将同时显示在演示窗口中，这时就需要及时将上一个图标中的内容擦除掉，要擦除这些内容就要用到擦除图标。

双击流程线上的擦除图标，打开“属性”面板，如图 15-22 所示，可以对擦除图标的属性进行设置。

图 15-22 擦除图标的“属性”面板

15.3.7　计算图标

在主流程线上即层一中拖放一个计算图标，命名为 quit，双击计算图标，打开代码编辑窗口，输入退出函数 Quit()，如图 15-23 所示，关闭代码编辑窗口。单击运行按钮，运行此程序。

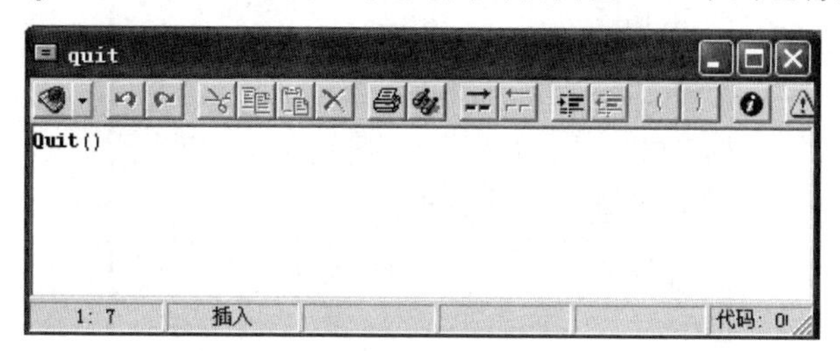

图 15-23　退出实例

学习导航：学会了使用 Authorware 7.0 的基本图标实现一些简单的课件，大家也许还不能顺利地完成上面的实例，不要紧，在这里初略地给大家展示一个完整的 Authorware 课件的创作流程，以后还会慢慢学习。课件制作完成后如果想要在各种操作平台使用该怎么办呢？下面学习课件的调试、打包与发布。

15.4　Authorware 7.0 的调试与发布

学习目标：

- 在 Authorware 7.0 设计完成课件之后，会对其进行调试
- 学会对课件进行打包
- 学会对课件进行发布

程序的调试工作并不是只在程序设计结束后才进行的，而是在程序设计过程中经常执行的任务。程序的调试是程序设计中的重要环节。在程序的调试过程中，调试人员需要模拟用户的各种状态，输入不同的内容和动作测试程序是否具有灵活性、便利性。如果用户对程序的使用方法非常模糊，甚至由于某些误操作而导致整个软件系统崩溃，这些都标志着该应用程序的失败。在创建多媒体程序的过程中，要全面地调试各程序模块实现的功能。

15.4.1　程序调试的常用方法

Authorware 7.0 提供了两种常用的调试方法，即使用标志旗和使用控制面板。

第一种方法：在“图标”面板的下方可以看到两个图标，分别是“开始”旗帜和“结束”旗帜，“开始”旗帜用于在流程线上建立一个执行点，“结束”旗帜用于在程序的设计流程线上停止程序的执行。

将“开始”旗帜从“图标”面板中拖到流程线上，如果这时运行程序，程序将会从“开始”旗帜处开始运行，而不是从流程线上第一个设计图标开始运行。添加“开始”旗帜之后，“常用”工具栏上的“运行”按钮变成。运行程序时，将从开始旗帜处执行，到结束旗

帜处结束。例如在简单实例 2 中，添加“开始”与“结束”旗帜，则执行的只有开始到结束这一部分，如图 15-24 所示。

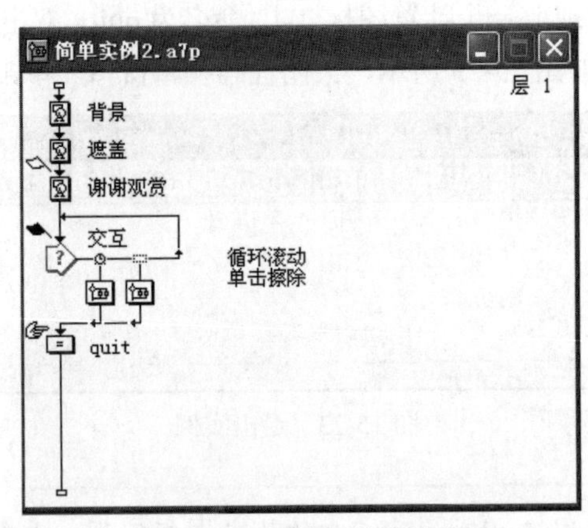

图 15-24 开始与结束旗帜

知识拓展：在使用标志旗时，应注意以下用法。

（1）取消流程线上的“开始”旗帜和“结束”旗帜。从设计窗口中将流程线上的“开始”旗帜或“结束”旗帜拖动到“图标”面板中原来的位置上，或者单击“图标”面板上旗帜位置的空白处，旗帜将会自动从设计窗口流程线上取消。

（2）用鼠标拖动旗帜到需要的位置后释放，即可在流程线上改变其所在位置。

（3）使用“结束”旗帜使程序定位在出现问题的位置，也就是使用“结束”旗帜定位引起错误的部分。然后使用“开始”旗帜缩小错误的范围，就可以将错误范围缩到一个小的范围，然后再使用跟踪窗口观察这一小范围内程序的执行，从而定位错误的原因，然后解决问题。

（4）当使用等待图标或“结束”旗帜使应用程序暂停运行后，即可对程序中的某些内容进行修改。

第二种方法：使用控制面板是调试程序的另一个工具。通过控制面板可以对程序进行逐步调试，清楚地显示程序的流程走向。对于调试复杂流程结构的程序，使用控制面板显得尤为重要。单击快捷工具栏的“控制面板”按钮，弹出对话框，如图 15-25 所示。

控制面板上的各个按钮分别是“运行”、“复位”、“停止”、“暂停”、“播放”以及“显示跟踪”。其中“复位”按钮的作用是将程序定位到开始处，但不运行程序；“暂停”按钮将使程序暂停执行；“播放”按钮使程序在暂停处继续运行；单击“显示跟踪”按钮，显示控制面板的扩展部分。再次单击，则隐藏跟踪，如图 15-26 所示。

图 15-25 控制面板

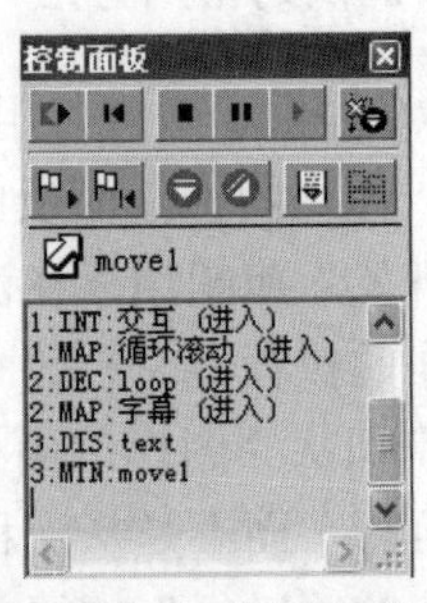

图 15-26 控制面板中的跟踪记录

15.4.2　程序的打包

当制作完成作品时，就可以将其打包发行了。所谓打包就是指把最终作品创建成独立可执行文件。在对文件进行打包之前，首先要对该文件进行备份，因为一个文件被打包后，就无法再对其进行任何编辑工作了。在打包前最好使用另外一个文件名将其进行备份，这样当打包后的文件运行不正常时还可以对备份文件进行修改。

程序打包的基本步骤如下：

（1）打开要打包的课件的源程序文件。

（2）如果课件链接了库文件，选择“文件”→“打开”→“库”命令，打开所有与当前应用课件有连接关系的库文件。

（3）选择“文件”→“发布”→“打包”命令，打开如图 15-27 所示的对话框。

（4）在“无需 Runtime”下拉列表框中选择打包文件的类型。

知识拓展：图 15-27 中包括以下三种类型的文件：①无需 Runtime——使用这种方式打包后课件的扩展名为.a7r; ②应用平台 Windows 3.1——生成在 Windows 3.1 环境下运行的.exe 文件；③应用平台 Windows 9x 和 NT——生成在 Windows 9x 或 NT 环境下运行的.exe 文件。

图 15-27　“打包文件”对话框

（5）选中适当的打包选项，单击“保存文件并打包”按钮。

知识拓展：①“运行时重组无效的连接”复选框。选中该复选框，当用户运行程序时 Authorware 将自动修复断开的链接。这些断开的链接是由对流程上的图标进行剪切、粘贴等操作造成的。②“打包时包含全部内部库”复选框。选中该复选框，则在程序打包时将原本以链接方式引用到设计图标中的外部媒体文件转变成直接插入到程序内部的方式，这将增加程序文件的长度。③“打包时包含外部之媒体”复选框：选中该复选框，则在库文件打包时将原本以连接方式引用到设计图标中的外部媒体文件转变成直接插入到库内部的方式，这将增加库打包文件的长度。④“打包时使用默认文件名”复选框。选中该复选框，Authorware 在打包时将自动建立一个与程序文件名同名的应用程序文件名，如果不选择，则在单击“保存文件并打包”按钮时会弹出对话框，用于重新命名应用程序名称。

（6）选择打包文件存放的位置，键入文件名，单击“保存”按钮即可。

学习导航：我们打包成执行文件后，在运行中经常会发现诸如图 15-28 所示的对话框。造成这个问题的原因是我们在打包的可执行文件里面没有支持动画运行的部件。怎么解决这个问题呢？经验告诉我们通过一键发布可以找到这些插件，这就是我们下面要学习的程序的发布。

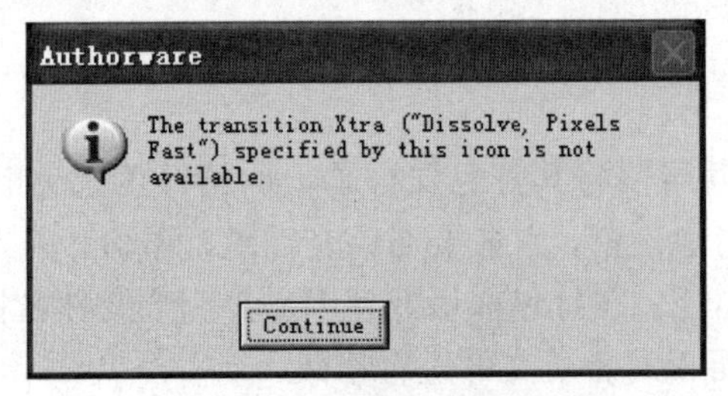

图 15-28 动画部件遗失提示框

15.4.3 程序的发布

一个完整的应用系统应该包括可执行文件以及使可执行文件能够正常运行的所有部件。在将应用系统递交到最终用户手中之前，必须对它进行严格的测试，从而保证程序的正确性。

在发布文件时，可使用 Authorware 提供的“一键发布”功能，只需单击该命令就可以保存项目，将其发布到 Web、光盘、本地磁盘上。但在使用一键发布前，必须为本次发布的目标进行发布设置。经过初次设置，所有的选择都会保存下来，供以后的一键发布使用。一键发布功能是首先对发布进行设置，然后根据设置对文件进行本地或者网络打包，并自动复制支持文件及扩展媒体文件。

一键发布的设置：

在调试好源文件无误后，选择“文件”→“发布”→“发布设置”，则弹出如图 15-29 所示的对话框，这里有 5 种选项设置，分别是“格式”、“打包”、“用于 Web 播放器”、“Web 页”和“文件”，一般情况下只需要对“格式”和“打包”两个选项卡进行设置。

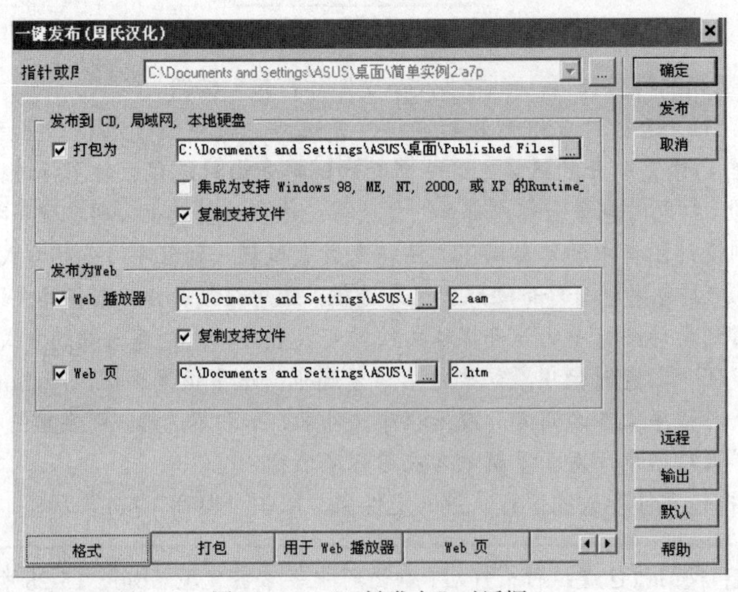

图 15-29 “一键发布”对话框

（1）“格式”选项设置：如果只是需要本机打包，基本方法与程序的打包完全相同；需要发布为 Web 格式时则需要勾选“Web 播放器”和“Web 页”两个选项，但同时也需要对“用于 Web 播放器”和“Web 页”选项卡进行设置；这里不作详述。

（2）“打包”选项设置：选择“打包”选项卡，打开如图 15-30 所示的对话框；“打包选项”的基本涵义与“程序的打包”中的意义相同；选中“仅引用图标”复选框，与程序关联的库文件中的设计图标被引用，则将其打包到后缀为.a7e 的库文件打包文件中，否则库文件中的设计图标全部会被打包。

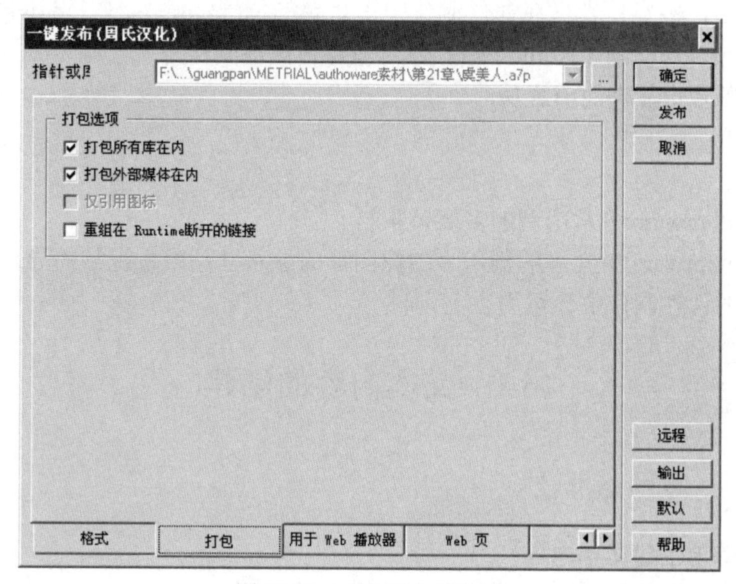

图 15-30 “打包”选项卡

知识拓展：

（1）我们可以利用快捷方式 Ctrl+F12 打开一键发布设置对话框。

（2）常用的发布方式还有批量发布和网络发布。批量发布主要指一次对多个文件进行发布，可以使用 Authorware 提供的批量发布功能，选择“文件”→“发布”→“批量发布”命令即可。网络发布通过选择“文件”→“发布”→“Web 打包”命令即可实现。

学习导航：了解了如何安装、启动退出，并了解了工作界面以及文件的基本操作，那么我们是否应该学习如何把各种素材运用到 Authorware 中呢？学过下一章之后，我们就能做到了。

第 16 章　Authorware 多媒体素材的整合

在一般课件中，多媒体素材在课件制作中占重要的位置，常用的多媒体素材有文本、图形图像、声音视频以及动画。Authorware 作为多媒体课件制作系统，除了强大的交互功能以外，各种素材的整合也显得简单容易。

学习目标：

- 了解 Authorware 中常用到的多媒体素材
- 熟悉 Authorware 中文本的输入、图像图形的导入以及声音视频的导入
- 在具体的课件制作中会运用以上素材

16.1　文本内容的创建

学习目标：

- 学会熟练地创建文本内容
- 会对文本、字体等进行设置
- 会通过显示图标导入背景

通过一个具体的实例来详述文本素材的运用。打开 Authorware，选择“文件”→“新建”→“文件”命令，新建实例，如图 16-1 所示为简单实例的界面。

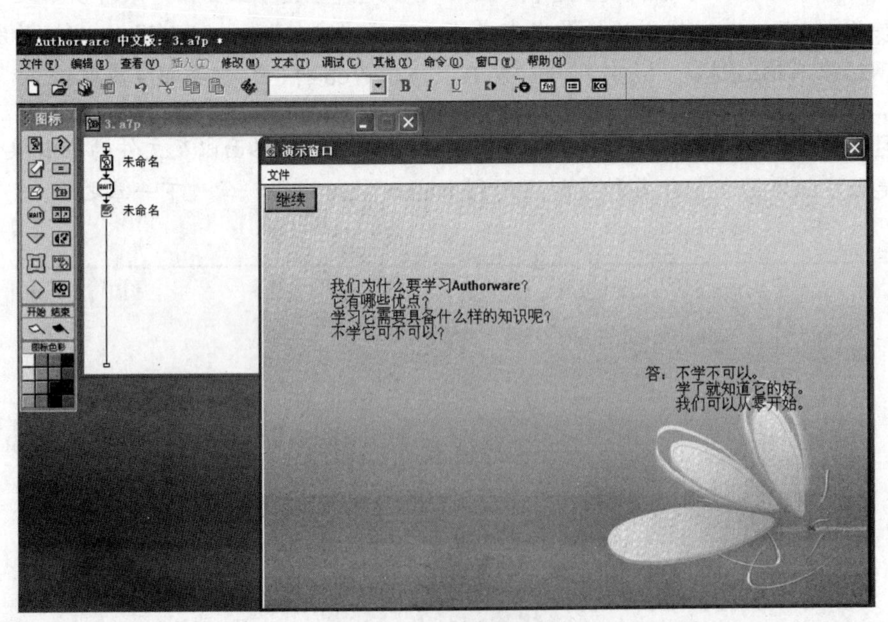

图 16-1　简单实例界面

16.1.1　文本的设置

（1）把显示图标拖到流程线上，在流程线设计窗口任意空白处单击，打开“文件”属性面板，选择“回放”选项卡，设置背景颜色为“蓝色”，大小为 640×480，如图 16-2 所示。

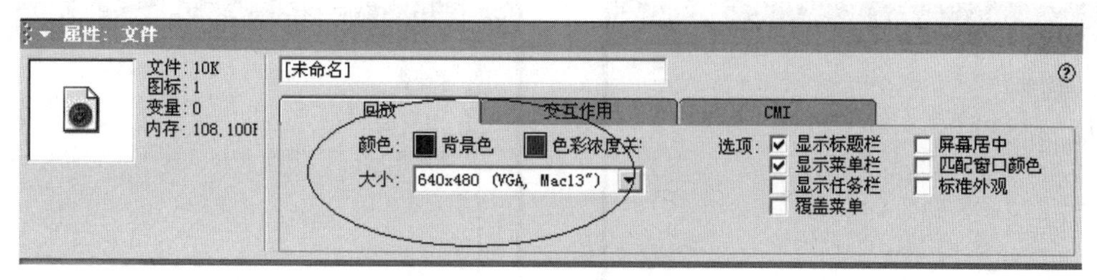

图 16-2　设置文件属性

（2）双击此显示图标，打开演示窗口，选择“文本工具”A，输入相应文本内容，输入之后文字有白色背景，如图 16-3 所示；为了去掉白色背景，使文字与背景融为一体，通过设置透明模式来实现，文本透明处理后如图 16-4 所示。

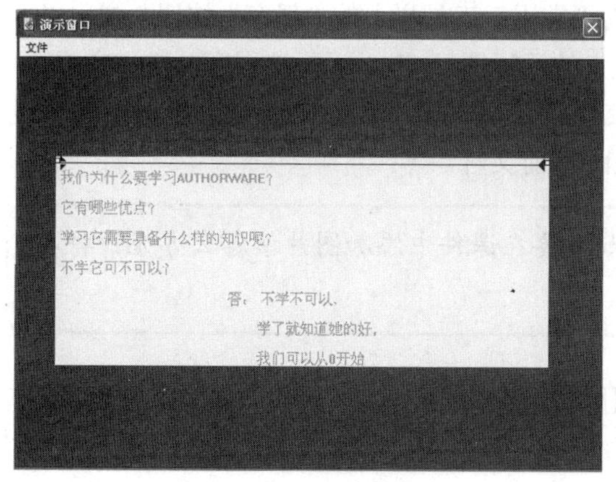

图 16-3　输入文本

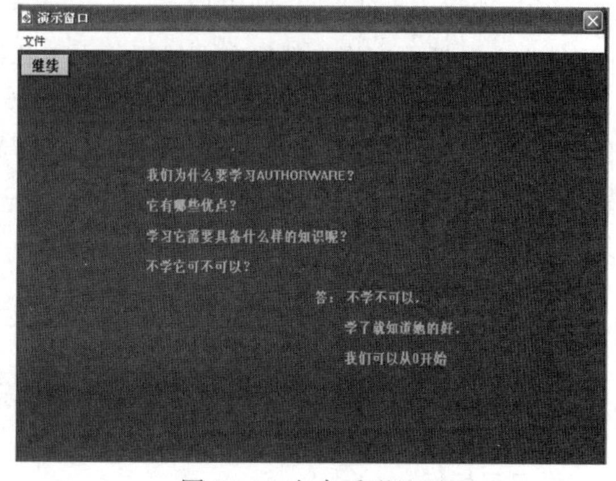

图 16-4　文本透明处理

（3）打开显示图标的属性面板，选择“特效”下拉列表框的，打开“特效方式”对话框，如图 16-5 所示，选择特效“水平百叶窗式”，单击“确定”按钮即可。

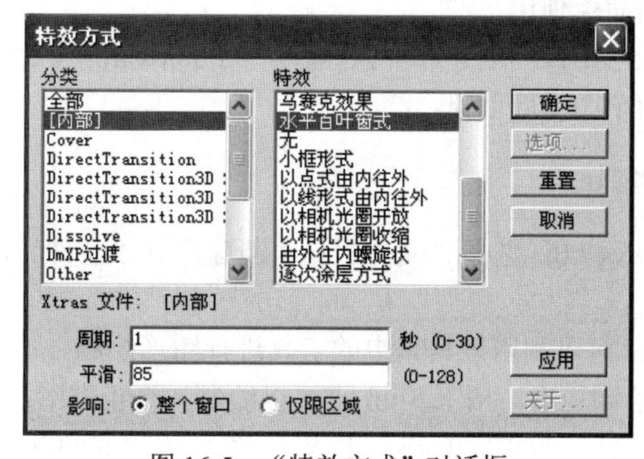

图 16-5　“特效方式”对话框

16.1.2 其他图标的使用

（1）拖动等待图标到流程线上，暂停程序的运行，如图 16-6 所示。

（2）拖动擦除图标到流程线上，将上面图标中的内容擦除掉，如图 16-7 所示。

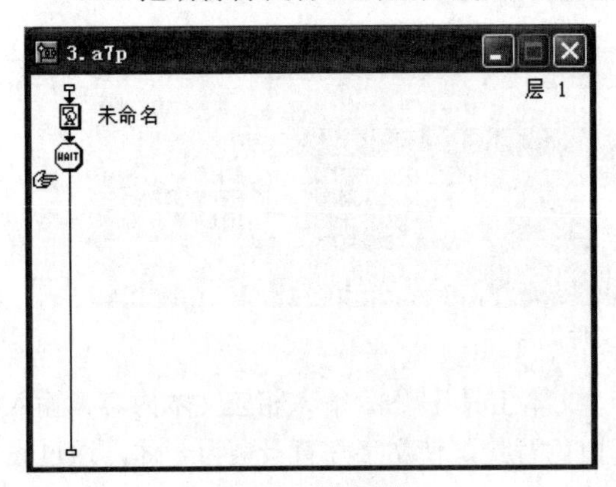

图 16-6　等待图标

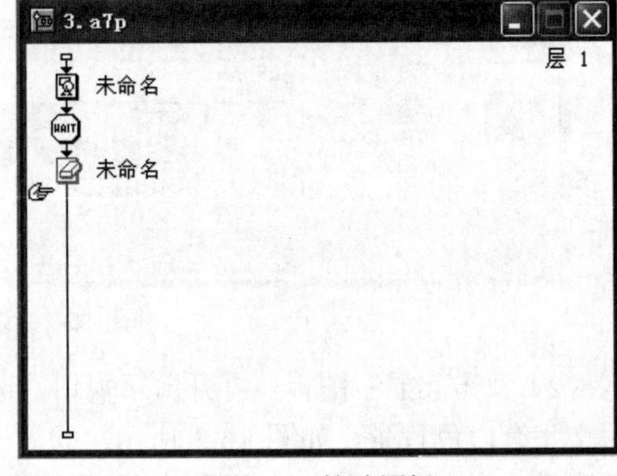

图 16-7　擦除图标

（3）选择“文件”→“保存”命令，或者单击“常用”工具栏上的“保存”按钮，弹出“保存文件为”对话框，将文件保存，然后单击工具栏上的运行图标，运行该程序，制作完成。

（4）要关闭当前编辑的文件，只要选择“文件”→“关闭”命令即可，或者单击程序设计窗口右上方的“关闭”按钮，同样也可以关闭当前文件。

学习导航：了解了如何输入并设置文本，如果要在课件中添加图片该怎么办呢？将在下面的章节中学到。

16.2　图形图像的创建和导入

学习目标：

- 学会在课件中添加图形图像
- 学会在课件中导入图片
- 了解其他图标的简单使用

本节通过实例讲解图形图像的创建和导入，对于 Authorware 7.0 而言，也提供了一些矢量图形绘制工具，来完成简单图形的创建。

16.2.1 矢量图形的创建

（1）启动 Authorware 7.0，选择“文件”→“新建”→“文件”命令，在时间流程线上拖放一个显示图标。

（2）双击显示图标，可以利用工具箱中的工具进行图形绘制。

矩形□：可以用来绘制矩形，按下 Shift 键可以绘制一个正方形。

直线＋：可以绘制直线，只能绘制与水平成 45 度、90 度夹角的直线。

椭圆：可以用来绘制一个椭圆，按下 Shift 键可以绘制一个圆。

斜线：可以绘制任意角度的直线。

圆角矩形：绘制的矩形成圆角。

多边形：绘制各种形状的封闭图形。

知识拓展：需要给绘制的图形添加颜色时，先用选择工具选中该图形，然后单击工具箱中的“颜色”选项选择，也可以按下快捷键 Ctrl+K 选择相应颜色；两个图形叠加时，往往上层会覆盖下层，需要上层透明时，在“填充”选项中选择“无”即可。

16.2.2　图像的导入

下面通过另外一个实例来介绍其余的多媒体素材的应用。

从“图标”面板拖动一个群组图标到主流程线上，命名为“片头 1”，并对其进行下一级编辑；再拖动一个群组图标到主流程线上，命名为“片头 2 及退场”，对其也进行编辑。

进行完上述操作后层 1 的显示如图 16-8 所示。

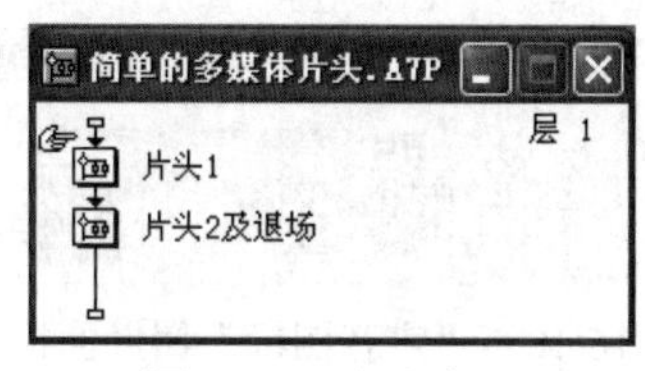

图 16-8　片头窗口

16.2.3　插入背景

双击“片头 1”，打开群组“片头 1”，打开图层 2 进行设计，首先拖入显示图标“背景”，设置背景，加入图片，如图 16-9 所示。

图 16-9　背景图片

知识拓展：导入进来的图像总是有白色的背景，尽管在显示模式中选择了“透明”，但效果往往不佳。为了避免图像背景的影响，导入.psd 格式的图片，并且把背景设置为透明。

> **学习导航：**了解了如何导入图形图像，如果要在课件中添加声音该怎么办呢？下面就开始进入声音的导入与设置。

16.3 声音的导入和设置

学习目标：

- 学会在课件中添加声音文件
- 掌握声音文件的设置
- 学会运用声音文件

16.3.1 导入声音

拖入声音图标到流程线上，命名为“背景音乐”，双击声音图标或者选择“修改”→“图标”→“属性”命令，打开如图 16-10 所示的“声音图标”属性面板。

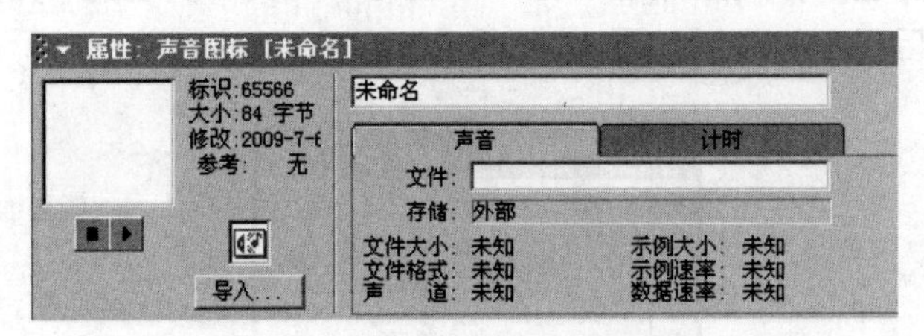

图 16-10 “声音图标”属性面板

在属性面板中单击导入...按钮，打开“导入哪个文件”对话框，如图 16-11 所示，选择要导入的声音文件。如果要保存在内部，则禁用“链接到文件”复选框。如果启用“链接到文件”复选框，则该声音文件只是和 Authorware 程序建立了链接关系，并没有真正导入，这样在文件打包时，就将该声音文件同时提供给用户。

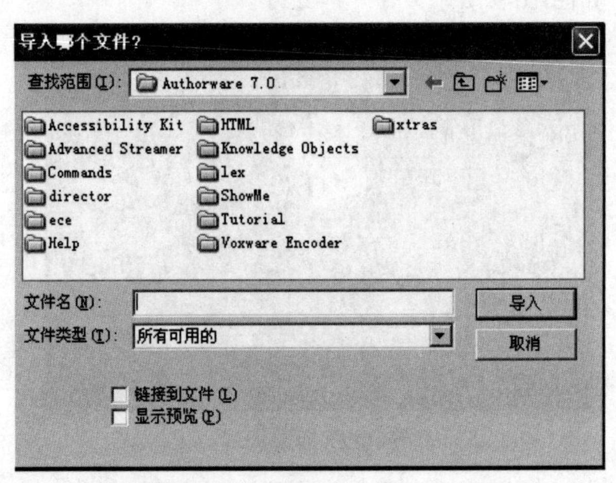

图 16-11 “导入哪个文件”对话框

16.3.2 声音属性

选择好合适的声音文件后，单击“导入”按钮，该声音文件被导入到 Authorware 中，并与对应的声音图标建立链接关系。同时，该属性面板的“声音”选项卡变为如图 16-12 所示的界面。

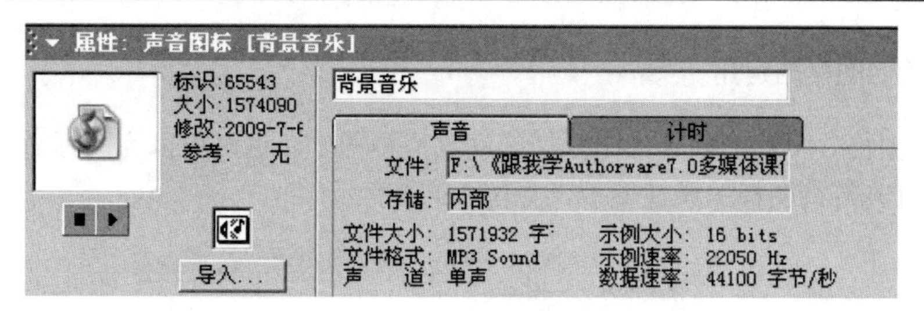

图 16-12　导入声音文件后的属性面板

学习导航：了解了如何导入声音文件，如果要在课件中添加视频该怎么办呢？下面就开始学习。

16.4　视频的导入和设置

学习目标：

- 学会在课件中添加视频文件
- 掌握视频文件的设置
- 学会运用视频文件

16.4.1　视频的导入

在“图标”面板中，将一个数字电影图标拖放到流程线上，并命名为“星空动画”，然后选择“修改”→“图标”→“属性”命令，打开如图 16-13 所示的“星空动画”属性面板。

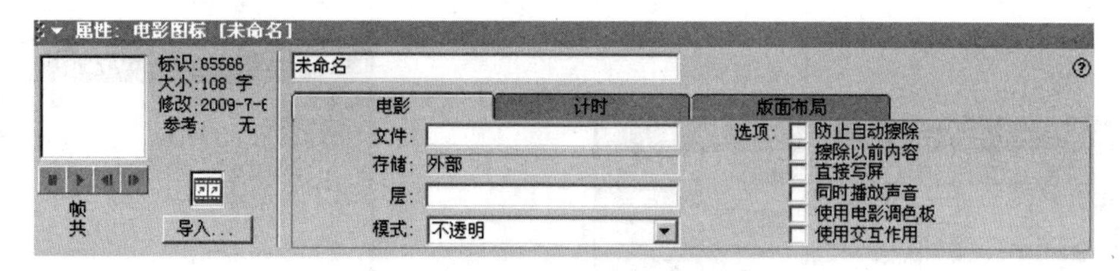

图 16-13　“星空动画”图标的属性面板

单击“导入”按钮，在弹出的“导入哪个文件”对话框中选择要导入的电影文件，然后单击“导入”按钮，与导入声音过程相同，不再赘述。这时，导入视频文件后的“星空动画”图标的“属性”面板的“电影”选项卡变为如图 16-14 所示的画面。

图 16-14　导入视频文件后的属性面板

16.4.2　其他图标的运用

（1）从“图标”面板中将等待图标拖动到流程图上。这时可以为图标命名为“等待”，双击此图标，打开等待图标的属性面板，如图 16-15 所示。

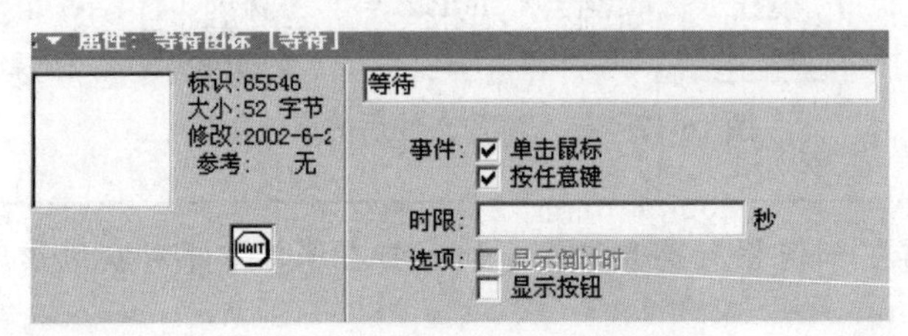

图 16-15　等待图标及其属性面板

（2）从“图标”面板中将擦除图标拖动到流程图上，并命名为“擦除”，双击此图标打开其属性面板，如图 16-16 所示。

图 16-16　擦除图标的属性面板

（3）单击特效后的，选择不同的擦除效果，出现“擦除模式”对话框，可以对其特效进行选择，如图 16-17 所示。

通过上述图标的拖动以及添加，片头 1 的流程图如图 16-18 所示。

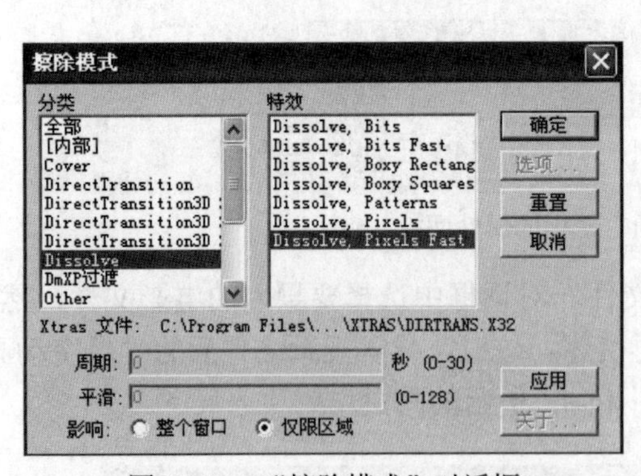

图 16-17　“擦除模式”对话框

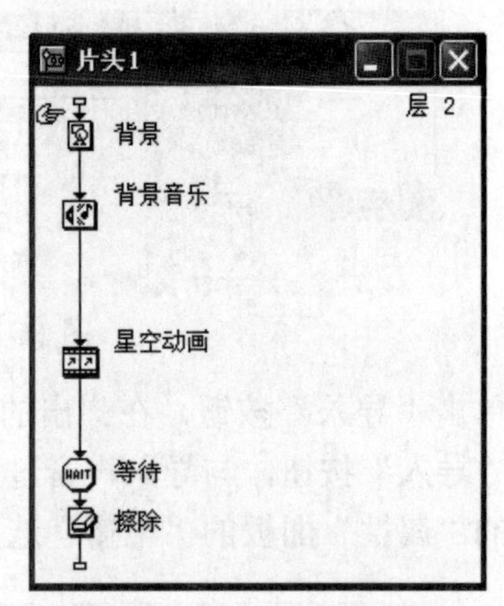

图 16-18　片头 1 流程线

16.4.3　图层 2 的操作

此实例的其他操作部分，制作“片头 2”群组的图层 2。

（1）从“图标”面板中拖入数字电影图标，命名为“影片”，具体操作如上“星空电影”所述。

（2）选择“插入”→Tabuleiro Xtra→DirectMediaXtra 命令，插入功能图标，用来实现数字电影中的插件。

（3）拖入移动图标到流程线上，对需要移动的图片进行设置，属性面板如图 16-19 所示。

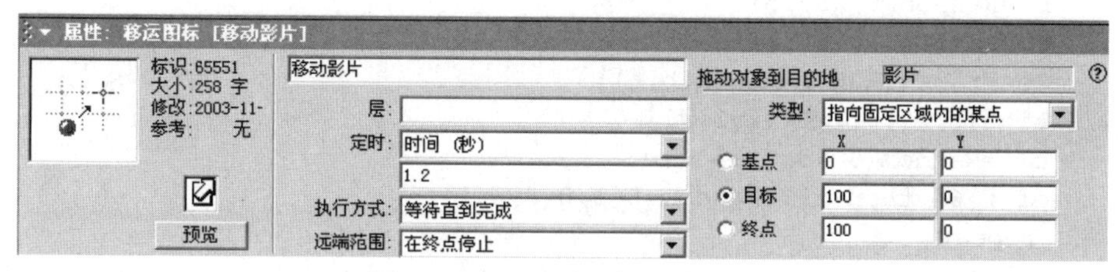

图 16-19　“移动图标”的属性

（4）拖入擦除图标到流程线上，擦除之前的图片。

（5）拖放显示图标到流程线上，命名为“文字”并输入文本，如图 16-20 所示。

图 16-20　输入文本

（6）拖放计算图标到流程线上，命名为“产生随机数”，输入函数：

```
px:=Random(80,560,10)
py:=Random(80,400,10)
```

（7）将显示图标放置到流程线上，命名为“爆竹”，添加一个爆竹图像。继续插入移动图标、擦除图标、模拟爆炸计算图标。

知识拓展：模拟爆炸的函数如下所示。

```
repeat while r<80
      r:=r+n
   m:=0
   repeat while m<6.28
      m:=m+n1
      v:=Random(-3,3,1)
      v1:=Random(-3,3,0.5)
      x:=r*SIN(m)
```

```
        y:=r*COS(m)
        x1:=x+px
        y1:=y+py
        a:=Random(0, 255, 5)
        b:=Random(0,255,5)
        c:=Random(0,255,5)
        SetFrame(TRUE , RGB(a,b,c))
        Line(t,x1,y1,x1+v,y1+v1)
        n1:=Random(0.05,0.15,0.03)
        if r>64 then n1:=Random(0.1,0.3,0.1)
    end repeat
    t:=t+0.25
    n:=n+0.3
end repeat”
```

通过函数来实现爆竹图片的爆炸效果，并且插入功能函数，实现其功能。

（8）在流程线上增加一个交互图标，命名为“退场”，在交互图标下加入群组，交互类型为“条件”，并命名为 MouseDown。双击此群组图标，显示流程线如图 16-21 所示。

在此群组的流程线上加入擦除图标和退出图标，用到函数 Quit()。

（9）拖放擦除图标和重复模拟计算图标到流程线上，计算图标的函数为：

```
r:=0
n:=5
t:=1
GoTo(IconID@"产生随机数")
```

最终流程线上所有图标的显示如图 16-22 所示。

图 16-21 MouseDown 群组

图 16-22 “片头 2”的流程线

学习导航：本章初步了解了 Authorware 中整合文本、声音、图形图像、视频文件等多媒体素材的强大功能。功能图标的使用非常重要，在前面三个简单例子中读者已经留下了很多的疑问，后面三章将结合实例详细介绍各功能图标的使用。

第 17 章　基本功能图标的使用

Authorware 的基本功能图标主要有“群组”图标、“擦除”图标、“等待”图标、“框架和导航”图标以及“判断”图标，本章通过“七步诗”案例学习运用这几个主要图标。

学习目标：

- 了解擦除、等待、群组、框架、导航和判断图标的功能和属性
- 能够在课件制作过程中准确选择相应图标
- 熟悉 Authorware 基于流程线和图标的思想

本章以“七步诗”课件案例来介绍相关图标，首先看一下主体结构，程序运行后，主界面如图 17-1 所示。单击屏幕右下角的“继续”按钮即可进入如图 17-2 所示的学习页面。

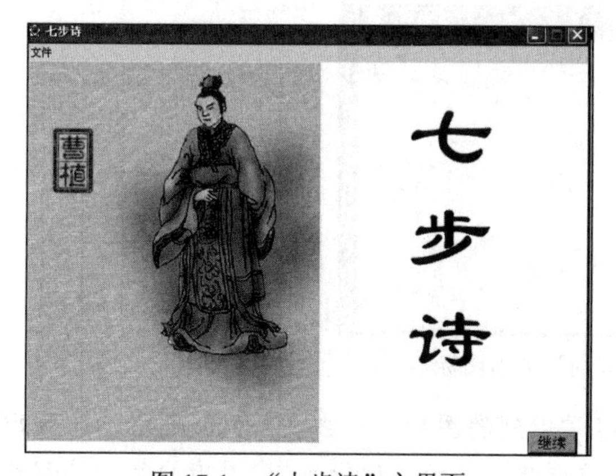

图 17-1　“七步诗”主界面

图 17-2　“七步诗”学习页面

该课件的程序流程具体如图 17-3 所示。

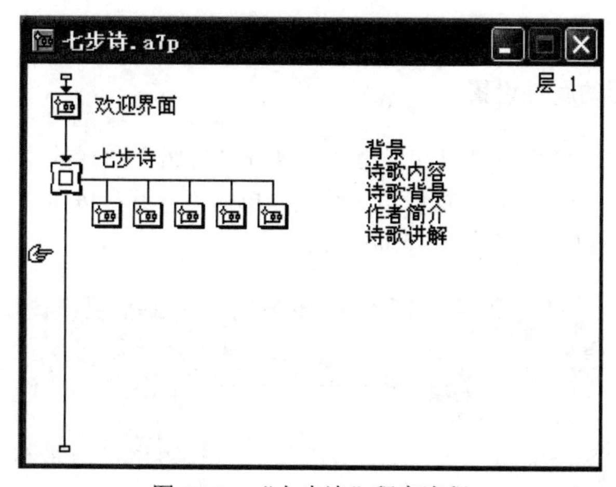

图 17-3　“七步诗”程序流程

17.1 群组图标

学习目标：

- 了解群组图标及其基本属性
- 掌握群组图标的功能和应用
- 学会在多媒体课件制作中运用群组图标

17.1.1 调用群组图标

拖动一个群组图标放在流程线上，命名为“欢迎界面”，如图 17-4 所示。

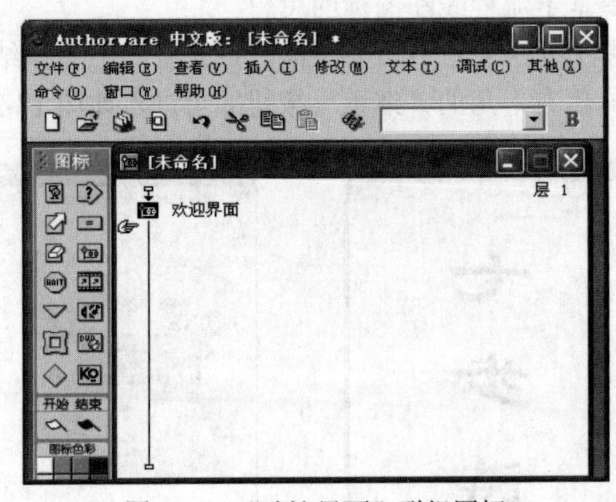

图 17-4 “欢迎界面”群组图标

知识拓展：群组图标是制作多媒体程序中经常用到的图标，双击一个群组图标，为该群组图标打开一个新的设计窗口，新的设计窗口以该群组图标的名称命名。它具有自己的流程线和程序的入口及出口，其层次低于该群组图标所在的设计窗口的层次。

群组图标可以嵌套，即群组图标中还可以包含一个或多个其他群组图标。嵌套层次最深的群组图标的设计窗口层次最低。

17.1.2 群组图标的属性设置

选择“修改”→“文件”→“属性”命令，打开“群组”图标的“属性”面板，如图 17-5 所示，该面板显示当前群组图标的嵌套层次结构。单击“打开”按钮，则将打开该群组图标所在的设计窗口，在其中可以对程序流程进行设计。

图 17-5 群组图标的属性面板

17.1.3　群组图标的嵌套

双击打开“欢迎界面”群组图标，打开第二层设计流程线，该窗口中的所有操作都与第一层设计窗口中相同。

知识拓展：群组图标需要把相同模块的图标组合起来，层层显示，可以使整体结构清晰，避免在主流程线上放置大量图标。

需要将流程线上的多个图标进行组合得到群组图标，如果要组成群组图标的多个图标是连续的，可以首先框选它们，然后选择“修改”→“群组”命令，此时程序流程上将只出现一个群组图标，可以根据需要对它命名。如果要组成群组图标的多个图标是不连续的，可以在按住 Shift 键的同时，多次单击鼠标选中它们，然后选择“修改”→“群组”命令即可。

17.1.4　群组图标内层设置

（1）拖动一个显示图标到“欢迎界面”群组图标中的流程线上，命名为“开始画面”。

（2）双击显示图标，在打开的层 2 设计窗口导入素材中名为“曹植”的图片。选取“文本工具”，在显示图标的窗口右侧输入文字“七步诗”，设置文字为隶书、72 号字。调整图片和文字的大小及位置，得到如图 17-6 所示的效果。

图 17-6　开始画面效果

> **学习导航：**调试整体画面效果时发现画面快速地闪过之后就停住了，如果内容量比较大，读者就很难看清楚了。是不是可以设置一定的等待时间，让读者有时间决定下一步的操作呢？

17.2　等待图标

学习目标：

- 了解等待图标及其基本属性

- 掌握等待图标的功能及其应用方式
- 能够在多媒体课件制作中运用等待图标

17.2.1 调用等待图标

拖动一个等待图标到流程线上，命名为“等待进入”，如图 17-7 所示。

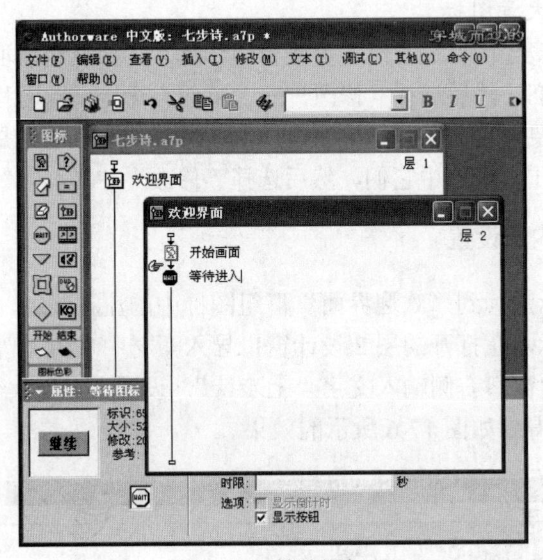

图 17-7 等待图标

知识拓展：等待图标的作用是暂停程序的运行，使用等待图标不仅可以使多媒体程序中的各种媒体对象完美地同步，而且可以实现交互对话，并最终实现控制多媒体程序展示速度的目的。

17.2.2 群组图标的属性设置

单击“等待进入”图标，按照如图 17-8 所示设置等待图标的属性。将“继续”按钮拖到窗口右下角合适位置。双击等待图标，打开“属性”面板，可以对等待图标的属性进行设置，同时实现程序的延时和暂停。

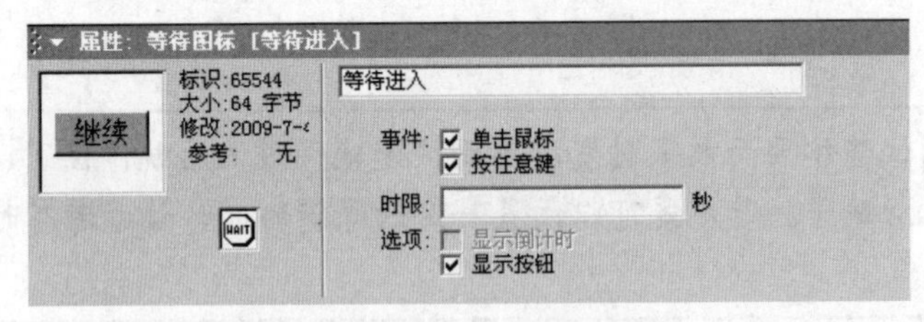

图 17-8 设置等待图标的属性

知识拓展：在等待图标的“属性”面板中，各参数选项的具体作用如下：

（1）“事件”复选框组：该复选框组用来制定结束等待状态的事件。其中包括“单击鼠标”复选框和“按任意键”复选框。如果选中“单击鼠标”复选框，则表示单击鼠标左键时结束等待状态；如果选中“按任意键”复选框，则表示按下键盘上的任意键时结束等待状态。

（2）“时限”文本框：该文本框用于设置程序的等待时间，单位为秒。输入等待时间后，在程序运行时达到设定的等待时间后，即使用户没有进行任何按键或单击操作，程序也将自动结束当前的等待状态。

（3）“选项”复选框组：该复选框组用于设置等待图标的内容，其中包括“显示倒计时”复选框和“显示按钮”复选框。其中“显示倒计时”复选框只有在“时限”文本框中输入等待时间后才可用，选中该复选框后，演示窗口中会出现一个倒计时钟；选中“显示按钮”复选框，演示窗口中将出现一个等待按钮，该按钮为标准的 Windows 系统按钮，用户可以在文件属性面板的“交互作用”选项卡中指定按钮的样式和名称，默认状态下为“继续”按钮 Continue 。

学习导航：在制作课件过程中，有时需要某些内容自动显示或隐藏，以便呈现其他的教学信息，有没有这样一个图标来实现此功能，让单调的课件更具有生命力呢？

17.3　擦除图标

学习目标：

- 了解擦除图标及其基本属性
- 学会在多媒体课件制作中运用擦除图标
- 掌握擦除图标的功能及其使用

17.3.1　调用擦除图标

拖动一个擦除图标到流程线上，命名为“擦除开始画面”，如图 17-9 所示。

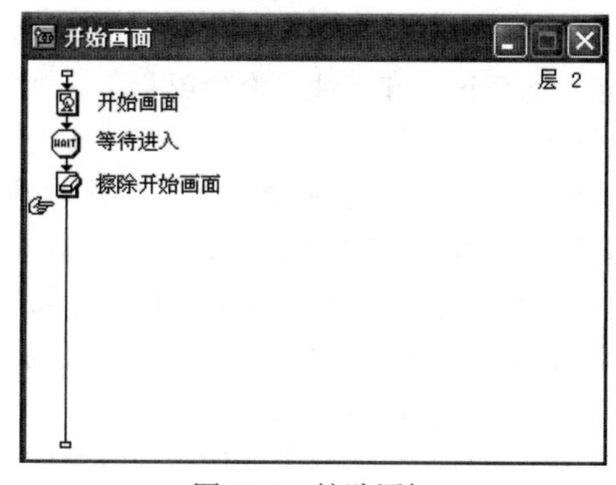

图 17-9　擦除图标

知识拓展：擦除过程主要靠擦除图标来完成，巧妙地使用擦除图标可以实现对象的滚动擦除、淡入淡出等各种擦除效果，从而使多媒体程序更加生动美观。在系统默认情况下运行多媒体程序时，多个显示图标中的内容将同时显示在演示窗口中，这时就需要将上一个图标中的内容擦除掉，要擦除这些内容就要用到擦除图标。

17.3.2　擦除图标的属性设置

（1）双击流程线上的擦除图标，或者将擦除图标拖动到流程线上后直接运行程序，当程序运行到擦除图标时会自动打开“属性”面板，如图 17-10 所示，可以对擦除图标的属性进行设置。

图 17-10 擦除图标的“属性”面板

知识拓展：擦除图标的“属性”面板中，各参数的具体作用如下：

（1）特效：该选项用于设置擦除的效果，单击“特效”右侧的按钮，弹出如图 17-11 所示的“擦除模式”对话框，该对话框与“过渡特效”对话框相同，设置方法也相同，选择好擦除特效模式后，单击“确定”按钮完成。

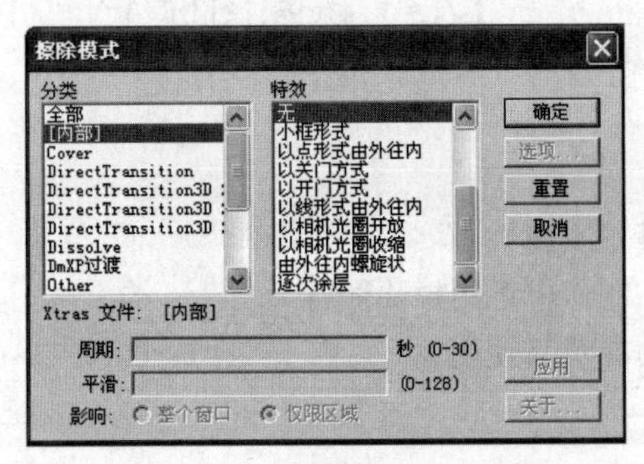

图 17-11 “擦除模式”对话框

（2）防止重叠部分消失：选中此复选框时，Authorware 会等到显示对象全部被擦除后才去执行后面图标中的内容；否则，当擦除开始时，后面图标中的内容就开始执行了。

（3）在面板右侧的“列”选项区中有“被擦除的图标”、“不擦除的图标”两个单选按钮和“擦除对象图标”列表框。

①被擦除的图标：当选择该选项时，将擦除显示在“擦除对象图标”列表框中的图标。

②不擦除的图标：当选择该选项时，将擦除显示在“擦除对象图标”列表框之外的图标。

③擦除对象图标：该列表的作用很重要，当屏幕上显示对象较多时，可以比较选哪一个单选按钮更方便，是选择要擦除掉的图标，还是选择要保留的图标。如果要将某图标从列表中去掉，则可选中该图标，然后单击“删除”按钮即可。

（2）单击“擦除开始画面”图标，将屏幕上的所有内容擦除，并按如图 17-12 所示设置擦除特效。

知识拓展：通常会遇到要擦除的对象不在演示窗口中的情况。首先关闭“属性：擦除图标”面板，打开要擦除的图标对象，使它出现在演示窗口中；然后关闭演示窗口，再次打开擦除图标的属性设置面板，此时要擦除的对象就出现在演示窗口中了，可以单击该对象后再设置擦除属性。

学习导航：在制作课件过程中，有时需要把一些基本设计图标的功能综合到一起，对程序进行整体上的管理，而导航结构就能够实现程序间的任意跳转。

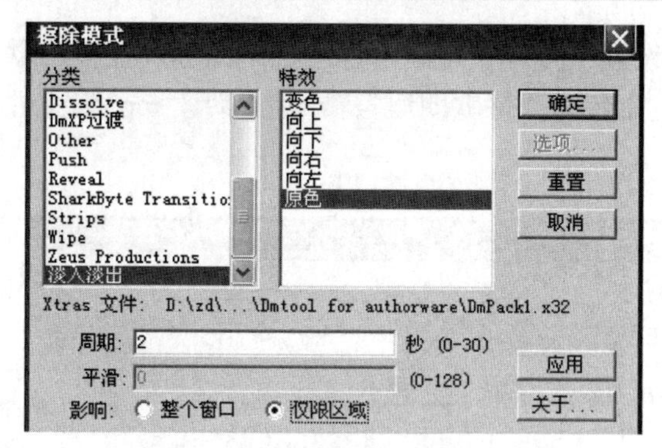

图 17-12　设置“擦除开始画面”的特效

17.4　框架和导航图标

学习目标：

- 了解框架图标和导航图标及其基本属性
- 学会在多媒体课件制作中运用框架图标和导航图标
- 掌握框架图标和导航图标的功能及使用

17.4.1　调用框架图标

（1）拖动一个框架图标到流程线“欢迎界面”图标下方，命名为“七步诗”。在该框架图标右边拖入 5 个群组图标，依次命名为“背景”、“诗歌内容”、“诗歌背景”、“作者简介”和“诗歌讲解”。

（2）打开“背景”群组图标，在“背景”群组图标流程窗口中拖入一个显示图标，命名为“背景”，在此显示图标中引入“背景.jpg”图片文件，调整图片大小，得到如图 17-13 所示的效果，并在属性中设置层为“0”。

图 17-13　背景界面

（3）声音及文体的设置。打开“诗歌内容”群组图标，在“诗歌内容”群组图标流程窗口中拖入一个声音图标，命名为“诗歌朗读”，导入“朗读.mp3”文件，并按照图 17-14 所示设置。

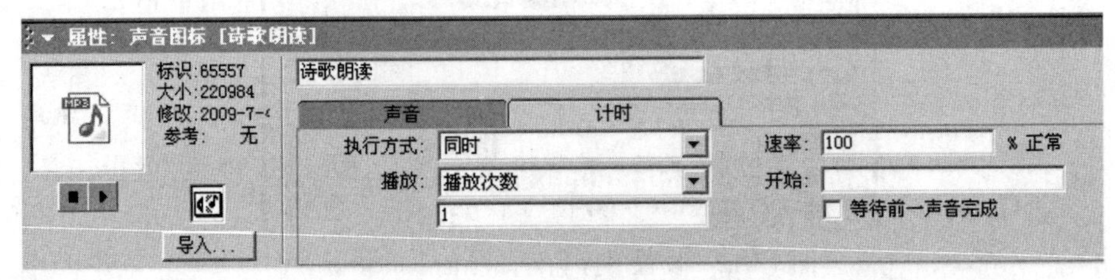

图 17-14 设置“诗歌朗读”的属性

在声音图标下方拖入一个显示图标，命名为“图片”，导入“曹植吟诗.jpg”文件，在属性面板中设置层为“1”，特效为“开门方式”。在“图片”显示图标下面再拖入一个新的显示图标，命名为“诗歌内容”，双击打开，在演示窗口中输入诗歌内容，并设置标题为隶书 24 号字，作者为宋体 16 号字，诗歌内容为隶书 20 号字。在属性窗口中设置层为“0”，调整文本位置及特效和设置如图 17-15 所示。

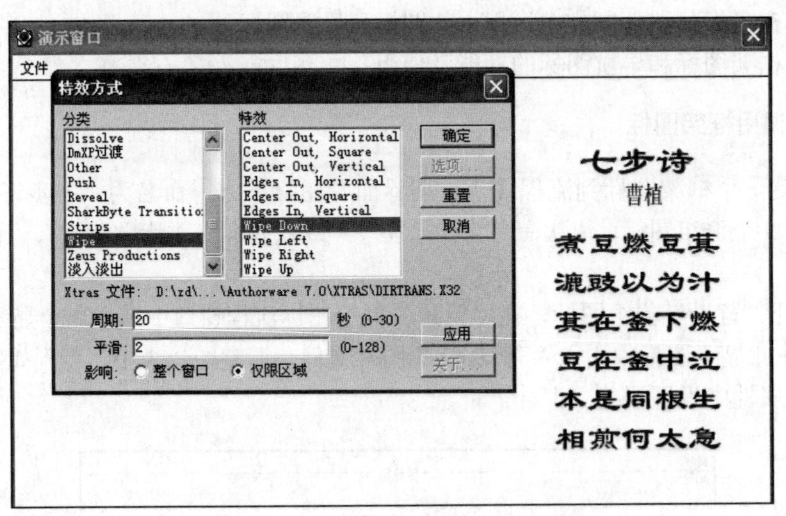

图 17-15 设置“诗歌内容”的属性

（4）调整“图片”和“诗歌内容”显示图标中内容的位置，得到如图 17-16 所示的“诗歌内容”界面的最后效果。

（5）打开“诗歌背景”群组图标，在“诗歌背景”群组图标流程窗口中拖入一个显示图标，命名为“诗歌背景”，引入素材中的“诗歌背景.doc”的内容。拖动一个等待图标到“诗歌背景”显示图标的下方，再拖动一个擦除图标到等待图标下方，命名为“擦除背景”，将“诗歌背景”图标的内容擦除。

（6）打开“作者简介”群组图标，在该群组图标流程线上拖入一个显示图标，命名为“作者简介”，引入素材“曹植简介.doc”中的内容。拖动一个等待图标到“作者简介”显示图标的下方，再拖动一个擦除图标到等待图标下方，命名为“擦除简介”，将“作者简介”图标的内容擦除。

图 17-16　诗歌内容界面

（7）打开“诗歌讲解”群组图标，在该图标流程线上拖入一个显示图标，命名为“译文”，引入素材“译文.doc”中的内容。拖动一个等待图标到“译文”显示图标的下方，拖动一个显示图标到等待图标下方，命名为“讲解”，引入素材中“讲解.doc”中的内容。拖动一个等待图标到“讲解”图标的下方，进行设置。

（8）拖动一个擦除图标到等待图标下方，命名为“擦除讲解”，将“译文”和“讲解”图标擦除，设置擦除特效。调整译文和讲解的内容位置，实现如图 17-17 所示的效果。

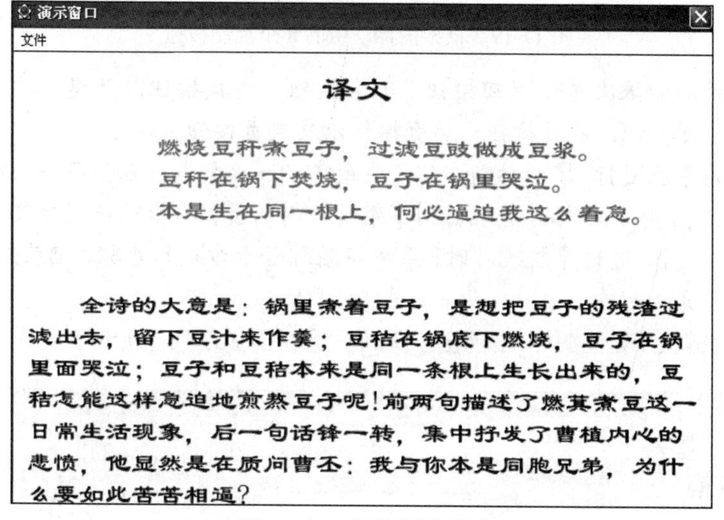

图 17-17　诗歌讲解页面

17.4.2　导航超链接的属性设置

（1）双击“七步诗”框架图标，在如图 17-18 所示“七步诗”框架图标流程窗口中删除“灰色导航面板”显示图标以及“导航超链接”交互图标右侧的所有图标。

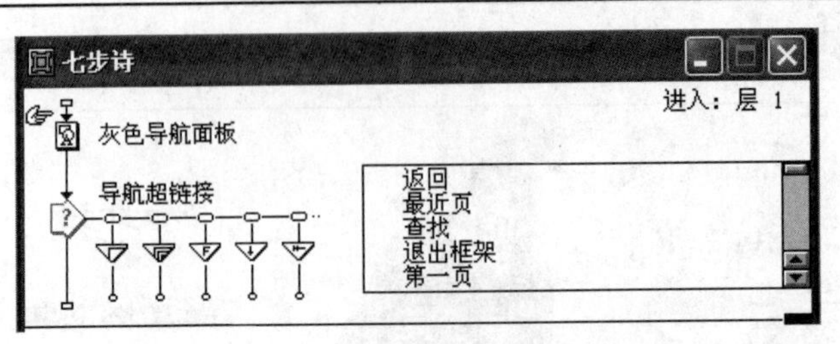

图 17-18 “七步诗”框架图标流程窗口

在 Authorware 中，导航结构由三部分组成：框架图标、用于显示不同主题的页图标和导航图标，其中导航图标用于控制在页图标之间的任意跳转。

双击流程线上的框架图标后，打开“框架”窗口。在此窗口中可以查看框架的结构流程，该窗口是一个特殊的设计窗口，窗口中的横线称为分隔线，分隔线右侧的黑色方块称为窗口调整杆。窗口分为两部分：分隔线之上为框架的入口处，下方则是流程出口。

在进入各个页面进行浏览前，Authorware 先执行入口部分的内容。在入口部分为用户提供了 8 个控制按钮的导航图标，用户可以通过这些按钮来浏览页面。当执行完入口部分后，Authorware 自动执行第一页的内容，接着用户可以通过“导航”按钮来实现其他控制，直到退出浏览。当退出浏览后，Authorware 将页面浏览中的所有内容擦除，并中止页面中的交互，执行出口部分的内容。

知识拓展：双击“导航超链接”图标，在打开的演示窗口中对框架图标包含的 8 个导航控制按钮（见图 17-19）进行设置，各按钮的名称及功能如下所述：

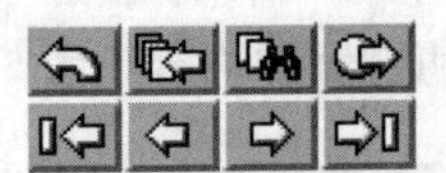

图 17-19 框架图标产生的 8 个控制按钮

第一行按钮的功能依次是：返回按钮、列表按钮、查找按钮以及退出按钮。第二行按钮的功能依次是：首页按钮、前页按钮、后页按钮以及末页按钮。

Authorware 的导航图标的功能类似于它的 GoTo 函数，可以使程序流程跳转到指定的图标位置。不同的是，导航图标只能跳转到框架结构内的页，不能跳转到框架结构之外，GoTo 函数则无此限制。另外，进行导航跳转时，系统将跟踪若干步跳转步骤，记录最近跳转的页面，以提供返回到这些页的支持。

双击“导航超链接”交互图标，按照图 17-20 所示在“显示”选项卡中设置该图标层为“1”。

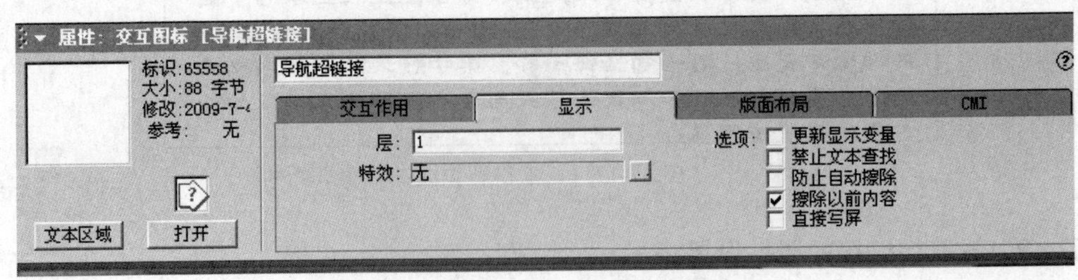

图 17-20 设置“导航超链接”图标

（2）导航图标的属性设置。在“导航超链接”交互图标右侧拖入 5 个导航图标，依次命名为

“诗歌内容”、“诗歌背景”、“作者简介”、“诗歌讲解”和“退出课件”，效果如图 17-21 所示。

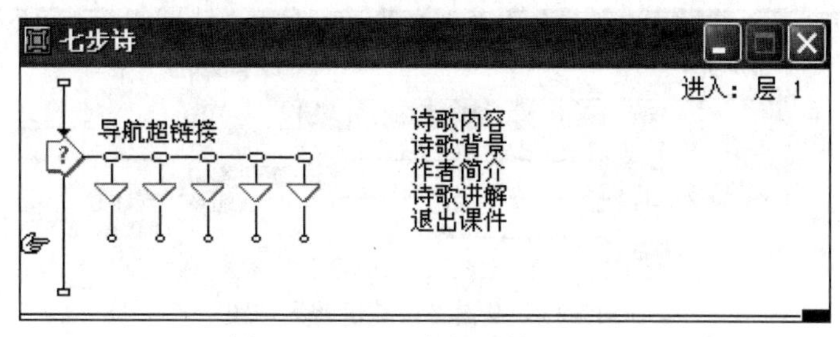

图 17-21　“导航超链接”界面

1）单击“诗歌内容”导航图标上方的按钮“-♀-”，在属性面板中按照图 17-22 所示进行设置。

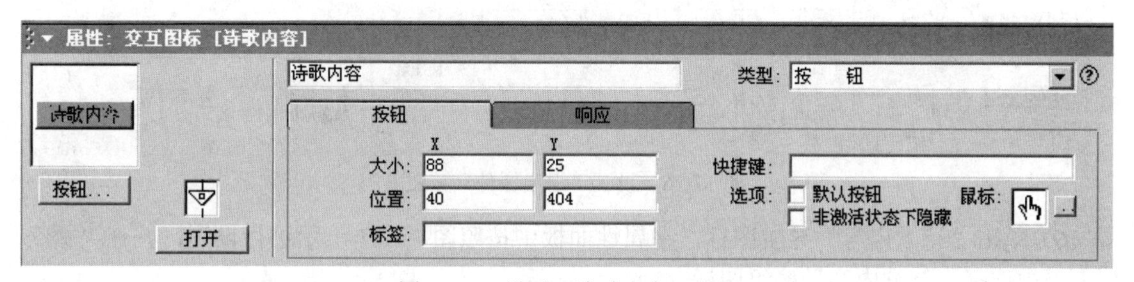

图 17-22　设置“诗歌内容”按钮

2）单击“诗歌背景”导航图标上方的按钮“-♀-”，在属性面板中按照图 17-23 所示进行设置。

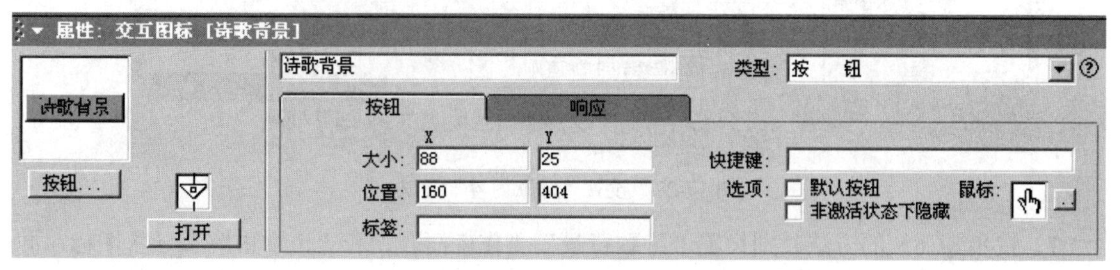

图 17-23　设置“诗歌背景”按钮

3）单击“作者简介”导航图标上方的按钮“-♀-”，在属性面板中按照图 17-24 所示进行设置。

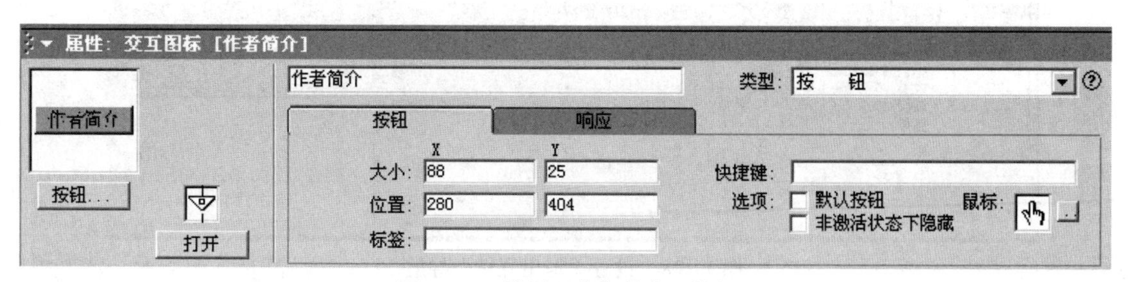

图 17-24　设置“作者简介”按钮

4）单击“诗歌讲解”导航图标上方的按钮“-♀-”，在属性面板中按照图 17-25 所示进行设置。

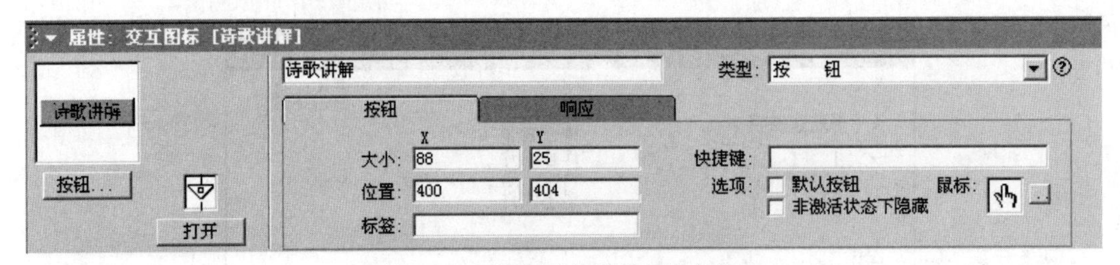

图 17-25 设置“诗歌讲解”按钮

5）单击“退出课件”导航图标上方的按钮“-♀-”，在属性面板中按照图 17-26 所示进行设置。

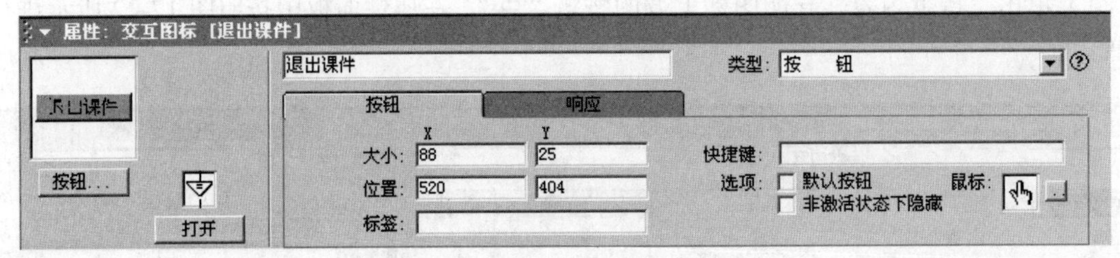

图 17-26 设置“退出课件”按钮

6）单击“诗歌内容”导航图标，在属性面板中按照图 17-27 所示进行设置，并在“页”列表框中选择“诗歌内容”群组图标。

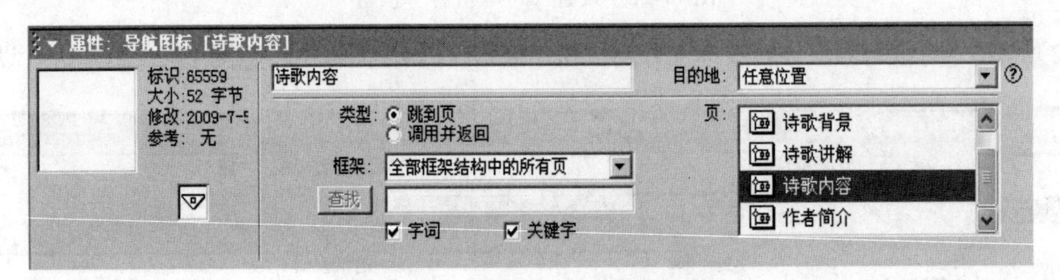

图 17-27 设置“诗歌内容”导航

7）按步骤 6）的方法分别设置“诗歌背景”、“作者简介”和“诗歌讲解”导航图标，并在“页”列表框中为每个导航图标指定对应的群组图标。

（3）单击“退出课件”导航图标，按照图 17-28 在属性面板中进行设置，在“图标表达”列表框中输入 Quit(0)设置程序退出。

图 17-28 设置“退出课件”导航

知识拓展： 至此，“七步诗”这个简单的课件就制作完成了，可以通过单击“运行”按钮▶观看课件的运行效果。

学习导航：在制作课件过程中，有时需要根据编程的设计，决定程序执行时选择哪一个分支项，这时就要用到判断图标。

17.5　判断图标

学习目标：

- 了解判断图标及其基本属性
- 学会在多媒体课件制作中运用判断图标
- 掌握判断图标的功能及使用

17.5.1　调用判断图标

判断图标在课件的制作中起着重要的作用，下面通过另外一个具体实例“连续自然数求积”来说明判断图标的使用。“连续自然数求积”的总体流程图如图 17-29 所示。

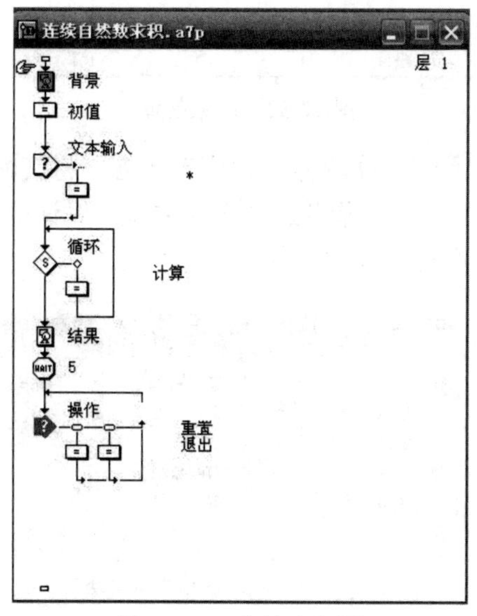

图 17-29　总体流程图

（1）新建文件，命名为“连续自然数求积”。

（2）拖拽一个显示图标到流程图下方，命名为“背景”。双击该显示图标，在弹出的演示窗口中导入背景图片，如图 17-30 所示。单击“绘图”工具栏中的**A**，在演示窗口中输入文字，字体为宋体，大小为 36，风格是加粗且倾斜，如图 17-31 所示。

（3）拖拽一个计算图标到显示图标“背景”下方，并命名为“初值”，双击该图标，打开代码编辑窗口，在窗口中输入 S:=1(给乘积赋初值)；n1:=0（起始数值初值），n2:=0（结束数值初值），n:=0，如图 17-32 所示。

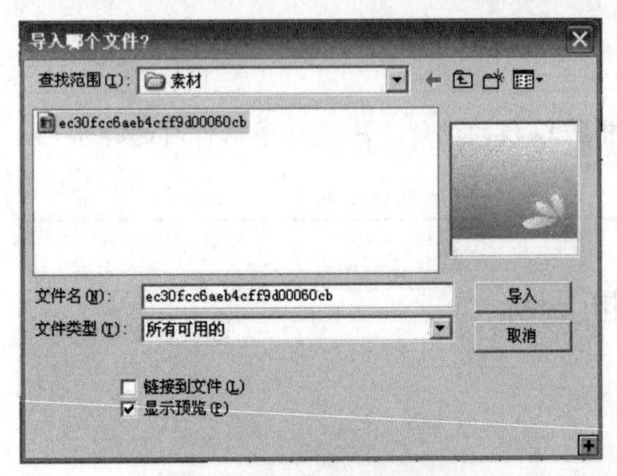

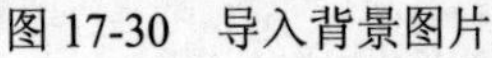
图 17-30 导入背景图片

图 17-31 输入文字

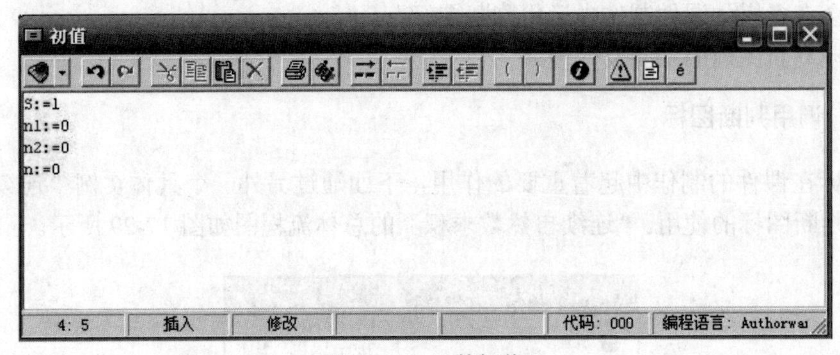

图 17-32 函数初值

（4）拖拽一个交互图标到计算图标“初值”下方，将其命名为“文本输入”。再拖拽一个计算图标到交互图标右侧，在弹出的“交互类型”对话框中选择“文本输入”单选按钮，如图 17-33 所示。将计算图标命名“*”。

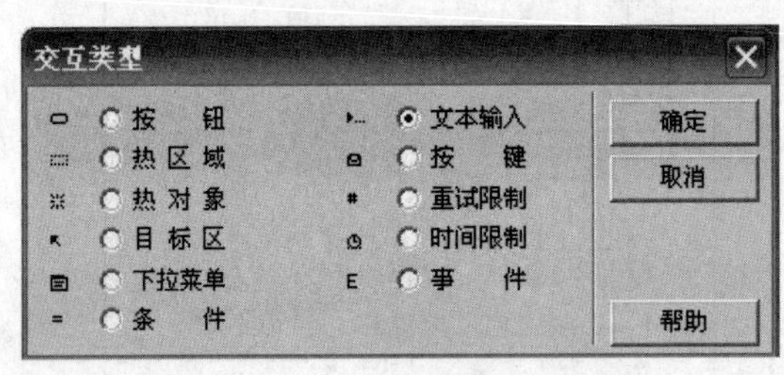

图 17-33 “交互类型”对话框

（5）双击交互图标“文本输入”，单击“绘图”工具栏中的A，在演示窗口中输入文字，字体为宋体，大小为 24，并调整其位置，如图 17-34 所示。

（6）双击计算图标“*”，打开代码编辑窗口，在窗口中输入 n1:=NumEntry，n2:=NumEntry2，如图 17-35 所示。

（7）拖拽一个判断图标到流程线下方，命名为“循环”。在操作区下方的“属性：决策图标‘循环’”面板中设置该判断图标的属性，如图 17-36 所示，在“重复”下拉列表框中选择“固定的循环次数”，在下面的输入框中输入次数为 n2-n1+1，在“分支”下拉列表框中选择“顺序分支路径”，如图 17-36 所示。

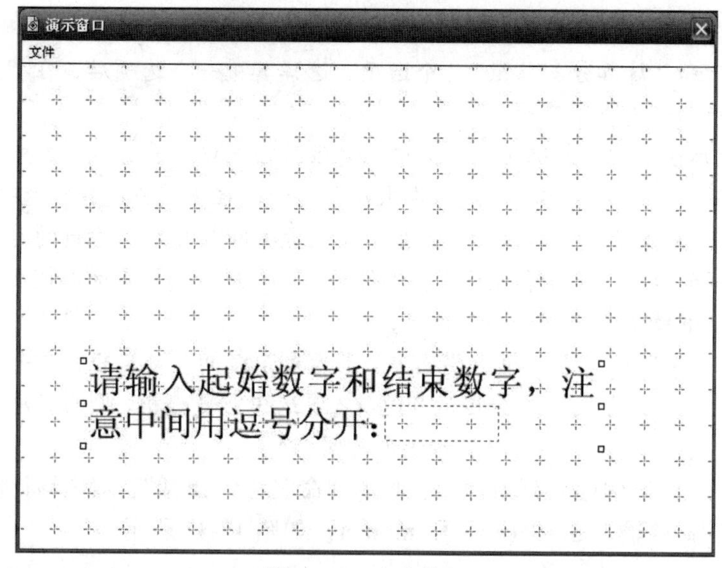

图 17-34　文本输入

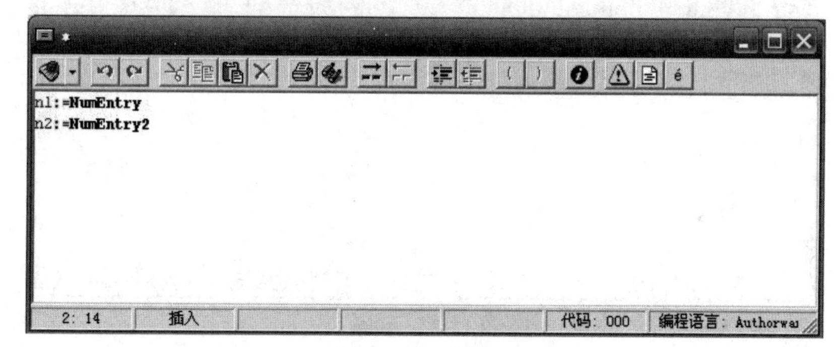

图 17-35　函数代码

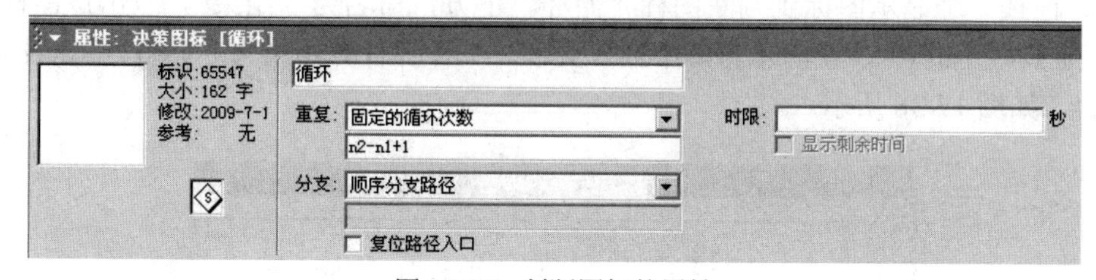

图 17-36　判断图标的属性

17.5.2　判断图标的属性设置

判断图标可以根据设置来决定程序进入哪一个分支，可以利用它实现课件制作中满足一定条件下的程序分支结构。双击判断图标，打开判断图标的属性面板，如图 17-36 所示。

知识拓展：在判断图标的“属性”面板中，各参数选项如下：

（1）“重复”下拉列表框。“重复”下拉列表框主要用于设置程序在判断分支结构中执行循环的次数，在该下拉列表框中主要包括“固定的循环次数”、“所有的路径”、“直到单击鼠标或按任意键”、“直到判断值为真”和“不重复”5 个选项。

（2）“分支”下拉列表框。“分支”下拉列表框中的各个选项与“重复”下拉列表框中的各个选项是配合使用的。主要包括“顺序分支路径”、“随机分支路径”、“在未执行过的路径中随机选择”和“计算分支路径”4个选项，选择其中一个选项后，在“分支”下拉列表框左侧会显示相应的分支类型符号。

（3）“复位路径入口”复选框。要选中“复位路径入口”复选框，首先必须在“分支”下拉列表框中选择“顺序分支路径”或“在未执行过的路径中随机选择”选项。

（4）“时限”文本框。“时限”文本框用于设置判断分支结构运行的时间，可以在文本框中输入代表时间的数值、变量和表达式，单位为秒。当执行到规定的时间之后，程序会跳过该判断分支结构，继续沿着流程线向下执行。

（5）“显示剩余时间”复选框。要选中“显示剩余时间”复选框，首先必须在“时限”文本框中输入数值后，该复选框才会显示可选状态。选中该复选框，则当程序运行到判断分支结构时，演示窗口将出现一个时钟以显示剩余时间。

（1）拖拽一个计算图标到判断图标右侧，并命名为“计算”。双击该计算图标，打开代码编辑窗口，在窗口中输入 S:=S*(n1+n)，n:=n+1，如图 17-37 所示。

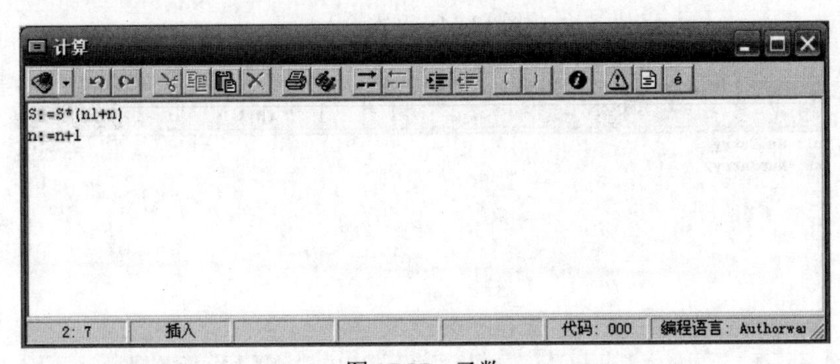

图 17-37　函数

（2）拖拽一个显示图标到判断图标“循环”下方，命名为“结果”，双击该图标，单击“绘图”工具栏中的 A，在演示窗口中输入文字——计算计算结果为：{S}，字体设为宋体，大小为 24，如图 17-38 所示。

图 17-38　输入文字

（3）拖拽一个等待图标到显示图标“结果”下方，命名为 5，在操作区下方“属性：等待图标[5]”面板中设置该图标属性，在 事件 后面选择“单击鼠标”和“按任意键”，时限设为 5，将“显示按钮”前的勾选去掉。

（4）拖拽一个交互图标到等待图标“5”下方，将其命名为“操作”。再拖拽一个计算图标到交互图标右侧，在弹出的“交互类型”对话框中选择“按钮”，如图 17-39 所示，将其命名为“重置”。再拖拽一个计算图标到计算图标“重置”的右边，并命名为“退出”。

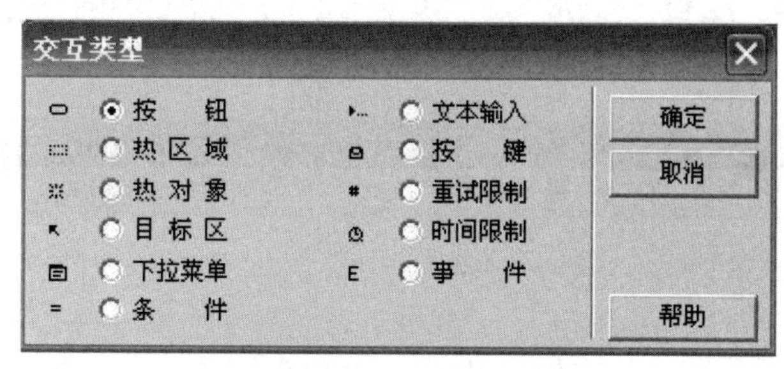

图 17-39　“交互类型”对话框

（5）双击交互图标“操作”，再双击演示窗口中的按钮“重置”，然后在操作区下方“属性：交互图标‘重置’”面板中设置其属性，单击 按钮...，在弹出的对话框中选择按钮类型，如图 17-40 所示。

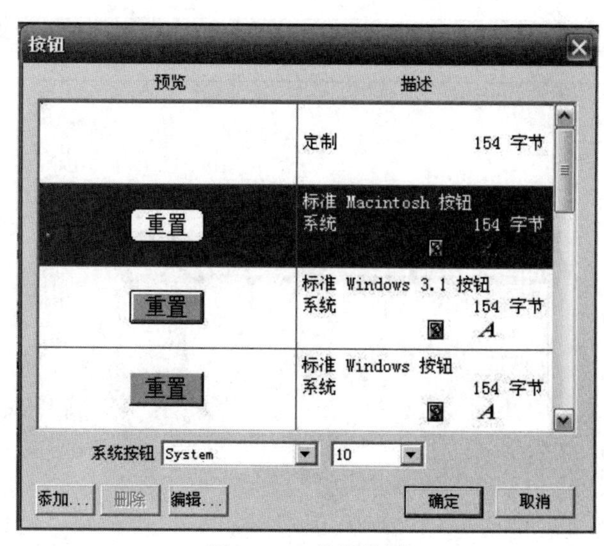

图 17-40　按钮设置

（6）按照步骤（5）的方法设置“退出”按钮类型。

（7）双击计算图标“重置”，打开代码编辑窗口，在窗口中输入“GoTo(IconID@"初值")”，如图 17-41 所示。

（8）双击计算图标“退出”，打开代码编辑窗口，在窗口中输入“Quit()”，如图 17-42 所示。

（9）单击控制面板，单击运行，在文本输入框中输入“2，4”，按 Enter 键观看结果，如图 17-43 所示。

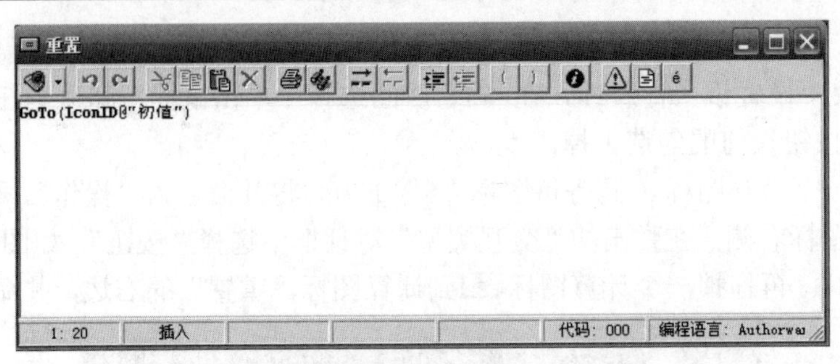

图 17-41 函数

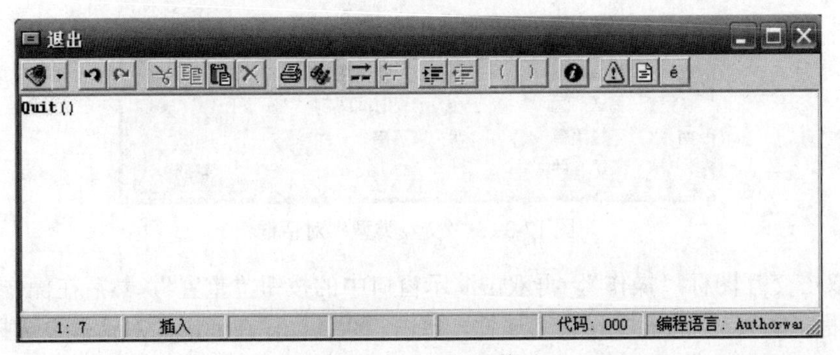

图 17-42 退出函数

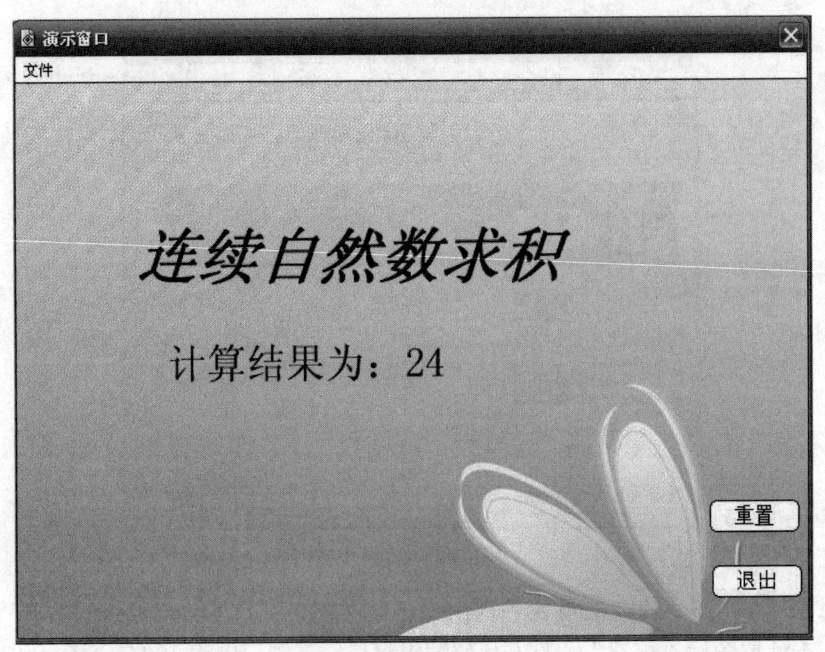

图 17-43 演示课件

第 18 章　Authorware 基本动画的制作与设置

在计算机辅助教学课件中，许多时候动画往往比文字和固定的图像更有说服力，更能激发学生学习的兴趣，获得较好的教学效果。在 Authorware 7.0 中，可以用视频图标、数字电影图标等添加动画，同时它也具有简单的二维动画制作能力。本章主要介绍如何利用移动图标来制作动画。

学习目标：

- 知道移动图标的常用类型
- 学会使用“移动到固定点”和“移动到直线上的某点”移动方式
- 学会使用“移动到固定区域中的某点”移动方式
- 学会使用“沿着固定路径移动到路径终点”移动方式
- 学会使用“沿着固定路径移动到某点”移动方式

18.1　指向固定点和指向固定路径的终点

学习目标：

- 知道“指向固定点”和“指向固定路径的终点”的特点
- 熟悉“指向固定点”和“指向固定路径的终点”的属性设置
- 能够在课件设计过程中使用“指向固定点”移动方式
- 了解“指向固定路径上的任意点”移动方式的特点与设置

在 Authorware 中制作运动效果，需要使用移动图标来控制对象在展示窗口中移动。本章将结合实例来了解各种移动方式的特点。在使用移动图标之前，必须先把要移动对象对应的图标放在流程线上，然后再拖拽一个移动图标到该图标的下方，选择移动对象。

编者提示：由于移动图标控制的是运动对象，所以移动的只是对象的位置，而对于对象的形状、大小、色彩、透明度等均无能为力。该软件提供了 5 种运动的类型，只要构思巧妙也可以组合出精美的动画。

> **学习导航：**怎样具体地根据移动对象、移动方式来设置动画呢？接下来依次阐述这 5 种运动方式。

这里通过讲解两个小球的运动示例，让大家了解“指向固定点”和“指向固定路径的终点”两种移动方式。总的操作流程图如图 18-1 所示。

18.1.1　“指向固定点”动画设置

（1）新建一个文件，保存并命名为“指向固定点和曲线终点”。

（2）拖拽一个显示图标到流程线上，并命名为“背景”，如图 18-2 所示。

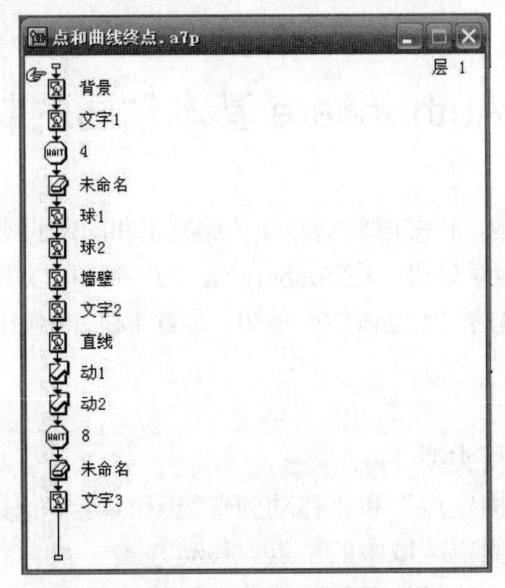

图 18-1　操作流程图

（3）双击显示图标导入背景，如图 18-3 所示。

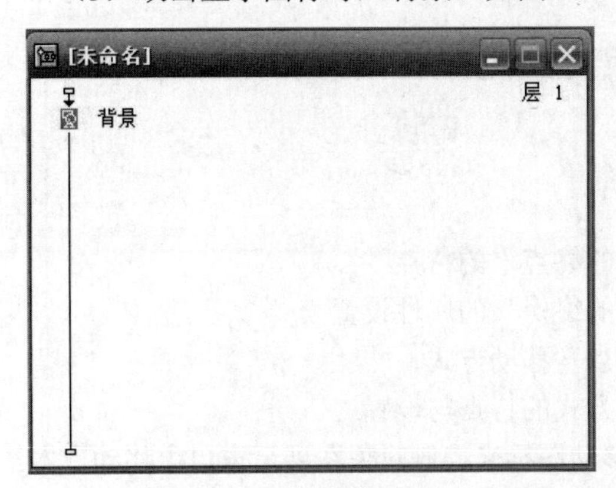

图 18-2　拖放显示图标

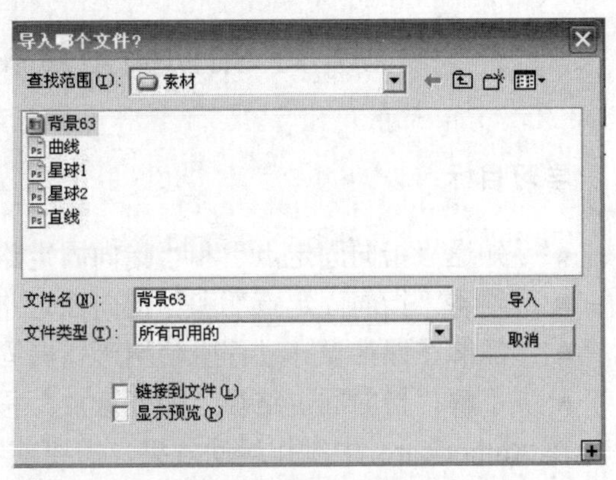

图 18-3　导入背景

（4）拖拽一个显示图标到流程线下方，并命名为“文字 1”，如图 18-4 所示。双击显示图标“文字”，单击**A**，在弹出的演示窗口中输入文字，如图 18-5 所示。单击设置其特效方式为“水平百叶窗示”。

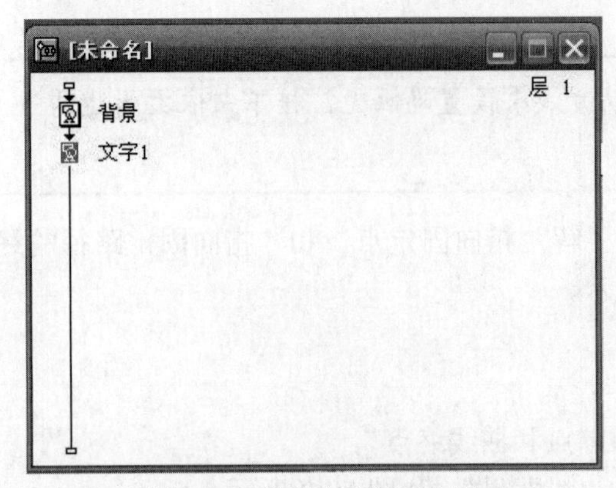

图 18-4　拖放文字显示图标

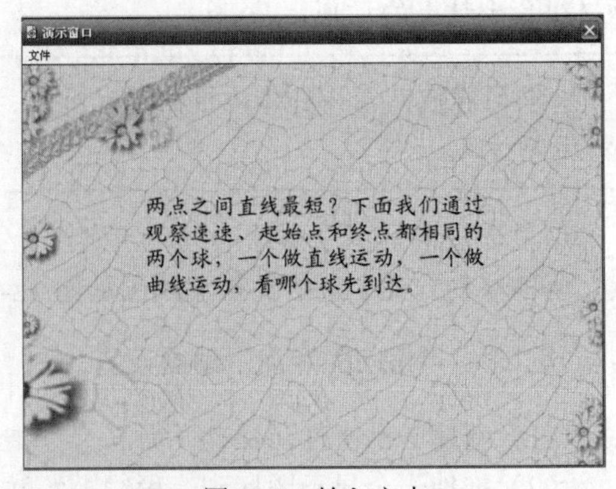

图 18-5　输入文本

（5）拖拽一个等待图标到流程下方并命名为“4”，在操作区下方设置等待图标“4”的属性，取消选中“按任意键”和“显示按钮”复选框，在“时限”文本框中输入 4，表示等待 4 秒，如图 18-6 所示。

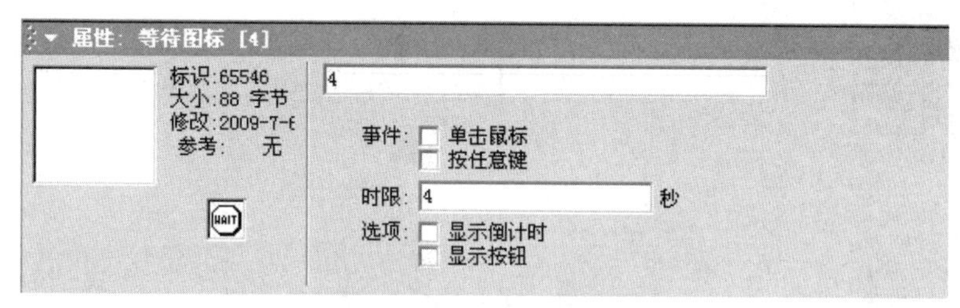

图 18-6　等待图标的属性面板

（6）拖拽一个擦除图标到等待图标“4”的下方，并命名为“文字 1”，在操作区下方设置其属性，在 被擦除的图标 列表中选中 文字1（也可以在演示窗口中单击“文字 1”），如图 18-7 所示。

图 18-7　擦除图标的属性面板

（7）拖拽两个显示图标在擦除图标“文字 1”下方，并分别命名为“球 1”、“球 2”。双击显示图标“球 1”，在弹出的演示窗口中导入星球 1，如图 18-8（a）所示。双击显示图标“球 2”，在弹出的演示窗口中导入星球 2，如图 18-8（b）所示。

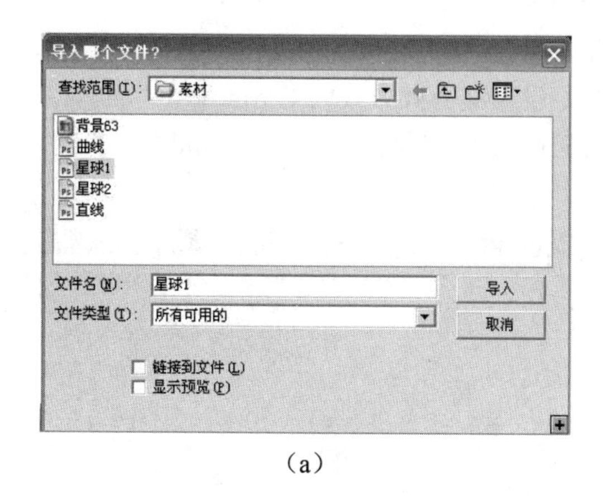

（a）

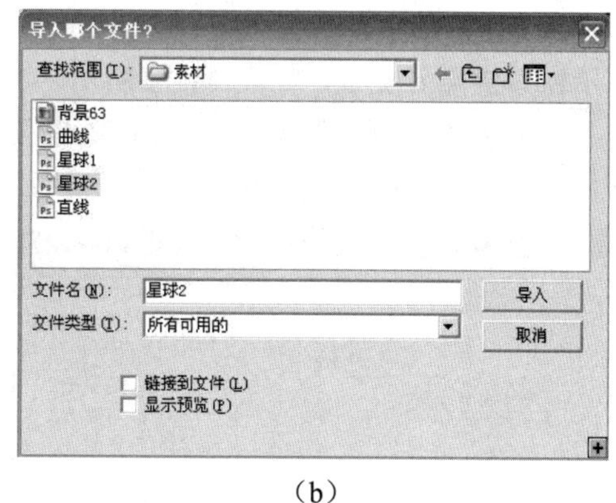

（b）

图 18-8　导入文件

（8）分别单击两个小球，设置它们的的显示模式为“透明”，如图 18-9 所示。

（9）双击显示图标 “球 1”，按住 Shift 键双击“球 2”，使两个小球同时显示在演示窗口中，并调整它们的位置使其垂直对齐，如图 18-10 所示。

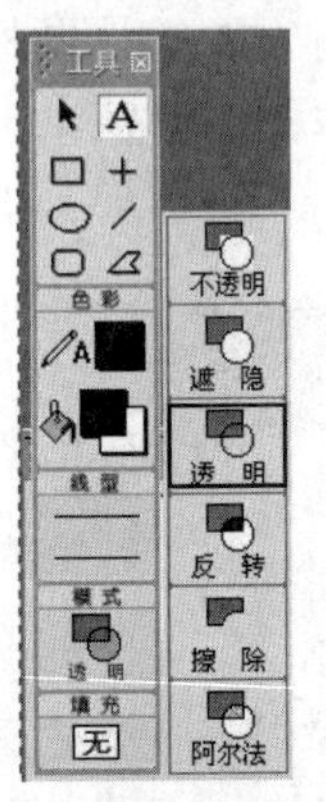

图 18-9　设置显示模式

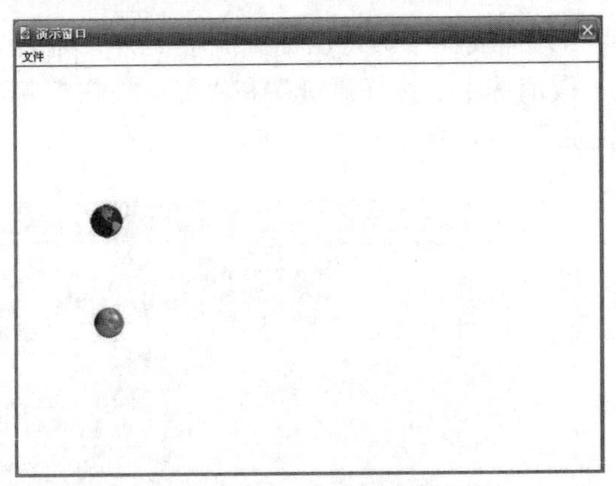

图 18-10　小球位置

（10）拖拽一个显示图标到“球 2”下方，并命名为“墙壁”。双击该显示图标，再单击斜线工具，在演示窗口中绘制一条直线，如图 18-11 所示。

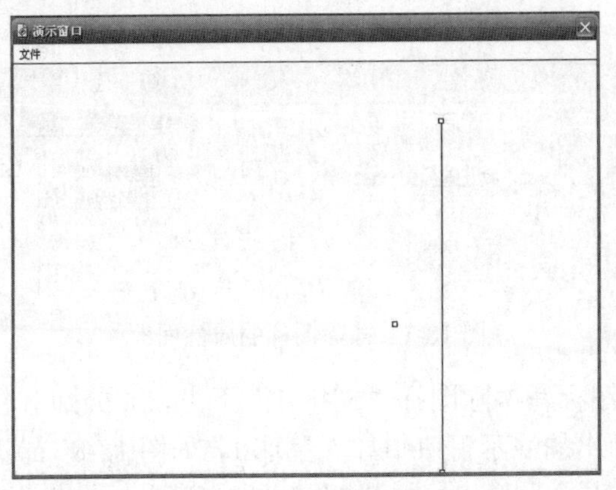

图 18-11　演示窗口直线

（11）拖拽一个显示图标到“墙壁”下方，并命名为“文字 2”，双击该显示图标，单击 A，在演示窗口中输入文字，如图 18-12 所示。单击设置其特效方式为 Cover up。

（12）双击“背景”图标，按住 Shift 键双击显示图标“球 1”、“球 2”和“文字 2”，调整它们的位置，如图 18-13 所示。

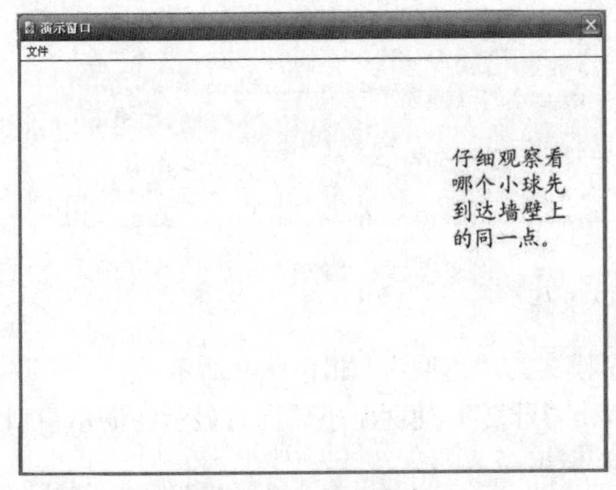

图 18-12　输入文本

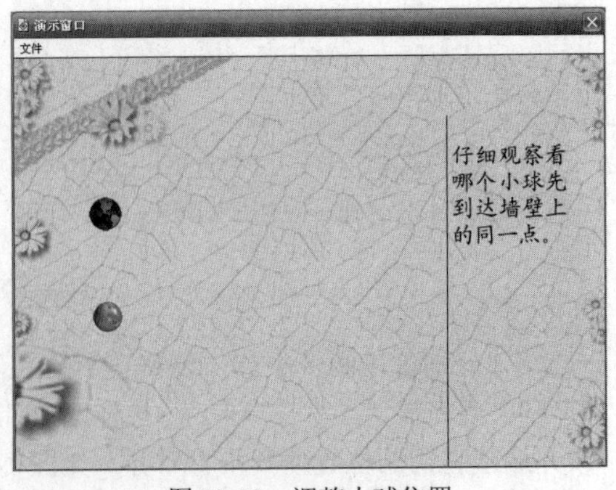

图 18-13　调整小球位置

（13）拖拽一个显示图标在“文字 2”下方，并命名为“直线”。双击该显示图标，在演示窗口中同时导入文件“直线”和“曲线”，如图 18-14 所示。

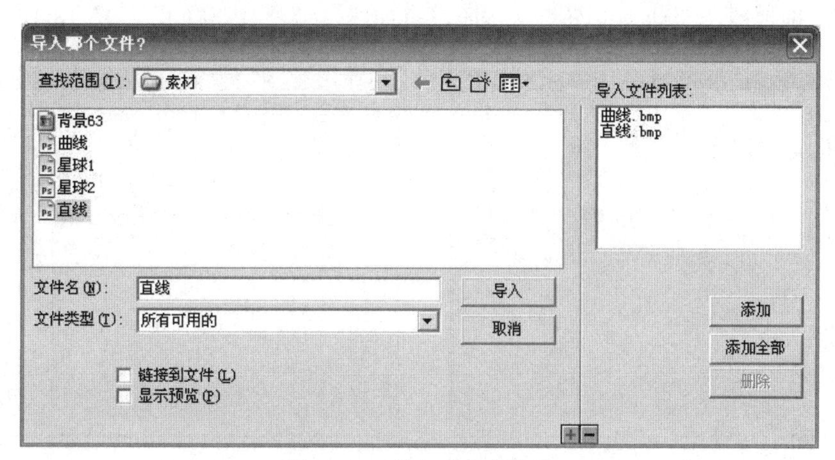

图 18-14　导入直线和曲线

编者提示：导入这两条线是为了下面设置两个小球的运动路径，让小球按照此路径运动，便于理解。

（14）双击“背景”图标，按住 Shift 键双击显示图标“球 1”、“球 2”、“文字 2”、“墙壁”和“直线”，调整它们的位置，如图 18-15 所示。

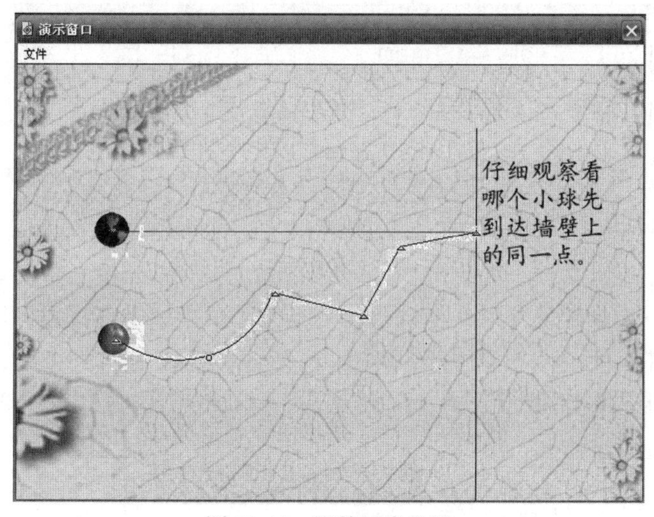

图 18-15　调整元素位置

（15）拖拽两个移动图标到流程线下方，分别命名为“动 1”、“动 2”。用鼠标指针按住显示图标“球 1”不放，将显示图标拖动到移动图标“动 1”上后释放鼠标左键。使用同样的方法，将移动图标“动 2”与显示图标“球 2”建立链接。单击 类型: 分别设置两个移动图标的类型为“指向固定点”和“指向固定路径的终点”。

编者提示：在设置动画时一定要把运动对象和移动图标结合起来，否则无法让移动图标控制对象。

（16）双击“背景”图标，按住 Shift 键单击显示图标“球 1”、“球 2”、“文字 2”、“墙壁”和“直线”，单击移动图标“动 1”，拖拽球 1 至直线的终点，如图 18-16（a）所示。单击移动图标“动 2”，拖拽球 2 至球 1 的终点（按照已有曲线，调整其路径），如图 18-16（b）所示。

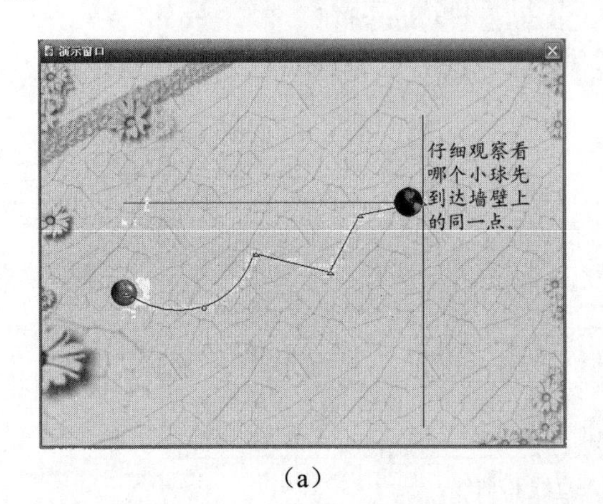

（a）

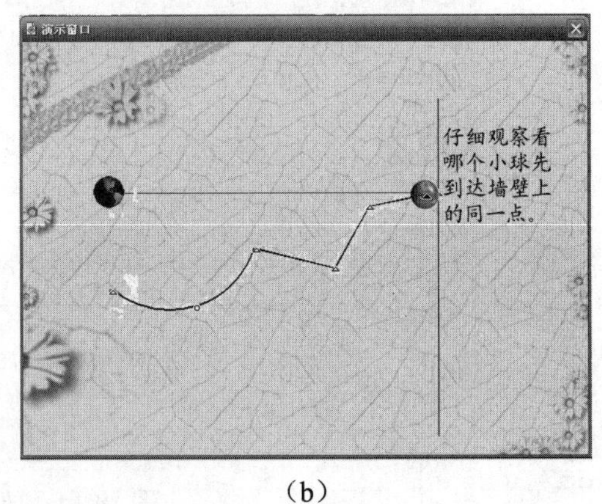

（b）

图 18-16　小球的直线和曲线运动路径

（17）拖拽一个等待图标至移动图标“动 2”下方，并命名为“10”，设置其属性，取消选中“按任意键”和“显示按钮”复选框，在“时限”文本框中输入 10，表示等待 10 秒，如图 18-17 所示。

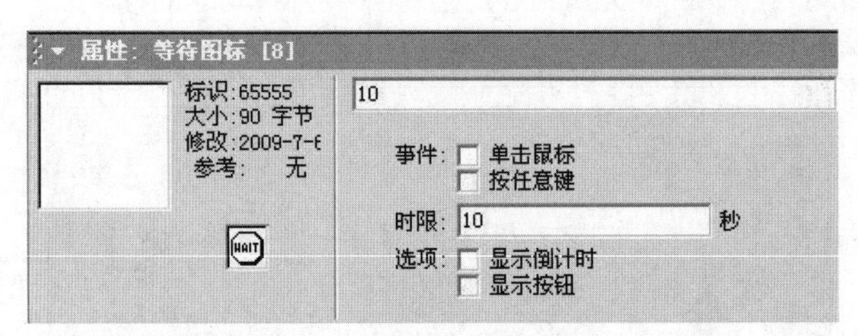

图 18-17　设置小球运动时间

（18）拖拽一个擦除图标至等待图标“10”下方，单击该图标，在“属性：擦除图标[未命名]”面板中设置其属性，在 被擦除的图标 中选择显示图标“球 1”、“球 2”、“文字 2”、“墙壁”和“直线”，如图 18-18 所示。

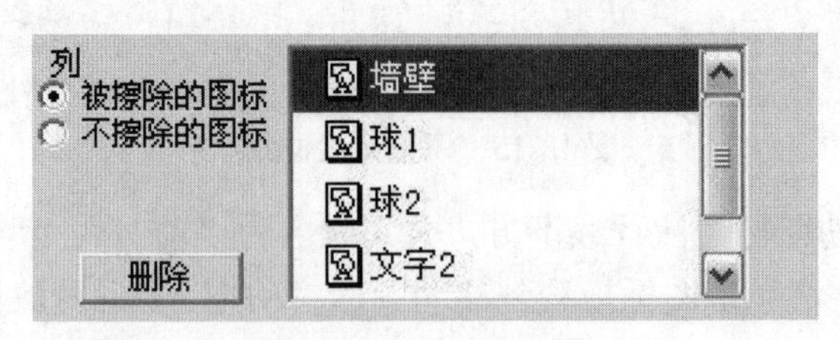

图 18-18　设置擦除属性

（19）拖拽一个显示图标到流程图标最下方，并命名为“文字 3”。双击该图标，单击 A，在演示窗口中输入文字，如图 18-19 所示。并单击 设置其特效方式为“马赛克效果”。

（20）单击 按钮，观看效果，两个小球的运动效果如图 18-20 所示。

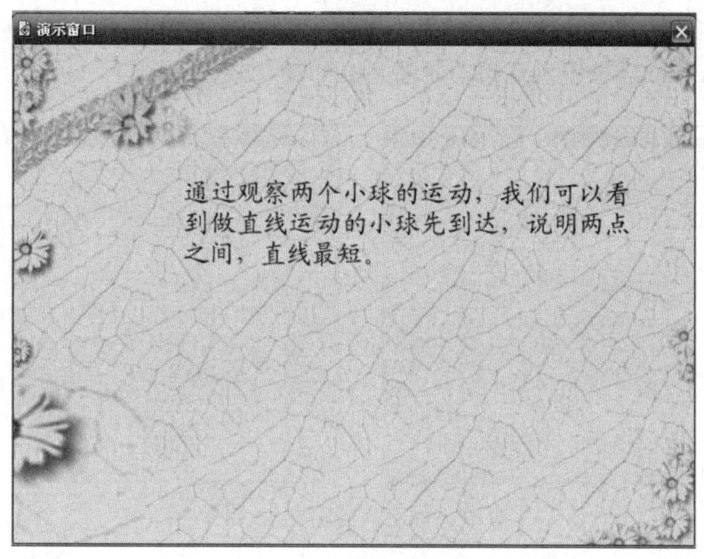

图 18-19　输入文本

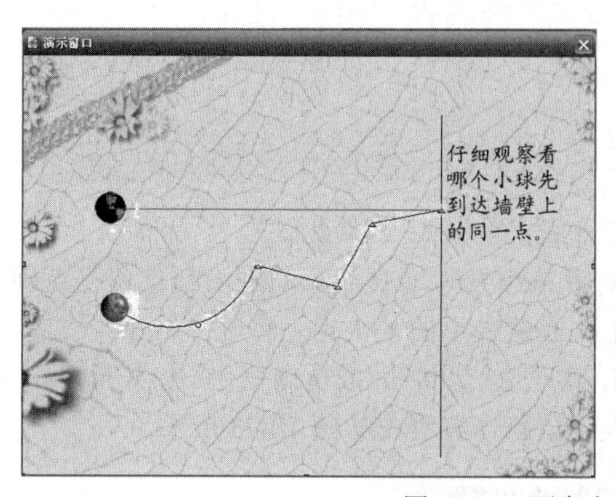

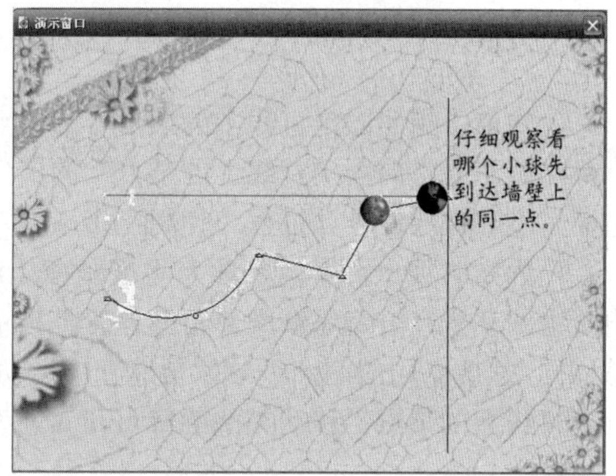

图 18-20　两个小球运动前后的效果

18.1.2　“指向固定路径上的任意点”动画设置

该类型与“指向固定路径上的终点”一样，也是将图像沿着一条路径移动，所不同的是，它可以将图像移动到路径的任意位置。其属性面板如图 18-21 所示。其绘制路径的方法和“指向固定路径上的终点”绘制路径的方法相同。路径绘制完毕后，在“目标”文本框中输入目标位置的值即可。

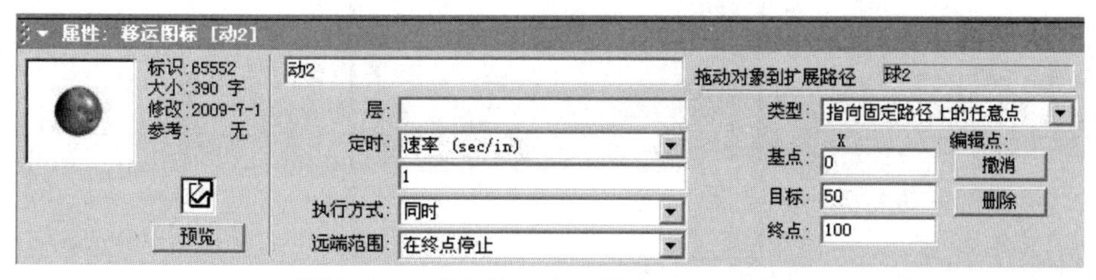

图 18-21　“属性：移动图标[动 2]”面板

下面将上面示例中球 2 的移动类型设为“指向固定路径上的任意点”，在“目标”文本框中输入 50，单击 预览 按钮预览移动效果，如图 18-22 所示。

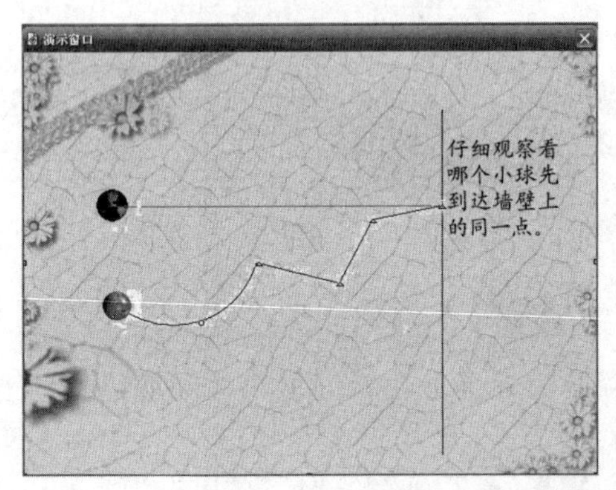

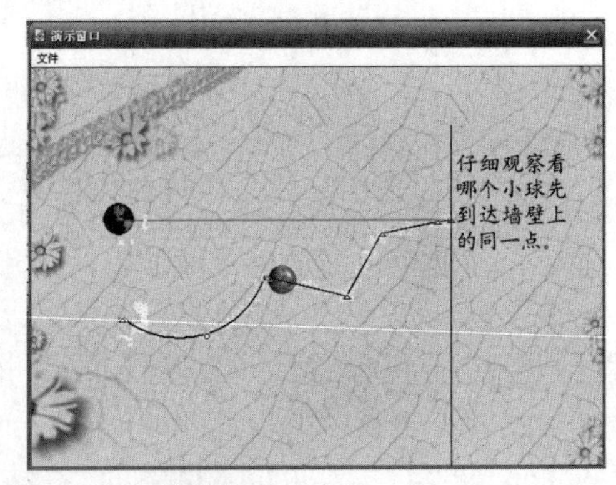

图 18-22 两个小球运动前后的效果

18.2 指向固定直线上的某点

学习目标：

- 知道“指向固定直线上的某点”的特点
- 熟悉“指向固定直线上的某点”的属性设置
- 能够在课件设计过程中使用“指向固定直线上的某点”移动方式

指向固定直线上的某点，顾名思义是指让对象从出发点沿直线移动到由起点和终点确定的直线上的某个点。对象最终停留的位置是指定直线路径上的某个点。将以“匀速直线运动，位移相同，速度不同的两个小球做匀速直线运动，验证速度和时间成反向变化”的实例了解“指向固定直线上的某点”移动类型的特点和属性设置。总体流程图如图 18-23 所示。

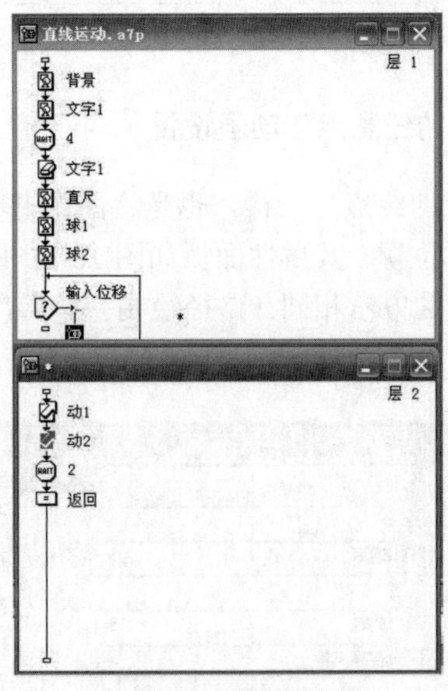

图 18-23 总体流程图

18.2.1　设置界面窗口

（1）单击“新建文件”命令，保存并命名为“指向固定直线上的某点”。

（2）拖拽一个显示图标到流程线上，并命名为“背景”，双击该图标，在弹出的演示窗口中导入背景，如图 18-24 所示。

（3）拖拽一个显示图标到“背景”显示图标下方，命名为“文字 1”，双击该图标，在弹出的演示窗口中输入文字，如图 18-25 所示。

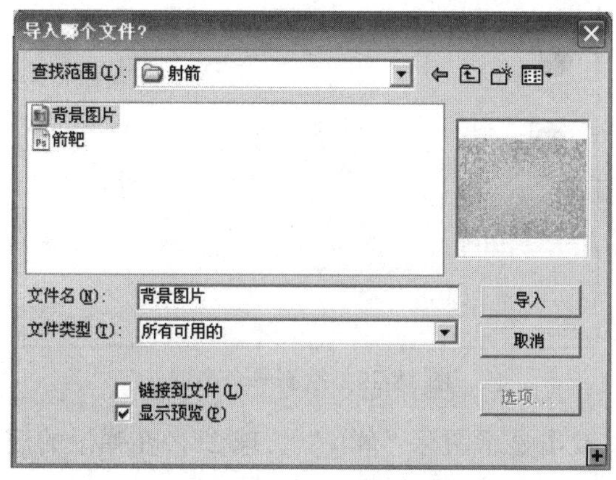

图 18-24　导入背景图片

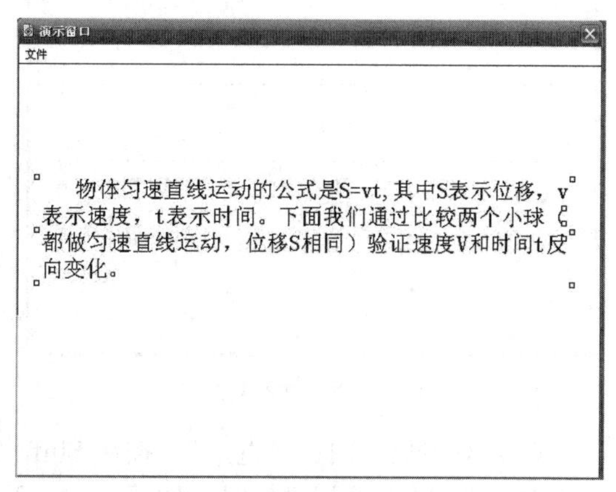

图 18-25　输入文字

（4）拖拽一个等待图标到“文字”显示图标下方，命名为“4”，然后修改其属性，取消选中“按任意键”和“显示按钮”复选框，“时限”设置为 4，如图 18-26 所示。

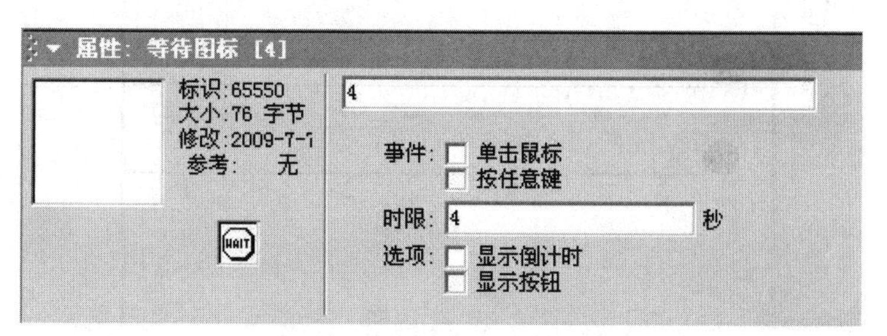

图 18-26　修改等待图标属性

（5）拖拽一个擦除图标到等待图标下方，命名为“文字 1”，双击该图标，在“属性：擦除图标[文字 1]”面板中选中 ⊙ 被擦除的图标 ，单击演示窗口中的文字，如图 18-27 所示。

图 18-27　擦除文字

（6）拖拽一个显示图标到流程线下方，命名为“直尺”，双击该图标，在弹出的演示窗口中导入“直尺”图片，选中导入的直尺，复制并粘贴，调整其位置，如图 18-28 所示。

18.2.2　设置运动对象

（1）拖拽两个显示图标到“直尺”显示图标下方，分别命名为“球 1”、“球 2”，双击“球 1”显示图标，单击“绘图”工具栏中的，在演示窗口中绘制一个圆，填充颜色为蓝色，以同样的方法在显示图标“球 2”中绘制一个红色圆球，如图 18-29 所示。

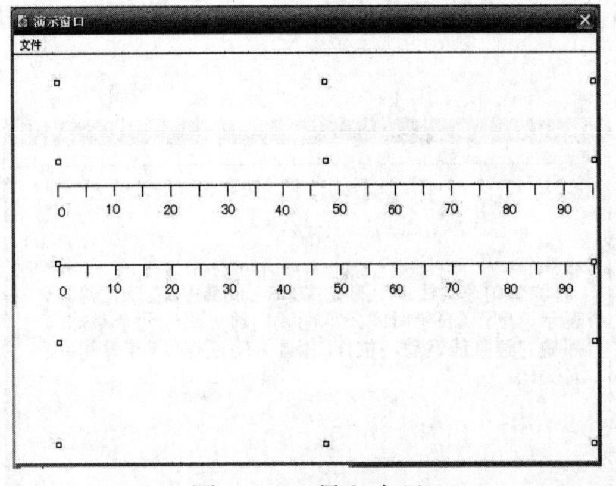

图 18-28　导入直尺

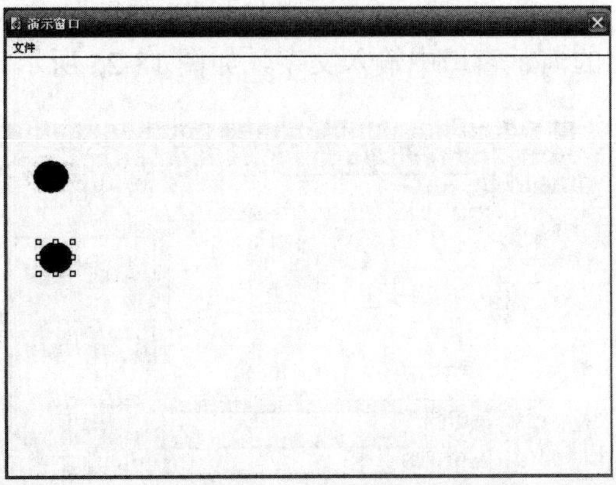

图 18-29　绘制两个小球

（2）双击显示图标“直尺”，按住 Shift 键，双击显示图标“球 1”“ 球 2”，在弹出的演示窗口中调整它们的相对位置，如图 18-30 所示。

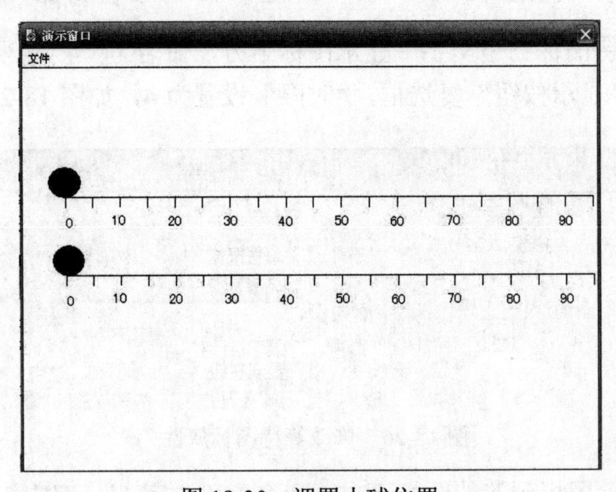

图 18-30　调置小球位置

编者提示：使用这种类型首先要确定直线的基点和终点位置，然后将对象移动到目标点。这里设置的标尺就是确定这条直线。

> **学习导航：**设置了直线和运动对象后，靠什么作为触发点呢？也是就说通过什么来控制小球开始运动呢？在前一个实例中也曾遇到这个问题，在此依然采用文本交互作为触发事件。

18.2.3　设置简单文本交互

（1）拖拽一个交互图标到流程线下方，将其命名为“输入位移”。再拖拽一个“群组图标”到交互图标左下方，在弹出的“交互类型”对话框中选择“文本输入”，如图 18-31 所示。将群组图标命名为“*”。

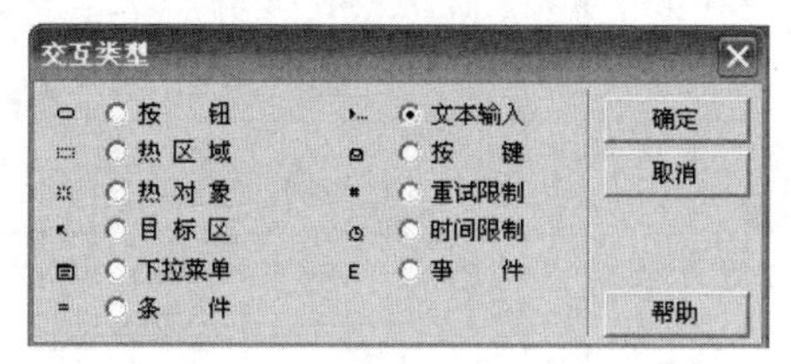

图 18-31　“交互类型”对话框

（2）双击交互图标，单击“绘图”工具栏中的 A，在演示窗口中输入文字，字体设为楷体 GB2312，大小为 18，并调整其与文本输入框的位置，如图 18-32 所示。

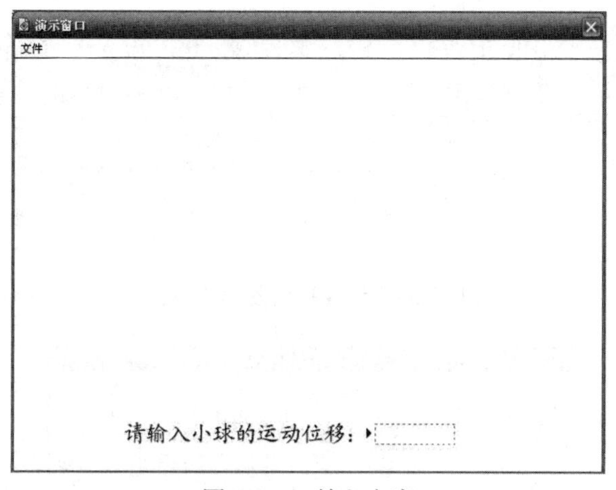

图 18-32　输入文字

知识拓展：多次提到 Authorware 具有强大的交互功能，文本交互是在用户输入匹配文本后进行交互的一种方式，由交互图标和响应类型响应分支构成。在这里只是简单地涉及，下一章还将专门介绍交互控制。

18.2.4　创建动画方式

（1）双击群组图标，拖拽两个移动图标到流程线上，分别命名为“动 1”、“动 2”。用鼠标按住显示图标“球 1”不放，将该显示图标拖动到移动图标“动 1”上后释放鼠标左键，使显示图标“球 1”与该移动图标建立链接。使用同样的方法使显示图标“球 2”与移动图标“动 2”建立链接。

（2）双击移动图标“动 1”，在“属性：移动图标[动 1]”面板中设置属性，执行方式设为“同时”，定时选择“速率（sec/in）1”；在类型中选择“指向固定直线上的某点”，在 基点 后面输入 0，确定运动起始点；在 终点 后面输入 90，确定终点，单击球 1（上面的球）拖拽其至终点，如图 18-33（a）所示；在 目标 后面输入 EntryText，如图 18-33（b）所示。

（3）双击移动图标“动 2”，在“属性：移动图标[动 2]”面板中设置属性，执行方式设为“同时”，定时选择“速率（sec/in）3”；在类型中选择“指向固定直线上的某点”，在 基点 后面输入 0，确定运动起始点；在 终点 后面输入 90，确定终点，单击球 2（下面的球）拖拽其至终点，如图 18-34（a）所示；在 目标 后面输入 EntryText，如图 18-34（b）所示。

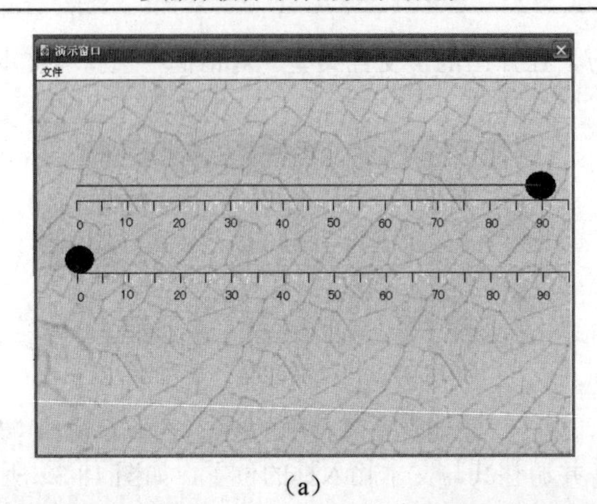

（a）

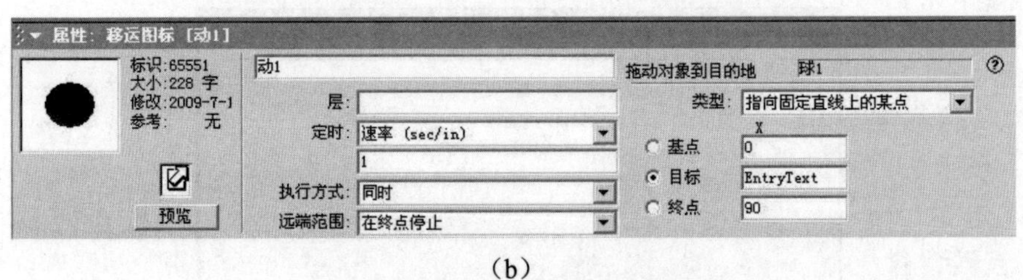

（b）

图 18-33　设置移动图标的属性

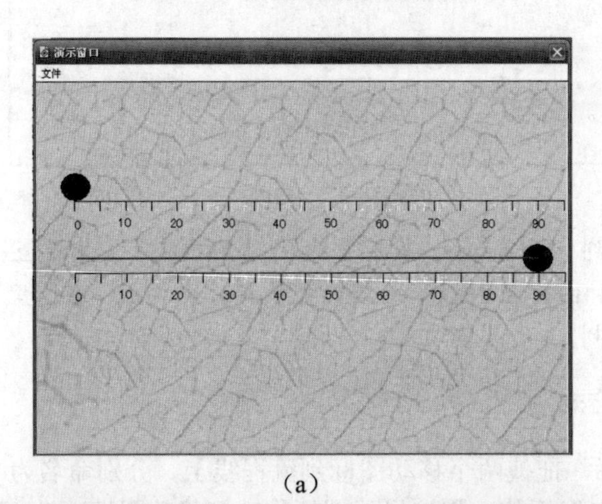

（a）

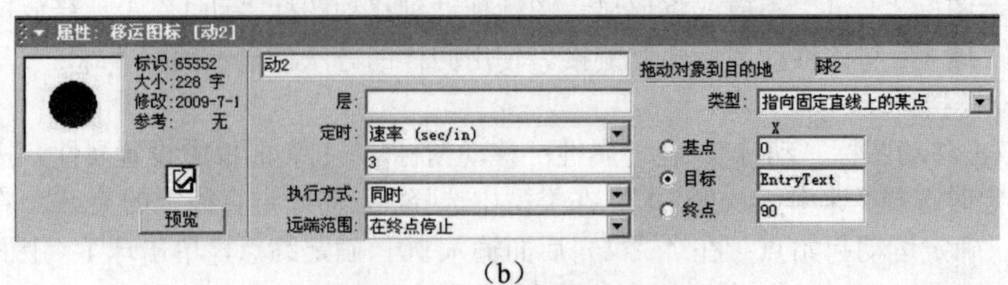

（b）

图 18-34　设置移动图标的属性

（4）拖拽一个等待图标到移动图标“动 2”下方，命名为“30”，在“属性：等待图标[30]”面板中设置等待图标的属性，勾选“单击鼠标”复选框，事件完成后，可以通过单击鼠标返回；取消选中“按任意键”和“显示按钮”复选框，在“时限”文本框中输入 30，如图 18-35 所示。

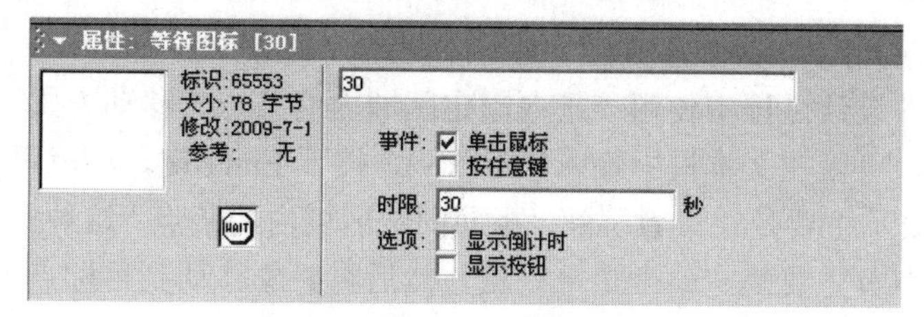

图 18-35　设置等待图标的属性

（5）拖拽一个计算图标到等待图标“30”下面，命名为“返回”，双击该图标，在弹出的窗口中输入“GoTo(IconID@"球 1")”，如图 18-36 所示。

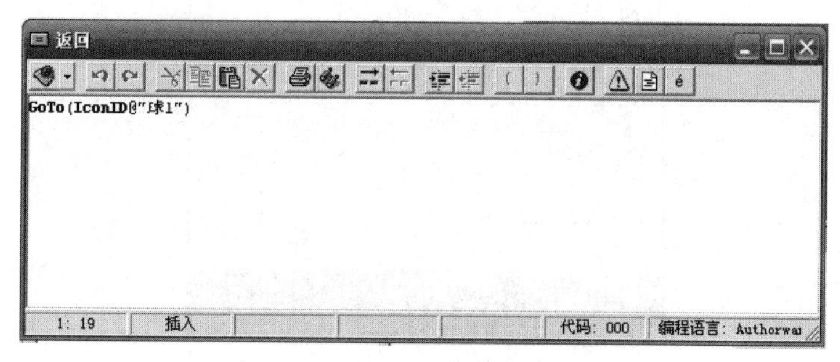

图 18-36　“返回”图标的函数

18.2.5　调试运行

单击控制面板，单击“运行”按钮，观看效果。在文本框中输入 60，运行效果如图 18-37 所示。

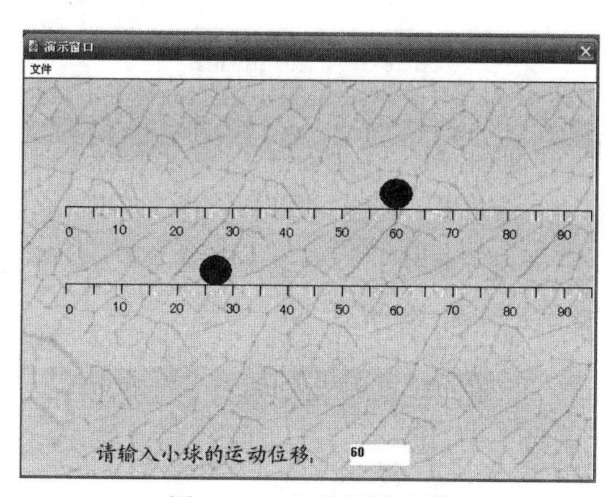

图 18-37　运行效果截图

18.3　指向固定区域内的某点

学习目标：

- 知道“指向固定区域内的某点”的特点

- 熟悉“指向固定区域内的某点”的属性设置
- 能够在课件设计过程中使用“指向固定区域内的某点”移动方式

在这个游戏中，可以在文本框中输入坐标(x,y)，按下 Enter 键，环就可以将该坐标上的车标套住。该示例的演示主要是让读者了解“指向固定区域内的某点”这种移动方式的使用及其效果。使用这种类型首先要确定一个矩形区域，然后将对象移动到目标点上。

这个示例的操作步骤的总体流程图如图 18-38 所示。

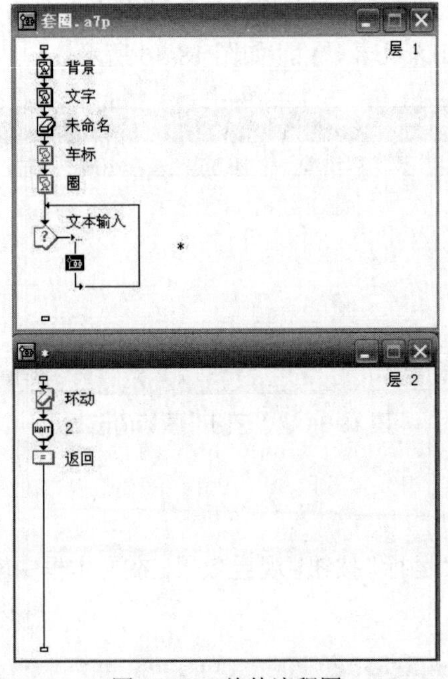

图 18-38 总体流程图

18.3.1 设计窗口界面

（1）新建文件，命名为“圈车”。

（2）在流程线上拖入一个显示图标，并命名为“背景”。双击该显示图标，在弹出的演示窗口中单击导入背景图片，如图 18-39 所示。

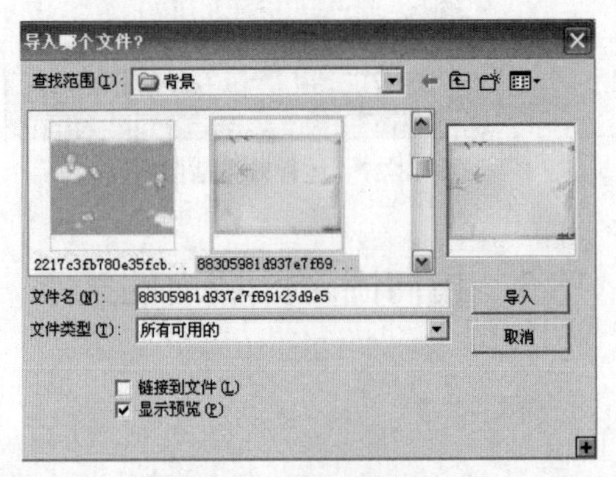

图 18-39 导入背景图片

（3）拖拽一个显示图标到显示图标“背景”下方，命名为“文字”，双击该显示图标，单击“绘图”工具栏中的A，然后在弹出的演示窗口中输入文字，设置字体为“新宋体”，大小为 24，效果如图 18-40 所示。单击设置文字的特效为“以线形式由内往外”。

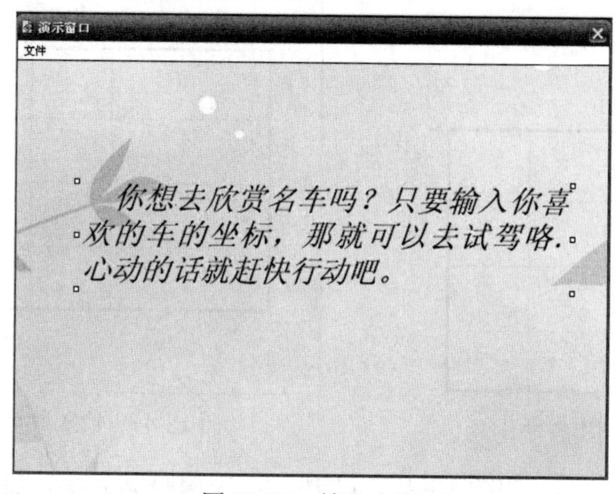

图 18-40　输入文字

（4）拖拽一个等待图标到流程线下方，命名为“5”，取消选中“按任意键”和“显示按钮”复选框，时限设为 5，如图 18-41 所示。

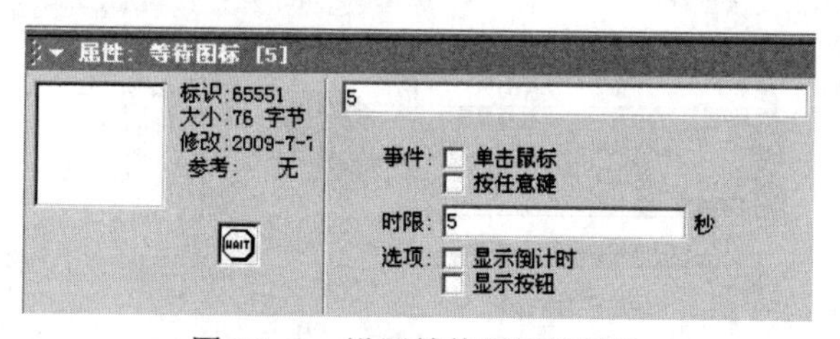

图 18-41　设置等待图标的属性

（5）拖拽一个擦除图标到显示图标“文字”下方，在其“属性：擦除图标[未命名]”面板中设置，在被擦除的图标后面单击显示图标“文字”，表示将其擦除，如图 18-42 所示。

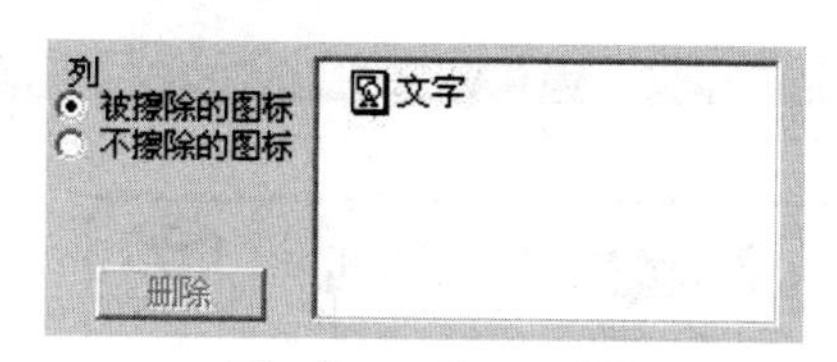

图 18-42　擦除文字

18.3.2　固定区域设计

（1）拖拽一个显示图标到擦除图标下方，命名为“车标”，双击该图标，单击“绘图”工具栏中的，在演示窗口中绘制一个矩形框，然后单击+，在矩形框中绘制直线，效果如图 18-43 所示。

（2）单击“绘图”工具栏中的A，在矩形框的两个顶点输入 x 和 y，用同样的方法在矩形框的两边输入数字 1、2、3…。分别选中 X 轴上的数字 1、2、3、4、5，单击“修改”→“排列”命令，选中其中的 。以同样的方法选中 Y 轴上的数字，单击“修改”→“排列”命令，选中其中的 。效果如图 18-44 所示。

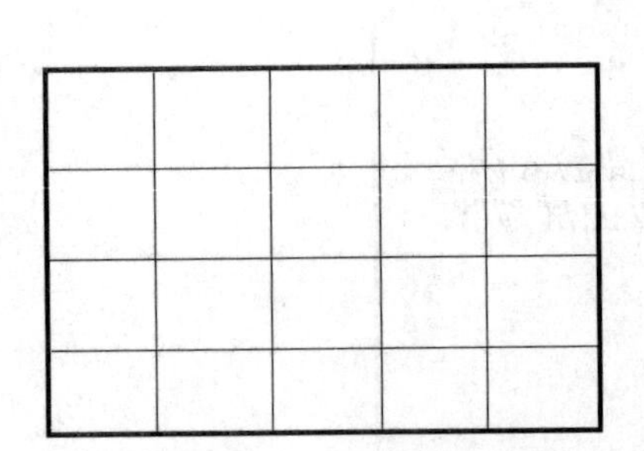

图 18-43 绘制矩形框

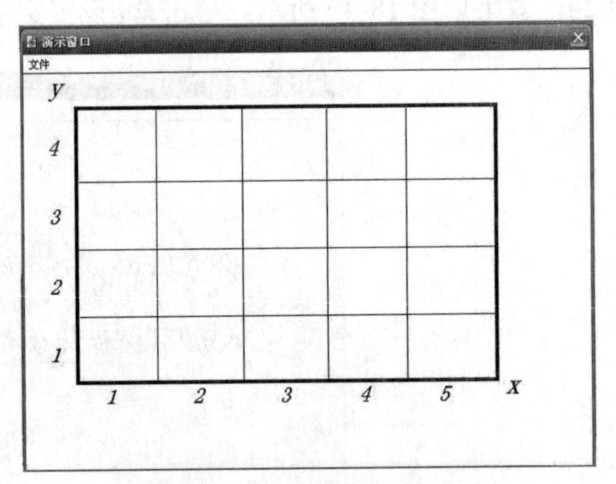

图 18-44 输入数字并调整位置

（3）单击 ，导入车标，如图 18-45（a）所示。并调整其大小，显示模式设置为“透明”，将它们放入每个方格中，效果如图 18-45（b）所示。

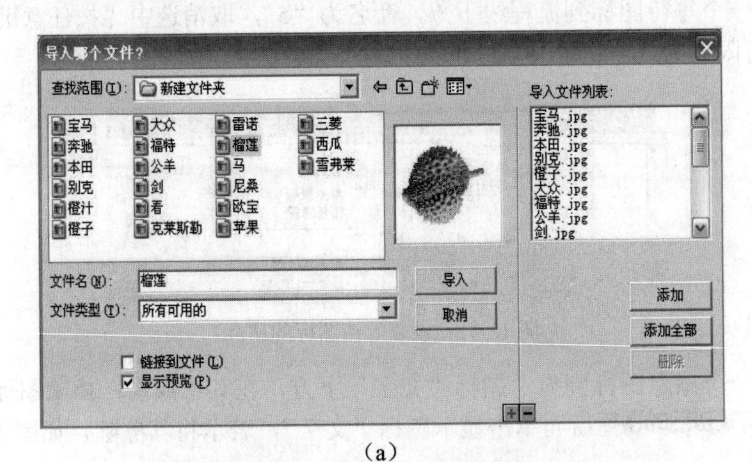

（a）

（b）

图 18-45 导入图像并调整

（4）将方格中的图片和矩形框以及坐标轴上的数字群组（单击“修改”→“群组”命令）。

18.3.3　设计移动对象

（1）拖拽一个显示图标在流程线下方，命名为“环”，双击该图标，单击“绘图”工具栏中的，在演示窗口中绘制一个圆环，设置显示模式为“透明”，如图 18-46 所示。

（2）双击“背景”显示图标，按住 Shift 键，双击“车标”、“环”显示图标，调整它们的位置，如图 18-47 所示。

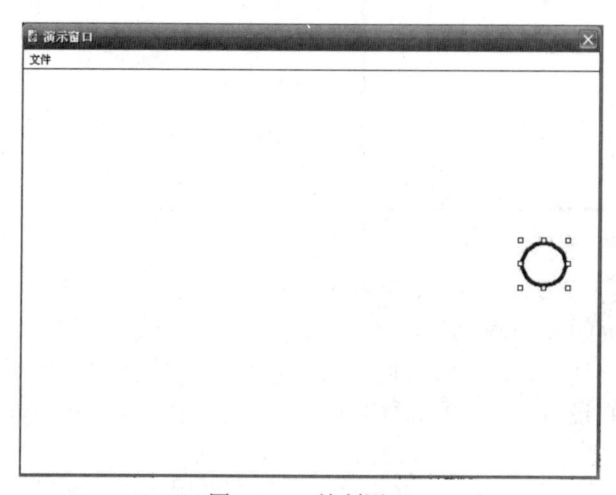

图 18-46　绘制圆环

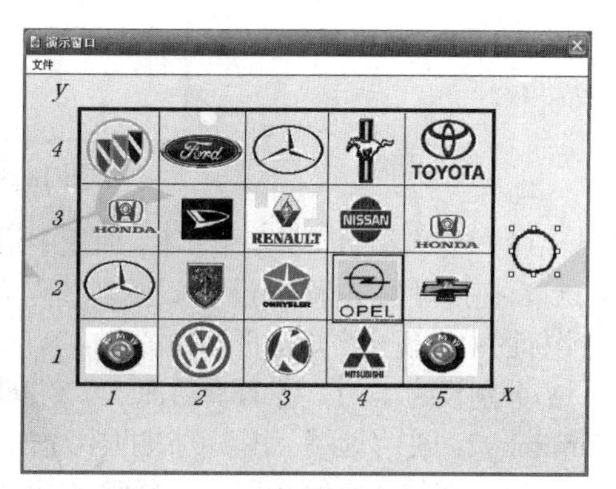

图 18-47　调整运动图标位置

18.3.4　设置简单文本交互

（1）拖拽一个交互图标到流程线下方，将其命名为“文本输入”。再拖拽一个“群组图标”到交互图标左下方，在弹出的“交互类型”对话框中选择“文本输入”，如图 18-48 所示。将群组图标命名为“*”。

（2）双击交互图标，单击“绘图”工具栏中的，在演示窗口中输入文字，字体设为黑体，大小为 14 号，并调整其与文本输入框的位置，如图 18-49 所示。

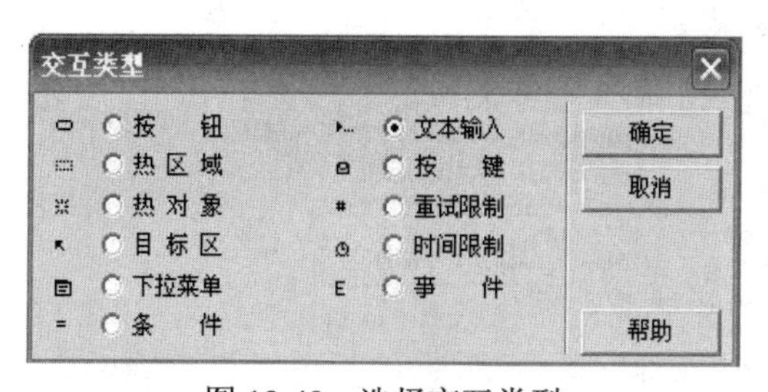

图 18-48　选择交互类型

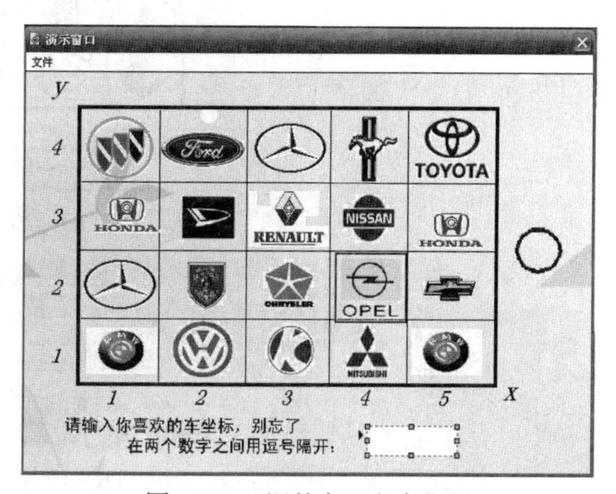

图 18-49　调整交互文本位置

18.3.5 创建动画方式

（1）双击群组图标，拖拽一个移动图标到流程线上，命名为“环动”，如图 18-50 所示。

（2）用鼠标指针按住显示图标“环”不放，将该显示图标拖动到移动图标“环动”上后释放鼠标左键，使显示图标“环”与该移动图标建立链接。

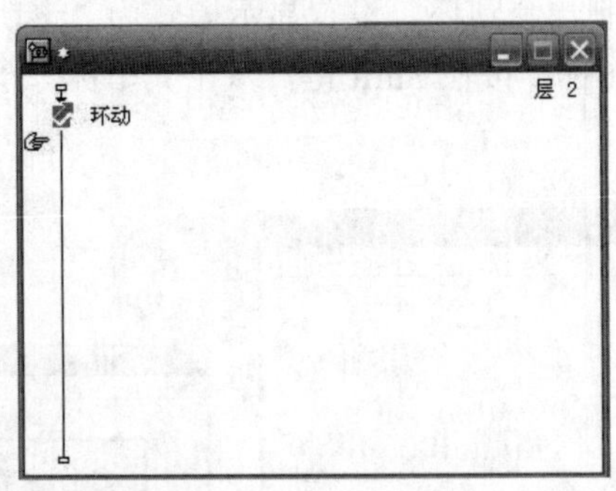

图 18-50 拖放移动图标

（3）在“属性：移动图标环”面板中设置移动图标属性，移动类型选择“指向固定区域内的某点”，拖拽环到坐标(1,1)上，设置其基点为(1,1)，再拖拽环到坐标(5,4)位置，设置该点为终点，在坐标图中出现一个矩形框，如图 18-51（a）所示，该矩形框就是环的运动区域。在 ⊙基点 后面 X、Y 分别设为 1、1，⊙终点 后面 X、Y 分别设为 5、4，⊙目标 后面 X、Y 分别设为 NumEntry、NumEntry2，在“远端范围”列表框中选择“到上一终点”，如图 18-51（b）所示。

（4）拖拽一个等待图标到移动图标“环动”下方，命名为“2”，取消选中“按任意键”和“显示按钮”复选框，时限设为 2，如图 18-52 所示。

（5）拖拽一个 [=] 到等待图标“2”下方，命名为“返回”，双击该图标，在弹出的窗口中输入“GoTo(IconID@"环")”，如图 18-53 所示。

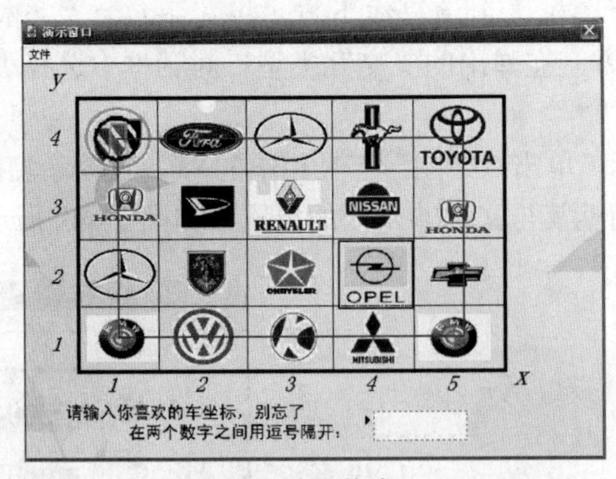

（a）设置移动终点

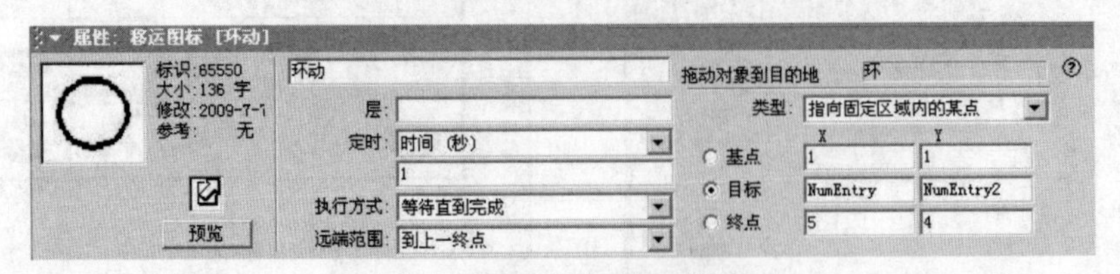

（b）设置移动图标属性

图 18-51 移动图标及属性设置

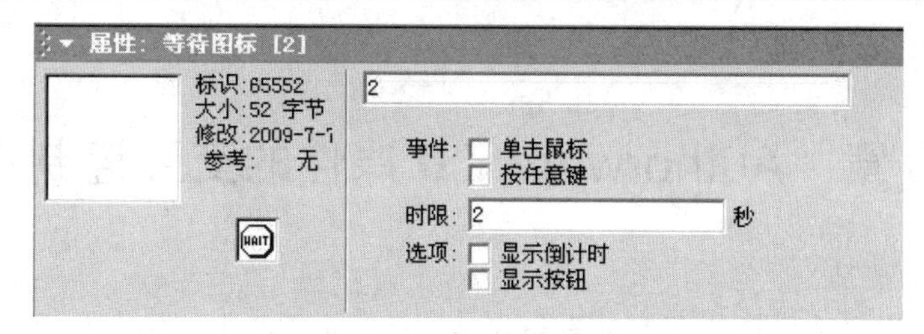

图 18-52　设置等待图标属性

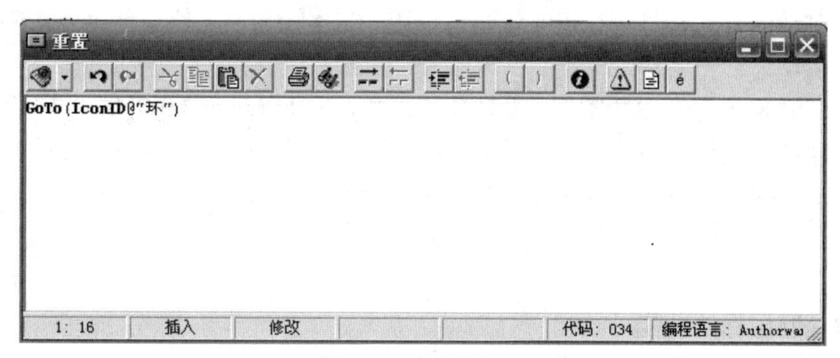

图 18-53　跳转代码

18.3.6　调试运行

单击控制面板，单击运行按钮，观看效果。在文本框中输入(3,3)，运行效果如图 18-54 所示。

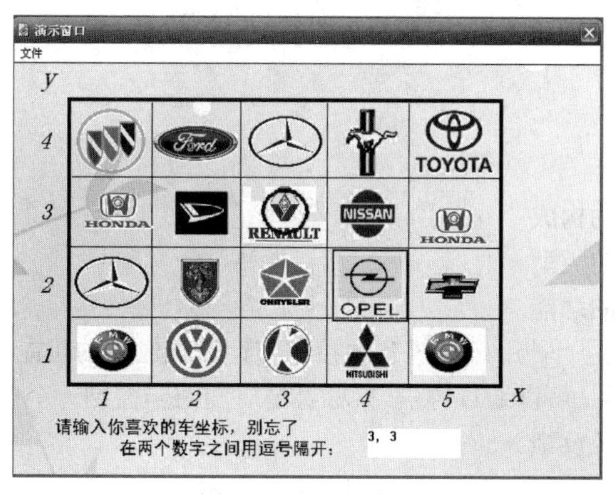

图 18-54　运行结果

学习导航：在上面的实例中多次提到要使用交互功能，到底交互有什么具体的功能呢？它又是如何展示 Authorware 强大的交互功能的呢？下一章会详细讲述。

第 19 章　Authorware 7.0 课件的交互控制设计

上述章节较为详尽地讲解了多媒体素材在 Authorware 7.0 中的整合和控制应用，以及如何实现各种运动效果，然而课件设计中更应该具备主动参与的人机交互功能。Authorware 7.0 提供了一种人机对话的方式，即交互控制，通过按钮、文本输入、下拉菜单等方式实现用户自定步调的学习和活动。

交互是 Authorware 7.0 中最常用、最精彩的部分，Authorware 7.0 提供了丰富的交互方式，诸如提供导航功能的按钮响应和菜单响应，支持响应鼠标操作的热区域响应和热对象响应，便于用户输入的文本输入响应。详细的交互方式将在后面陆续讲解。

学习目标：

- 了解交互图标的功能
- 掌握按钮交互响应的设计方法
- 熟悉热区域交互响应的设计方法
- 熟悉热对象交互响应的设计方法
- 掌握文本交互响应的设计方法
- 了解条件、重试限制及时间限制响应的设计方法

19.1　交互程序的基本认识

学习目标：

- 知道交互结构的构成
- 初步了解交互的类型
- 了解交互图标的功能

简单地说，交互就是一种用户通过各种接口与计算机对话的机制。通过交互功能，人们不再被动地接受信息，而是可以通过键盘、鼠标甚至时间间隔控制一个多媒体应用程序的流程，实现用户对程序的响应及反馈。

19.1.1　创建第一个交互结构

交互结构的实现是通过交互图标 来完成的，以及包含相应的响应分支，如何来创建一个简单的交互结构呢？

（1）从“图标”面板中把交互图标拖动到流程线上的合适位置，这样就建立了交互结构的入口。

编者提示：仅有“交互”图标并不能提供交互响应的功能，还要为交互结构添加响应的分支，才能形成完整结构的交互。

（2）从“图标”面板中把群组图标拖动到交互图标的右侧。此时会自动弹出“交互类型”对话框，如图 19-1 所示，Authorware 7.0 提供了 11 种交互响应类型，用户可以选择需要的交互响应类型，此处选择按钮交互类型。

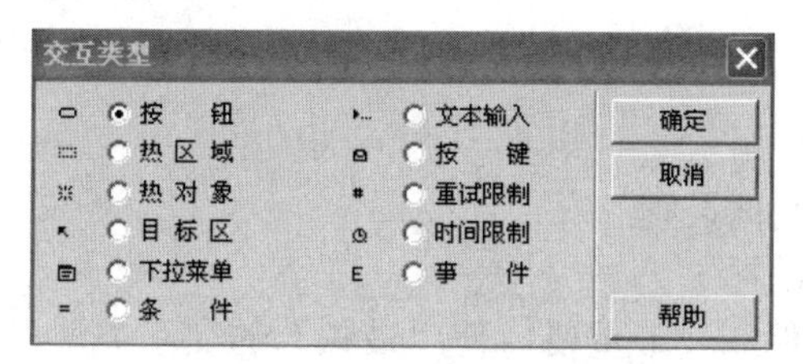

图 19-1　“交互类型”对话框

（3）重复以上操作，建立完成交互结构如图 19-2 所示。

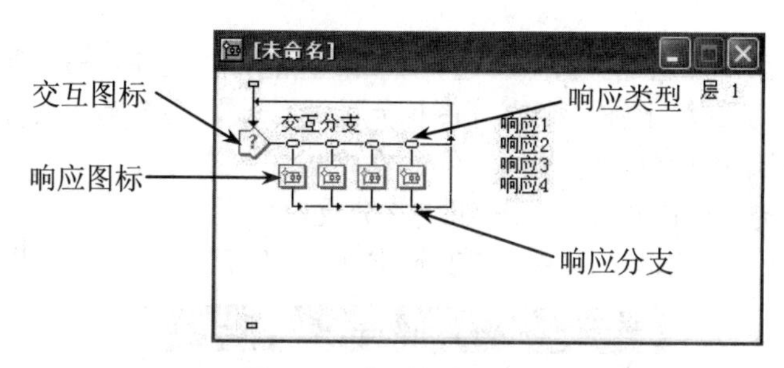

图 19-2　典型的交互结构

> **学习导航：**上述案例中，拖动群组图标构成了交互结构的响应分支，那么显示图标、计算图标等其他类型的图标能够构成响应分支吗？

19.1.2　交互结构的组成

通过上述操作即可创建一个简单的交互结构，如图 19-2 所示，一个完整的交互结构可以分为四部分。

（1）交互图标。交互结构的创建从这里开始，并且交互图标具有显示图标的扩展，可以设置交互过程中出现的文本和图像，以及是否设置清除屏幕和是否使用特效。

（2）响应类型。任何一个交互结构的分支都必须具备一种响应类型，即定义用户与多媒体作品进行交互的方法，如图 19-1 所示为 Authorware 7.0 提供的 11 种响应类型。

（3）响应图标。响应图标提供了对用户的信息反馈，Authorware 7.0 根据匹配的响应执行相应的响应图标。所有图标都可以作为响应图标使用。

（4）响应分支（路径）。响应分支是根据不同的响应而执行不同程序的分支。在程序设计中可以根据需要选择不同的分支，Authorware 7.0 的响应分支主要包括“重试”、“继续”、“退出交互”和“返回”。

编者提示：交互图标、响应类型和响应图标都可以通过属性面板进行相关属性的设置，该内容将会在各个交互方式中详细讲解。

> **学习导航：**我们已经知道了交互程序的结构和类型，实际课件设计中怎么使用这些呢？

19.2 按钮交互响应

学习目标：

- 知道按钮交互的作用
- 熟悉按钮交互的属性设置
- 了解按钮的外观设置

按钮交互是多媒体课件制作最重要、使用最频繁的交互类型之一。本节以按钮交互实现课件的导航功能，作为课件流程的控制和调节。

19.2.1 创建按钮响应

（1）选择“文件”→“新建”命令新建一个文件，选择“文件”→“保存”命令进行保存。

（2）从“图标”工具箱上拖一个交互图标到流程线上，命名为“导航功能”。

（3）拖动一个群组图标到交互图标右侧，在弹出的“交互类型”对话框中选择“按钮”单选按钮，单击“确定”按钮建立一个按钮交互分支。

（4）单击交互分支下的群组图标，将其命名为“退出”，如图 19-3 所示。

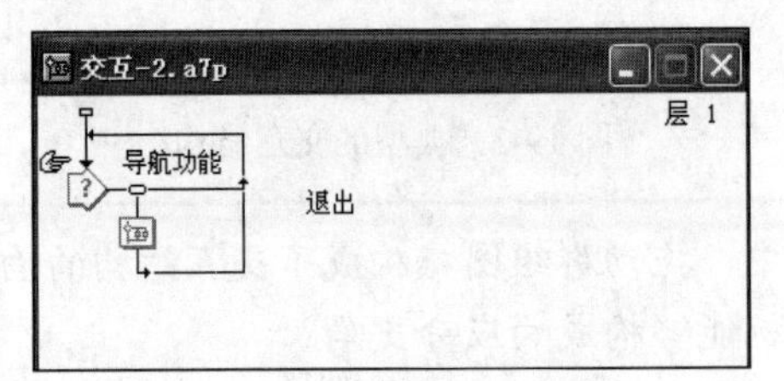

图 19-3 “按钮交互”流程图

> **学习导航**：通过上述四个步骤，已经设计了一个“退出”功能的交互结构，如何具体实现“退出”交互的功能呢？

19.2.2 按钮分支响应设置

（1）交互分支的具体功能都是在响应图标内进行处理，即“退出”群组图标。单击打开“退出”群组图标，拖动一个计算图标到流程线上，单击命名为 Quit。

（2）双击计算图标打开函数编辑窗口，输入实现“退出”功能的函数：Quit()。完成设置以后的界面如图 19-4 所示。

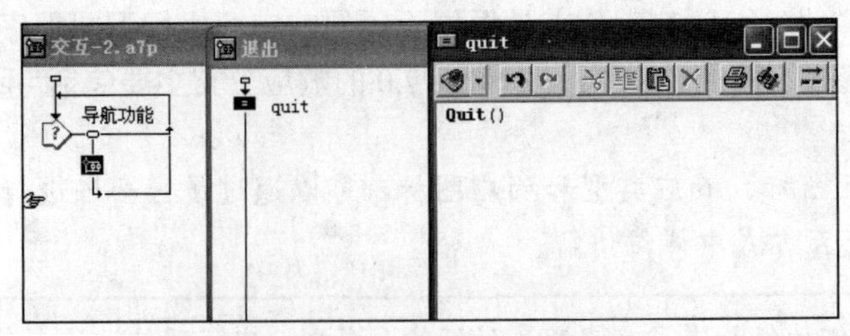

图 19-4 “退出”功能界面

（3）通过上述操作已经实现了“退出”功能的交互结构，运行效果如图 5-5 所示，单击“退出”按钮实现关闭演示窗口，即“退出”功能。

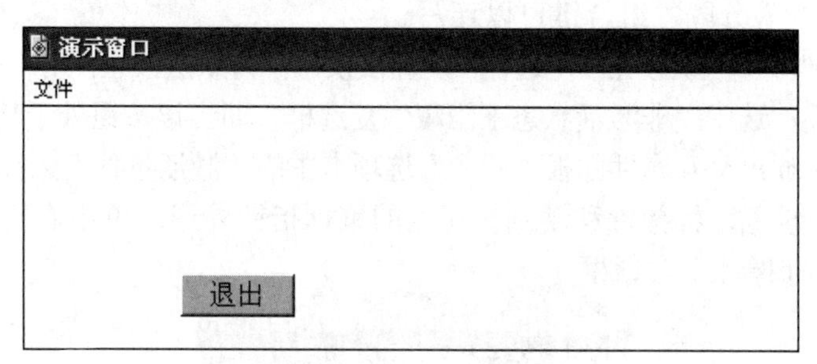

图 19-5　“退出”功能运行效果

学习导航：图 19-5 实现了退出程序的简单功能，然而对“退出”按钮的一些基本属性都未进行设置，也可以自定义按钮的外观。

19.2.3　设置按钮属性

双击“退出”交互分支的交互标志（-ꝍ-），打开如图 19-6 所示的按钮响应属性面板，包括预览区、“按钮”选项卡和“响应”选项卡。

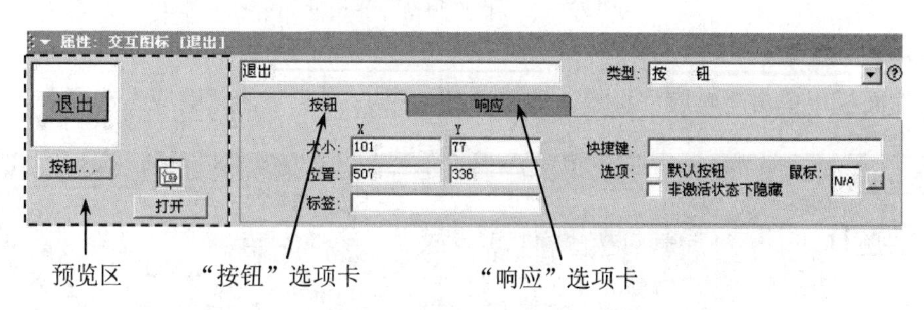

图 19-6　“按钮”交互属性

1. 预览区

如图 19-6 所示，预览区包括预览窗口、“按钮”按钮和“打开”按钮。

（1）预览窗口：对按钮的显示效果进行预览。

（2）“按钮”按钮：单击此按钮可以打开按钮库，编辑和删除现有按钮，创建新按钮，可以使用此功能自定义按钮外观。

（3）“打开”按钮：单击此按钮打开交互分支下的响应图标。

2. “按钮”选项卡

在属性面板中单击“按钮”标签，即可打开如图 19-6 所示的“按钮”选项卡。

（1）“大小”：通过数值精确控制按钮的大小， X 控制按钮的宽度，Y 控制按钮的高度。

（2）“位置”：通过数值精确控制按钮的位置，X 确定按钮左上角的 X 坐标，Y 确定按钮左上角的 Y 坐标。

（3）“标签”：设置按钮上显示的标题，输入时需用双引号将字符串括起来。也可以通过自定义变量来动态更改按钮的标题。

（4）“快捷键”：为按钮交互定制一个响应的快捷键。文本框中的按键是区分大小写的，多个快捷键可以用“|”分隔，组合键可以连写。

（5）“选项”：选中“默认按钮”复选框，设置该按钮作为默认按钮，用户按下回车键（Enter）即相当于单击该按钮；选中“非激活状态下隐藏”复选框，即当该按钮处于禁用状态时隐藏，有效状态时显示，亦可通过交互属性面板“响应”选项卡中的“激活条件”来控制按钮是否可用。

（6）“鼠标”：设置鼠标指针移动到按钮上的鼠标指针外形。单击右侧鼠标：N/A ...，弹出如图 19-7 所示的“鼠标指针”对话框。

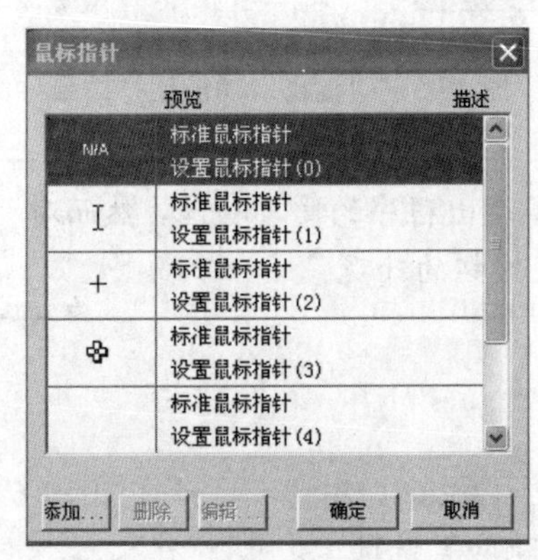

图 19-7 “鼠标指针”对话框

3. “响应”选项卡

在属性面板中单击“响应”标签，即可打开如图 19-8 所示的“响应”选项卡。

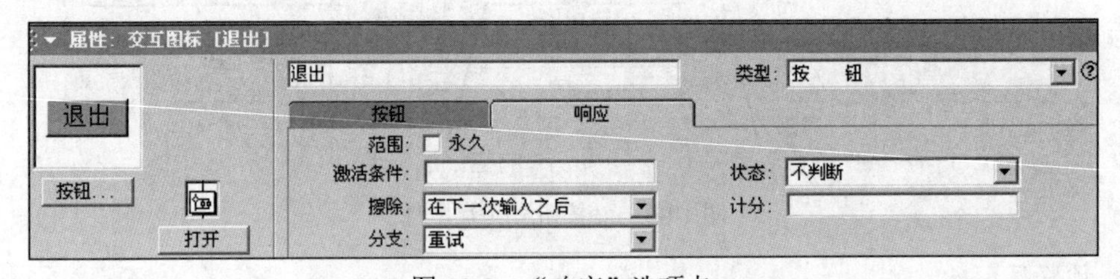

图 19-8 “响应”选项卡

（1）“范围：永久”：选中该复选框之后，可使当前的按钮响应在整个程序或程序的一部分中永久有效。

（2）“激活条件”：可在该文本框中输入一个条件表达式。当表达式的值为真（True）或不等于 0 的数值时，则交互响应处于有效状态；反之，则交互响应处于禁用状态。

（3）“擦除”：用于设置擦除图标的方式，包括“在下一次输入之后”、“在下一次输入之前”、“在退出时”以及“不擦除”4 个选项，根据需求选择不同的擦除方式。

（4）“分支”：响应该交互分支后的流程走向，包括 “重试”、“继续”和“退出交互”三个选项。若“范围”中选择“永久”复选框，则列表中会增加一个“返回”分支。

（5）“状态”：具有跟踪用户操作、统计用户的正确或者错误操作的次数的功能，包括“不判断”、“正确响应”以及“错误响应”三个选项。

（6）“计分”：输入一个数值或者表达式对用户学习过程中的操作情况进行得分统计。

编者提示：在 11 种响应的属性面板中，“响应”选项卡基本具备相同的参数，即关于响应属性的设置对于所有的交互类型来说基本是相同的。

响应属性的设置是一个复杂的操作过程，关于其具体的应用和详细的设置将会在后面的小节中有详细讲解。

19.2.4　自定义按钮外观

（1）单击预览窗口的“按钮”按钮将弹出如图 19-9 所示的按钮类型对话框，在该对话框中可以选择 Authorware 7.0 提供的系统按钮，也可以设置自定义按钮。

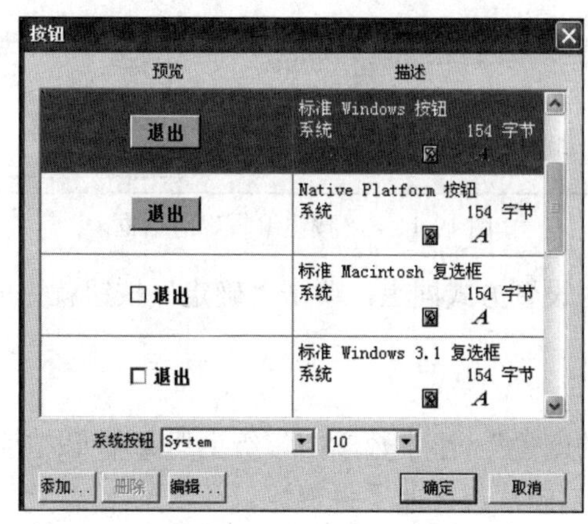

图 19-9　“按钮”对话框

（2）单击如图 19-9 所示的“添加”按钮，弹出如图 19-10 所示的“按钮编辑”对话框，设置自定义按钮的样式，“常规”状态是按钮普通的状态，“选中”状态是单选按钮或复选框选中时的状态。

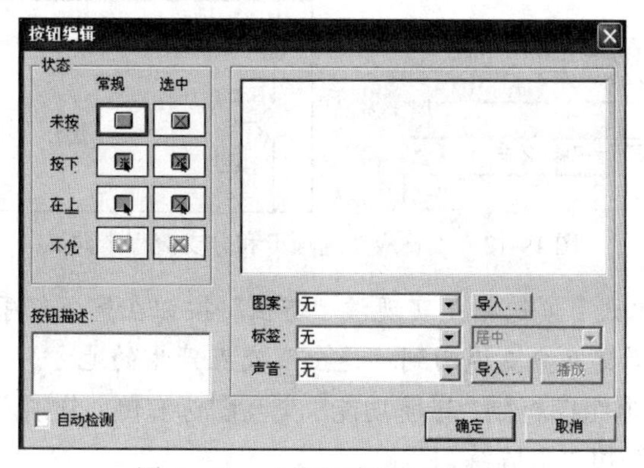

图 19-10　“按钮编辑”对话框

“未按”是未对按钮进行任何操作时按钮显示的形状，“按下”是单击按钮时按钮显示的形状，“在上”是当鼠标移动到按钮上时按钮显示的形状，“不允”是按钮无效时按钮显示的形状。

（3）设置“未按”时“常规”选项卡样式，单击图案后的“导入”按钮选择图案，在弹出的对话框中选择事先设计的图片；设置标签为“显示卷标”，按钮的标题将会显示；同时也可以设置按钮的音效，操作方法与导入图案一致，完成操作后的效果如图 19-11 所示。

设置“按下”时“常规”选项卡的样式，修改标签为“显示卷标”；移动文字位置，以便在鼠标按下时会有动画效果。

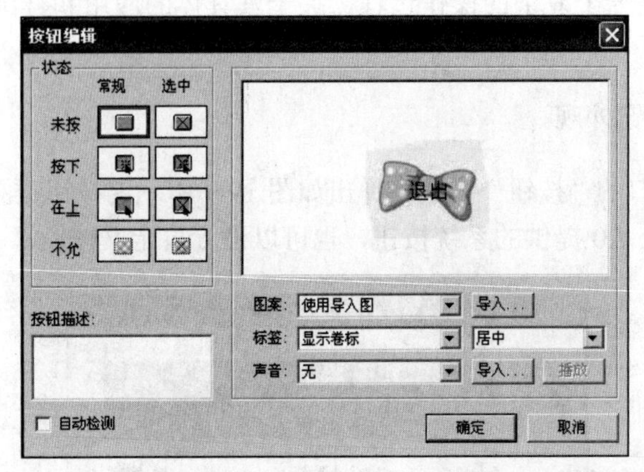

图 19-11 “按钮编辑”对话框

“在上”和“不允”时设置方式同上，单击“确定”按钮就完成按钮编辑。

19.2.5 按钮交互实例

本实例设计实现“角的度量”（小学数学四年级上册某单元内容）教学课件的导航结构。

（1）为本课件添加背景图片，在此不再赘述。

（2）前面已经完成了“退出”模块按钮的制作，在此需要对该按钮的属性进行相关设置。双击“退出”交互分支的交互标志（-ᯤ-），打开属性面板，单击“响应”选项卡，选中“永久”复选框，选择“分支”下拉列表框中的“返回”选项，如图 19-12 所示。

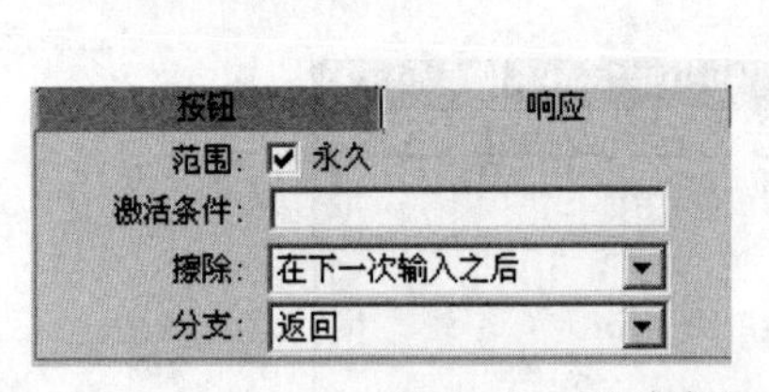

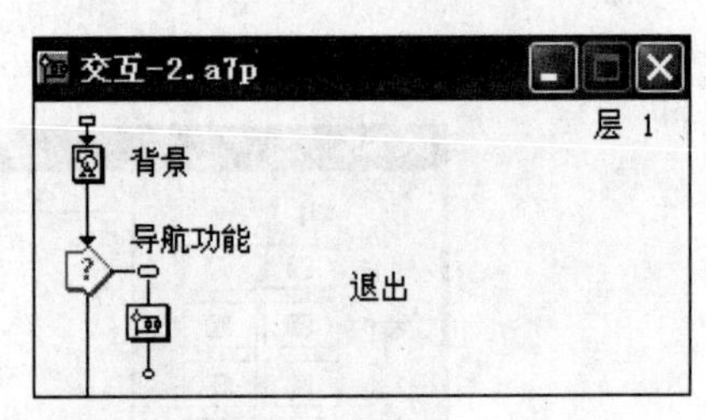

图 19-12 “响应”选项卡和分支流程走向

编者提示：选中“永久”复选框是实现该“退出”按钮在整个程序中永久有效，选择“分支”中“返回”选项使得交互分支返回到“退出”交互产生的地方。

（3）继续拖动 4 个群组图标到“导航功能”交互图标右侧，分别命名为“生活与角”、“认识量角器”、“角的度量”和“巩固练习”。

编者提示：在同一个交互分支中，同类型的交互具有继承图标属性的特点，因此后面的 4 个交互分支的交互属性不需要重复设置。

（4）拖动“退出”分支至“巩固练习”分支后，进行分支顺序的排列。最后，完成“角的度量”5 个模块导航结构的设计，效果如图 19-13 所示。

（5）双击“导航功能”交互图标，弹出交互图标设计窗口，调整按钮的位置，最后演示效果如图 19-14 所示。

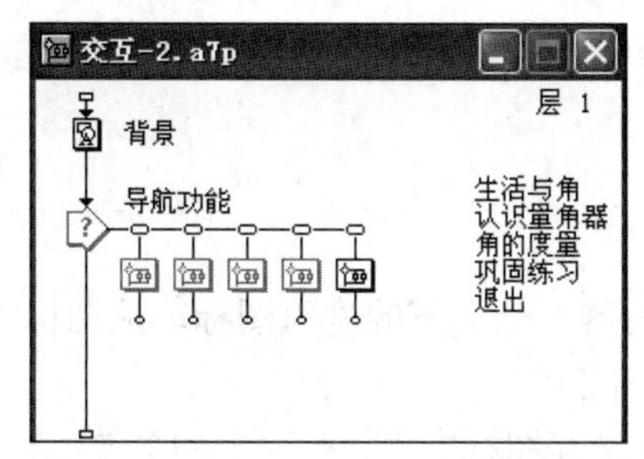

图 19-13　“角的度量”按钮交互流程图

图 19-14　“角的度量”按钮导航演示

至此，一个简单的模块化课件的结构已经制作完成，以后只需要往每个交互分支下的群组图标中添加相应的教学内容即可完成整个课件的创作。

学习导航： 上述案例利用按钮交互实现了导航结构的设计，那是否可以通过其他交互类型实现导航功能呢？下拉菜单交互为用户提供了另外一种解决方案。

19.3　热区域交互响应

学习目标：

- 知道热区域交互响应的构成
- 了解热区域交互响应的功能
- 学会创建热区域交互响应

所谓热区域是指演示窗口中的一个矩形区域，通过此矩形区域可以得到相应的反馈信息。热区域响应是在屏幕上建立一个特殊的区域，用户通过单击、双击或移动到该区域而实现响应的交互类型。

本节以“角的度量”案例中“认识量角器”模块功能的实现为主要内容，讲解热区域响应的创建和属性设置。

19.3.1 创建热区域响应

（1）单击打开“认识量角器”分支下的群组图标。从图标工具箱中拖一个“交互”图标到流程线上，命名为“量角器控制”。

（2）拖动一个群组图标到交互图标右侧，在弹出的“交互类型”对话框中选择“热区域”，并单击确定建立一个热区域交互分支，并将其命名为“中心点”。

（3）通过上述步骤，我们已经设计了一个简单的“热区域”交互结构（如图 19-15 所示），然后需要对该交互结构的属性进行设置。

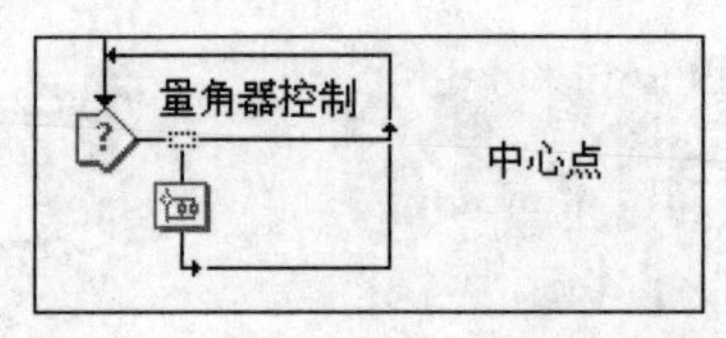

图 19-15 “热区域交互”流程图

19.3.2 设置热区域属性

双击“中心点”交互分支的交互标志（-⊡-），打开如图 19-16 所示的“热区域”响应属性面板。

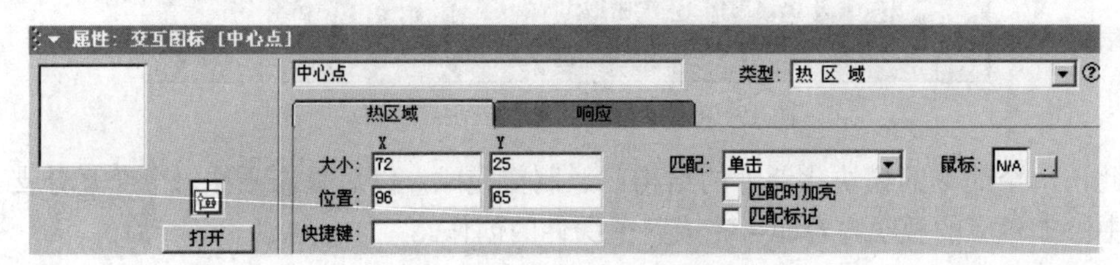

图 19-16 “热区域”交互属性

1.“热区域”选项卡

在属性面板中单击“热区域”标签，即可打开如图 19-16 所示的“热区域”选项卡。

（1）设置热区域范围大小、位置和快捷键。“大小”用于设置热区域范围的大小；“位置”用于设置热区域位置；“快捷键”用来设置热区域响应的快捷键，执行相应的热区域分支程序。

（2）设置热区域响应的触发条件。“匹配”下拉列表框用于设置热区域响应的触发条件，包括“单击”、“双击”和“指针处于指定区域内”三个选项。“单击”选项，单击热区域触发响应；“双击”选项，双击热区域触发响应；“指针处于指定区域内”选项，鼠标指针在热区域内触发响应。

另外，如果选中“匹配时加亮”复选框，则在热区域交互产生响应时会出现高亮显示（即反色显示）；如果选中“匹配标记”，则会在热区域加上一个方块标志，当热区域被触发后，这个方块标志就以黑色填充。

（3）设置鼠标。设置鼠标移动到热区域响应范围上鼠标的指针外形，设置方法与按钮交互相同。

2.“响应”选项卡

在属性面板中单击“响应”标签，即可打开“响应”选项卡，该设置参考按钮交互“响应”选项卡设置。

19.3.3　热区域交互实例

（1）为本模块添加标题和图片，在此不再赘述，完成效果如图 19-17 所示。

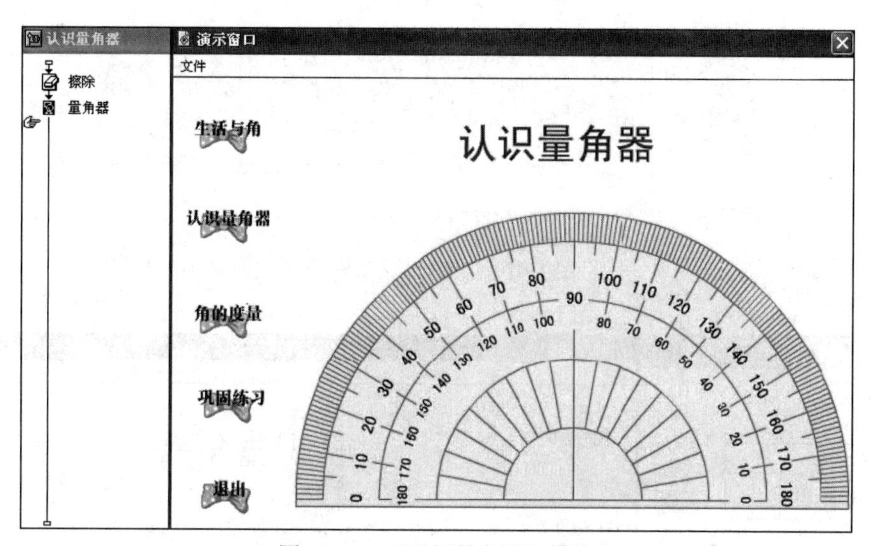

图 19-17　“认识量角器”模块

（2）前面完成了本模块“中心点”热区域的制作，在此需要对该热区域的属性进行相关设置。双击“中心点”交互标志（-▭-），打开属性面板，单击“热区域”选项卡。单击“鼠标”选项右侧按钮，在弹出的“鼠标指针”对话框中选择“标准鼠标指针”，设置完成后的属性如图 19-18 所示。

图 19-18　“热区域”选项卡

编者提示：选中“单击”则指定鼠标指针单击热区域时触发响应，执行该分支内的相应内容；选择“标准鼠标指针”则指定鼠标指针类型为手型。

（3）先双击“量角器”显示图标，再按住 Shift 键并双击“量角器控制”交互图标弹出交互图标设计窗口，调整热区域位置和大小，效果如图 19-19 所示。

编者提示：按住 Shift 键再双击“量角器控制”交互图标是使得量角器背景图片在演示窗口中显示，这样便于调整热区域的位置和大小。同样，在运行程序的过程中，通过单击“控制面板”中的“暂停”按钮，也可以实现热区域的位置和大小调整。

（4）继续拖动 4 个群组图标到“量角器控制”交互图标右侧，分别命名为“90 度”、“零刻度”、“内刻度”和“外刻度”。参照步骤（3）调整“90 度”、“零刻度”、“内刻度”和“外刻度”4 个分支的热区域的位置和大小，效果如图 19-20 所示。

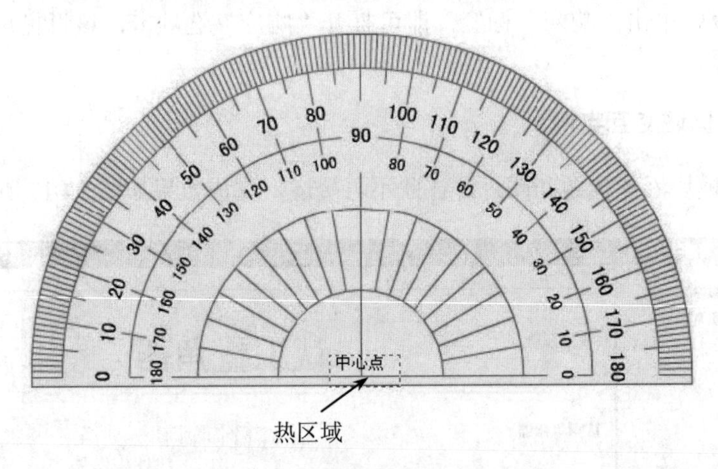

图 19-19　“热区域”设置

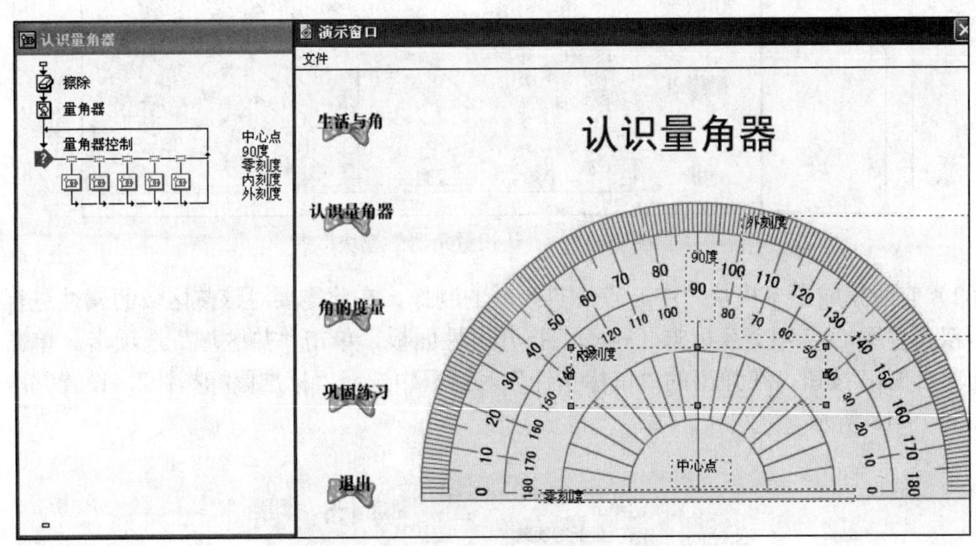

图 19-20　“认识量角器”热区域

编者提示：在同一个交互分支中，同类型的交互具有继承图标属性的特点，因此后面的 4 个交互分支的交互属性不需要重复设置。

接下来要分别设置“中心点”、“90 度”、“零刻度”、“内刻度”和“外刻度”5 个交互分支对应的响应内容，即触发热区域响应时显示的内容。

（5）双击“中心点”群组图标打开设计窗口，拖动一个显示图标到流程线上，重命名为“中心点文字”。

（6）先双击“量角器”显示图标，再按住 Shift 键并双击“中心点文字”显示图标进入设计界面，使用“绘图”工具箱上的“椭圆”工具绘制提示的图形，并用“填充”工具以红色进行填充。

（7）单击“文本”工具，输入相应的说明文字“中心点”，设置文字样式（颜色和大小等），完成效果如图 19-21 所示。

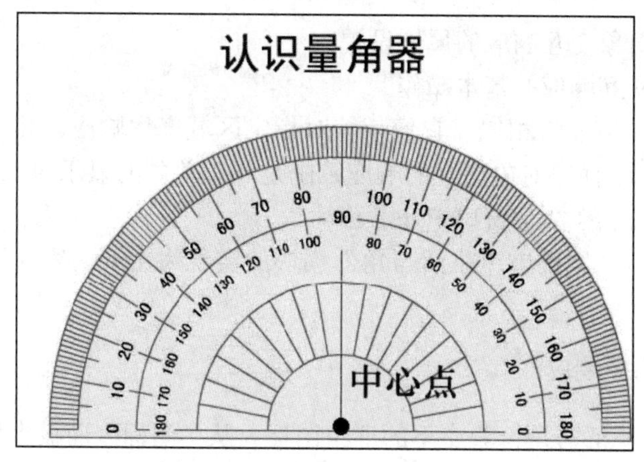

图 19-21　“中心点”显示效果

（8）参照步骤（5）～（7），完成其他 4 个分支内容的制作，具体内容请参见本书提供的素材及源文件等中的案例。至此，“认识量角器”模块的功能已经制作完成。

编者提示：在“认识量角器”模块演示中，我们会发现当一个“热区域”交互执行完成再执行下一个交互时，前一个交互的显示内容会被擦除，如何实现各个交互执行后其显示内容不擦除呢？

需要设置各个热区域的“擦除”属性。双击交互标志（-⸬-）打开“热区域”属性面板，单击“响应”选项卡，在“擦除”属性列表中选择“不擦除”即可。运行效果如图 19-22 所示。

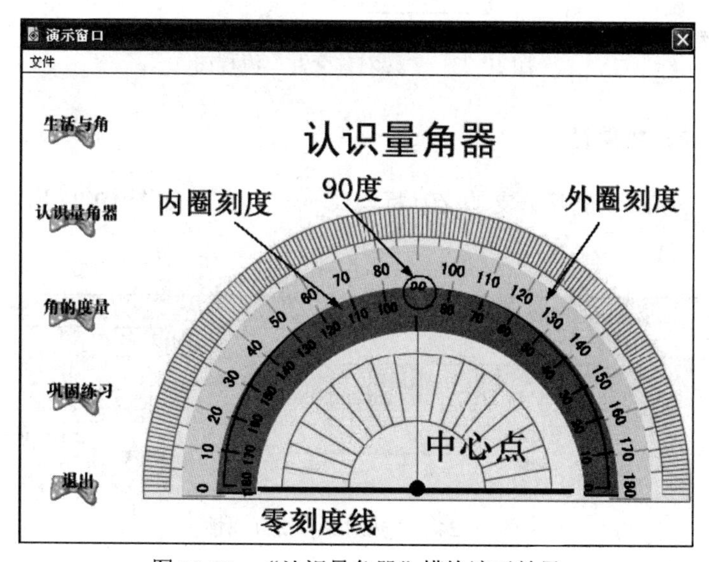

图 19-22　“认识量角器”模块演示效果

19.4　热对象交互响应

学习目标：

- 学会创建热对象交互响应

- 初步了解热对象交互响应的属性设置
- 掌握热对象交互响应的基本操作

热对象和热区域响应非常相似，它们都能对指定区域产生响应。热区域交互的响应范围是一个固定的矩形区域，而热对象交互的响应范围是一个单独的显示对象，热对象可以是任意形状的显示对象，且可以在演示窗口中任意移动。

本节以“角的度量”案例中“生活与角”模块的实现为主要内容，讲解热对象响应的创建和属性设置。

19.4.1 创建热对象响应

（1）单击打开“生活与角”分支下的群组图标。从“图标”面板上拖一个交互图标到流程线上，命名为“生活与角控制”。

（2）拖动一个群组图标到交互图标右侧，在弹出的“交互类型”对话框中选择“热对象”，并单击确定建立一个热对象交互分支，并将其命名为“生活中的角 1”。

（3）通过上述步骤，我们已经设计了一个简单的“热对象”交互结构（如图 19-23 所示），然后需要对该交互结构的属性进行设置。

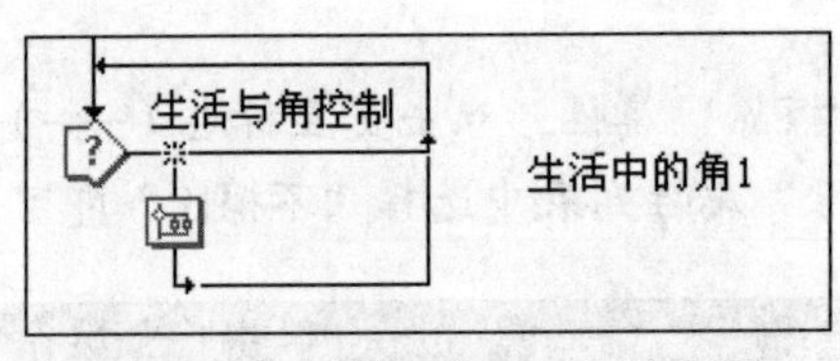

图 19-23 “热对象交互”流程图

19.4.2 设置热对象属性

双击“生活中的角 1”交互分支的交互标志（—※—），打开如图 19-24 所示的“热对象”响应属性面板。

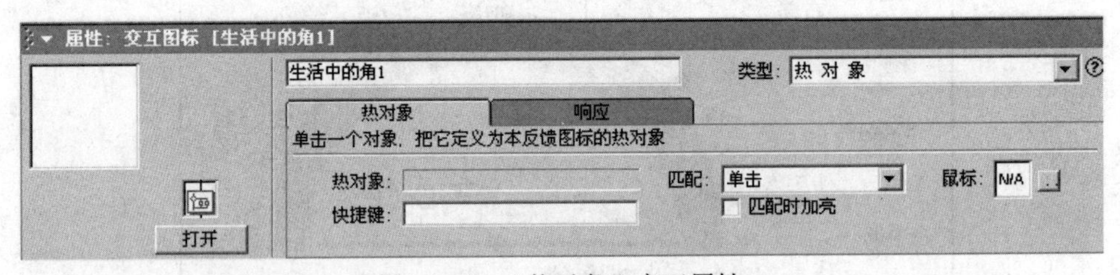

图 19-24 “热对象”交互属性

1.“热对象”选项卡

在属性面板中单击“热对象”标签，即可打开如图 19-24 所示的“热对象”选项卡。

（1）“热对象”：显示热对象的名称。

（2）“快捷键”：设置该热对象响应的快捷键。

（3）“匹配”和“鼠标”：同“热区域”响应的设置。

编者提示：Authorware 7.0 将显示图标中的所有对象都看作一个热对象，如果希望对某一个对象实现交互功能，必须将一个对象放置在一个单独的显示图标中。

2. “响应”选项卡

在属性面板中单击“响应”标签，即可打开“响应”选项卡，该设置参考按钮交互“响应”选项卡设置。

19.4.3 热对象交互实例

（1）为本模块添加标题，在此不再赘述。

（2）添加本模块中需要应用的热对象，由于一个显示图标只能看作一个热对象，要设置多个热对象需要将其放在多个显示图标中。

从“图标”面板上拖一个显示图标到流程线上，命名为“圆规”，并导入对应的图片，同样的方法完成“剪刀”显示图标的设置，演示效果如图 19-25 所示。

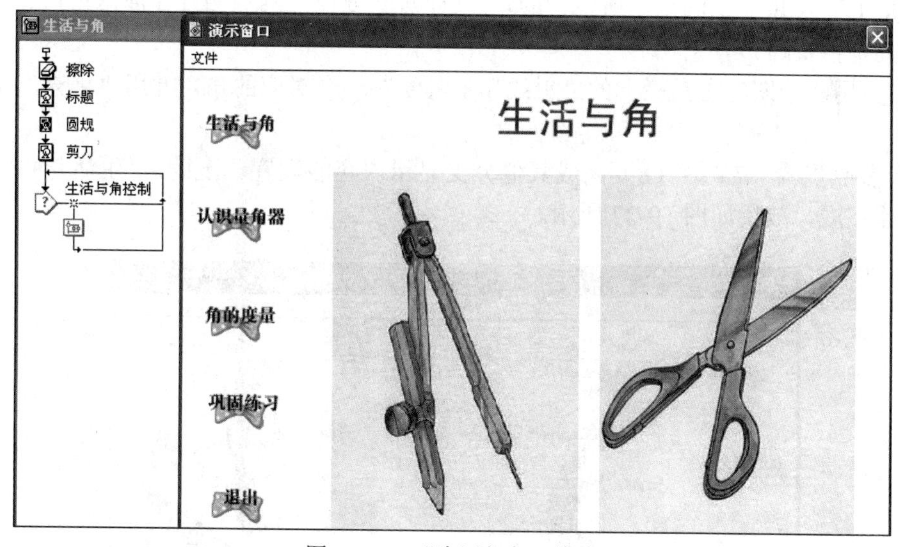

图 19-25 “生活与角”模块

前面已经完成了本模块“生活中的角 1”热对象的制作，在此需要对该热对象的属性进行相关设置。

（3）先双击“圆规”显示图标，再按住 Shift 键并双击“剪刀”显示图标，这样就把要使用的热对象都显示在演示窗口中。双击“生活中的角 1”交互标志（—※—），打开属性面板。

（4）单击“热对象”选项卡。在演示窗口中，单击选择圆规作为该交互分支的热对象；单击“鼠标”选项右侧 按钮，在弹出的“鼠标指针”对话框中选择“标准鼠标指针”，设置完成后的属性如图 19-26 所示。

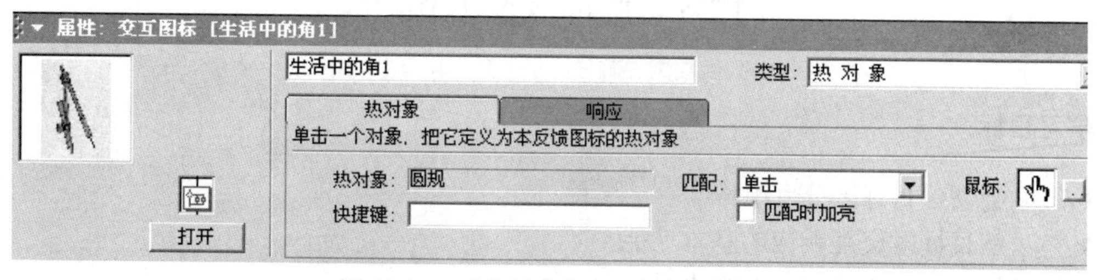

图 19-26 “生活中的角 1”交互属性

（5）单击“响应”选项卡。在“擦除”选项列表中选择“不擦除”，实现各个交互执行后其显示内容不擦除。

编者提示：Authorware 7.0也可在程序运行的过程中设置热对象的属性，若热对象交互未设置过热对象，则演示自动停止并打开属性面板；若已设置热对象，则可以通过单击“控制面板”中的暂停按钮，再单击交互标志（–※–）打开属性面板。

（6）继续拖动一个群组图标到“生活与角控制”交互图标右侧，命名为“生活中的角 2”，参照步骤（3）～（5）调整该交互分支的属性，设置热对象为剪刀。

接下来，要分别设置“生活中的角 1”和“生活中的角 2”这两个交互分支对应的响应内容，即触发热对象响应时显示的内容。

（7）双击“生活中的角 1”群组图标打开设计窗口，拖动一个显示图标到流程线上，重命名为“角 1”，实现展示圆规中所包含的角。（此步骤要保证圆规图片在演示窗口中显示，显示方法在此不再赘述。）

（8）使用“绘图”工具栏上的“斜线”工具绘制一个对应的角，并用“填充”工具进行填充。

（9）参照步骤（7）～（8）完成其他分支显示内容的设置。至此，“生活与角”模块功能已经制作完成，效果如图 19-27 所示。

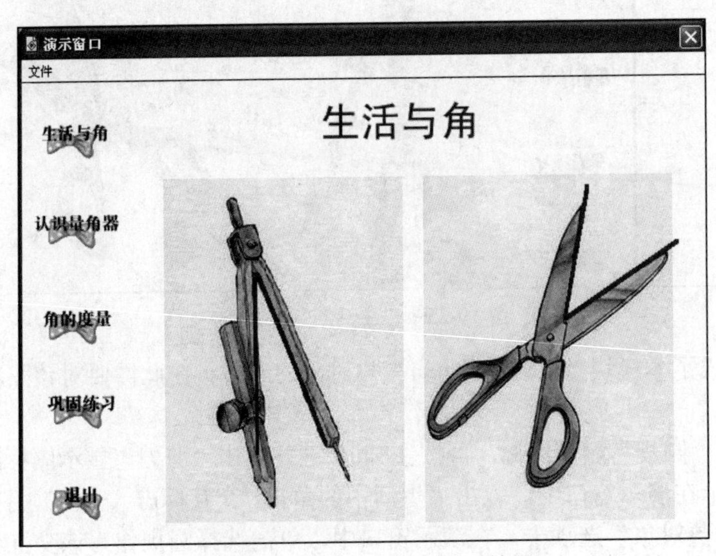

图 19-27 “生活与角”显示效果

19.5 目标区交互响应

学习目标：

- 学会创建目标区交互响应
- 了解目标区交互响应的基本功能
- 掌握目标区交互响应的基本操作

目标区交互响应通过用户拖动对象到指定区域而触发响应，其一般可以用来制作拼图、配对题和组装试验仪器等，在日常教学中有着重要的作用。通常，当对象被拖动到正确的位置时，它将停留在目标处；否则，对象将自动返回到原位置。

本节以“角的度量”案例中“角的度量”模块的实现为主要内容，讲解目标区响应的创建和属性设置。

19.5.1　创建目标区响应

（1）单击打开“角的度量”分支下的群组图标。从“图标”面板中拖一个交互图标到流程线上，命名为“角的度量控制”。

（2）拖动一个群组图标到交互图标右侧，在弹出的“交互类型”对话框中选择“目标区”，并单击确定建立一个目标区交互分支，并将其命名为“量角 1”。

（3）通过上述步骤，已经设计了一个简单的“目标区”交互结构（如图 19-28 所示），然后需要对该交互结构的属性进行设置。

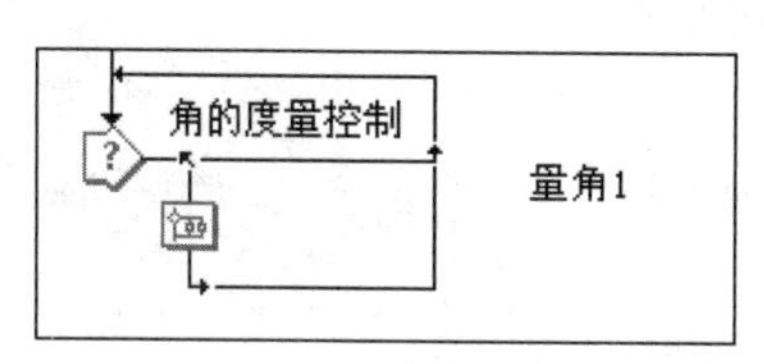

图 19-28　“目标区交互”流程图

19.5.2　设置目标区属性

双击“量角 1”交互分支的交互标志（—↖—），打开如图 19-29 所示的“目标区”响应属性面板。

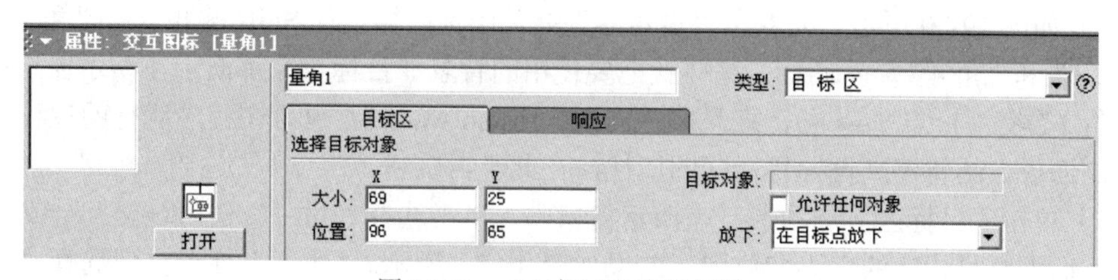

图 19-29　“目标区”交互属性

1. “目标区”选项卡

在属性面板中单击“目标区”标签，即可打开如图 19-29 所示的“目标区”选项卡。

（1）“大小”和“位置”：设置方法与按钮交互相同。

（2）“放下”：用于控制当目标对象被拖动到指定的目标区域时该对象的放置位置，包括“在目标点放下”、“返回”和“在中心定位”。

（3）“目标对象”：用于显示可移动对象的图标名称。选中“允许任何对象”复选框，则意味着拖动到该目标区域内的任何对象都能匹配。

2. “响应”选项卡

在属性面板中单击“响应”标签，即可打开“响应”选项卡，该设置参考按钮交互“响应”选项卡的设置。

19.5.3 目标区交互实例

（1）为本模块添加一个 Flash，内容为角的度量动画演示，操作过程在此不再赘述。

（2）要添加目标区交互的对象。拖动一个显示图标到流程线上，重命名为“角 1”，并导入对应图片，同样的方法完成“角 2”、“角 3”和“角 4”显示图标的设置。

（3）要通过擦除图标和等待图标对本模块流程进行调整，在此不再赘述，具体演示效果如图 19-30 所示。

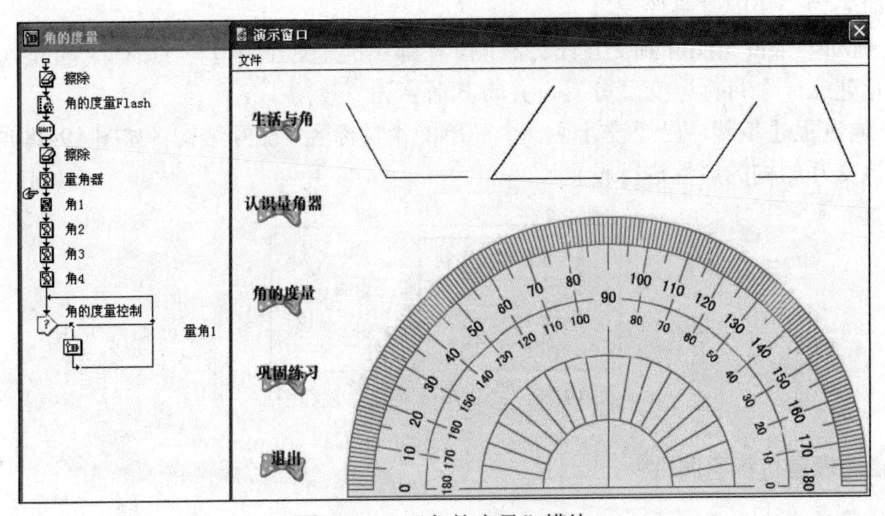

图 19-30 “角的度量”模块

前面已经完成了本模块“量角 1”目标区的制作，在此需要对该目标区的属性进行相关设置。

（4）如图 19-30 所示，先双击“量角器”显示图标，再按住 Shift 键并双击“角 1”、“角 2”、“角 3”和“角 4”显示图标，这样就把要使用的背景和目标对象都演示在演示窗口中。双击“量角 1”交互标志（—↖—），打开属性面板。Authorware 7.0 也可在程序运行的过程中，通过“控制面板”的暂停来设置目标区的属性，在此不再赘述。

（5）单击“目标区”选项卡。在演示窗口中，单击选择“角 1”作为该交互分支的目标对象，然后调整目标区的大小和位置，效果如图 19-31 所示。“放下”列表框中选择“在目标点放下”，设置完成后的属性如图 19-32 所示。

（6）继续拖动三个群组图标到“角的度量控制”交互图标右侧，分别命名为“量角 2”、“量角 3”和“量角 4”。参照步骤（5）设置“量角 2”、“量角 3”和“量角 4”3 个分支的目标区对象及其位置和大小。

编者提示：通常目标区响应都是成对出现的，一种响应为“正确的响应”，即把目标对象拖动到正确的目标区，此时“放下”下拉列表框选择“在目标点放下”或“在中心定位”；另一种响应为“错误的响应”，即没有把目标对象拖动到正确的目标区，此时“放下”选项一般为“返回”。

（7）此时已经设置了“正确响应”的目标区，还需要设置“错误响应”的目标区。拖动一个群组图标到“角的度量控制”交互图标最右侧，重命名为“错误位置”。

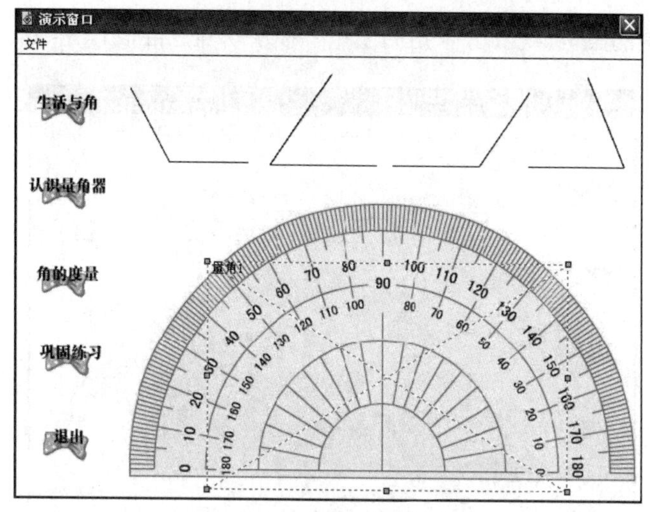

图 19-31　设置“目标区”

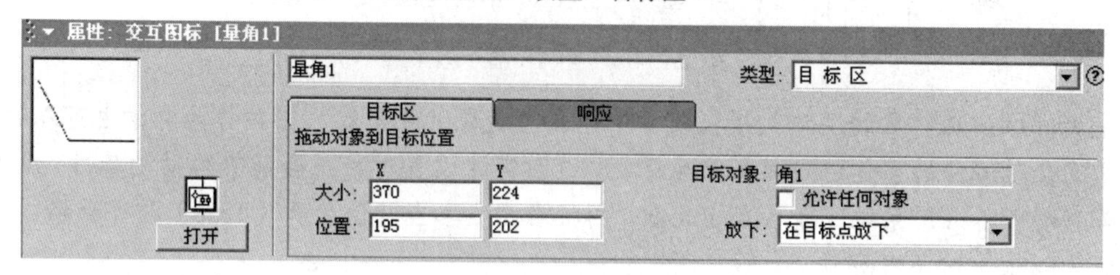

图 19-32　“目标区”选项卡

（8）对于错误的响应，由于无法预知目标对象将移动到屏幕上的何处，因此“错误响应”的目标区为整个屏幕，目标对象使其匹配任何对象，同时设置“放下”选项为“返回”，让对象返回到原始位置，完成后其属性如图 19-33 所示。

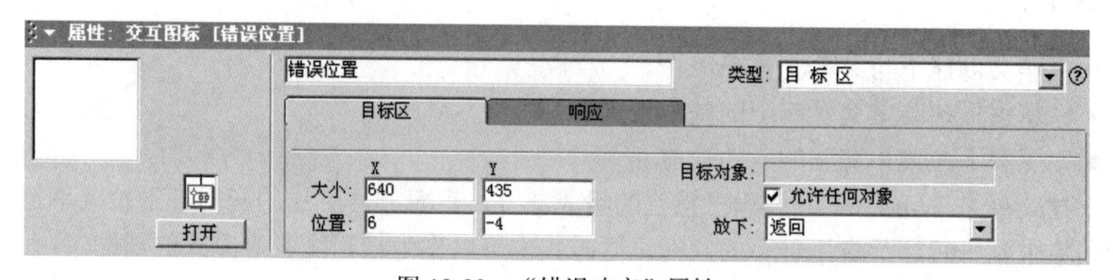

图 19-33　“错误响应”属性

接下来，要分别设置“量角 1”、“量角 2”、“量角 3”、“量角 4”和“错误位置”5 个交互分支对应的响应内容，即触发目标区响应时显示的内容。

（9）双击“量角 1”群组图标打开设计窗口，拖动一个擦除图标到流程线上，重命名为“擦除”，用于擦除目标对象；拖动一个显示图标到流程线上，重命名为“角 1 读数”。

（10）先双击“量角器”显示图标，再按住 Shift 键并双击“角 1 读数”显示图标进入设计界面，并导入和调整对应图片。

（11）拖动一个等待图标和一个显示图标到流程线上，设置“角 1 读数”的结果显示，完成后的效果如图 19-34 所示。

（12）参照步骤（9）～（11），完成其他 4 个分支内容的制作，具体内容请参见本书提供的素材及源文件等中的案例。至此，“角的度量”模块功能已经制作完成。

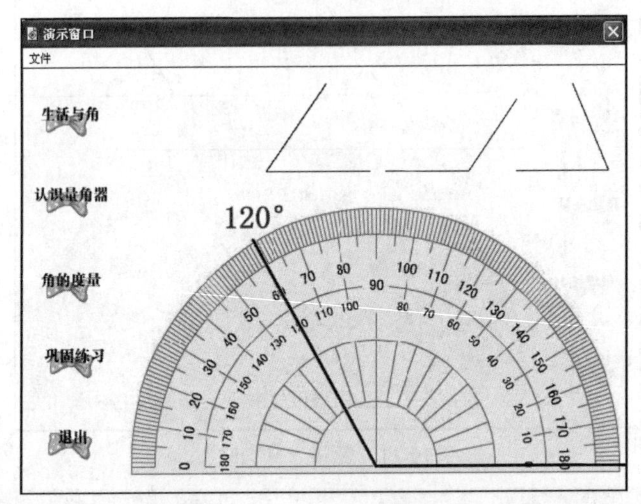

图 19-34 “角 1”显示效果

编者提示：在“角的度量”模块演示中，我们发现“量角器”图片作为背景也可以移动，这种情况会对课件的整体运行效果产生干扰，这时需要设置对象是否能够移动的属性。设置对象能否移动可以应用系统变量 Movable@“图标名称”，当其值为真（True）时可移动，当其值为假（False）时不可移动。

19.6 下拉菜单交互响应

学习目标：

- 学会创建下拉菜单交互响应
- 掌握下拉菜单交互响应的基本设置
- 了解下拉菜单交互响应的功能

下拉菜单是 Windows 应用程序重要的组成部分，有着非常广泛的应用。下拉菜单把若干功能项集中到一起，节省了屏幕的空间，同时其也可以作为按钮交互等方式的辅助。

19.2 节以按钮交互实现了“角的度量”的导航功能，本节将以下拉菜单交互实现“角的度量”的导航功能。

19.6.1 创建下拉菜单响应

（1）选择“文件”→“新建”命令新建一个文件，选择“文件”→“保存”命令进行保存。

（2）从“图标”面板中拖一个交互图标到流程线上，命名为“教学过程”。

（3）拖动一个群组图标到交互图标右侧，在弹出的“交互类型”对话框中选择“下拉菜单”单选按钮，并单击确定建立一个下拉菜单交互分支。

单击交互分支下的群组图标，将其命名为“生活与角”。

（4）单击交互分支下的群组图标，将其命名为“生活与角”。

通过上述 4 个步骤，已经设计了一个基本的下拉菜单交互（如图 19-35 所示）。

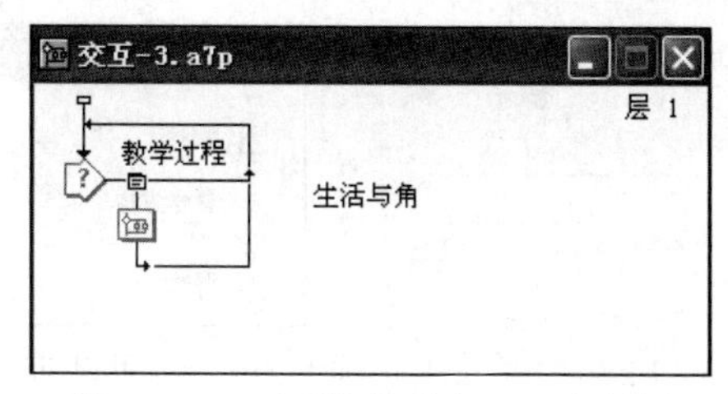

图 19-35　“下拉菜单交互”流程图

编者提示：使用一个交互图标只能生成一个下拉菜单，若需要建立多个下拉菜单时，必须使用多个交互图标。交互图标的名称与下拉菜单的名称相对应。

19.6.2　设置下拉菜单属性

双击“生活与角”交互分支的交互标志（—⊟—），打开如图 19-36 所示的“下拉菜单”响应属性面板。

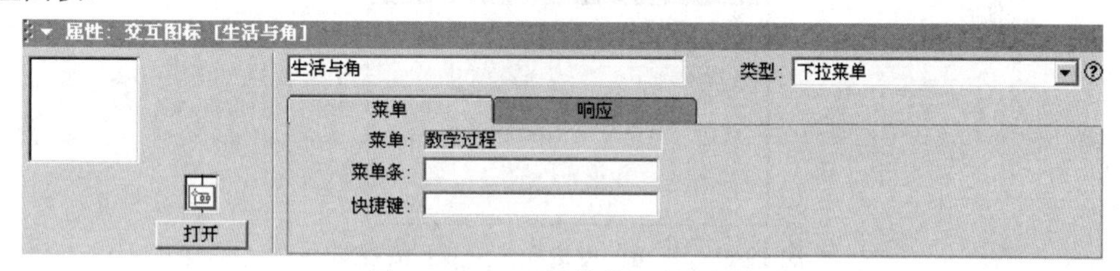

图 19-36　“下拉菜单”交互属性

1．“菜单”选项卡

在属性面板中单击“菜单”标签，即可打开如图 19-36 所示的“菜单”选项卡。

（1）“菜单”：表示当前下拉菜单所属的菜单组名称，即交互图标的名称。

（2）“菜单条”：设置该菜单项的名称，如果此项留空，默认为当前响应图标的名称。此外，可以在文本框中输入一些特殊的代码来控制菜单的显示方式，如输入“-”，则在菜单上显示一条分隔线；输入“&”后面紧跟英文字母，则该字母作为该菜单命令的快捷键。

（3）“快捷键”：设置一个执行该菜单命令的快捷键，默认情况下，该键与 Ctrl 键搭配，如组合键为 Ctrl+G 则输入 CtrlG 或仅一个 G，如组合键为 Alt+R 则输入 AltR。

2．“响应”选项卡

在属性面板中单击“响应”标签，即可打开“响应”选项卡，该设置参考按钮交互“响应”选项卡的设置。

19.6.3　下拉菜单交互实例

本实例也设计实现“角的度量”教学课件的导航结构。

（1）为本课件添加背景图片，在此不再赘述。

（2）前面已经完成了“生活与角”下拉菜单的制作，在此需要对该下拉菜单的属性进行设置。双击“生活与角”分支的交互标志（—⊟—）打开属性面板。

（3）单击“菜单”选项卡，在“快捷键”文本框中输入 CtrlD，为该菜单项设置一个快捷键。单击“响应”选项卡，选中“永久”复选框，选择“分支”下拉列表框中的“返回”选项，如图 19-37 所示。

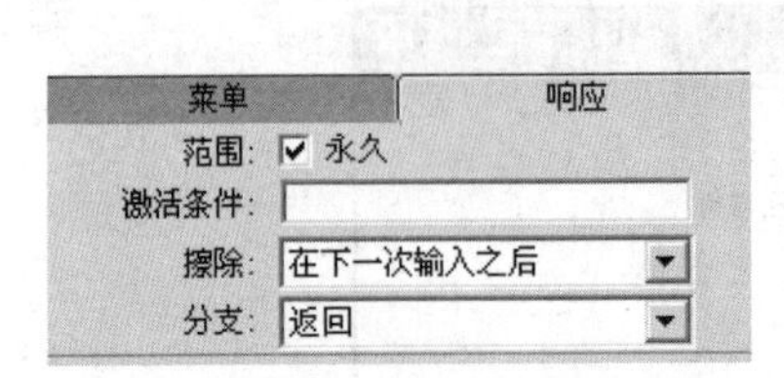

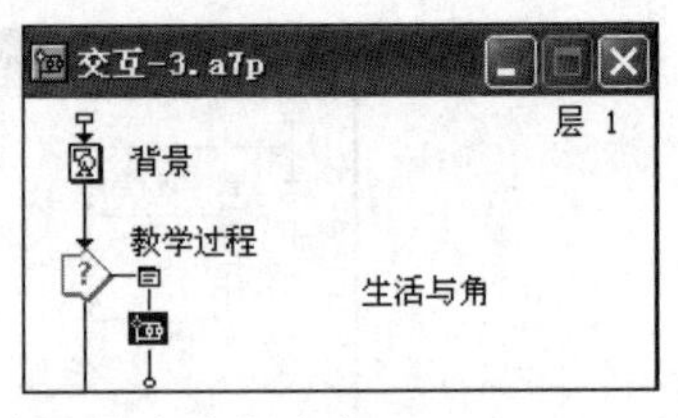

图 19-37 “响应”选项卡和分支流程走向

编者提示：选中“永久”复选框是实现该“生活与角”下拉菜单在整个程序中永久有效，选择“分支”下拉列表框中的“返回”选项使得交互分支返回到“生活与角”交互产生的地方。

（4）继续拖动三个群组图标到“教学过程”交互图标右侧，分别命名为“认识量角器”、“角的度量”和“巩固练习”。完成的“角的度量”导航结构如图 19-38 所示，菜单导航演示效果如图 19-39 所示。

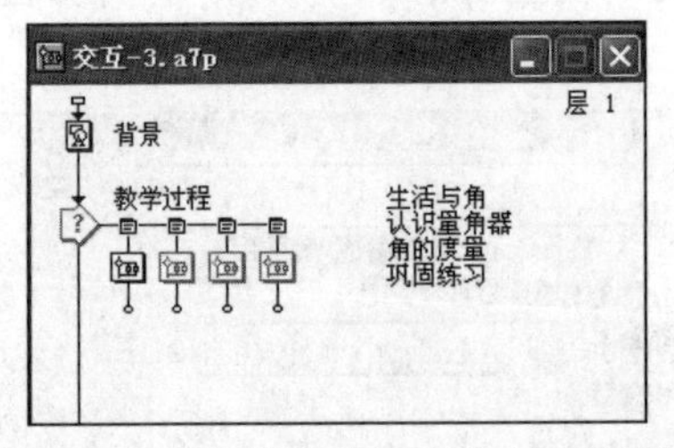

图 19-38 “角的度量”菜单交互流程图

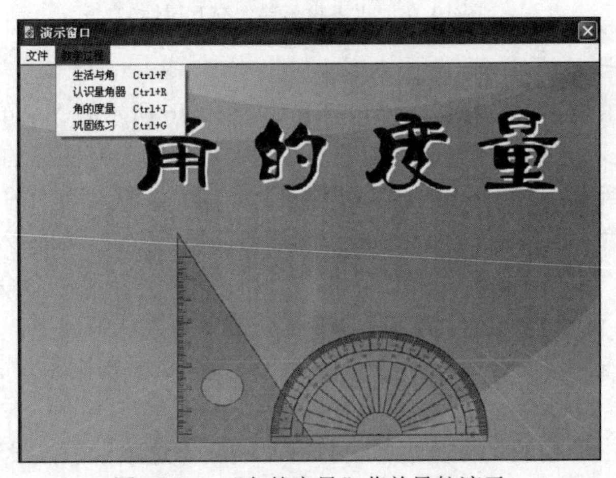

图 19-39 “角的度量”菜单导航演示

至此，一个简单的模块化课件菜单导航已经制作完成，以后只需要往每个交互分支下的群组图标中添加相应的教学内容即可完成整个课件的创作。

编者提示：交互响应类型还有很多，如文本交互响应、条件交互响应、按键响应、重试限制响应、时间限制响应等，文本交互在前面一章我们已经见过它的“身影”，其他的几种交互响应将在 Authorware 7.0 测验题系统的设计制作中讲述。

学习导航：恭喜你，到此你已经初步完成基础知识的学习，估计你很想尝试着怎么样从完整的角度来设计多媒体课件制作的过程，似乎这样才是英雄有了用武之地，那就继续学习后面的实践篇吧！

实践篇

基础部分“只见树木，不见森林”地展示了如何利用图标和时间线组合成小的功能模块和小型课件，在完整的多媒体课件设计过程中，可能要复杂一些，但可以明确一点的是，不需要像 Flash 那样编写程序，就可以完成强大的交互功能。本篇也将从演示型、分支型和测验型课件来进一步讲述利用 Authorware 创建多媒体课件的方法。

第 20 章　Authorware 演示型课件的设计与制作

演示型课件是呈现教学内容最常用的一种课件类型，其结构简单，通常被大家采用。本章将以一个完整的课件来强化在前期学习的 Authorware 基础知识，并展示制作完整多媒体课件所需要的系统设计思想和流程。

学习目标：

- 掌握演示型课件设计的一般流程
- 学会决策图标、群组图标的综合使用
- 学会整体设计课件的系统思想和流程

这里以“鱼类案例制作”为例，来讲解 Authorware 演示型课件的设计与制作。课件运行主界面如图 20-1 所示，程序结构如图 20-2 所示。

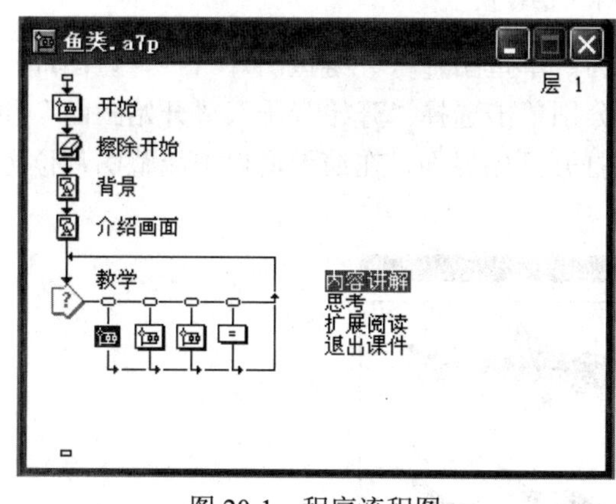

图 20-1　程序流程图

图 20-2　程序主界面

1. 搭建程序主流程

（1）创建一个名为“鱼类”的新文件并保存。

（2）依次进行如下操作：拖动一个群组图标到流程线上，命名为“开始”；拖动一个擦除图标到流程线上，命名为“擦除开始”；拖动一个显示图标到流程线上，命名为“背景”；拖动一个显示图标到流程线上，命名为“介绍画面”；拖动一个交互图标到流程线上，命名为“教学”；拖动三个群组图标到“教学”图标的右侧，选择按钮交互，依次命名为“内容讲解”、“思考”和“扩展阅读”；拖动一个计算图标到“扩展阅读”群组图标的右侧，命名为“退出课件”。程序主流程如图 20-1 所示。

2. “开始”界面的制作

（1）双击“开始”群组图标，制作如图 20-3 所示的程序流程，该部分主要是课件的进入界面。

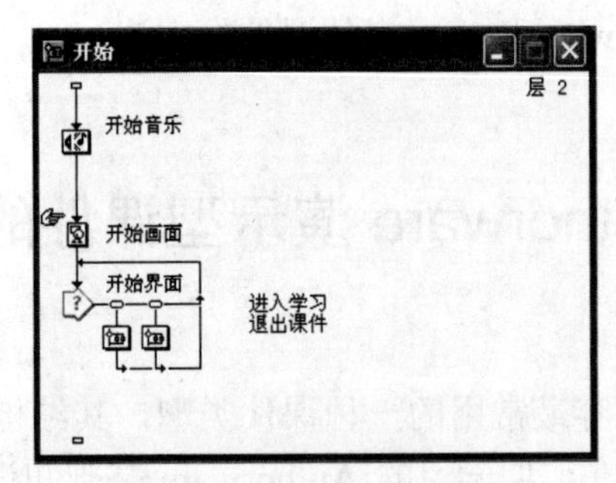

图 20-3 开始界面流程

（2）在“开始音乐”图标中导入“素材”文件夹内名为“背景音乐.mp3”的声音文件，在属性面板中按图 20-4 所示进行设置。

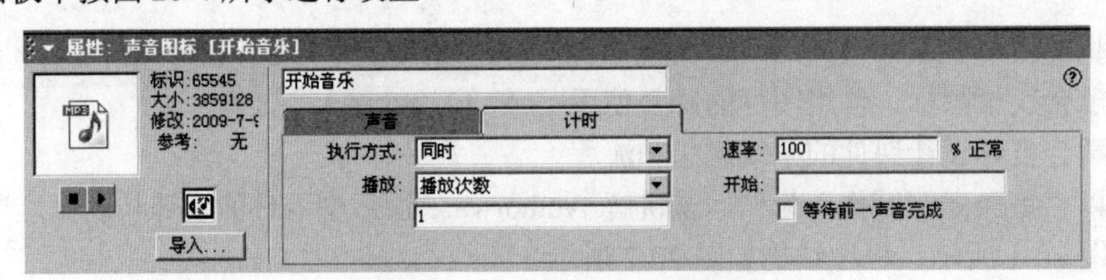

图 20-4 “开始音乐”的设置

（3）在“开始画面”显示图标中一次导入名为“草鱼图片”、“鲢鱼图片”、“青鱼图片”和“鳙鱼图片”的图片文件。按住键盘 Shift 键，分别单击选择“开始音乐”、“开始画面”和“开始界面”图标，双击“开始界面”交互图标，打开开始界面，在演示窗口中调整图片位置和大小，得到如图 20-5 所示的结果。

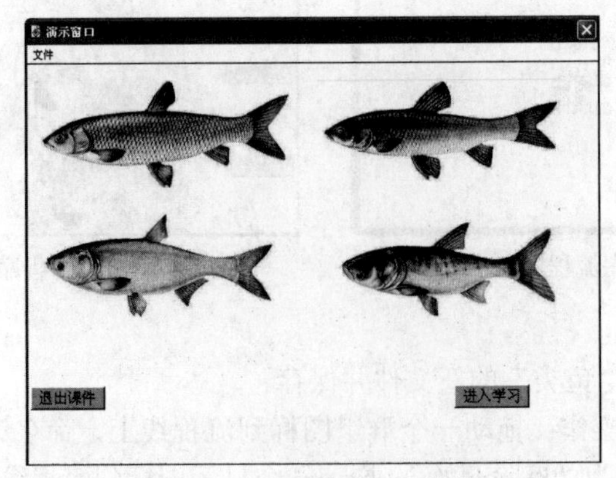

图 20-5 “开始界面”效果

（4）在“进入学习”群组图标中放置一个计算图标，命名为“跳转”，双击该计算图标，按图 20-6 所示设置程序跳转；在“退出课件”群组图标中放置一个计算图标，命名为“退出”，双击该计算图标，按图 20-7 所示设置退出函数。

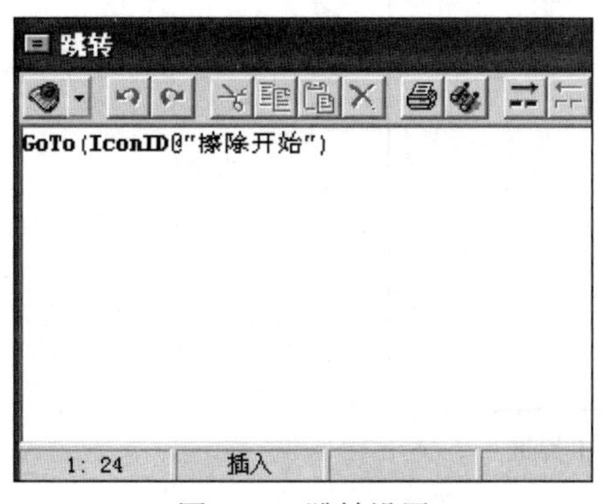

图 20-6　跳转设置

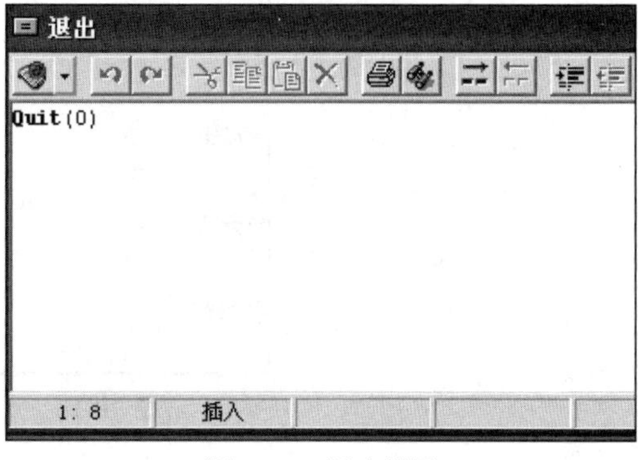

图 20-7　退出设置

3. 背景的制作

（1）双击“擦除开始”图标，按如图 20-8 所示进行设置，将开始画面擦除（也可以在“特效”列表框选择擦除特效）。

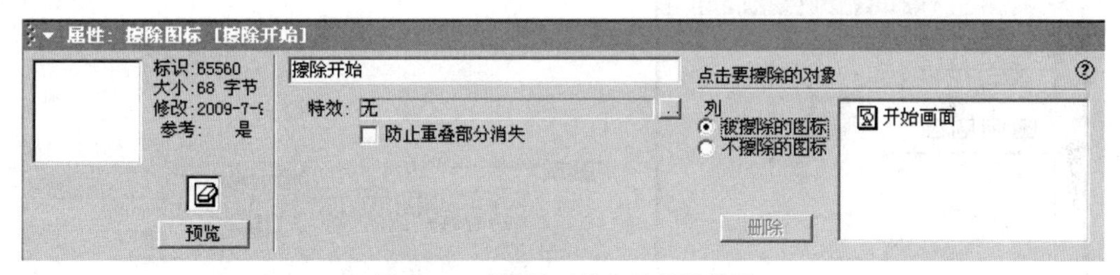

图 20-8　“擦除开始”的属性设置

（2）在“背景”显示图标中引入“素材”文件夹中名为“背景”的图片文件；在“介绍画面”显示图标中引入名为“介绍.txt”的文本文件，设置文本内容为隶书 14 号字。按如图 20-9 所示调整图片大小以及与文本的位置。

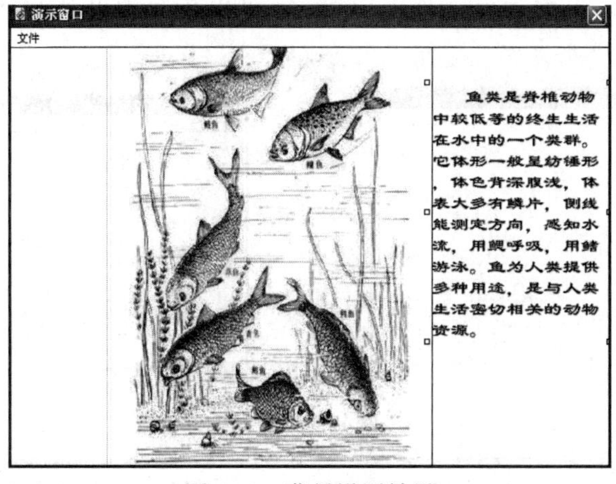

图 20-9　背景设置效果

4. 教学过程的制作

（1）双击“教学”交互图标，在演示窗口中将按钮按照如图 20-10 所示进行设置。

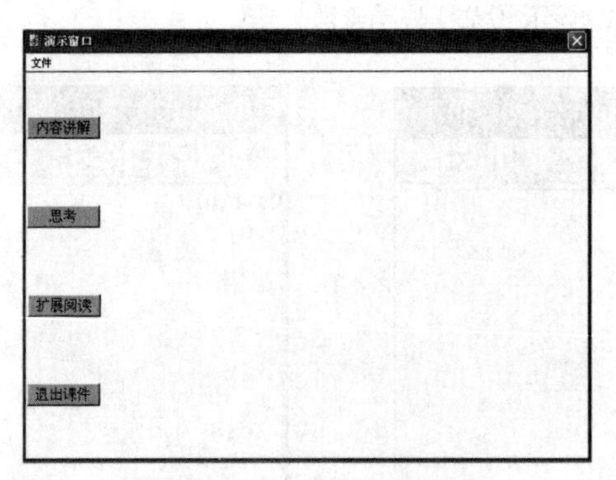

图 20-10　“教学”主界面

（2）打开“内容讲解”群组图标，制作如图 20-11 所示的程序流程。打开“擦除介绍”图标，按照图 20-12 所示进行设置，将“介绍画面”显示图标、“扩展阅读”、“内容讲解”和“思考”按钮擦除。

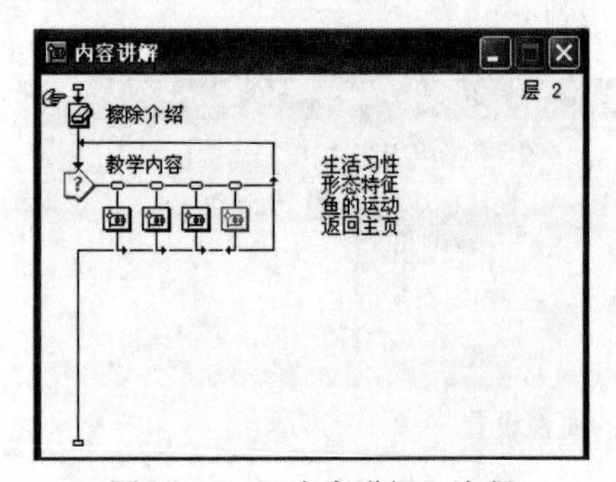

图 20-11　“内容讲解”流程

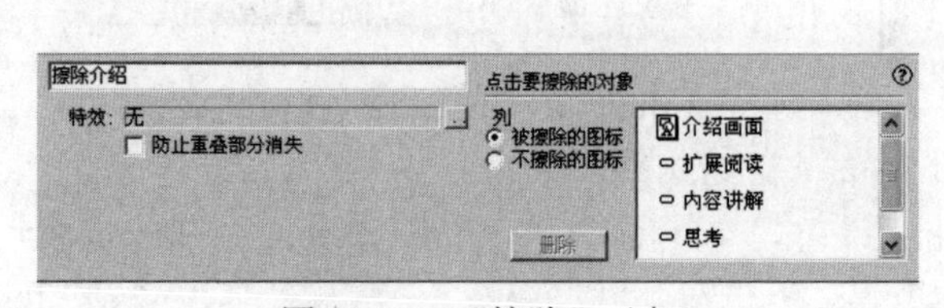

图 20-12　“擦除”对象

（3）打开“教学内容”交互图标，在演示窗口中将按钮按照如图 20-13 所示进行布局；在“生活习性”群组图标内放置一个显示图标，双击打开，引入“素材”文件夹中名为“鱼的生活习性”的文本文档，设置标题为隶书 18 号字，正文内容为隶书 14 号字，并调整位置如图 20-14 所示。

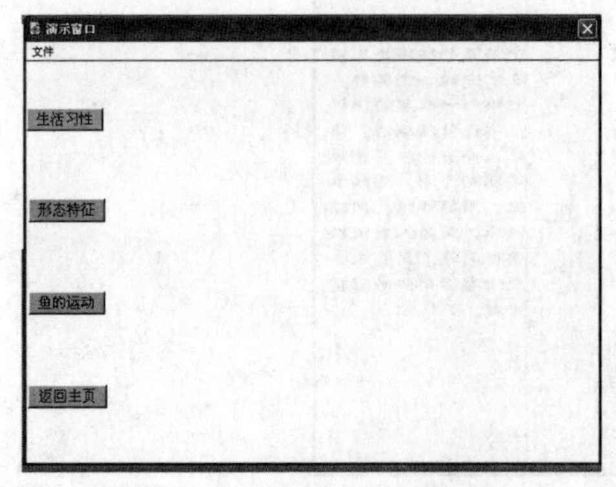

图 20-13　“教学内容”按钮布局

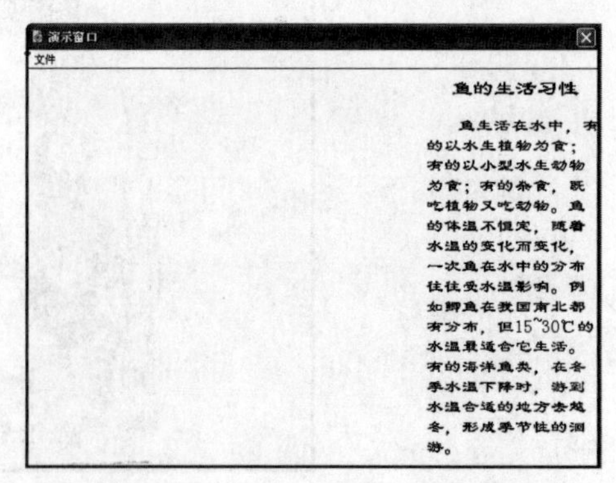

图 20-14　“生活习性”内容布局

（4）打开“形态特征”群组图标，设计如图 20-15 所示的程序流程。在“形态”显示图标中导入“素材”文件夹中名为“形态特征”的文本文件，设置文字内容为隶书 14 号字，并调整文字位置如图 20-16 所示。单击“鱼的形态图”按钮，按照图 20-17 所示进行属性设置。在“鱼的形态图”群组图标中放置一个名为“鱼的形态图片”的显示图标和一个等待图标，在显示图标中引入“素材”文件夹中名为“鱼的形态特征”的图片文件，按图 20-18 所示设置等待图标，调整图片和按钮的位置得到如图 20-19 所示的效果。

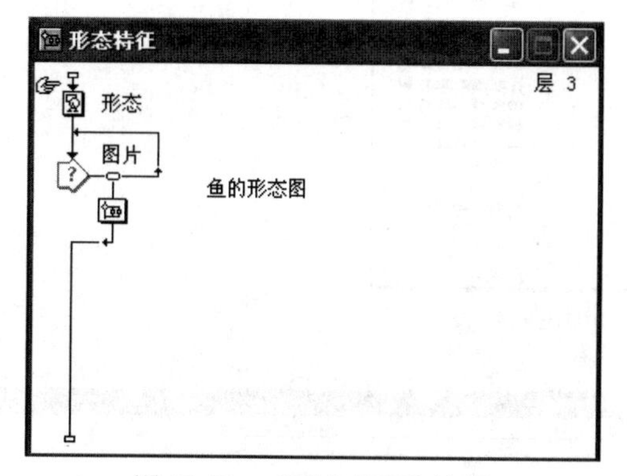

图 20-15　“形态特征”流程

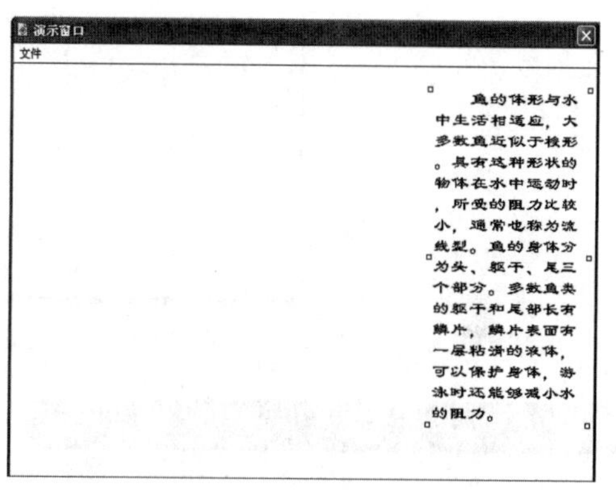

图 20-16　“形态”内容设置

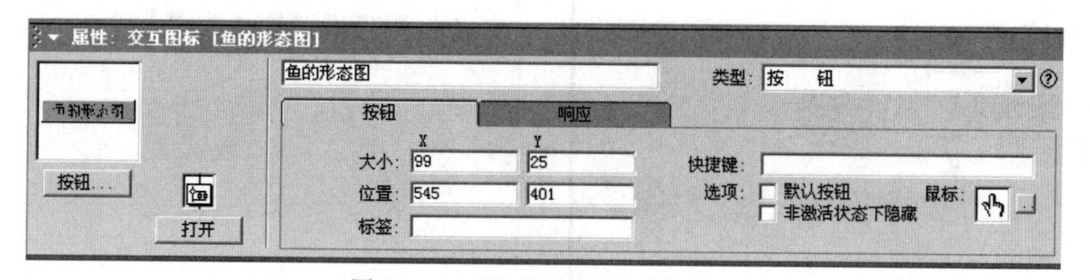

图 20-17　“鱼的形态图”按钮设置

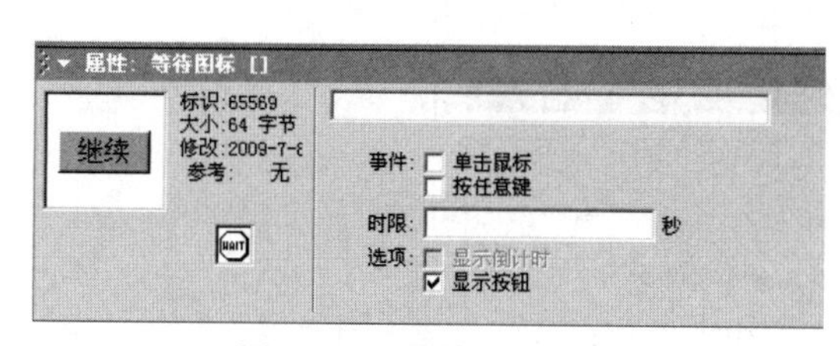

图 20-18　等待图标设置

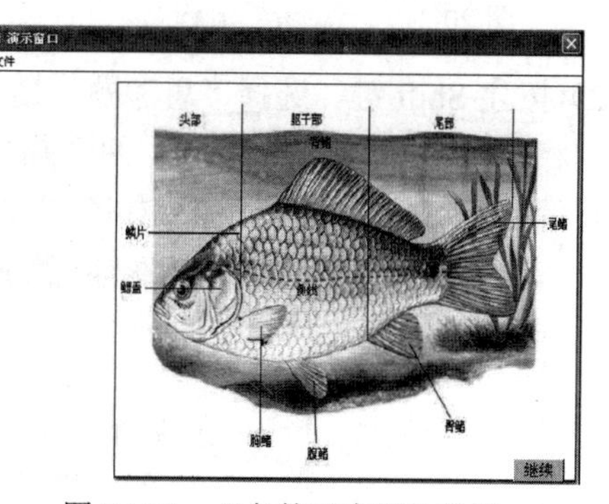

图 20-19　“鱼的形态图”效果

（5）打开“鱼的运动”群组图标，在该群组图标中放置一个名为“运动”的显示图标，在这个显示图标中导入“素材”文件夹中名为“鱼的运动”的文本文档，设置文字为隶书 14 号字，并调整文字位置如图 20-20 所示。

5．“思考”的制作

（1）打开“思考”群组图标，制作如图 20-21 所示的程序流程。打开“擦除内容”图标，将“背景”、“介绍画面”和“生活习性”三个显示图标及“扩展阅读”、“内容讲解”和“思考”三个按钮擦除。将“素材”文件夹中“思考题”文件中的题目部分放入“思考题”显示图标中，调整位置如图 20-22 所示。

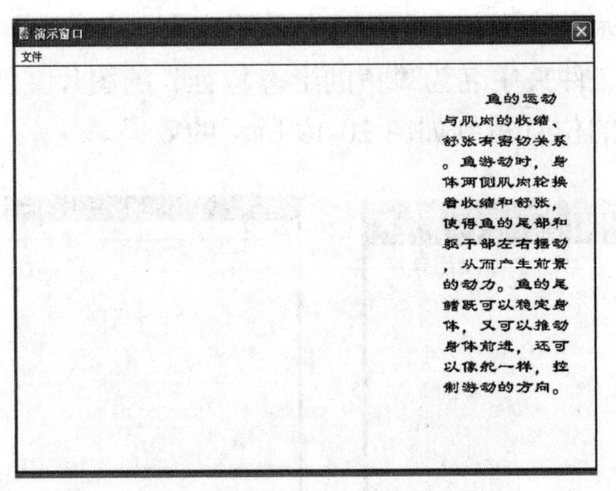

图 20-20 “鱼的运动”内容设置

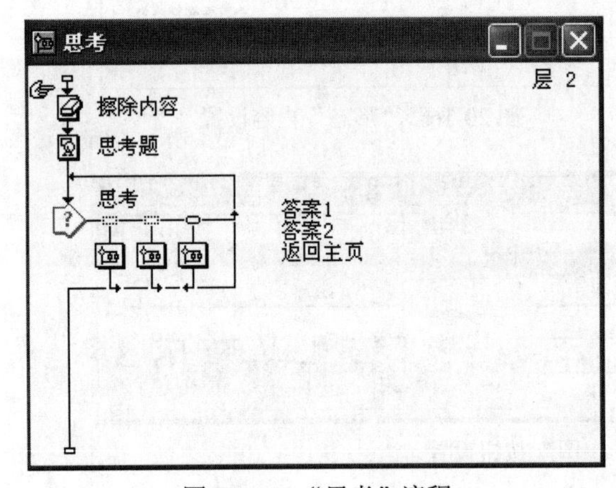

图 20-21 “思考”流程

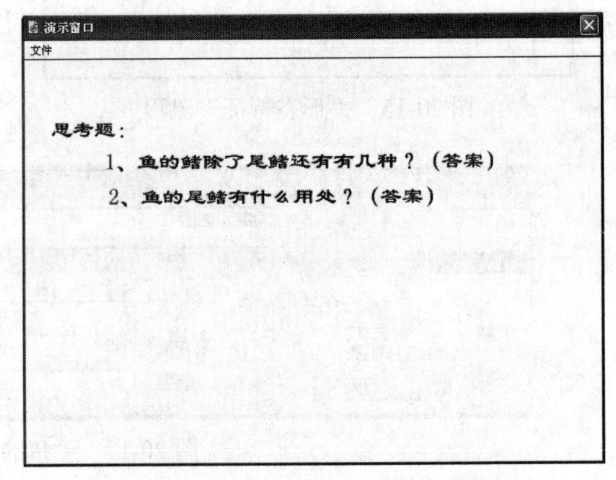

图 20-22 “思考题”内容设置

（2）按住 Shift 键，选择“思考题”显示图标和“思考”交互图标，然后双击“思考”交互图标，将“答案 1”和“答案 2”两个热区调整到相应的思考题后的对应位置，将“返回主页”按钮调整到窗口左下角，效果如图 20-23 所示。

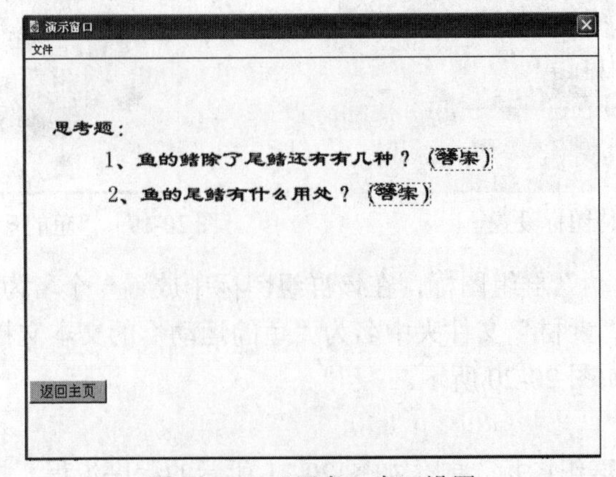

图 20-23 “思考”交互设置

（3）打开“答案 1”群组图标，在里面放置一个名为“答案”的显示图标，将“素材”文件夹中“思考题”文件中的答案 1 部分放入其中，在该显示图标下方放置一个等待图标，按图 20-24 所示进行属性设置，按如图 20-25 所示的效果调整答案文本和按钮的位置。按同样的操作设置“答案 2”群组图标。

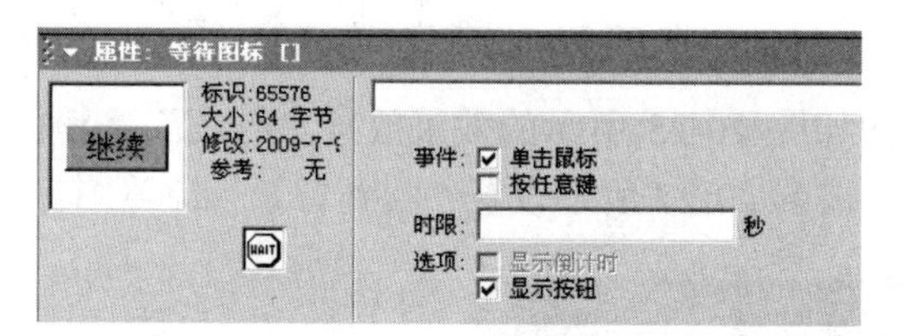

图 20-24　等待图标的设置

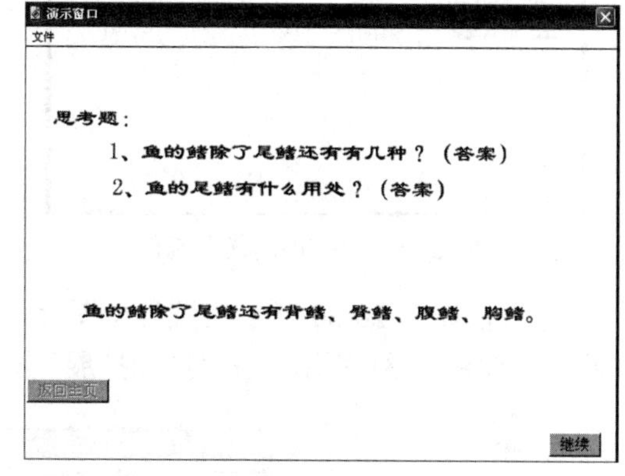

图 20-25　“答案 1”运行效果

（4）在“返回主页”群组图标中依次放置一个名为“擦除页面”的擦除图标和一个名为“回到背景”的运算图标。按图 20-26 所示设置擦除图标的属性，按图 20-27 所示为运算图标设置跳转函数。

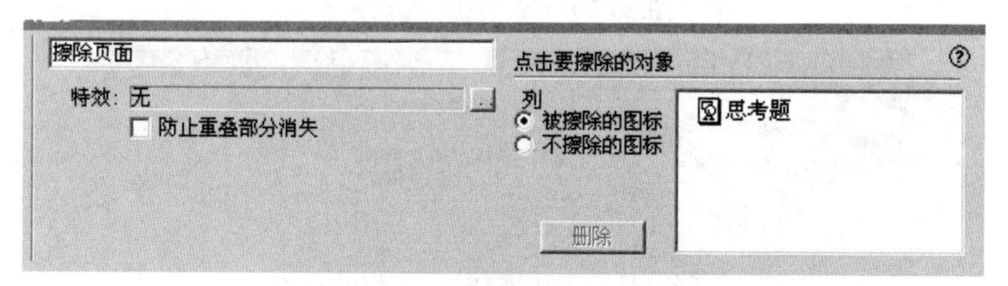

图 20-26　“擦除页面”的设置

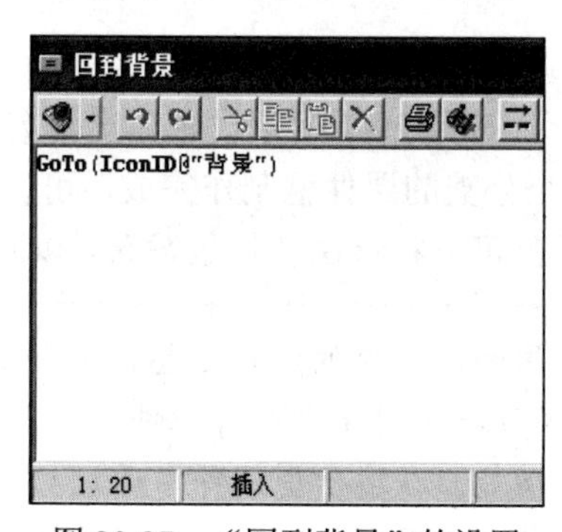

图 20-27　“回到背景”的设置

6. “扩展阅读”的制作

（1）打开“扩展阅读”群组图标，制作如图 20-28 所示的程序流程。打开“擦除”图标，将“背景”和“介绍画面”两个显示图标及“扩展阅读”、“内容讲解”和“思考”三个按钮擦除。将“素材”文件夹中的“扩展”文本文件和“中华鲟”图片文件导入“中华鲟”显示图标中，设置文字内容标题为隶书 24 号字，正文为隶书 14 号字，调整位置如图 20-29 所示。

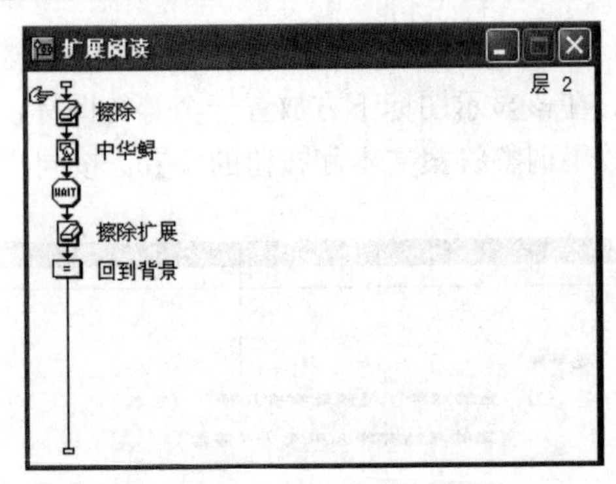

图 20-28 “扩展阅读”流程

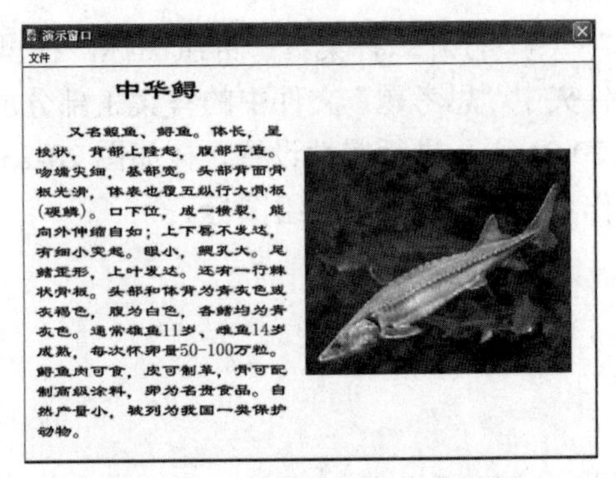

图 20-29 “中华鲟”内容设置

（2）按如图 20-30 所示设置等待图标，并按如图 20-25 所示的效果放置“继续”按钮的位置。按如图 20-31 所示设置“擦除扩展”图标，按图 20-27 所示设置“回到背景”计算图标。

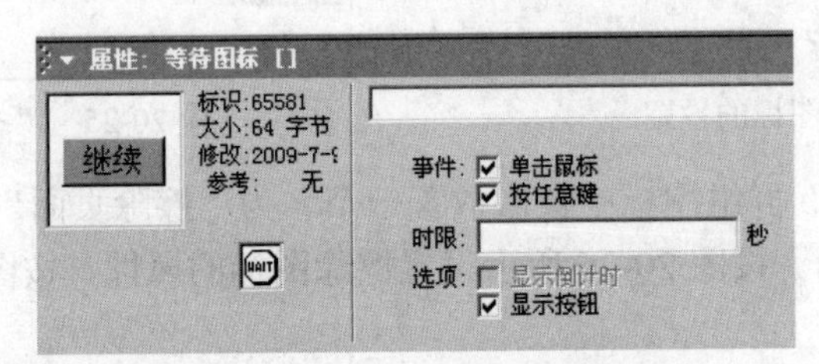

图 20-30 等待图标的设置

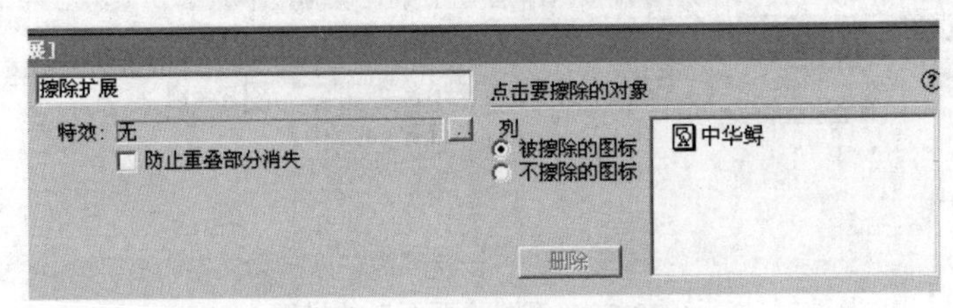

图 20-31 “擦除扩展”的设置

7. “退出课件”的制作

打开“退出课件”计算图标，按图 20-7 所示设置退出函数。

至此，“鱼类”这个带有多个分支的课件就制作完成，可以通过单击“运行”按钮观看课件的运行效果。检查无误之后就可以将该课件打包发布，以脱离 Authorware 环境独立运行。

设计点评： Authorware 采用面向对象的设计思想，具有高效的多媒体集成环境功能，将文字、图片、动画、声音、视频等素材导入教育课件中，并提供了文本与图像处理功能、简单的图形及移动式动画创作功能。在演示型课件中通过把丰富多彩、千变万化的信息如形象的、抽象的、静止的、运动的，用声音、文字、图像展示在学生面前，从而激发学生的思维潜能，取得最佳的学习效果。由于人类的记忆特点，同样的信息，单独用视觉或听觉进行教学，其效果远不如在学习过程中同时使用视觉和听觉，色彩和动画也对人的感官产生刺激，留下深刻的记忆。我们在设计过程中要尽可能地发挥它的优势，但是 Authorware 在制作动画方面显得捉襟见肘，但可以通过 Flash 再弥补这些缺陷。也可以说 Authorware 演示型课件的身影同样无处不在，课堂教学、网络教学，甚至电视教学都很受欢迎。

第 21 章　Authorware 分支型课件的设计与制作

前面我们已经对 Authorware 有一个基本了解，本章结合实例强化 Authorware 的基本操作，同时也熟悉 Authorware 制作完整课件的设计和开发流程。通过本章的学习，掌握 Authorware 课件中交互结构的实现技术，熟练掌握用按钮、热区、热物体等交互方式实现教学内容选择的方法技巧。下面就以制作宋词鉴赏《虞美人》为例来讲解。

学习目标：

- 交互图标的综合使用
- 熟练掌握用按钮、目标区域响应、文本输入响应等交互方式实现提问反馈的方法与技巧

1. 新建文件

单击“开始”→“程序”→Macromedia→Authorware 7.0，打开 Authorware 7.0 中文版，出现如图 21-1 所示的对话框，单击“取消”按钮，就新建了一个空白文档。

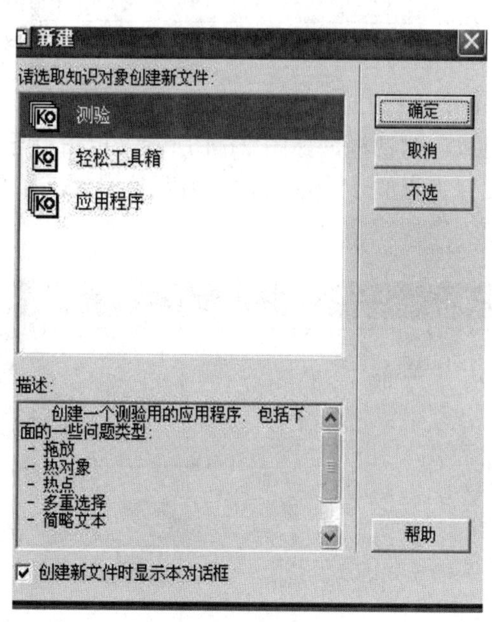

图 21-1　新建文件

2. 插入背景音乐和背景图片

（1）插入背景音乐的方法是：在左边的“图标”面板按住鼠标左键将声音图标拖到主流程线上，然后双击声音图标，就会在下方出现声音图标的属性面板，单击属性面板的“导入”按钮，选择背景音乐的路径（支持的音频文件格式有 AIFF、MP3、PCM、SWA、VOX、WAVE），这里选择导入 music 文件夹，选择“背景音乐 1”，并勾选“链接到文件”选项，单击“导入”按钮，如图 21-2 所示。

（2）回到音乐属性面板上，选择“计时”选项，执行方式选择永久；速率为 100；播放选择直到为真，music=1；开始为 music=0。

（3）插入背景图片，在左边的“图标”面板按住鼠标左键将显示图标拖到主流程线上，在显示图标属性面板中，选择一个特效，在“特效”选项中单击选钮，弹出“特效方式”对话框，如图 21-3 所示，这里选择分类 DM Xtreme Transition，特效选择 DMXT Ripple Fade Light，单击确定，如果没有这个特效也可以选择其他特效，方法同理。显示属性的其他选项保持默认即可。

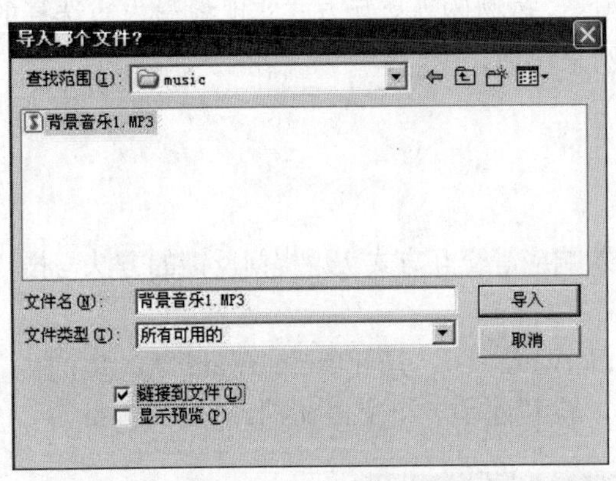

图 21-2　插入音乐

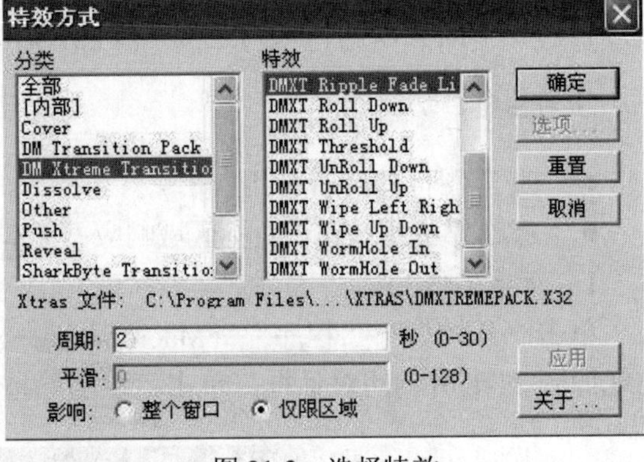

图 21-3　选择特效

（4）在属性面板左侧单击“打开”，进入显示编辑窗口，在菜单栏单击“插入”→“图像”命令，弹出“属性：图像”对话框，如图 21-4 所示，单击“导入”按钮，选择背景图片的路径，这里选择 image 文件夹下的 11.jpg 文件作为背景图片，如图 21-5 所示，勾选“链接到文件”复选框，单击“导入”按钮。

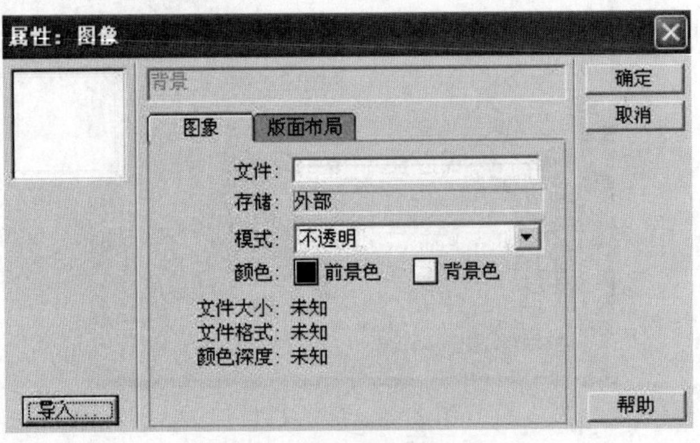

图 21-4　导入图片

3．制作主界面

主界面由五部分组成，分别是判断是否退出、音乐控制、作者简介、诗词鉴赏、退出课件。

（1）插入一个交互图标在主流程线上，属性面板保持默认即可。再插入一个计算图标和 4 个群组图标放置在交互图标下方，分别对其属性进行设置，如图 21-6 所示。

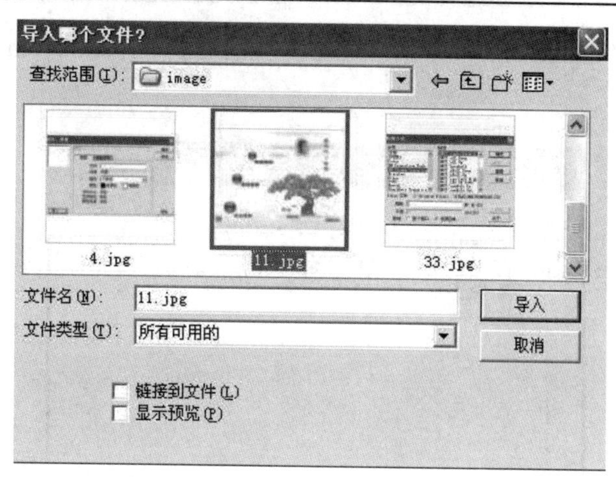

图 21-5　图片选择

（2）单击图标上面的“=”处，对计算图标属性进行设置，在对应的计算图标的属性面板上，先为其命名 music，类型为条件，其他选项保持默认。

（3）单击群组图标上面的，对该群组图标进行设置。先命名为 music control，类型为热区域，其他保持默认。接下来三个群组图标的设置依次命名为作者简介、诗词鉴赏、退出课件，类型全部设置成热区域，操作方法同前设置，如图 21-7 所示。

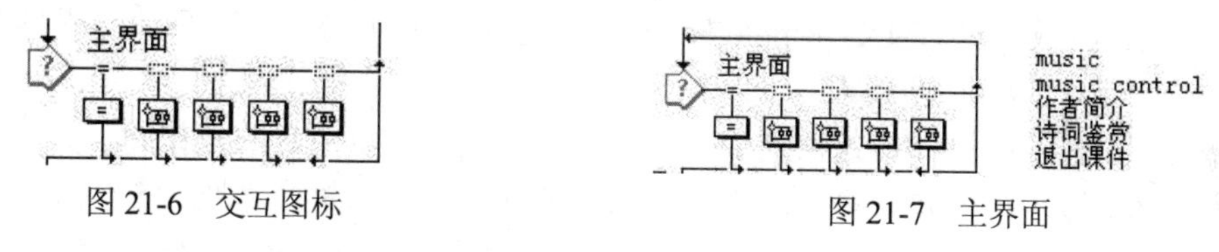

图 21-6　交互图标　　　　图 21-7　主界面

（4）分别对各群组图标里面进行设置，双击计算图标，弹出一个程序编辑窗口，在里面输入：music:=1，目的是一开始就有背景音乐，如图 21-8 所示。

（5）控制的背景音乐的播放和停止。

1）双击 music control 群组图标，弹出一个编辑框，如图 21-9 所示，在“图标”面板中拖入一个判断图标放入编辑框中，命名为 control。

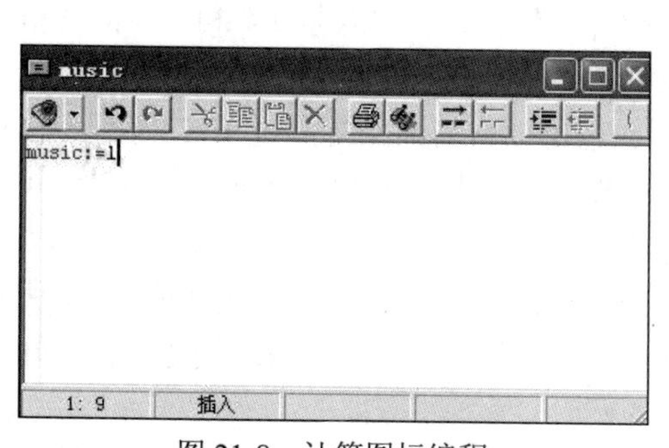

图 21-8　计算图标编程

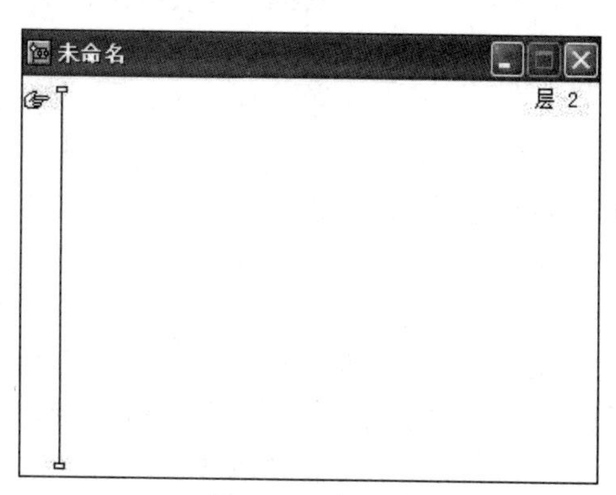

图 21-9　流程线

2）再拖入两个计算图标，分别命名为 open 和 close，在 open 对应的计算图标上双击，在弹出的编辑框里输入“music:=1”，同理在 close 对应的编辑框中输入“music:=0”，如图 21-10 所示。

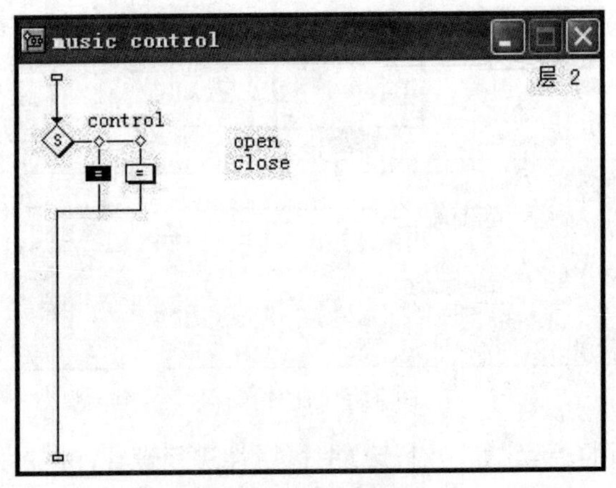

图 21-10　声音控制

（6）设置作者简介。作者简介中主要由作者的生平、背景、作品、背景音乐、返回主界面组成。

1）同理，先双击作者简介对应的图标，在弹出的群组图标编辑框中先拖入一个檫除图标，名称默认，特效选择 DMXT Ripple Fade，选择要擦除的对象，点对象，这里擦除对象是 music、背景、诗词鉴赏和退出课件。

2）拖入一个显示图标，选取需要的背景图片，插入背景图片的操作同上。

3）接下来再拖入一个，来实现作者简介中的 5 个内容。紧接着拖入 5 个群组图标，分别命名为生平、背景 1、作品、music control、返回。再修改 5 个群组图标的属性。

4）对于“生平”、“背景 1”、“作品”三个群组图标将类型设置成按钮，鼠标形状选择标准的鼠标形状，其他属性保持默认。将“music control”、“返回”两个群组图标设置成热区域，其他属性也保持默认，再分别对各项进行填充内容。

（7）“生平”群组图标里的内容是作者的一个简历和图片。双击“生平”图标，在弹出的编辑框中拖入一个显示图标，再双击该显示图标，作者简历选择文本工具输入简介内容，可从“资料”文件中将作者简介文本复制过来，文本设置成卷帘效果（方法是选中文本，在菜单栏“文本”下拉菜单中选择“卷帘文本”），并插入图片。依次设置“背景 1”和“作品”里的内容。里面都是填充文字，文字可参考“资料”文件夹中对应的内容，操作同理。

（8）music control 群组的设置操作同前面一样，也可以将前面的复制过来。“返回”设置一个计算图标，双击计算图标输入“GoTo(IconID@"背景")”，用来返回主界面。

（9）对 5 个对象进行调整，对“生平”、“背景”、“作品”三个图标设置为按钮，单击“生平”群组图标上面的按钮标志，在下面的属性面板的“按钮”位置单击，出现如图 21-11 所示的对话框，接着单击“添加”按钮，弹出按钮编辑窗口，在其中单击“导入”按钮，将做好的生平、背景、作品三个图标导入进去，如图 21-12 所示。

（10）回到交互图标界面，双击交互图标，同时按住 Shift 键再双击显示图标，调整 5 个图标的位置，如图 21-13 所示。

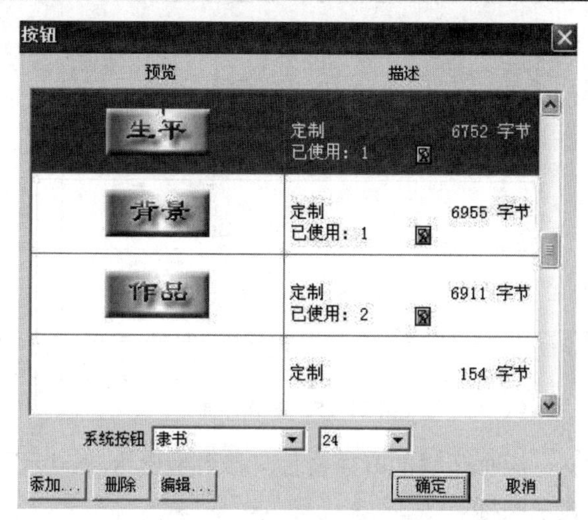

图 21-11　“按钮”对话框

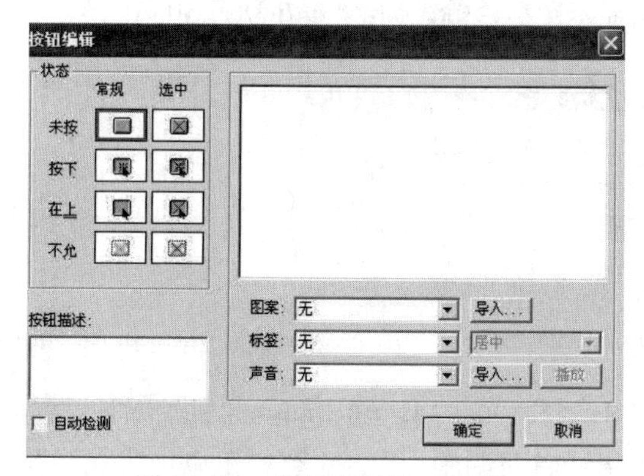

图 21-12　“按钮编辑”对话框

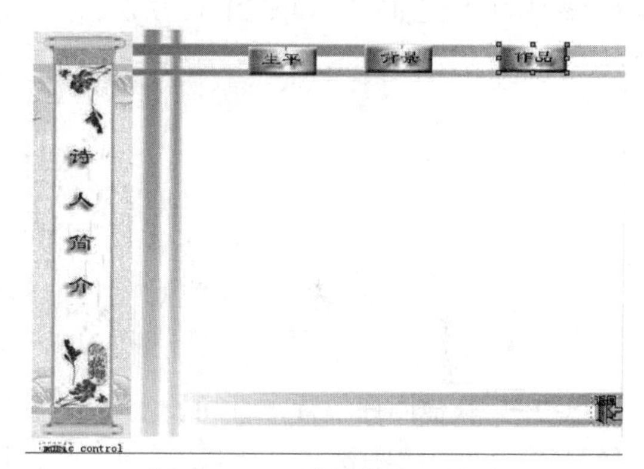

图 21-13　“作者简介”界面

（11）诗词鉴赏如图 21-14 所示，由“朗读”和“退出”两个按钮组成。同理先加一个擦除图标，再添加一个显示图标用来显示背景图片，最后是一个交互图标，里面有两个群组图标作为两个选项，一个是朗读，另一个是退出。操作和前面一样。对于“朗读”群组图标，双击进入进行朗读的字幕和配音的设置，如图 21-15 所示。

图 21-14　“诗词鉴赏”界面

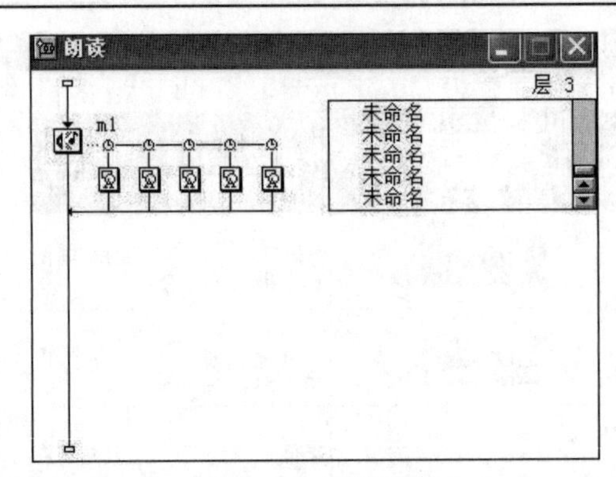

图 21-15 朗读界面

先插入一个音乐图标，添加所需的音乐文件；接着拖出 8 个显示图标，将整个词分 8 句读出来，因此设置 8 个显示图标。

（12）单击显示图标上方的，对显示图标属性进行设置，同步于“秒”；时间长度设置为 7；擦除条件为“不擦除”，如图 21-16 所示。然后双击显示图标，输入词：“春花秋月何时了，”。

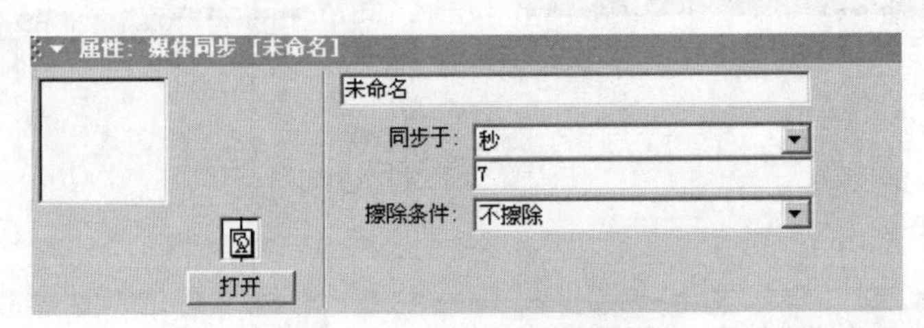

图 21-16 媒体同步属性

（13）其他同理设置，时间长度分别为 13、18、23、29、34、40、44。并且输入词：“往事知多少？”；“小楼昨夜又东风，”；“故国不堪回首月明中。”；“雕栏玉砌应犹在，”；“只是朱颜改。”；“问君能有几多愁，”；“恰似一江春水向东流。”，如图 21-17 所示。

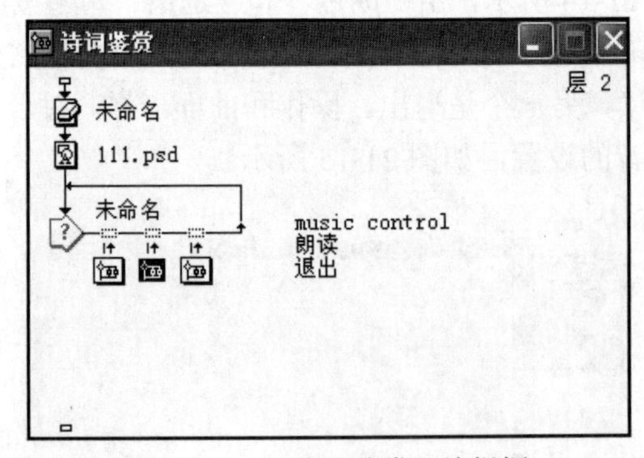

图 21-17 “诗词鉴赏”编辑框

4. 退出课件

“退出课件”群组图标如图 21-18 所示。

先加一个擦除图标，再添加一个显示图标来添加背景图片，再加一个交互图标设置是否退出。在交互图标中添加两个计算图标，分别命名为 yes、on。yes 计算图标里输入“GoTo(IconID@"尾")”，on 计算图标中输入“GoTo(IconID@"背景")”。

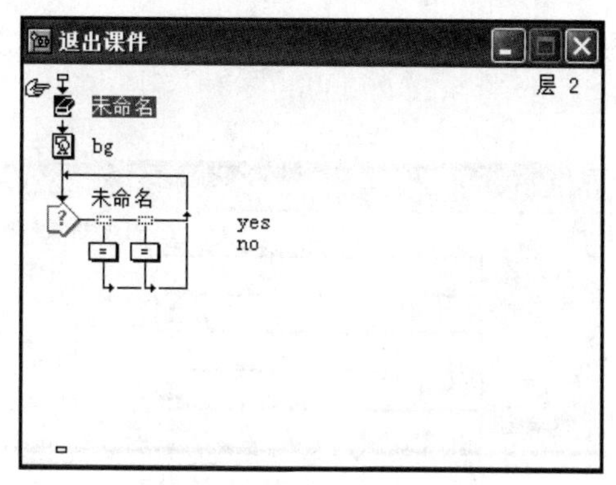

图 21-18　“退出课件”设计

5. 制作“尾”和“制作者”

（1）添加两个显示图标，分别命名为“尾”和“制作者”。“尾”显示图标中插入背景图片，如图 21-19（a）所示。

（2）打开“制作者”显示图标设计窗口，在窗口中输入相应的结束语和作者信息，如图 21-19（b）所示。

（a）

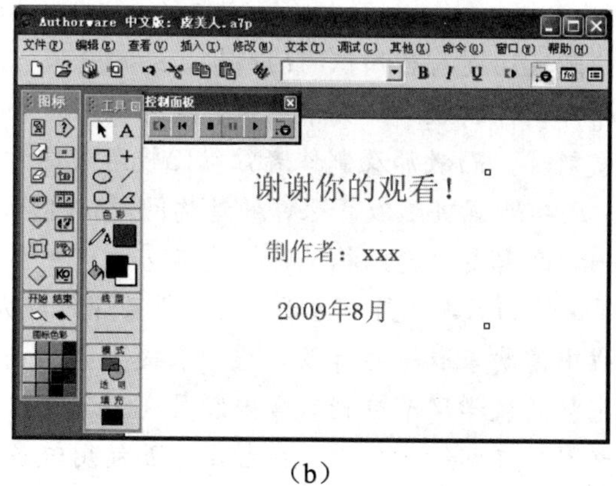

（b）

图 21-19　退出界面

6. 添加移动图标

双击移动图标，在打开的属性设置框中进行相关的设置，“拖动对象”为“制作者”；“类型”选择“指向固定路径的终点”，“时间”为 8 秒，“执行方式”为“等待直到完成”，如图 21-20 所示。

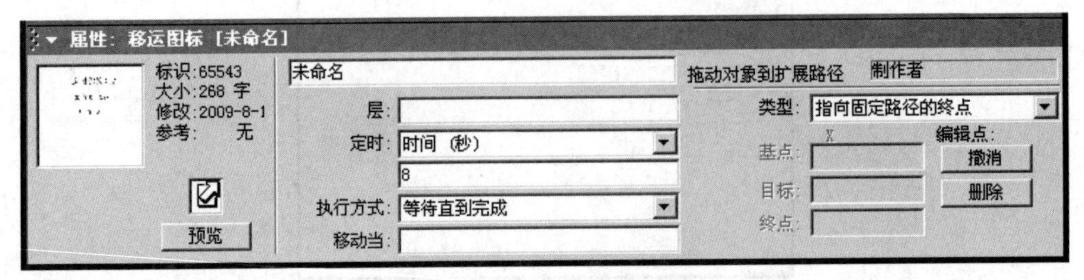

图 21-20　移动图标属性设置

7. 添加计算图标

双击打开计算图标，输入“quit();”。

8. 发布打包输出

单击“文件”→“发布”→“打包”命令，弹出“打包文件”对话框，如图 21-21 所示，在下拉列表框中选择“应用平台 Windows XP，NT 和 98 不同”，勾选 4 个复选框，单击“保存文件并打包”按钮，课件就可以脱离 Authware 环境独立运行了。

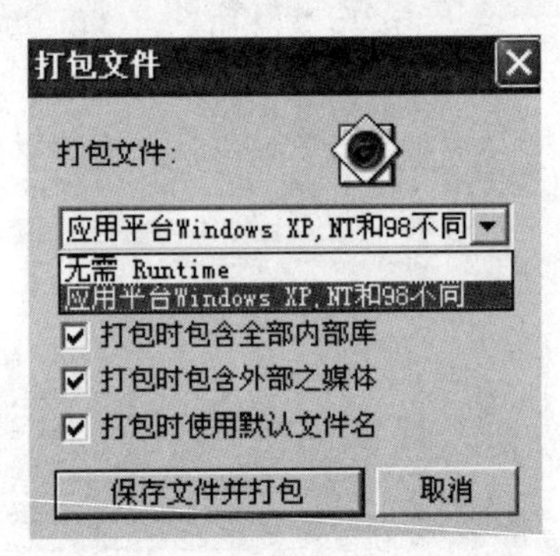

图 21-21　“打包文件”对话框

设计点评：教育课件比较注重前后知识间的结构，结构是否合理、制作过程选择是否妥善，直接关系到教育课件制作的效率，关系到教育课件程序是否有可读性、可扩充性，也关系到教育课件的开发效率，而教师及制作者往往比较忽略这方面的问题，Authorware 基于流程线的设计思路，成功地解决了教育课件的结构问题。因此，根据 Authorware 开发的教育课件结构特点，一方面需要分支结构清晰、简单易读、便于二次开发的教育课件制作流程，以提高制作教育课件的效率；另一方面，由于教育课件越大，运行的速度就越慢，所以在制作教育课件过程中需要采取一些有效措施，来提高 Authorware 课件运行的速度。分支型课件在展示一个完整的教学环节包括教学内容呈现、课堂作业、课后练习，甚至测验等项目中尽显风采，也因此在网络学习、函授教学方面使用较多。

第 22 章　Authorware 测验型课件的设计与制作

通过前面的学习，掌握了群组图标、决策图标的使用，本章将通过各类测验题系统的设计制作实例来讲解这些图标的综合使用，尤其是交互图标的应用。

学习目标：

- 理解各种测验型制作的基本原理
- 灵活应用多种图标制作课件
- 能设计制作一个简单的测验题系统

该实例是一个综合实例，它涉及到多种图标的使用，如显示图标、交互图标、知识对象等图标，其中使用了交互图标的多种类型——时间限制、文本输入、重试限制和热区域。

该实例的总体流程图如图 22-1 所示。

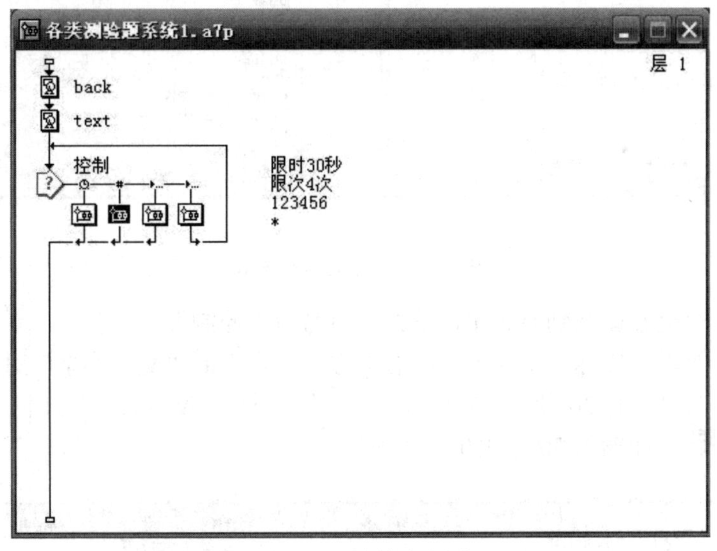

图 22-1　总体流程图

具体操作步骤如下：

1．总体框架设计

（1）新建文件，命名为“各类测验题系统”。

（2）拖拽一个显示图标到流程线上，命名为 back，双击该图标，打开演示窗口，导入背景图片“..\背景图片\1.jpg”，调整其大小，如图 22-2 所示。

（3）拖拽一个显示图标到 back 图标下方，命名为 text。双击该图标，打开演示窗口，单击“绘图”工具栏中的A，在演示窗口中输入文字，标题字体为华文隶书，大小为 36，显示模式设为透明；下方也输入一行字，字体设为方正彩云简体，大小为 18，显示模式也为透明，如图 22-3（a）所示，单击特效后面的 选择“关门方式”，如图 22-3（b）所示。

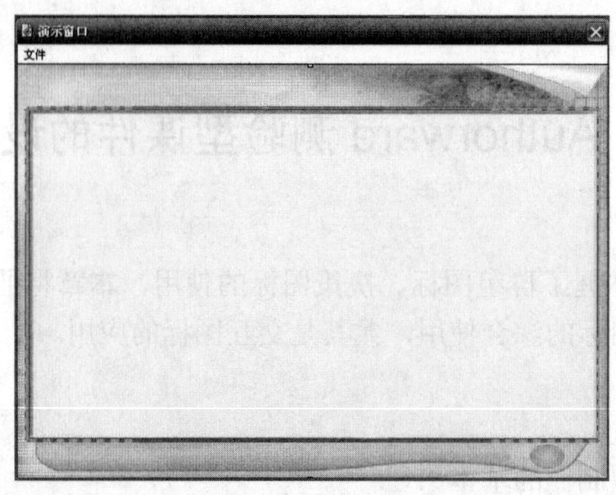

图 22-2　背景图片

（a）

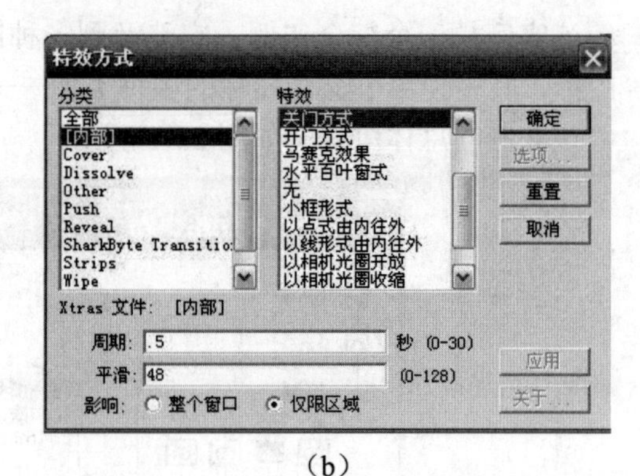

（b）

图 22-3　设置文本及特效

（4）拖拽一个交互图标到 text 图标下方，命名为“控制”。

（5）拖拽一个群组图标到交互图标的右下方，在弹出的“交互类型”对话框中选择“时间限制”，并命名为“限时 30 秒”，在操作区下方的“属性：交互图标[限时 30 秒]”面板中设置其属性，在时限后面输入 30，如图 22-4 所示。

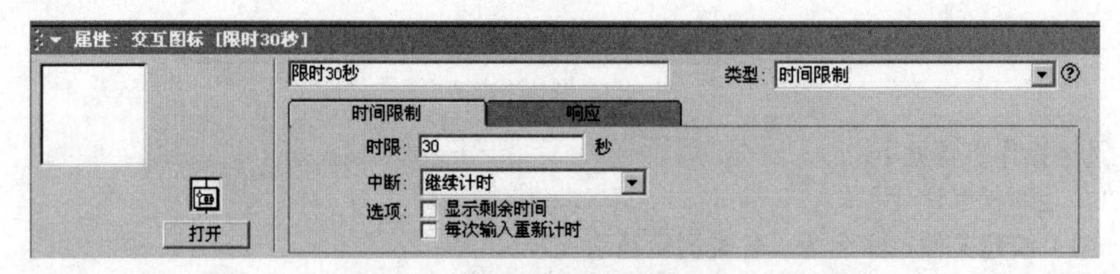

图 22-4　限时设置

编者提示： Authorware 7.0 提供了文本输入交互来接受用户输入的文本，在多媒体课件制作中，经常使用文本输入交互来实现填空练习题的制作。

（6）双击 back 图标，按住 Shift 键，双击 text、交互图标“控制”，调整它们的相对位置，双击，在弹出的“属性：交互作用文本字段”面板中设置文本属性，单击背景色前的方框，选择灰色为背景色，效果如图 22-5 所示。

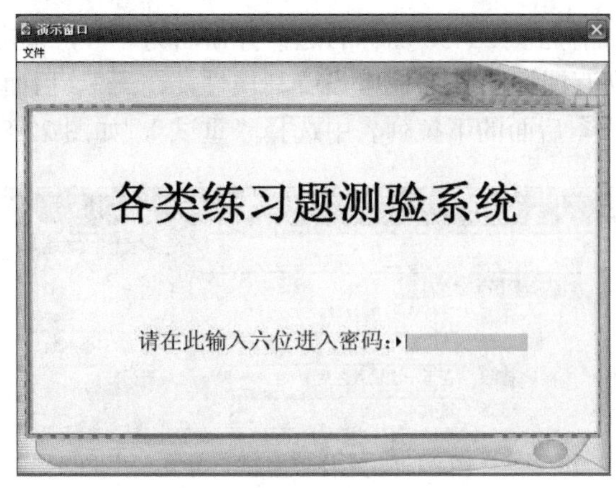

图 22-5　设置 back 图标的背景色

（7）拖拽一个群组图标到“限时 30 秒”图标右边，并命名为“限次 4 次”，单击该图标上方的#-，在操作区下方的“属性：交互图标[限次 4 次]”面板中设置其属性，在类型:后面的下拉列表中选择“重试限制”，“最大限制”后面输入 4，如图 22-6 所示。

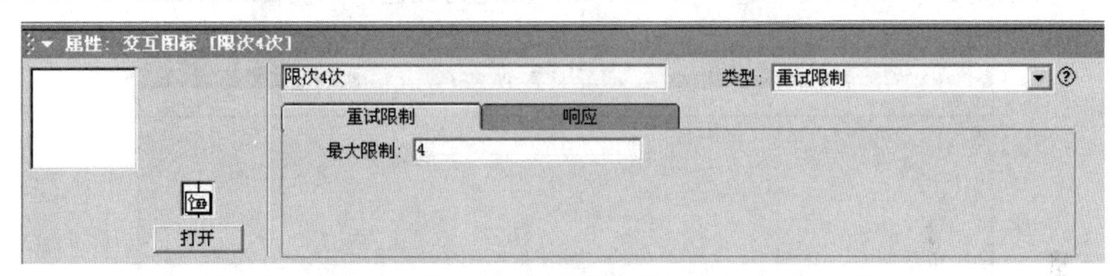

图 22-6　设置最大限制量

（8）拖拽一个群组图标到“限次 4 次”图标右边，并命名为 123456，单击该图标上方的-▸…-，在操作区下方的“属性：交互图标[123456]”面板中设置其属性，在类型:后面的下拉列表中选择“文本输入”，在“文本输入”/ 模式:后面输入“"123456|654321|888888"”，如图 22-7（a）所示，在“响应”/分支:后面选择“退出交互”，如图 22-7（b）所示。

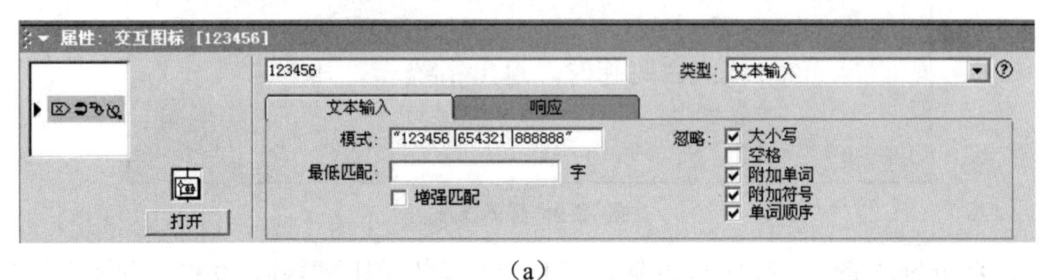

（a）

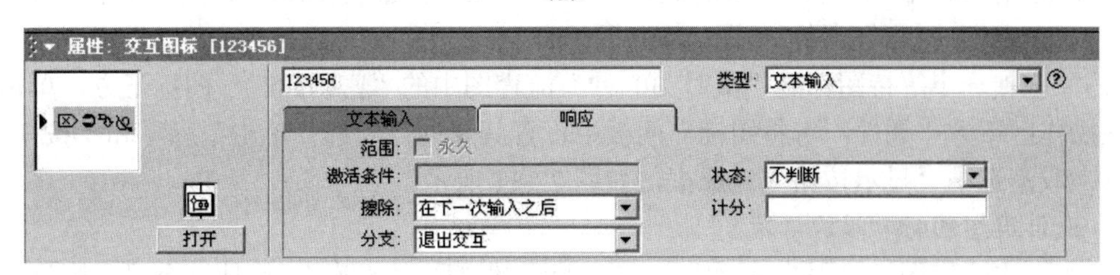

（b）

图 22-7　设置属性

（9）拖拽一个群组图标到 123456 图标右边，并命名为“*”，单击该图标上方的▸⋯，在操作区下方的“属性：交互图标[*]”面板中设置其属性，在类型:后面的下拉列表中选择“文本输入”，在“响应”/分支:后面的下拉列表中选择“重试”，如图 22-8 所示。

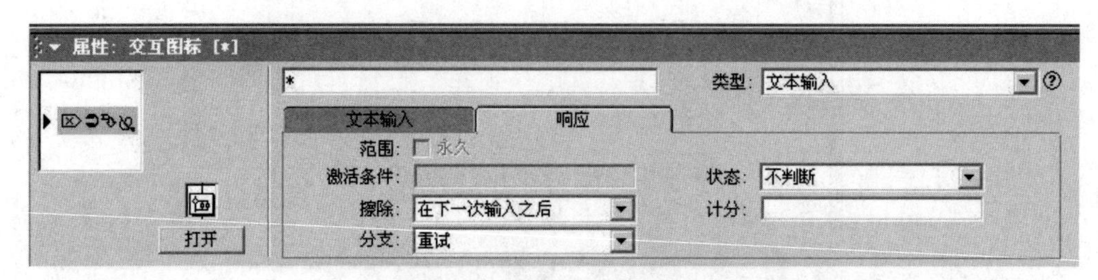

图 22-8 选择“重试”分支

2. 设计群组图标“限时 30 秒”

（1）双击群组图标“限时 30 秒”，打开流程图“限时 30 秒”，拖拽一个显示图标到流程线上，并命名为“密码超时”，双击该图标，打开演示窗口，单击“绘图”工具栏中的A，在演示窗口中输入文字，字体为宋体，大小为 18，颜色为红色，如图 22-9 所示。

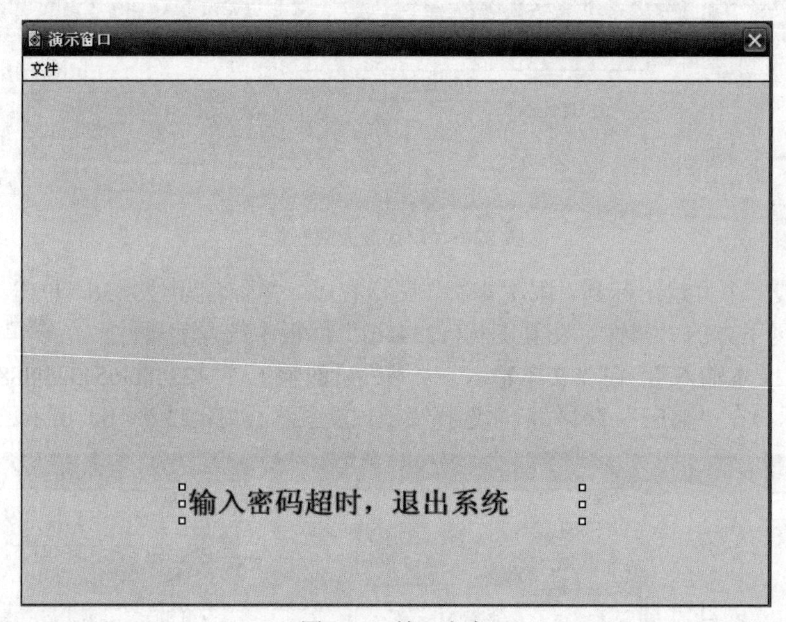

图 22-9 输入文字

（2）双击 back 图标，按住 Shift 键，双击 text、群组图标“限时 30 秒”/显示图标“密码超时”，调整它们的相对位置，如图 22-10 所示。

（3）拖拽一个等待图标到“限时 30 秒”流程图中的“密码超时”图标下方，单击该图标，在操作区下方“属性：等待图标”面板中设置其属性，勾选“单击鼠标”和“按任意键”复选框，取消选中“显示按钮”复选框，如图 22-11 所示。

3. 设计群组图标“限次 4 次”

（1）双击群组图标“限次 4 次”，打开流程图“限次 4 次”，拖拽一个显示图标到流程线上，并命名为“密码超次”，双击该图标，打开演示窗口，单击“绘图”工具栏中的A，在演示窗口中输入文字，字体为宋体，大小为 18，颜色为红色，如图 22-12 所示。

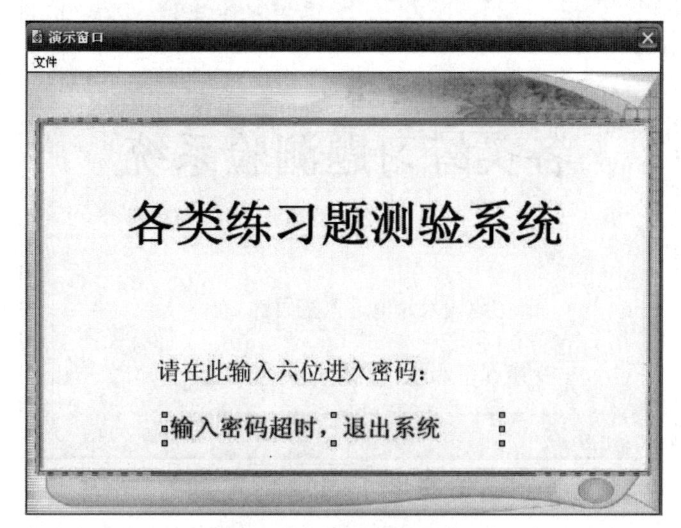

图 22-10　调整图标位置

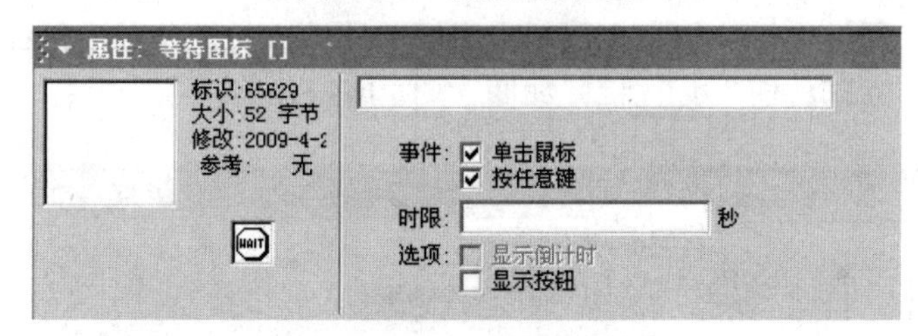

图 22-11　设置等待图标属性

图 22-12　再次输入文字

（2）双击 back 图标，按住 Shift 键，双击 text、群组图标“限次 4 次”/显示图标“密码超次”，调整它们的相对位置，如图 22-13 所示。

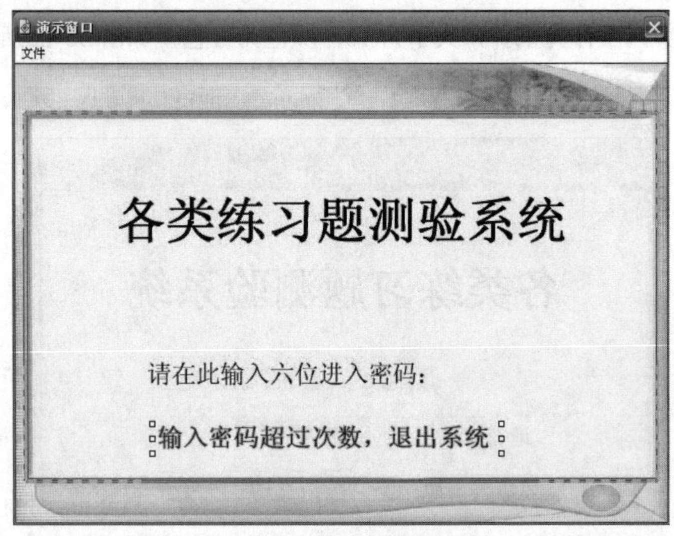

图 22-13　调整图标位置

（3）拖拽一个等待图标到“限时 30 秒”流程图中的“密码超时”图标下方，单击该图标，在操作区下方“属性：等待图标”面板中设置其属性，勾选“单击鼠标”和“按任意键”复选框，取消选中“显示按钮”复选框，如图 22-14 所示。

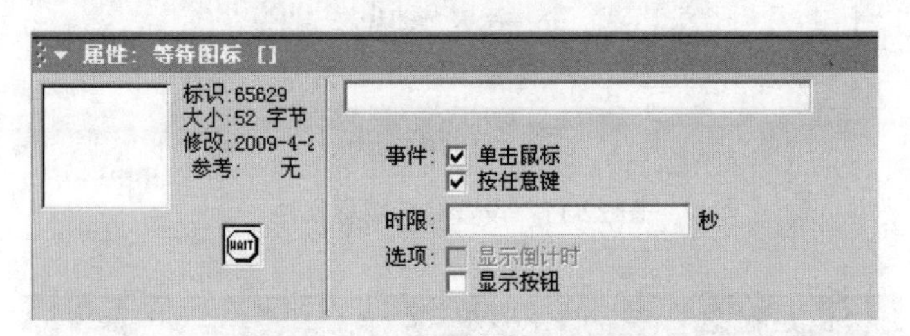

图 22-14　设置等待图标属性

4. 设计群组图标“123456”

（1）设计群组图标“123456”的总体框架设计。

1）双击群组图标“123456”，打开流程图 123456，拖拽一个擦除图标到流程线上，并命名为 clear，单击该擦除图标，在操作区下方的“属性：擦除图标[clear]”中面板设置其属性，将 ⊙ 不擦除的图标 选上，如图 22--15 所示。

2）拖拽一个计算图标到擦除图标 clear 下方，并命名为“清除”，双击该图标，打开代码编辑窗口，在窗口中输入“answer:="" answer1:="" answer2:="" text1:="" text2:="" text3:=""”，如图 22-16 所示。

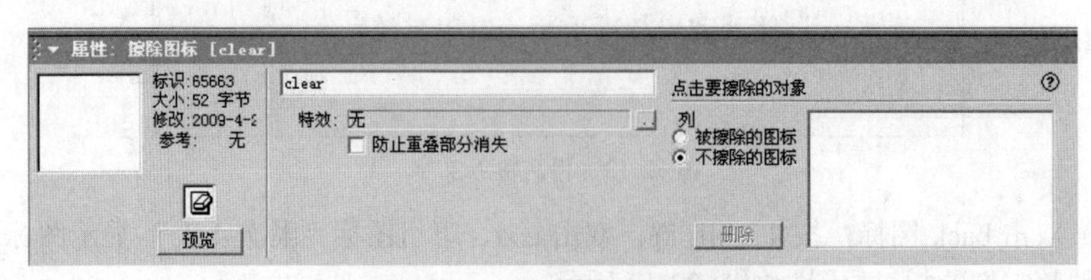

图 22-15　设置擦除图标属性

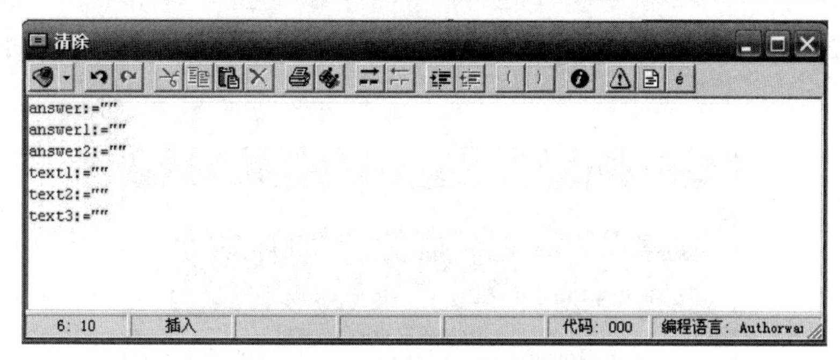

图 22-16　双击清除图标输入代码

3）拖拽一个显示图标到“清除”图标下方，并命名为 background。双击该图标，单击在演示窗口中导入背景图片“..\背景图片\1.jpg”，调整其大小，如图 22-17（a）所示，在操作区下方的“属性：显示图标[background]”面板中设置其属性，选中 防止自动擦除，如图 22-17（b）所示。

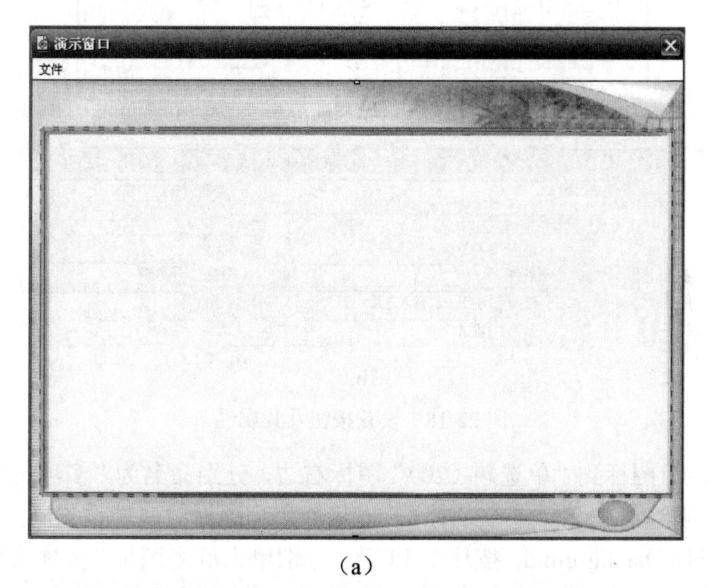

（a）

属性：显示图标 [background]
标识:65672
大小:29600
修改:2009-7-1
参考:　无
打开
background
层:
特效: 无
选项: 更新显示变量
禁止文本查找
防止自动擦除
擦除以前内容
直接写屏
选择位置
位置: 不能改变
活动: 不能改变
基点
初始
终点

（b）

图 22-17　调整背景图片并设置属性

4）拖拽一个交互图标到 text 图标下方，命名为“控制”。

5）拖拽一个群组图标到交互图标的右下方，在弹出的“交互类型”对话框中选择“按钮”，并命名为“单选题（20）”，在操作区下方的“属性：交互图标[单选题(20)]”面板中设置其属性，在 类型: 后面的下拉列表中选择“按钮”，单击 按钮... 打开“按钮”对话框，选择按钮类型，如图 22-18（a）所示；单击“响应”，在范围后面将☑永久勾选上，如图 22-18（b）所示。

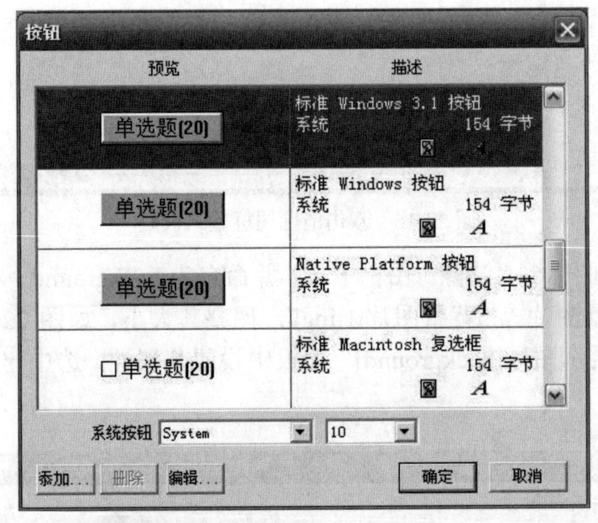

（a）

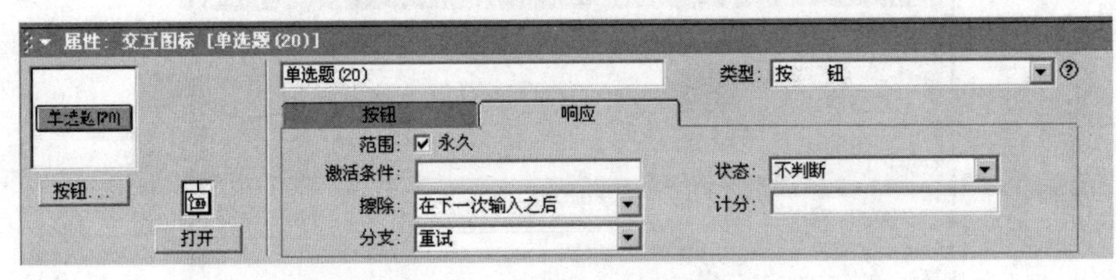

（b）

图 22-18　设置按钮及其属性

6）拖拽 4 个群组图标到“单选题（20）”图标右边，分别命名为“多项选择题（20）”、“填空题（30）”、“小测验（30）”、“成绩统计”，这几个交互图标的属性设置同上面第五步。

7）双击显示图标 background，按住 Shift 键，分别单击群组图标“多项选择题（20）”、“填空题（30）”、“小测验（30）”、“成绩统计”上面的-▭-，打开演示窗口，调整它们的相对位置，如图 22-19 所示。

（2）设计群组图标“单选题（20）”。

1）双击群组图标“单选题（20）”，打开“单选题（20）”流程图，拖拽一个框架图标▣到流程线上，命名为“出题一”，双击该图标，打开“出题一”流程图，如图 22-20（a）所示。将“灰色导航面板”删除，单击第一个▼，将其命名为“第一题”，在操作区下方的“属性：导航图标[第一题]”面板中设置其属性，在目的地后面选择“附近”，勾选页后面的⊙前一页；按照此方法一次在后面修改三个▼的属性，分别命名为“上一题”、“下一题”、“最后一题”，页后面的勾选对应命名，最后将其他的▼全都删掉，最后效果如图 22-20（b）所示。

2）单击“第一题”▼上面的▭，在下方设置其属性，其类型设为“按钮”，将范围后面的☑永久勾选上，单击按钮...，打开“按钮”对话框，选择按钮类型，如图 22-21 所示。

3）以同样的方法分别设置按钮“上一题”、“下一题”、“最后一题”。

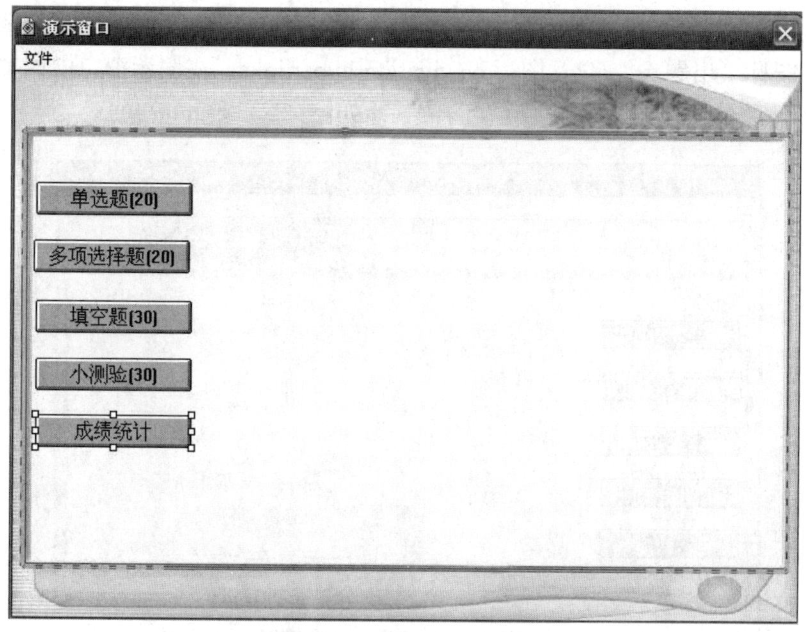

图 22-19　调整图标位置

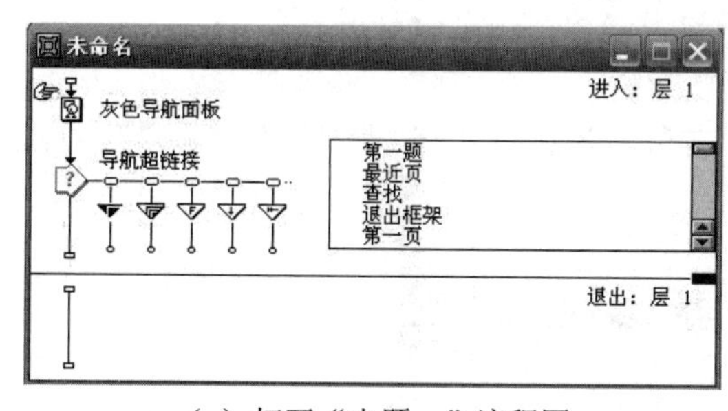

（a）打开“出题一”流程图

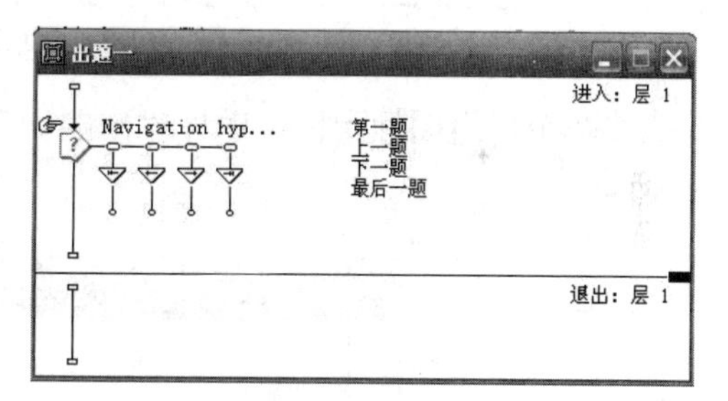

（b）“出题一”效果图

图 22-20　出题一

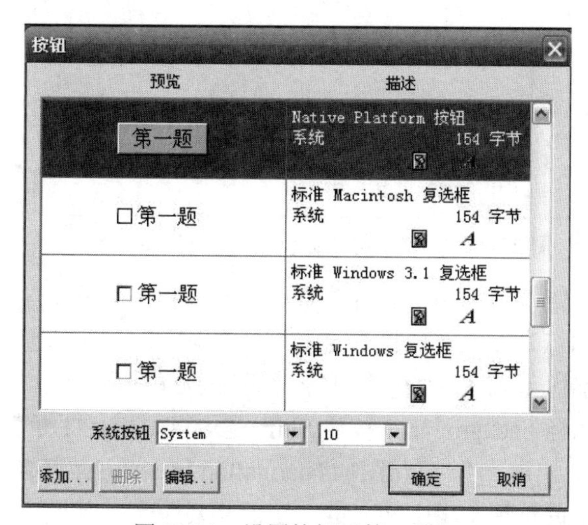

图 22-21　设置按钮“第一题”

4）双击显示图标 background，按住 Shift 键，双击交互图标“控制”、群组图标“单选题（20）”、框架图标“出题一”/交互图标 Navigation hyperlinks，在演示窗口中调整按钮“第一题”、“上一题”、“下一题”、“最后一题”的位置，如图 22-22 所示。

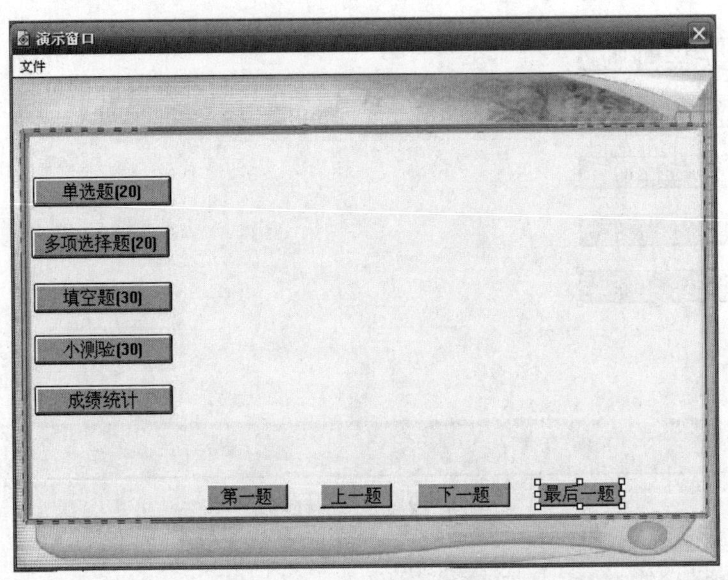

图 22-22 调整按钮的位置

5）拖拽两个群组图标到框架图标“出题一”右边，分别命名为“题 1”和“题 2”，如图 22-23 所示。

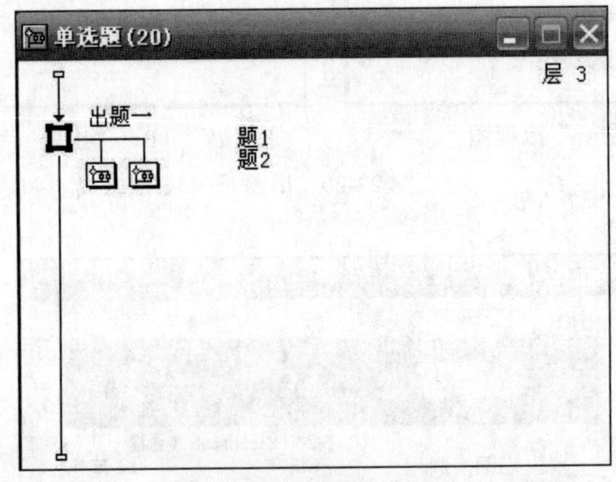

图 22-23 拖拽群组图标设置“题 1”和“题 2”

6）双击群组图标“题 1”，打开“题 1”流程图，拖拽一个显示图标到流程图下方，并命名为“题目”，双击该图标，单击“绘图”工具栏中的▲，在演示窗口中输入文字，设置其显示模式为“透明”，字体为宋体，大小为 12，如图 22-24 所示。

7）双击“显示”图标 background，按住 Shift 键，双击交互图标“控制”、群组图标“单选题（20）”、框架图标“出题一”/交互图标 Navigation hyperlinks/群组图标“题 1”/显示图标“题目”，在演示窗口中调整第六步中输入的文字的相对位置，如图 22-25 所示。

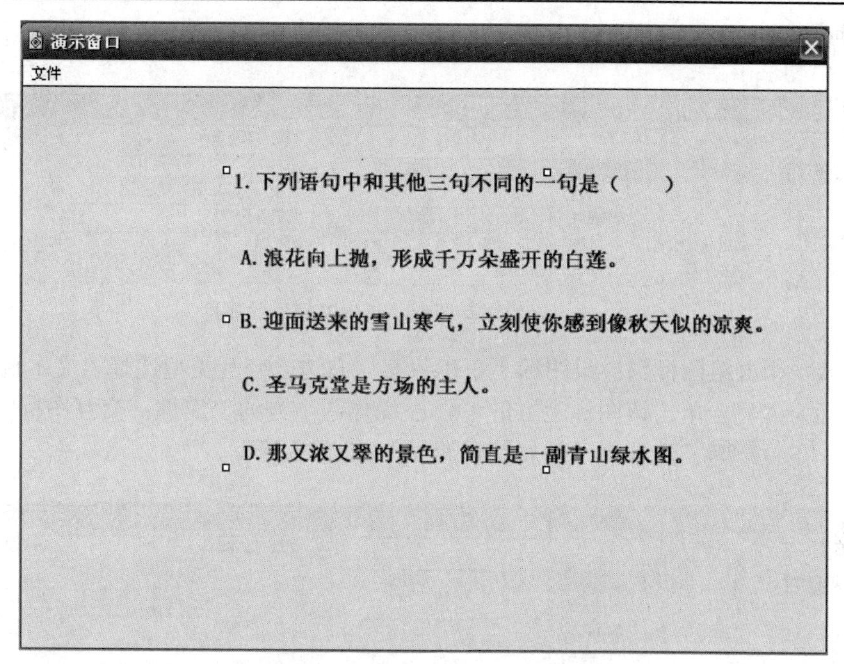

图 22-24　在“题 1”图标中输入文字

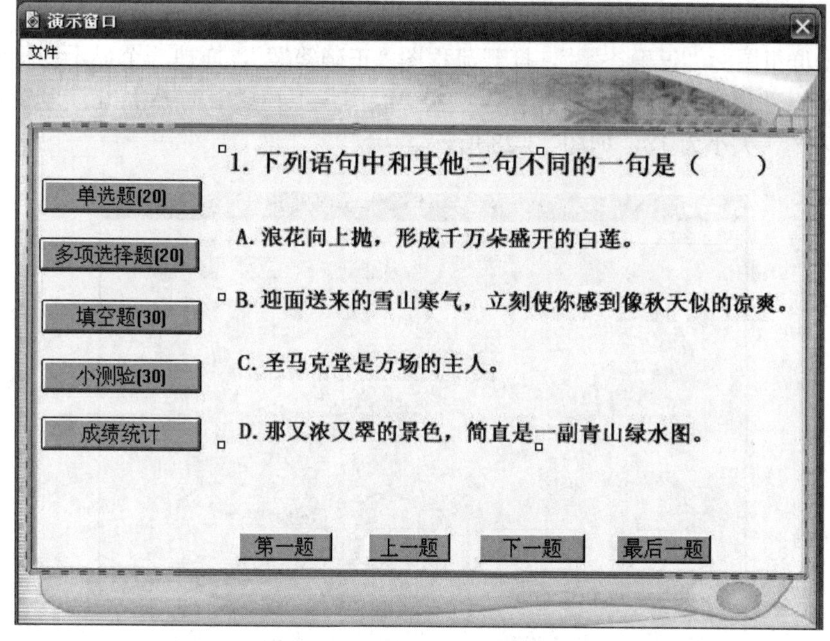

图 22-25　调整文字的相对位置

8）在群组图标“题 1”中再拖拽一个交互图标到显示图标“题目”下方，命名为“单选一”。

9）拖拽一个群组图标到交互图标“单选一”右边，在弹出的“交互类型”对话框中选择“文本输入”，并命名该群组图标为“正确答案”。单击该图标上方的→，在操作区下方的“属性：交互图标[正确答案]”面板中设置其属性，在 模式: 后面输入“"b"”，在 响应 选项卡下的属性设置如图 22-26 所示。

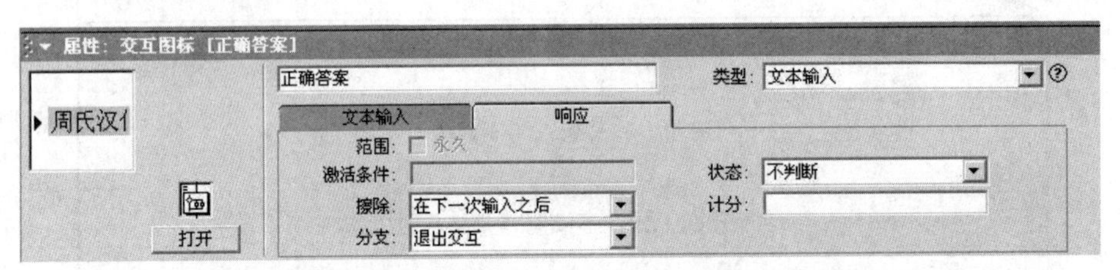

图 22-26 设置交互图标“正确答案”的属性

10）拖拽一个群组图标到群组图标“正确答案”右边，交互类型选择“文本输入”，并命名该群组图标为“*”。单击该图标上方的，在操作区下方的“属性：交互图标[*]”面板中设置其属性，在 响应 选项卡下的属性设置如图 22-27 所示。

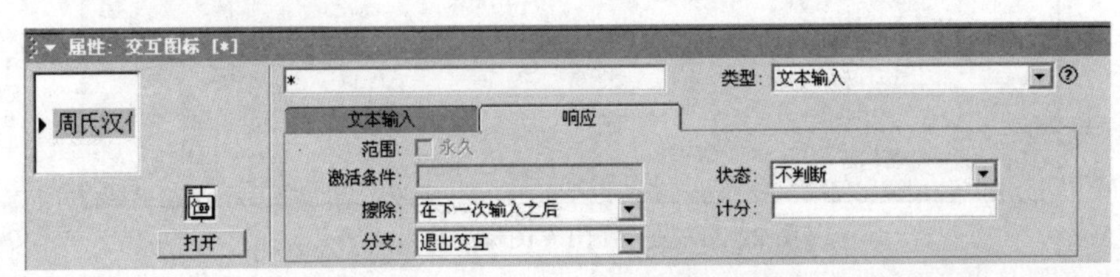

图 22-27 设置交互图标“*”的属性

11）双击群组图标“正确答案”，打开流程图“正确答案”，拖拽一个显示图标到该流程图下方，并命名为“答对了”。双击该图标，单击“绘图”工具栏中的 A，在演示窗口中输入文字，字体为宋体，大小为 18，如图 22-28 所示。

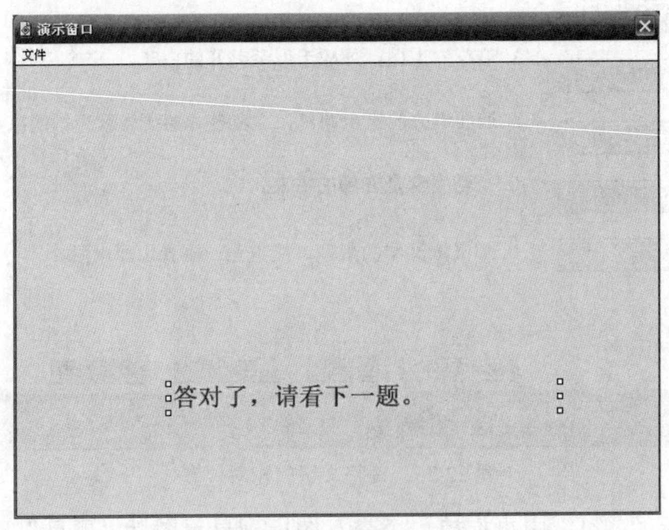

图 22-28 输入文字

12）双击显示图标 background，按住 Shift 键，双击交互图标“控制”、群组图标“单选题（20）”、框架图标“出题一”/交互图标 Navigation hyperlinks、群组图标“题 1”/显示图标“题目”/交互图标“单选一”/群组图标“正确答案”/显示图标“答对了”，在演示窗口中调整它们的相对位置，效果如图 22-29 所示（双击文本输入框，设置其背景色为灰色）。

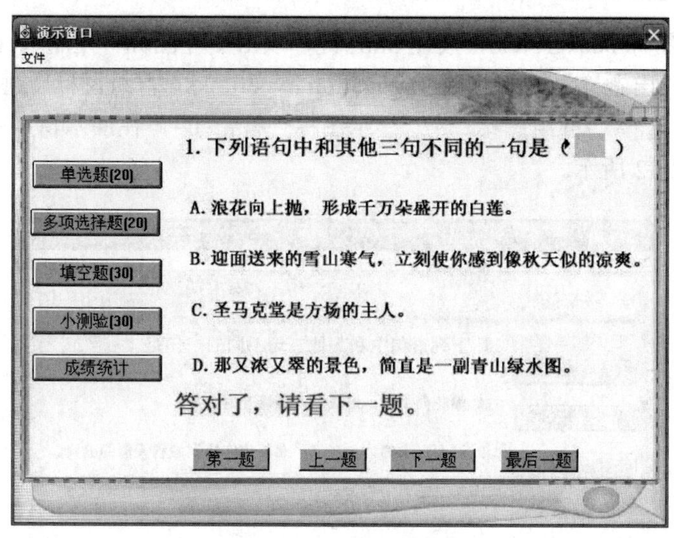

图 22-29　调整各图标的位置

13）在流程图“正确答案”下方拖拽一个等待图标到显示图标“答对了”下方，单击该图标，在操作区下方的“属性：等待图标”面板中设置其属性，如图 22-30 所示。

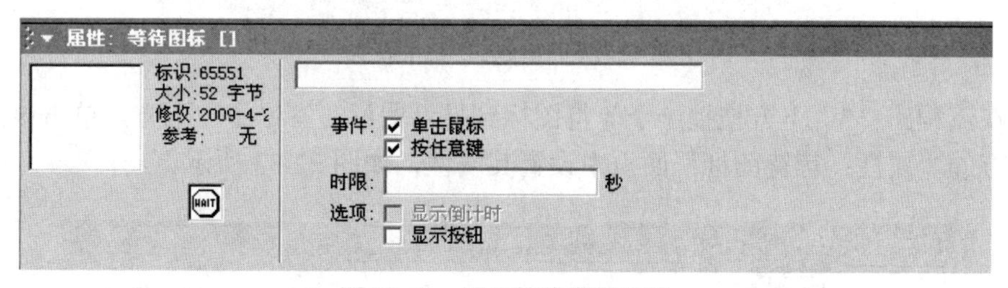

图 22-30　设置等待图标属性

14）双击群组图标“*”，在弹出的“*”流程图中拖拽一个显示图标到流程线上，并命名为“答错了”，其设置方法如同显示图标“答对了”，如图 22-31 所示。

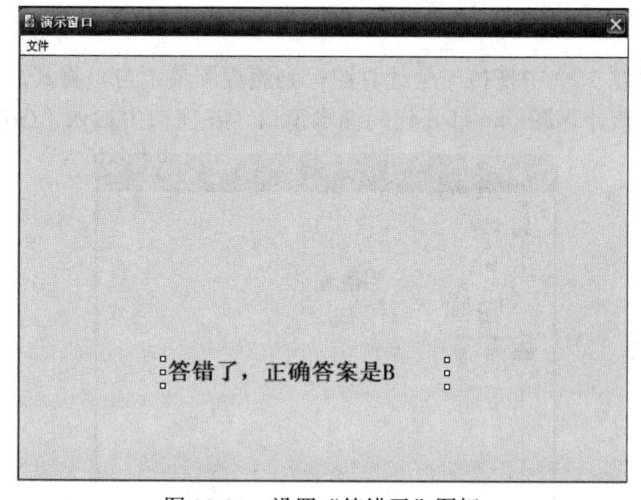

图 22-31　设置“答错了”图标

15）双击显示图标 background，按住 Shift 键，双击交互图标“控制”、群组图标“单选题（20）”、框架图标“出题一”/交互图标 Navigation hyperlinks、群组图标“题 1”/显示图标“题目”/交互图标“单选一”/群组图标“*”/显示图标“答错了”，在演示窗口中调整它们的相对位置，效果如图 22-32 所示。

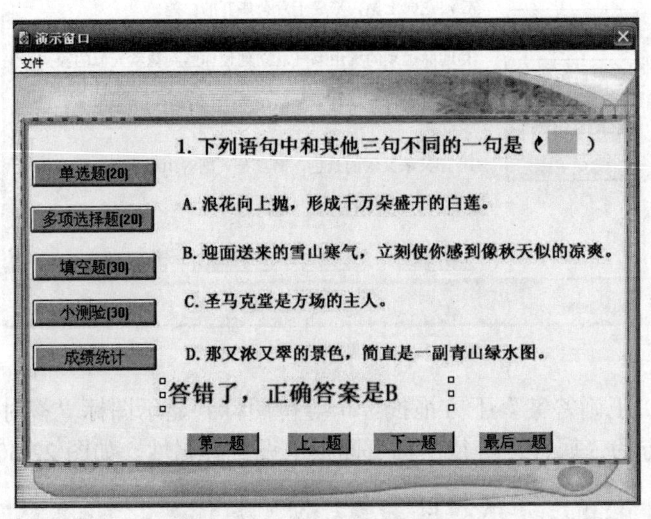

图 22-32 调整各图标的位置

16）在流程图“*”下方拖拽一个等待图标到显示图标“答错了”下方，单击该图标，在操作区下方的“属性：等待图标”面板中设置其属性，如图 22-33 所示。

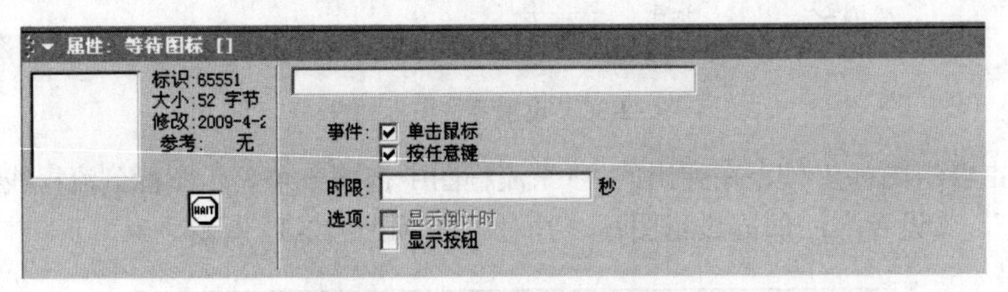

图 22-33 设置等待图标属性

17）在流程图“题 1” 中拖拽一个计算图标到流程图最下方，将其命名为“下一题”，如图 22-34 所示。双击该计算图标，打开代码编辑窗口，在窗口中输入“GoTo(@"题 2")”。

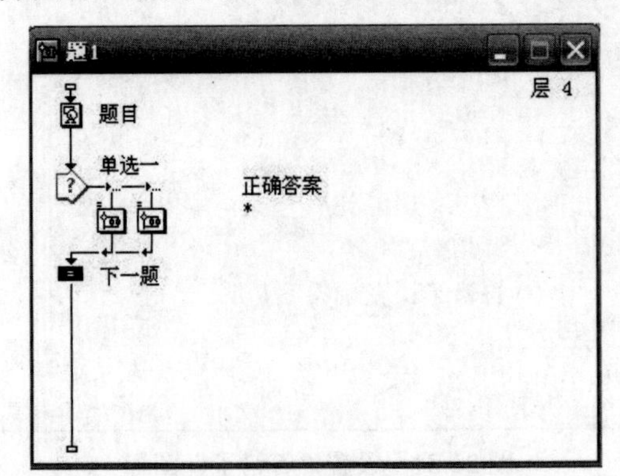

图 22-34 在“下一题”图标中输入代码

18）单击流程图“单选题（20）”中的群组图标“题 2”，打开流程图“题 2”。在该流程图中拖拽一个显示图标到流程线上，并命名为“题目”。双击该显示图标，单击绘图工具栏中的A，在演示窗口中输入文字，字体为宋体，大小为 18，如图 22-35 所示。

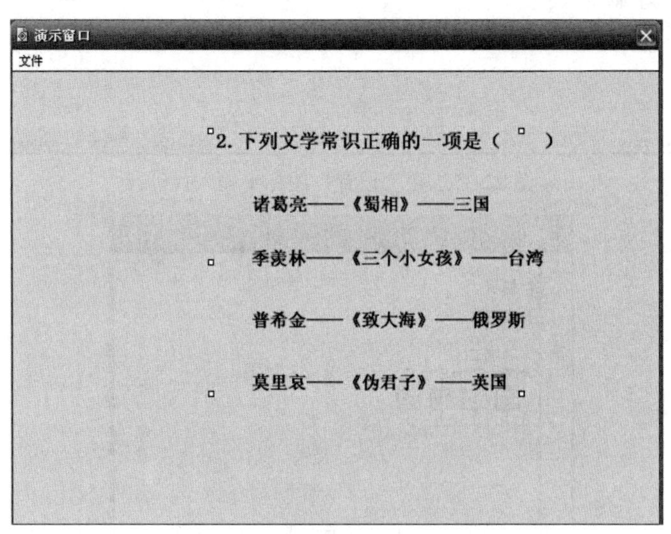

图 22-35　用文本输入题 2 内容

19）双击显示图标 background，按住 Shift 键，双击交互图标“控制”、群组图标“单选题（20）”、框架图标“出题一”/交互图标 Navigation hyperlinks/群组图标“题 2”/显示图标“题目”，在演示窗口中调整它们的相对位置，如图 22-36 所示。

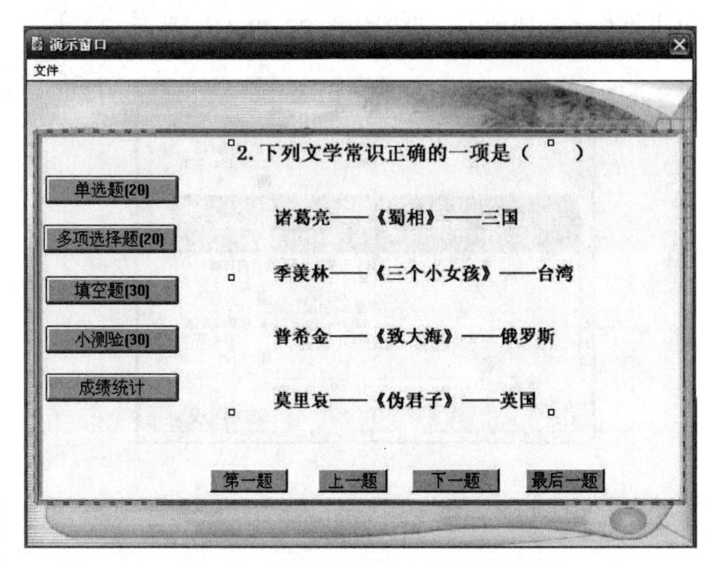

图 22-36　调整“题 2”的图标位置

20）在流程图“题 2”中拖拽一个计算图标到显示图标“题目”下方，并命名为“设置”。双击该图标，打开代码编辑窗口，在其中输入语句，如图 22-37 所示。

21）拖拽一个交互图标到计算图标“设置”下方，将其命名为“单选二”。拖拽 4 个群组图标到该交互图标的右边，分别命名为“A”、“B”、“C”、“D”，如图 22-38 所示。

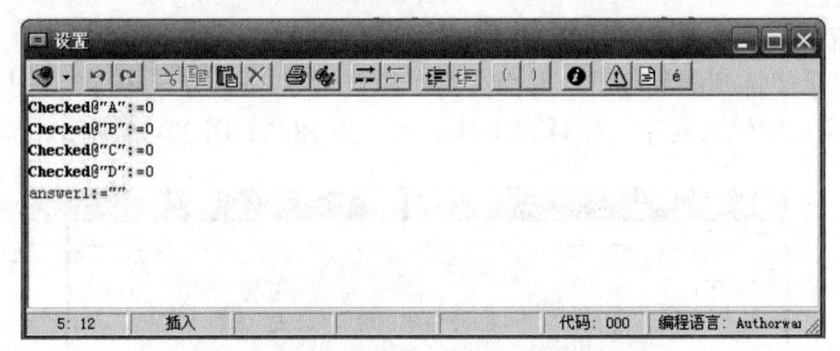

图 22-37　在“设置”图标中输入代码

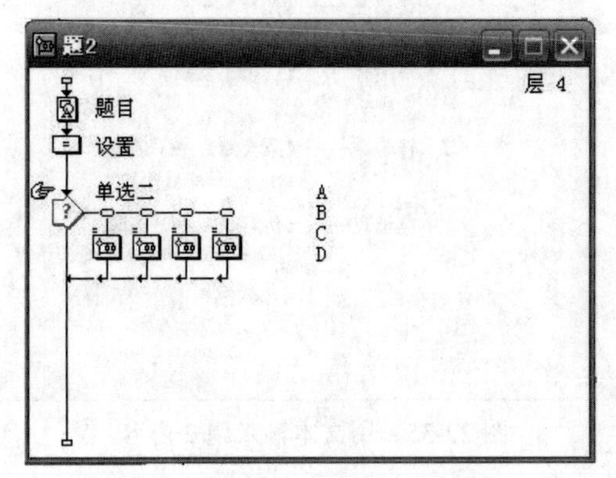

图 22-38　设置“单选二”选项

22）单击群组图标“A”上方的⊖-，在下方的“属性：“交互”图标[A]”面板中设置其属性，在“类型”中选择“按钮”，单击 按钮... ，在弹出的对话框中选择按钮类型，如图 22-39（a）所示。单击“响应”选项卡，设置如图 22-39（b）所示。

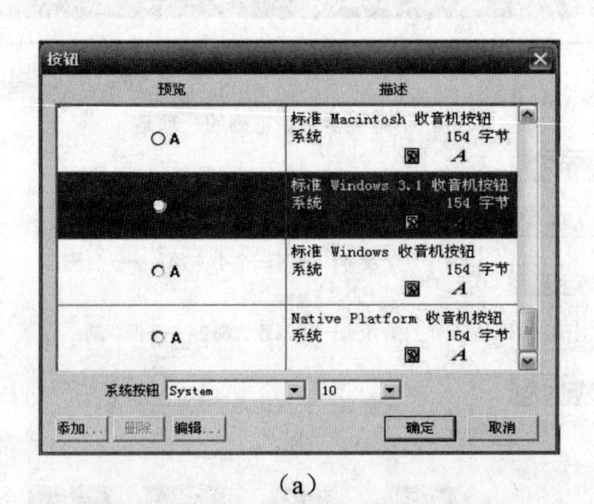

（a）

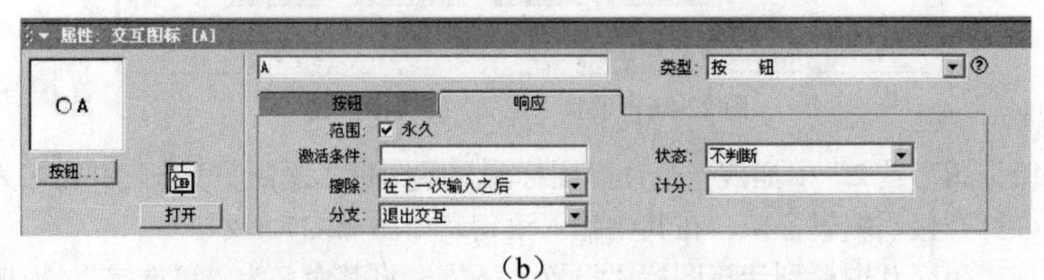

（b）

图 22-39　设置交互图标“A”的按钮类型和响应属性

23）按照上面第 22 步的方法分别设置群组图标“B”、“C”、“D”上方的-○-。双击显示图标“题目”，按住 Shift 键，双击交互图标“单选二”，在演示窗口中调整它们的相对位置，如图 22-40 所示。

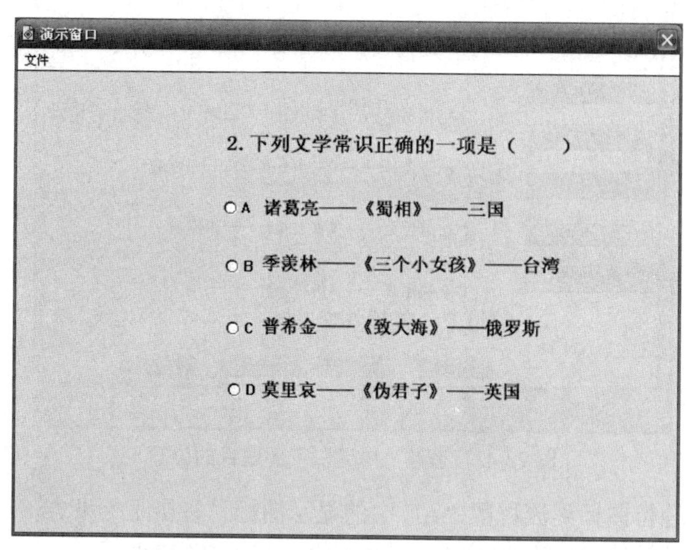

图 22-40　调整“单选二”各题目的位置

24）双击群组图标“A”，打开流程图“A”，拖拽一个显示图标到该流程图上，命名为“答错了”。双击该演示图标，单击“绘图”工具栏中的 A，在演示窗口中输入文字，字体为宋体，大小为 18，如图 22-41 所示。

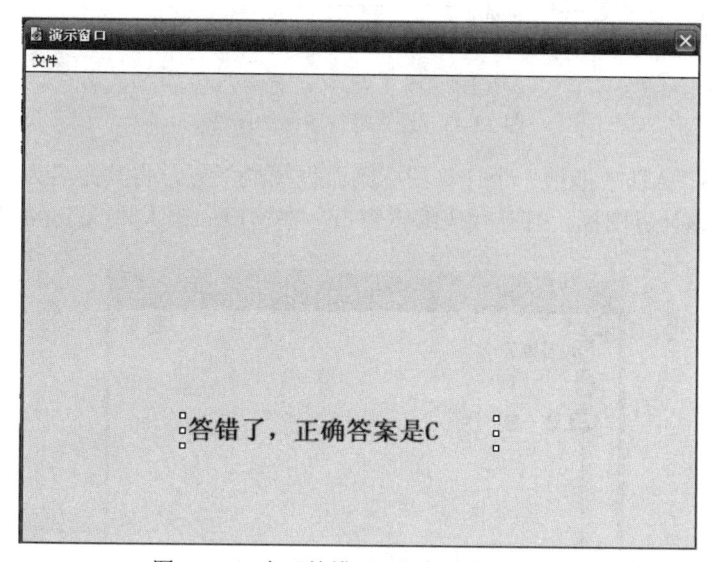

图 22-41　在“答错了”图标中输入文字

25）双击显示图标 background，按住 Shift 键，双击交互图标“控制”、群组图标“单选题（20）”、框架图标“出题一”/交互图标 Navigation hyperlinks、群组图标“题 2”/显示图标“题目”/交互图标“单选二”/群组图标“A”/显示图标“答错了”，在演示窗口中调整它们的相对位置，效果如图 22-42 所示。

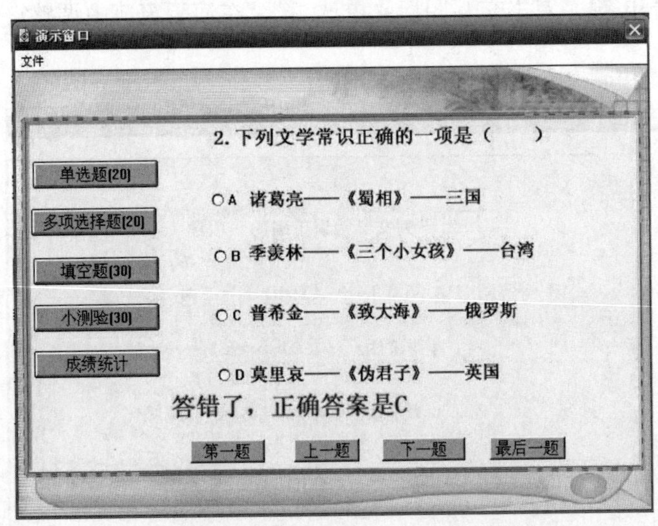

图 22-42　调整“单选二”各题目的位置

26）拖拽一个等待图标到流程图“A”中的显示图标“答错了”下方，单击该图标，在操作区下方的“属性：等待图标”面板中设置其属性，如图 22-43 所示。

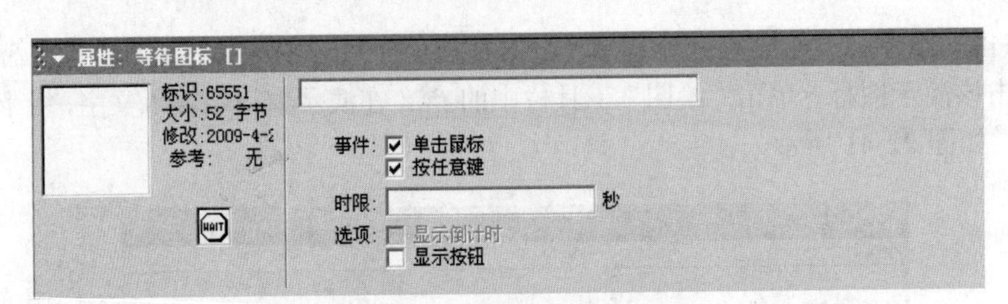

图 22-43　设置等待图标的属性

27）在流程图“A”中拖拽一个计算图标到流程图最下方，将其命名为“下一题”，如图 22-44 所示。双击该计算图标，打开代码编辑窗口，在窗口中输入“GoTo(@"题 1")”。

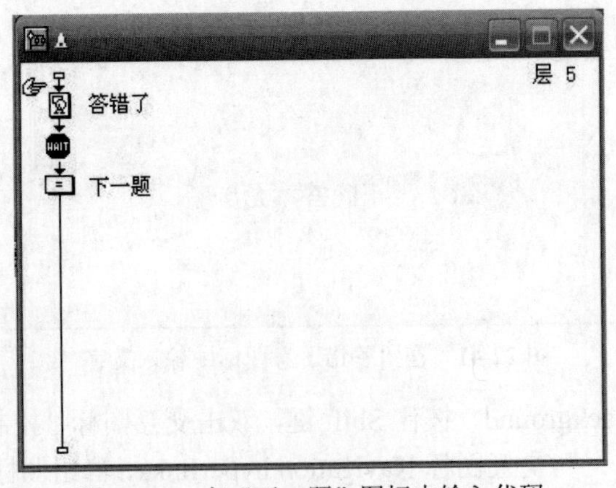

图 22-44　在“下一题”图标中输入代码

28）打开群组图标“A”和群组图标“B”，按住 Shift 键，单击选中流程图“A”中的各个图标，再按 Ctrl+C、Ctrl+V 组合键将其复制到流程图“B”中。

29）按照第 27 步的方法设置群组图标“D”。

30）群组图标“C”的设置方式同“群组”图标“A”、“B”、“D”的类似，只是输入的文字不同，其输入文字如图 22-45 所示。

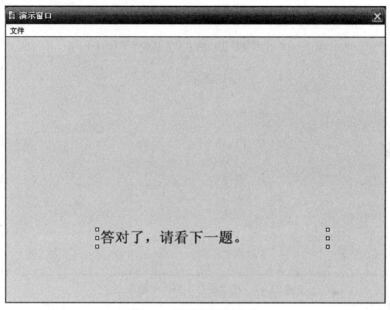

图 22-45　设置群组图标“C”

（3）设计群组图标“多项选择题（20）”。

1）分别双击群组图标“单选题（20）”和双击群组图标“多项选择题（20）”，打开流程图“单选题（20）”和“多项选择题（20）”。单击流程图“单选题（20）”中的框架图标“出题一”，再按 Ctrl+C、Ctrl+V 组合键将其复制到流程图“多项选择题（20）”中，将其名称改为“出题二”。

2）拖拽一个群组图标到流程图“多项选择题（20）”中的框架图标“出题二”右边，将其命名为“题 3”，如图 22-46 所示。

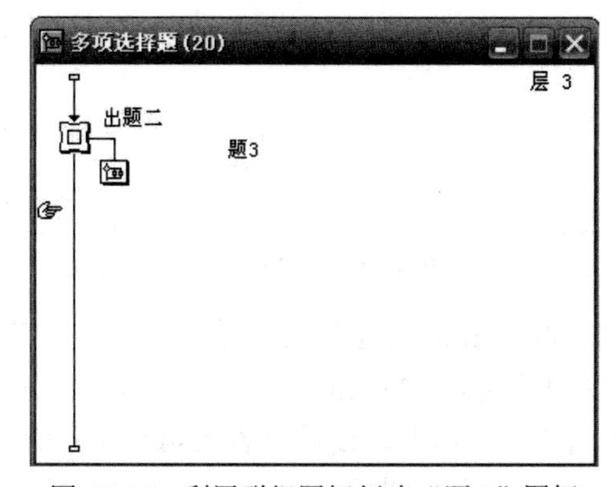

图 22-46　利用群组图标创建“题 3”图标

3）双击打开群组图标“题 3”。拖拽一个显示图标到该流程线上，将其命名为“题目”。双击该显示图标，单击“绘图”工具栏中的A，在演示窗口中输入文字，显示模式设为透明，字体为宋体，大小为 18，如图 22-47 所示。

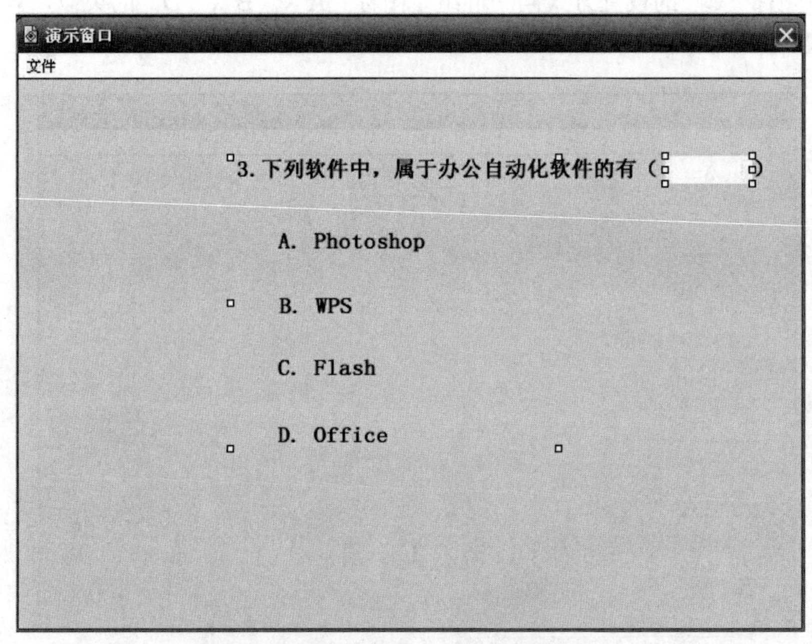

图 22-47　在“题目”图标中输入文字

4）拖拽一个交互图标到显示图标“题目”下方，将其命名为“多选题”，分别拖入 4 个群组图标到交互图标“多选题”右边，分别命名为“A1”、“B1”、“C1”、“D1”，如图 22-48 所示。

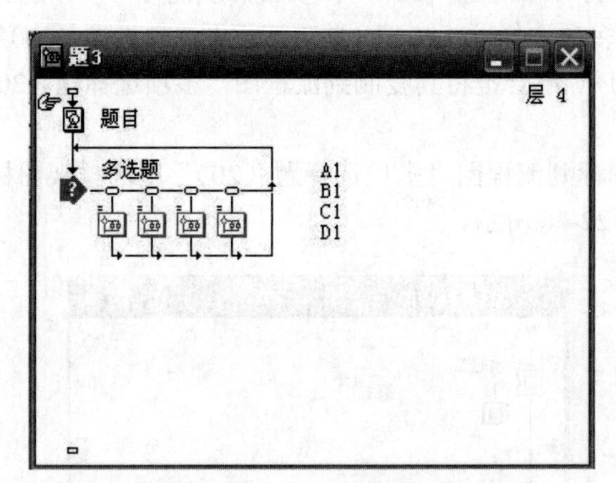

图 22-48　利用“交互”图标创建多选题

5）单击交互图标“A1”（群组图标“A1”上面的□），在操作区下方的“属性：交互图标[A1]”面板中设置其属性，其类型选择“按钮”，单击 按钮... 打开对话框选择按钮类型，如图 22-49（a）所示。单击“响应”选项卡，设置如图 22-49（b）所示。

6）按照第 5 步的方法分别设置交互图标“B1”、“C1”、“D1”。

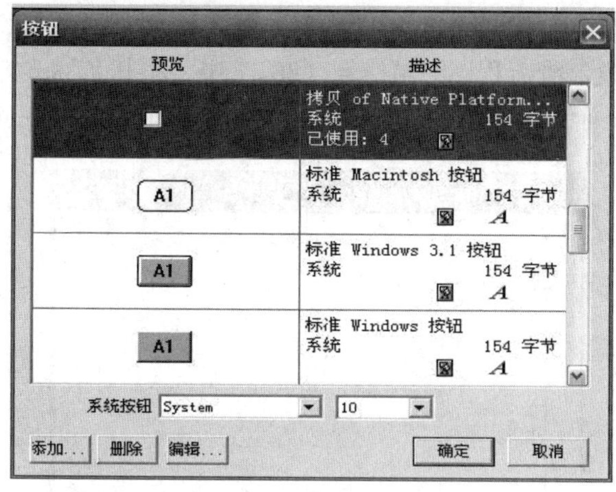

（a）

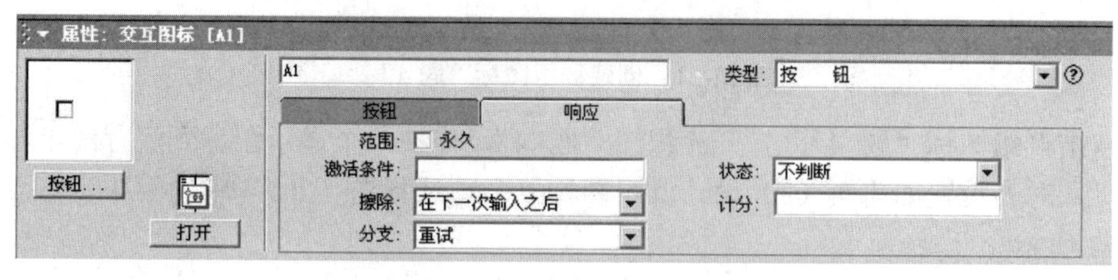

（b）

图 22-49　选择按钮类型并设置响应属性

7）双击显示图标“background”，按住 Shift 键，双击交互图标“控制”、群组图标“多项选择题（20）”、框架图标“出题二”/交互图标 Navigation hyperlinks、群组图标“题 3”/显示图标“题目”/交互图标“多选题”，在演示窗口中调整它们的相对位置，效果如图 22-50 所示。

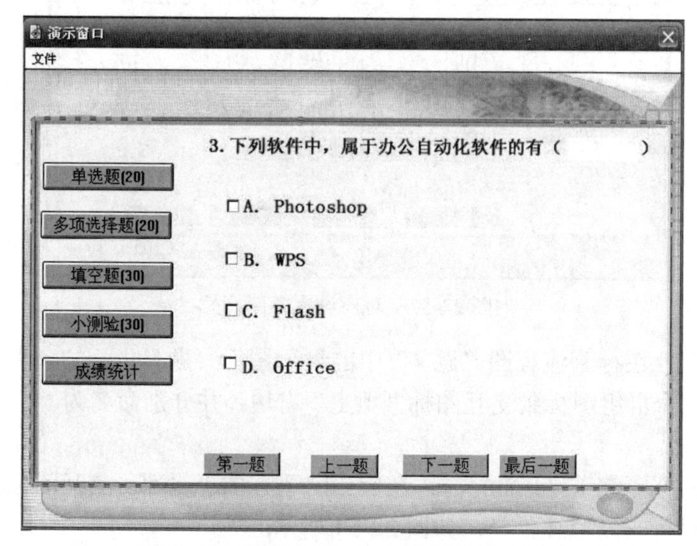

图 22-50　调整“题 3”各图标的相对位置

（4）设计群组图标“填空题（30）”。

1）分别双击群组图标“单选题（20）”和双击群组图标“填空题（30）”，打开流程图“单选题（20）”和“填空题（30）”。单击流程图“单选题（20）”中的框架图标“出题一”，再按Ctrl+C、Ctrl+V键将其复制到流程图“填空题（30）”中，将其名称改为“出题三”。

2）拖拽一个群组图标到框架图标“出题三”右边，并命名为“题4”，如图22-51所示。

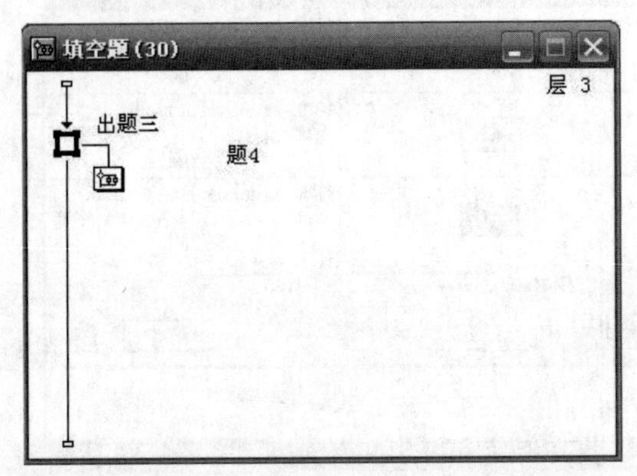

图22-51 创建群组图标“题4”

3）双击群组图标“题4”，打开流程图“题4”，拖拽一个显示图标到流程线上，并命名为“题目”，对齐设置如前面（3）设计群组图标“多项选择题（20）”中的第3步，设置结果如图22-52所示。

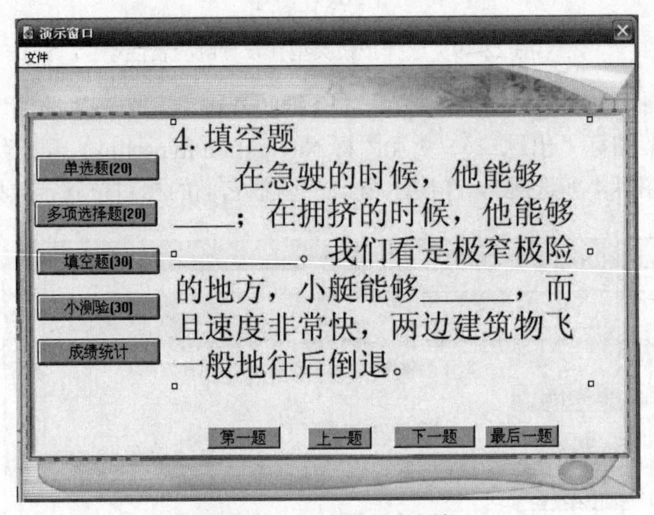

图22-52 对齐设置各图标

4）拖拽一个交互图标到流程图“题4”中的显示图标“题目”下方，并命名为“填空”。

5）分别拖拽三个群组图标到交互图标“填空”右边，并分别命名为“空1”、“空2”、“空3”，如图22-53所示。

6）单击群组图标“空1”上面的⸬⸬，在操作区下方的“属性：交互图标[空1]”面板中设置其属性，交互类型选择“热区域”，如图22-54所示。

7）按照第6步的方法分别设置交互图标“空2”、“空3”。

8）双击群组图标“空1”，打开流程图“空1”，拖拽一个交互图标到流程线上，并命名为“输入一”，其属性设置如图22-55所示。

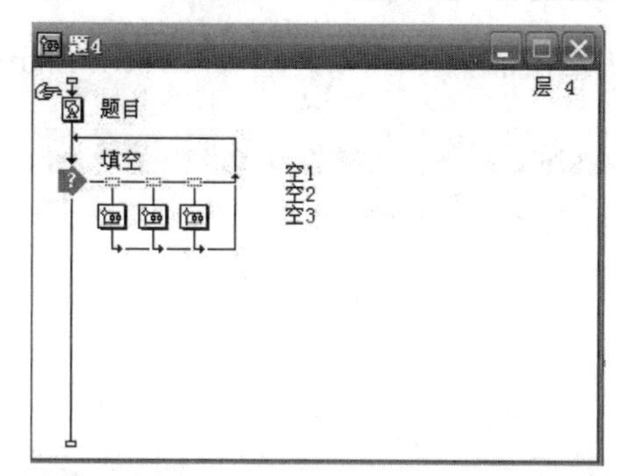

图 22-53　拖拽三个群组图标“空 1”“空 2”“空 3”

图 22-54　选择交互图标“空 1”的类型为“热区域”

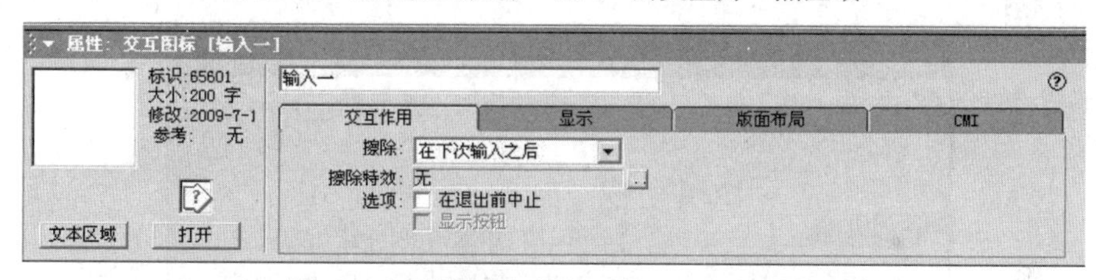

图 22-55　设置交互图标“输入一”的属性

9）拖拽一个计算图标到交互图标“输入一”右边，在弹出的“交互类型”对话框中选择“文本输入”，并将该图标命名为“*”，如图 22-56（a）所示。单击该图标上面的-•-，在操作区下方设置其属性，如图 22-56（b）所示。

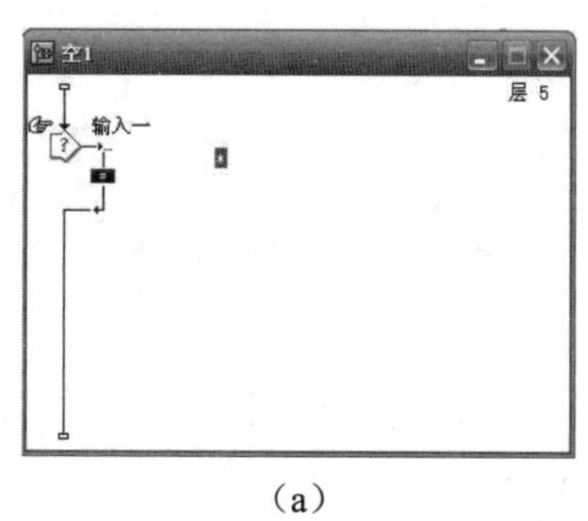

（a）

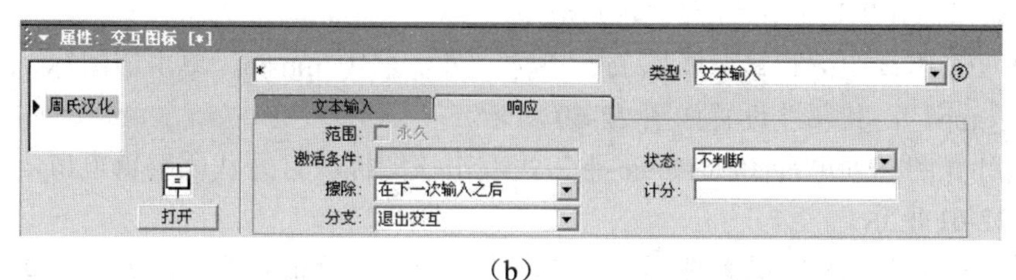

（b）

图 22-56　插入计算图标“*”并设置属性

10）双击计算图标“*”，打开代码编辑窗口，输入“text1:=EntryText”，如图 22-57 所示。

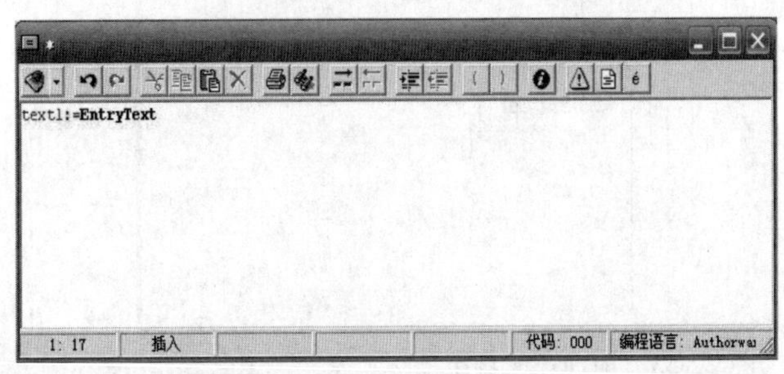

图 22-57 在“*”图标中输入代码

11）按照群组图标“空 1”的设置方式分别设置群组图标“空 2”、“空 3”，在代码编辑窗口输入依次为“text2:=EntryText”、“text3:=EntryText”。

12）双击显示图标“题目”，按住 Shift 键，双击交互图标“填空”、群组图标“空 1”/交互图标“输入一”、群组图标“空 2”/交互图标“输入二”、群组图标“空 3”/交互图标“输入三”，在演示窗口中调整它们的相对位置，如图 22-58 所示。

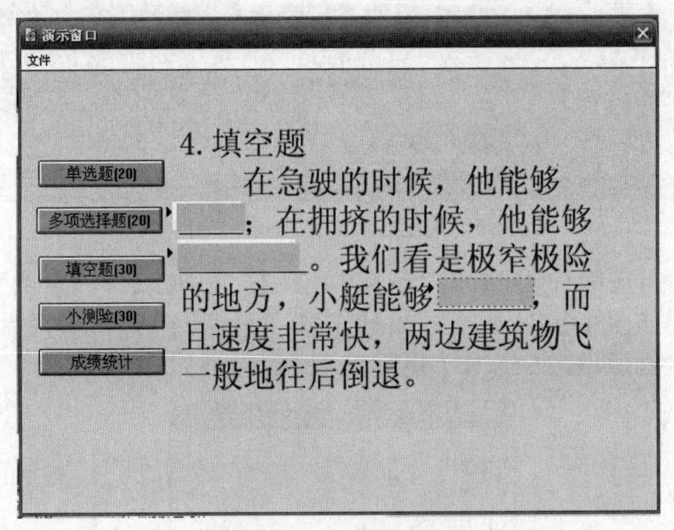

图 22-58 调整图标位置

（5）设计群组图标“小测验”。

1）双击群组图标“小测验”，打开流程图“小测验”，拖拽一个显示图标到流程线上，并命名为 text，单击“绘图”工具栏中的“文字”工具，在演示窗口中输入文字，字体为宋体，大小为 14，显示模式为透明，如图 22-59 所示。

2）拖拽一个声音图标到显示图标 text 下方，并命名为 music，单击该图标，导入音乐文件“背景音乐.mp3”，其属性设置如图 22-60 所示。

3）拖拽计算图标到声音图标 music 下方，双击该图标，打开代码编辑窗口，在其中输入语句，如图 22-61 所示。

4）拖拽一个交互图标到计算图标“未命名”下方，将其命名为 time。在“属性：交互图标[time]”面板中设置其属性，如图 22-62 所示。

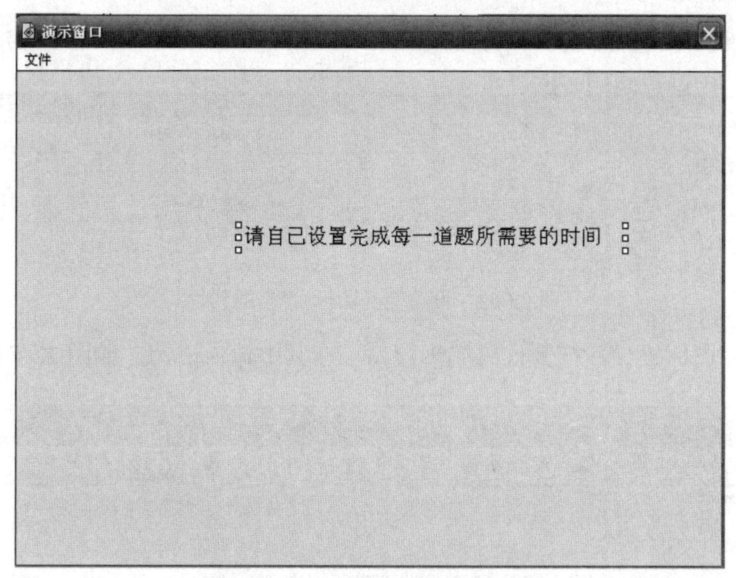

图 22-59　在 text 图标中输入文字

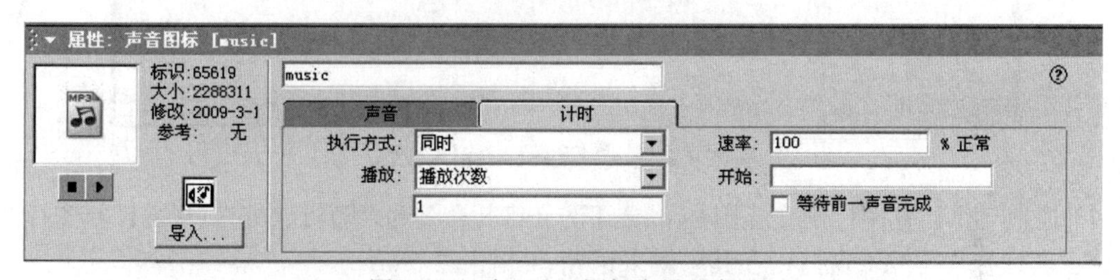

图 22-60　在 music 图标中导入音乐

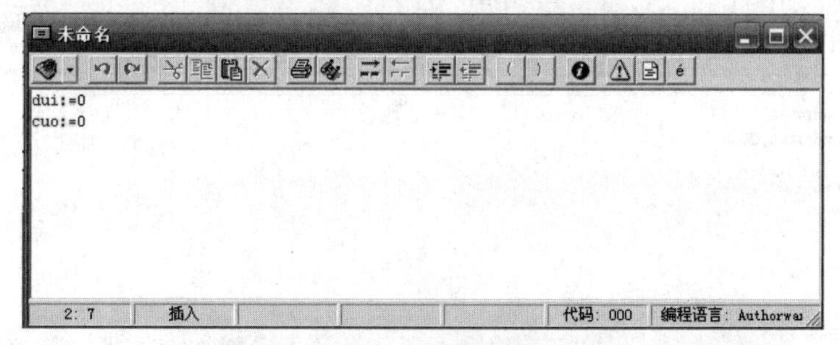

图 22-61　在 music 图标中输入代码

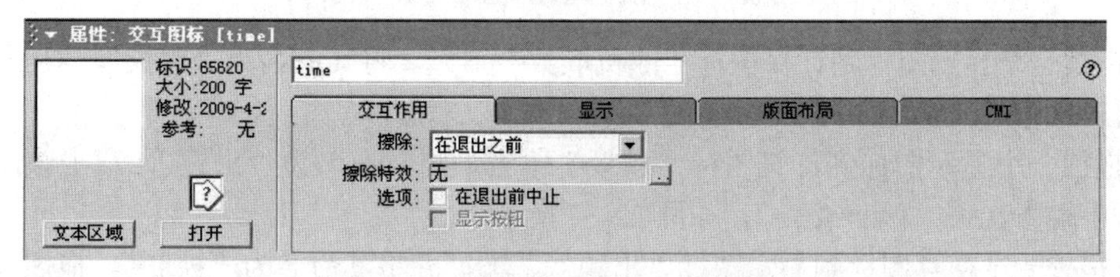

图 22-62　设置交互图标 time 的属性

5）拖拽一个计算图标到交互图标 time 的右边，在弹出的“交互类型”对话框中选择“文本输入”，并将该计算图标命名为“*”。单击该计算图标上面的⋯，在“属性：交互图标[*]”

面板中设置其属性，如图 22-63 所示。

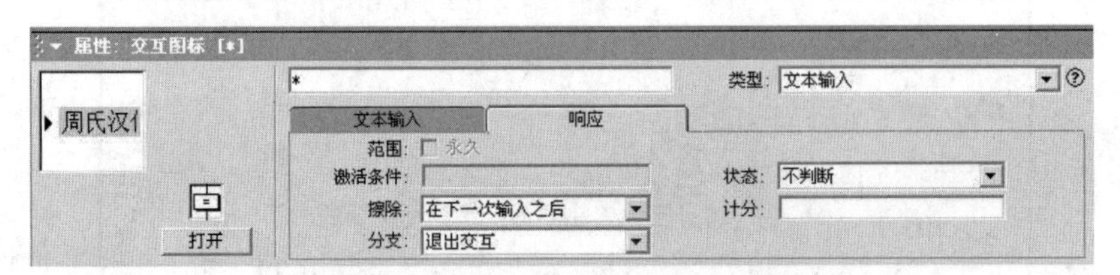

图 22-63 设置交互图标“*”的属性

6）双击计算图标“*”，打开代码编辑窗口，在其中输入语句，如图 22-64 所示。

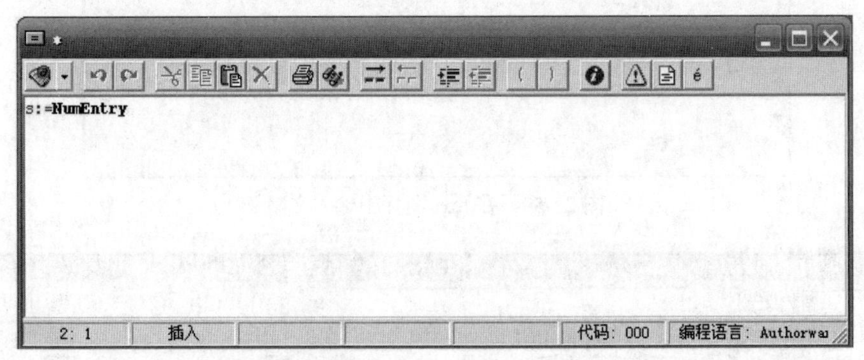

图 22-64 在“*”图标中输入代码

7）拖拽一个计算图标到交互图标 time 下方，将其命名为“随机取数”，双击计算图标“随机取数”，打开代码编辑窗口，在其中输入语句，如图 22-65 所示。

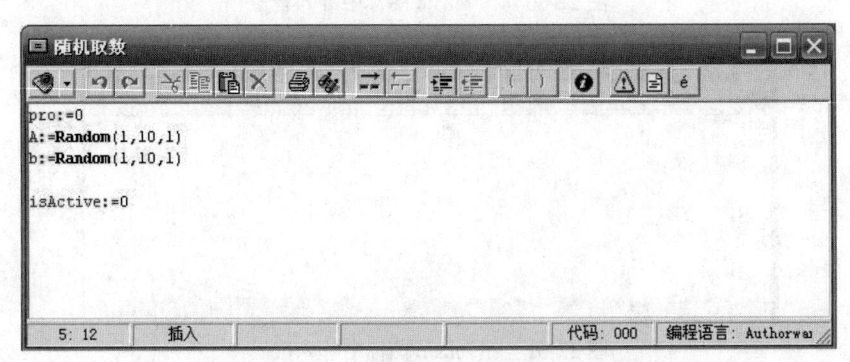

图 22-65 在“随机取数”图标中输入代码

8）拖拽一个显示图标到计算图标“随机取数”下方，将其命名为“题板”，双击该图标，在演示窗口中输入文字，如图 22-66 所示。

9）拖拽一个显示图标到计算图标“题板”下方，将其命名为“出题”，双击该图标，在演示窗口中输入文字“{A}*{b}=”，如图 22-67 所示。

10）拖拽一个交互图标到显示图标“出题”下方，并将其命名为“控制”。拖拽一个群组图标到交互图标“控制”右边，在弹出的“交互类型”对话框中选择“文本输入”，并将该群组图标命名为“*”。单击该群组图标上面的-•-，在下面的“属性：交互图标[*]”面板中设置其属性，如图 22-68 所示。

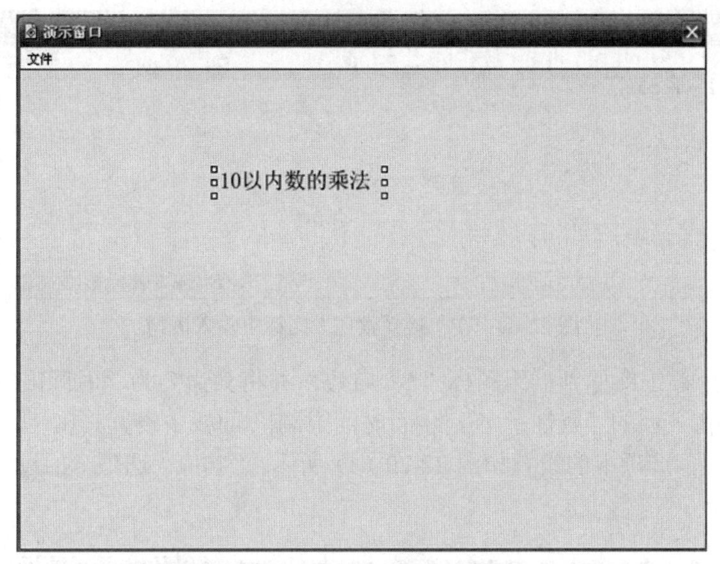

图 22-66 在“题板”图标中输入文字

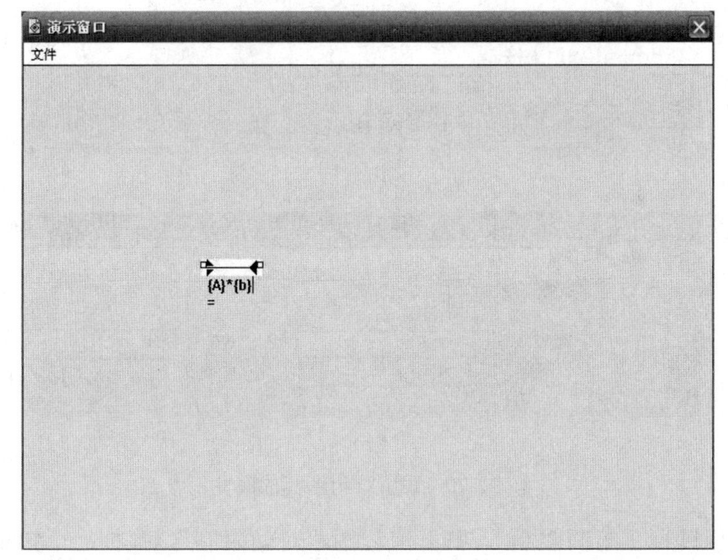

图 22-67 在“出题”图标中输入文字

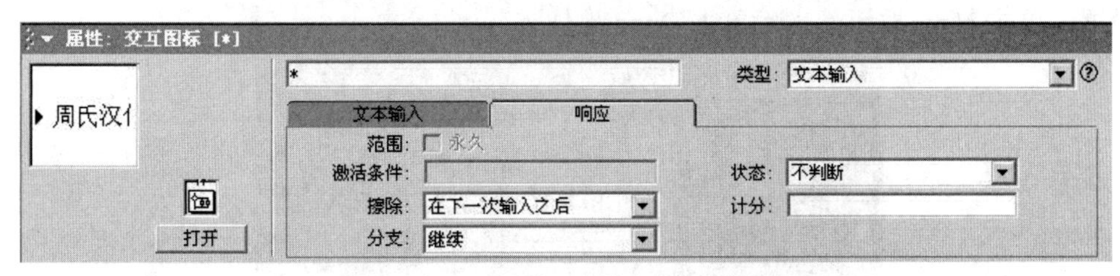

图 22-68 设置交互图标“*”的属性

11）双击群组图标“*”，打开流程图“*”，拖拽一个计算图标到该流程图上，并命名为“接收数据”，双击该图标，打开代码编辑窗口，在其中输入语句，如图 22-69 所示。

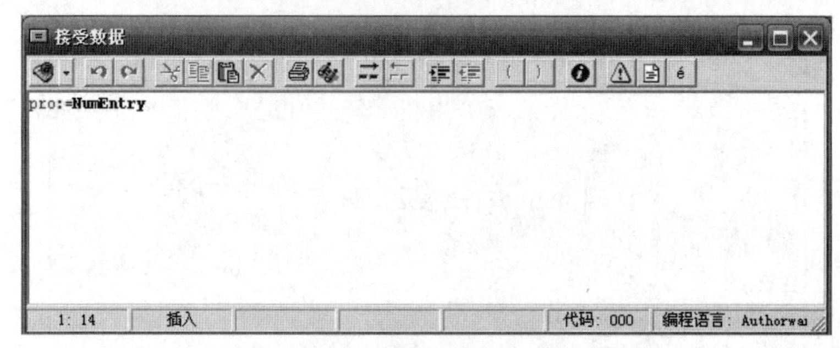

图 22-69 在“接受数据”图标中输入语句

12）拖拽一个群组图标到群组图标“*”右边，并将其命名为“时间限制”，单击该群组图标上面的-φ-，在下面的“属性：交互图标[时间限制]”面板中设置其属性，类型选择“时间限制”，“时间限制”选项卡的设置如图 22-70（a）所示；“响应”选项卡的设置如图 22-70（b）所示。

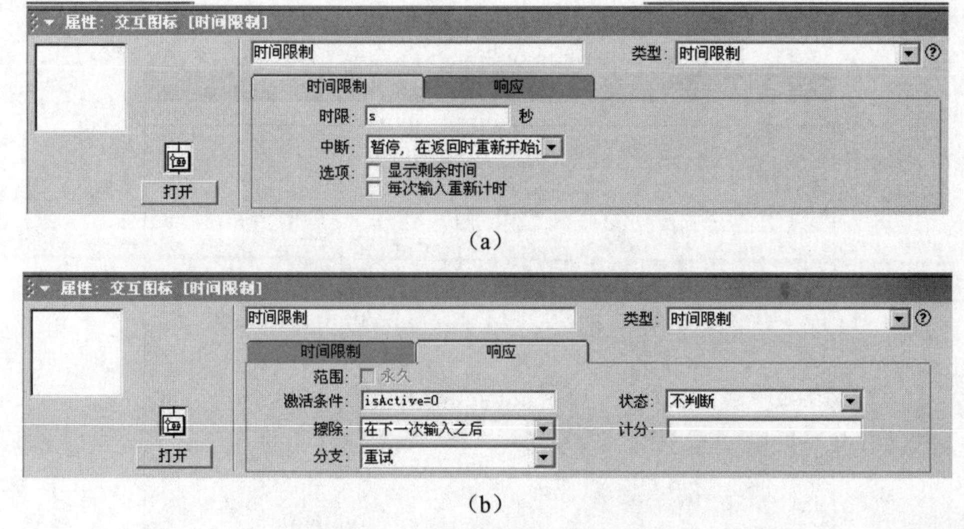

图 22-70 设置群组图标的属性

13）双击群组图标“时间限制”，打开流程图“时间限制”，拖拽一个知识对象图标到该流程图上，并命名为“消息知识对象”，双击该图标，打开如图 22-71 所示对话框，按默认方式设置，单击 Next 按钮，最后单击 Done 按钮。

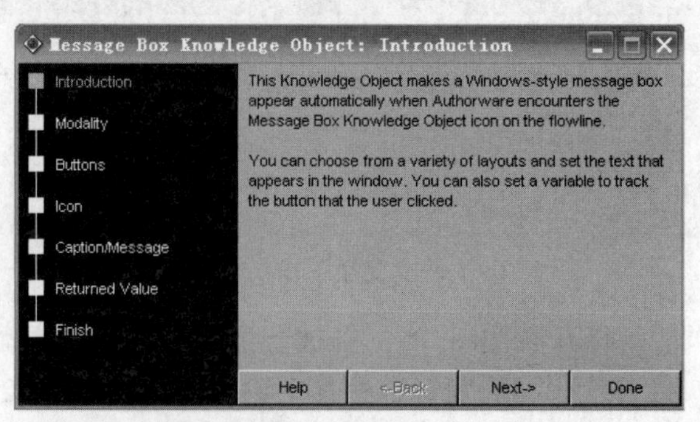

图 22-71 按默认方式设置知识对象图标

14）拖拽一个计算图标到知识对象图标“消息知识对象”下方，双击该图标，打开代码编辑窗口，在其中输入语句，如图 22-72 所示。

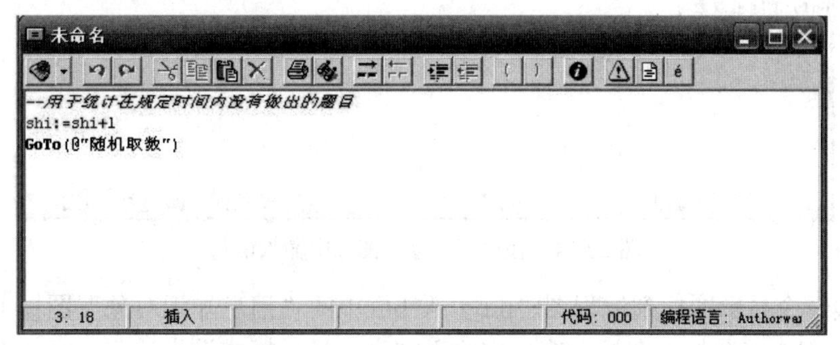

图 22-72　在“计算”图标中输入语句

15）拖拽一个群组图标到群组图标“时间限制”右边，并将其命名为“pro=A*b”，单击该群组图标上面的-=-，在下面的“属性：交互图标[未命名]”面板中设置其属性，类型选择“条件”，“条件”选项卡的设置如图 22-73（a）所示；“响应”选项卡的设置如图 22-73（b）所示。

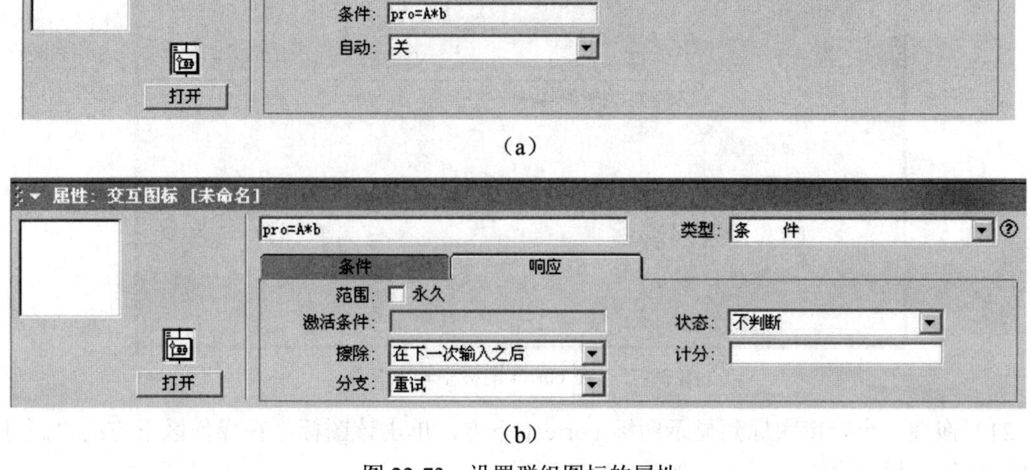

（a）

（b）

图 22-73　设置群组图标的属性

16）双击群组图标“时间限制”，打开流程图“时间限制”，复制该流程图中的知识对象图标到流程图“pro=A*b”上。

17）拖拽一个计算图标到流程图“pro=A*b”中的“消息知识对象”图标下方，将其命名为“再出题”。双击该图标，打开代码编辑窗口，在其中输入语句，如图 22-74 所示。

18）拖拽一个群组图标到群组图标“pro=A*b”右边，并将其命名为“pro<>A*b”，单击该群组图标上面的-=-，在下面的“属性：交互图标[未命名]”面板中设置其属性，参考图 73。

19）双击群组图标“时间限制”，打开流程图“时间限制”，复制该流程图中的知识对象图标到流程图“pro<>A*b”上。

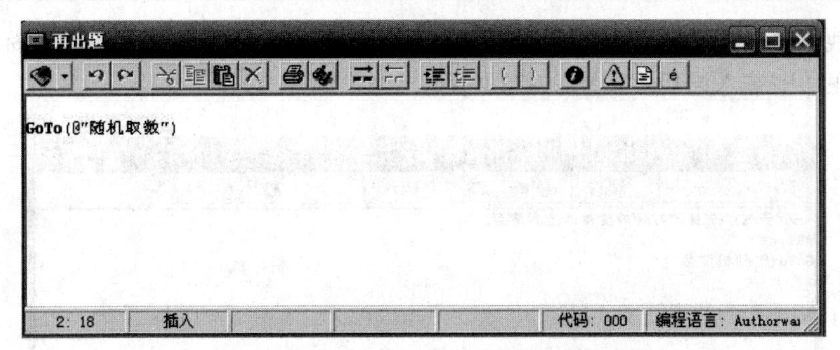

图 22-74　在“再出题”图标中输入语句

20）拖拽一个显示图标到流程图“pro<>A*b”中的“消息知识对象”图标下方，将其命名为 correct。双击该图标，在演示窗口中输入文字，显示模式设为透明，字体为宋体，大小为 10，如图 22-75 所示。

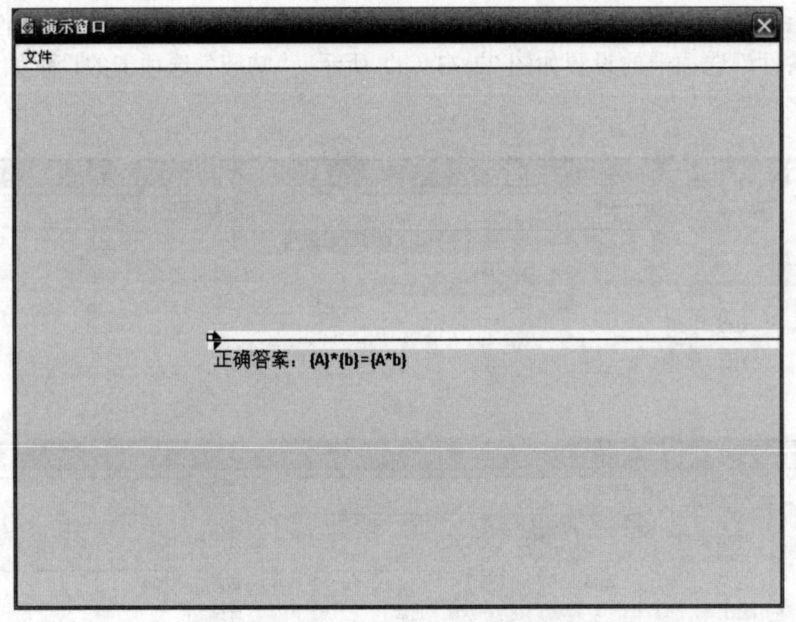

图 22-75　在 corret 图标中输入文字

21）拖拽一个等待图标到显示图标 correct 下方，单击该图标，在操作区下方的“属性：等待图标”面板中设置其属性，如图 22-76 所示。

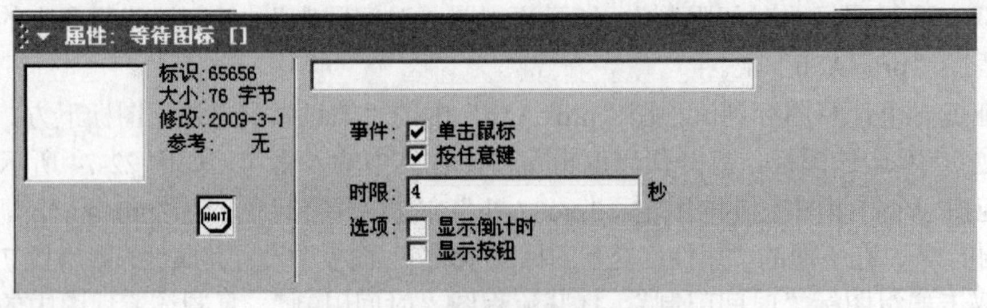

图 22-76　设置等待图标的属性

22）拖拽一个计算图标到等待图标下方，双击该图标，打开代码编辑窗口，在其中输入语句，如图 22-77 所示。

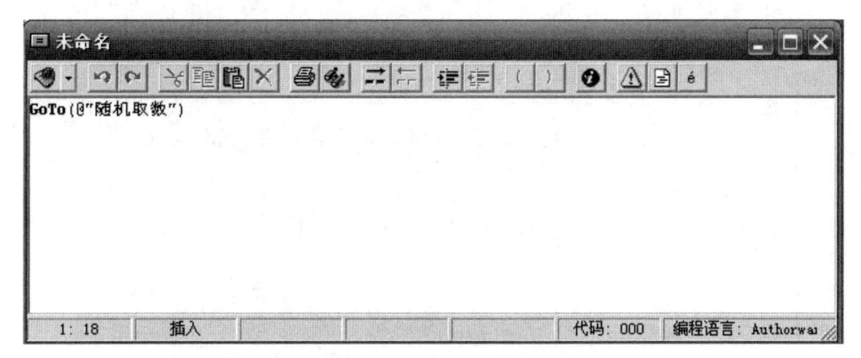

图 22-77　在计算图标中输入代码语句

（6）设计群组图标“成绩统计”。

1）双击群组图标“成绩统计”，打开流程图“成绩统计”。 拖拽一个计算图标到流程线上，并命名为“成绩判断”。双击该图标，打开代码编辑窗口，在其中输入语句，如图 22-78 所示。

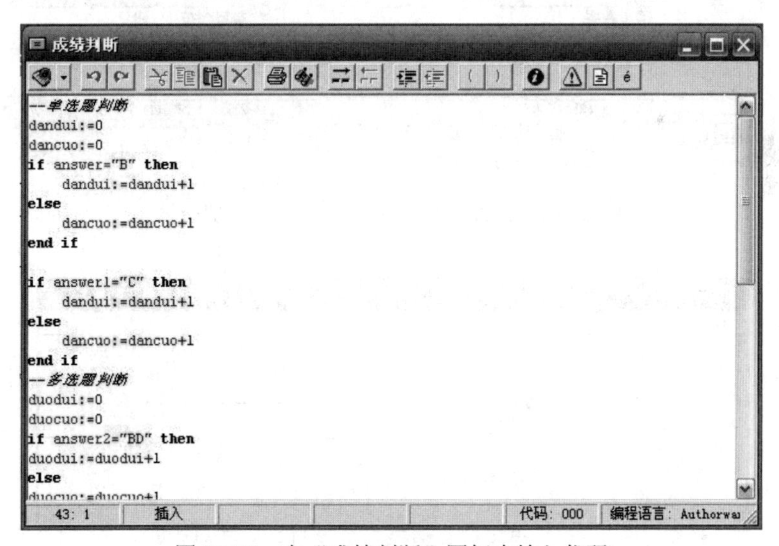

图 22-78　在“成绩判断”图标中输入代码

2）拖拽一个显示图标到计算图标“成绩判断”下方，并命名为“成绩说明”，双击该图标，在窗口中输入文字，字体为宋体，大小为 16，显示模式设为透明，如图 22-79 所示。

3）拖拽一个交互图标到显示图标“成绩说明”下方，并命名为“查看”。

4）拖拽一个群组图标到交互图标“查看”右边，在弹出的“交互类型”对话框中选择“按钮”，并将其命名为“查看答案”。单击群组图标“查看答案”上面的-♀-，在操作区下方的“属性：交互图标[查看答案]”面板中设置其属性，单击“响应”选项卡，设置如图 22-80 所示。

5）双击群组图标“查看成绩”，打开流程图“查看成绩”，拖拽一个显示图标到该流程线上，并命名为“答案说明”。双击该图标，在演示窗口中输入文字，如图 22-81 所示。

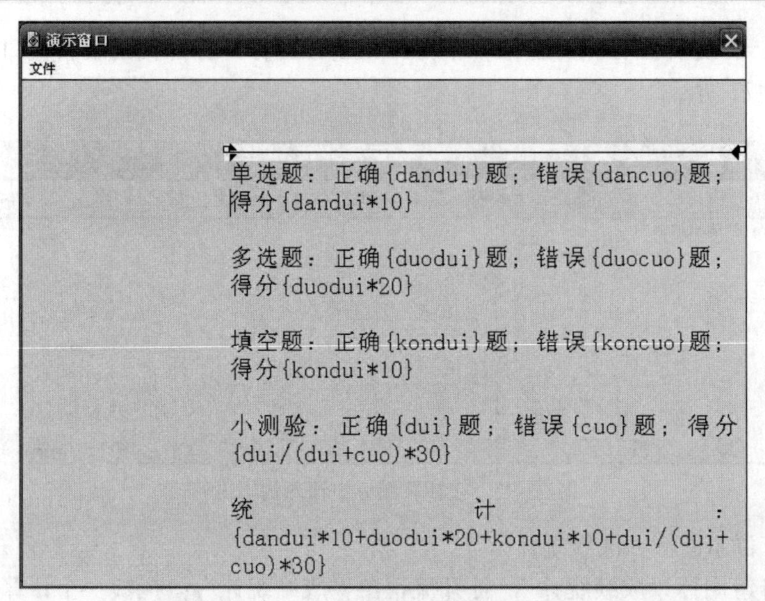

图 22-79 在“成绩说明”图标中输入文字

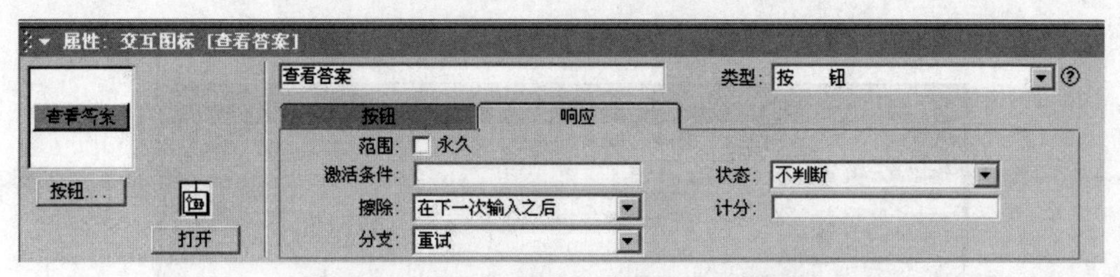

图 22-80 设置交互图标“查看答案”的属性

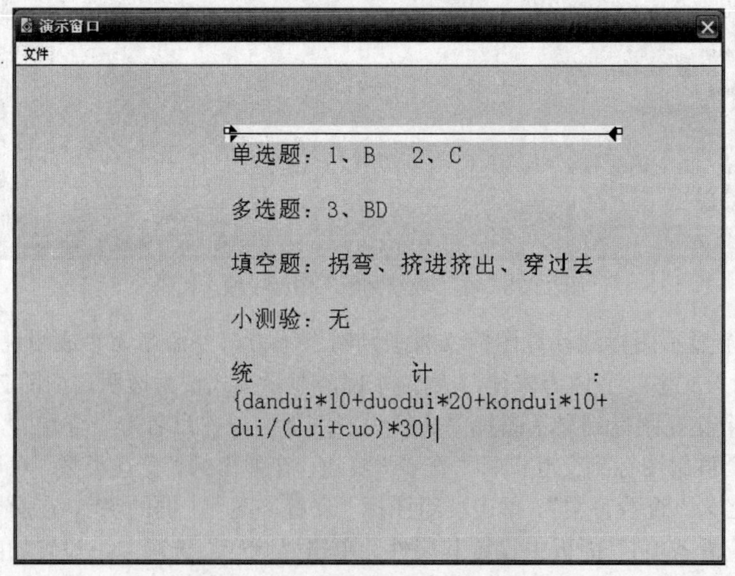

图 22-81 在“答案说明”中输入文字

6）拖拽一个等待图标到交互图标“查看”下方，如图 22-82（a）所示。单击该等待图标，在操作区下方的“属性：等待图标”面板中设置其属性，如图 22-82（b）所示。

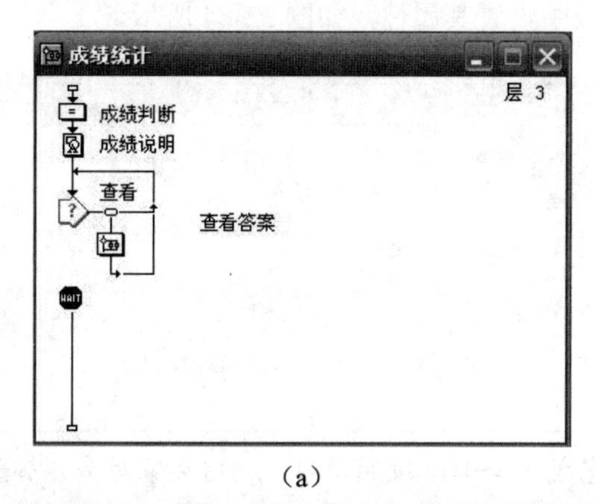

（a）

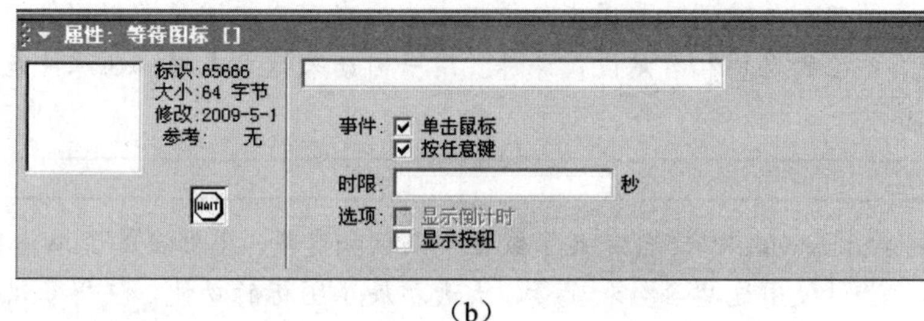

（b）

图 22-82　设置等待图标及其属性

5. 设计群组图标“*”

（1）双击群组图标“*”，打开流程图 “*”，拖拽一个显示图标到该流程线上，并将其命名为“密码错误”，双击打开窗口，在演示窗口中输入文字，如图 22-83 所示。

图 22-83　在“密码错误”图标中输入文字

（2）拖拽一个等待图标到显示图标“密码错误”下方，单击该等待图标，在操作区下方的“属性：等待图标”面板中设置其属性，如图 22-84 所示。

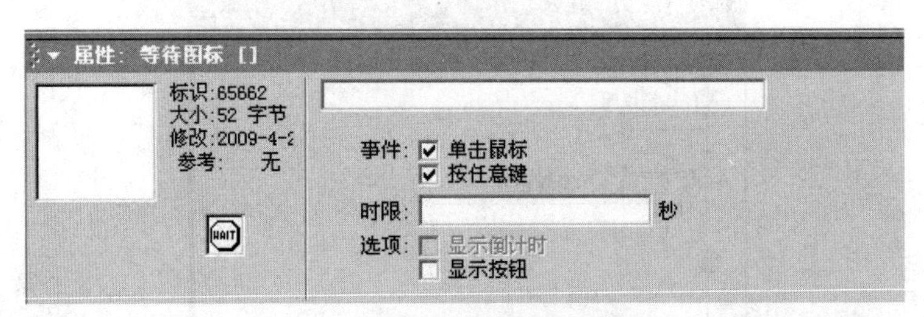

图 22-84　设置等待图标属性

学习导航：到这里完成了全部阶段的学习，相信大家对多媒体课件的设计制作不再恐惧，也不再惊奇了吧？关键还是要用在教学当中去，在实践中逐步掌握课件设计的技巧；关键的关键是用自己的思想和智慧设计课件。用一句话来结束本书：让课件充满智慧，让智慧充满思想！

设计点评：Authorware 内部自定义了数百个函数和变量，几乎涵盖了 Windows 应用程序的所有方面。通过使用这些函数和变量，大大扩展了图标的功能，使得多媒体应用程序的功能更加强大。除此之外，Authorware 还支持自定义变量与自定义函数，用户可以自己编写代码、调用外部函数以实现特殊的功能。Authorware 对数据库的弱支持，开发人员可以利用 OOBC 访问、查询、更新数据库里的数据，保证了教育课件的数据动态更新，尤其是对自测题的制作提供了极大的便利。我们还可以利用自带的知识对象，不用过多的修改就可以完成一些特定功能的模块。Authorware 测验型课件在开发网络考试、成绩管理方面使用的较为频繁。

参考文献

[1] 韦纲．Flash MX 2004 多媒体课件制作课程[M]．北京：海洋出版社，2005．

[2] 方其桂．Flash MX 课件制作方法与技巧[M]．北京：人民邮电出版社，2003．

[3] 方其桂．轻松学做 Flash 课件[M]．北京：人民邮电出版社，2005．

[4] 缪亮，付邦道．Authorware 多媒体课件制作实用教程[M]．北京：清华大学出版社，2008．

[5] 赵玮，毛潮钢．Authorware & Flash 课件制作经典实例教程[M]．西安：西安电子科技大学出版社，2004．

[6] 徐定华，缪亮，陈丰．Authorware 多媒体课件制作实用教程[M]．北京：清华大学出版社，2005．

[7] 邓椿志，毛永峰，李恒．Authorware 7.0 基础与实例教程[M]．北京：电子工业出版社，2008．

[8] 薛庆文．现代教育技术[M]．北京：科学出版社，2007．